SHUZI GAOQING JIESHOUJI
WANQUAN
JINGTONG
SHOUCE

U0248222

数字高清接收机完全精通手册

沈永明 编著

 化学工业出版社

·北京·

本书从实用角度出发，对近几年来市面上流行的卫星、地面、有线、网络数字高清接收机进行外观功能、硬件分析、安装、打摩，软件使用、升级等内容进行了详细的介绍。本书内容新颖实用、语言通俗易懂，并配以大量的、清晰的实物图片，图文并茂的讲解，使读者能够非常轻松地掌握本书内容。

本书适合于广大的数字电视接收用户、数字高清接收机安装维修人员、高等院校广播电视、多媒体通信等相关专业的师生和业余高清爱好者购机参考和资料查询。

图书在版编目（CIP）数据

数字高清接收机完全精通手册 / 沈永明编著. —北京：化学工业出版社，2014.4

ISBN 978-7-122-19839-6

Ⅰ. ①数…　Ⅱ. ①沈…　Ⅲ. ①数字电视-高清晰度电视-彩色电视机-教材　Ⅳ. ①TN949.1

中国版本图书馆 CIP 数据核字（2014）第 032307 号

责任编辑：李军亮　　　　　　　　　文字编辑：云　雷
责任校对：宋　夏　　　　　　　　　装帧设计：尹琳琳

出版发行：化学工业出版社（北京市东城区青年湖南街 13 号　邮政编码 100011）
印　　刷：北京永鑫印刷有限责任公司
装　　订：三河市宇新装订厂
787mm×1092mm　1/16　印张 32½　字数 1117 千字　2014 年 7 月北京第 1 版第 1 次印刷

购书咨询：010-64518888（传真：010-64519686）　售后服务：010-64518899
网　　址：http://www.cip.com.cn
凡购买本书，如有缺损质量问题，本社销售中心负责调换。

定　　价：138.00 元

前　言

　　随着高清电视时代的到来，作为高清电视机的附属设备——数字高清接收机（亦称"数字高清机顶盒"）在数字家庭影院上扮演着重要的角色。数字高清接收机是相对于普通的数字标清接收机而言的，它可以接收解调数字高清信号，解码播放高清节目。按电视传输渠道的不同，数字高清接收机分为卫星高清接收机、有线高清接收机、地面高清接收机和网络高清接收机等种类，亦有上述接收机的组合类型，如卫星、有线二合一接收机，卫星、有线、地面三合一高清接收机等。

　　一台数字高清接收机由硬件和软件两大部分组成，其中硬件决定机器的整体性能，软件决定机器的操作功能。

　　高清接收机的硬件性能主要由所采用的主控芯片方案决定，在目前的高清芯片领域里，主流的芯片供应商有：意法（ST）、博通（Broadcom）、恩智浦（NXP）、富士通（Fujitsu）、扬智（ALi）、海思（Hisilicon）等。随着集成电路技术的快速发展，各类高清接收机的主控芯片所包含的功能越来越多、性能越来越强，芯片的 CPU 工作主频，也从 300MHz 增加到了 1GHz 甚至更高，以支持越来越多的增值业务和网络多媒体应用。

　　高清接收机的软件大都分为驱动层、中间层及应用层，中高档高清机大都采用 Linux 操作系统。目前，随着互联网应用的增多，Android、iOS 等手持设备操作系统在智能手机、平板电脑领域里的成功，正在转向数字高清接收机领域扩展，由此将带来高清接收机软件的深层震荡，同时给广大用户带来更新、更好、更便捷的操作功能。

　　近几年来，以 Dreambox、F3 为代表的一系列采用 Linux 操作系统、操作功能繁多的新型高清接收机纷纷推出，令从事于数字电视行业的专业人员和业余爱好者倍感受到操作上的困难，使用资料的缺乏。为了适应当前这种形势的需要，普及数字高清接收机使用技术，我们撰写了《数字高清接收机完全精通手册》一书，也是继《数字高清电视接收 DIY》一书面世三年后，又一本详细介绍现今流行的数字高清接收机软硬件的大型实用工具书。

　　本书共有 18 个章节，详细介绍了 18 种高清接收机的硬件方案和软件操作使用，其中第 1 章～第 13 章介绍采用各种芯片方案的数字电视高清接收机，第 14 章～第 18 章介绍卫星、硬盘、网络高清播放机以及带有 HDMI 接口的安卓平板电脑。每个章节的内容包括外观功能、硬件分析（包括电路主板、其他电路板）、软件使用、软件升级等内容，一些章节还提供了硬件安装、硬件打摩等 DIY 方法，具有很强的实战指导性。

　　本书在硬件上，内容涵盖意法 STi7101、STi7102、STi7162，博通 BCM7325、BCM7400、BCM7401、BCM7405，阿里 M3602、M3606、M3901，西格玛 SMP8634、SMP8671，晶晨 AML8626-H，海思 Hi3716M 等目前流行的主控芯片方案机型的介绍。在软件上，详细介绍了各种芯片的软件方案使用，特别着重介绍了 Dreambox 系列高清机 Linux 系统 Enigma 2 软件方案，以及网络接收机、平板电脑使用的 Android 安卓系统软件方案。

　　本书汇集大量的各种机器的图片，绝大部分为本书编者实物拍摄，每一款机器的软件使用、软件升级都是经过编者无数次使用总结出来的实战经验，图文并茂，可操作性极强，对初学者具有很好的指导意义，同时，也是采用相同软硬件方案的这类机器正确使用的必读指南和资料查询宝典。

　　撰写本书得到了业内许多良师益友的支持和帮助，其中第 6 章和珠海杨建平老师合作撰写。此外还得到了新雷、维多利亚、亚星、JOYBOX 等厂商《卫星电视与宽带多媒体》杂志黄序主编、蓝色星空网友等提供的高清接收测试器材，在此一并表示衷心的感谢。

　　鉴于编者水平有限，书中不妥之处在所难免，恳请各位读者指正，联系邮箱：symnj@tom.com。

编者

目　录

第 4 章　卫星、有线、地面三合一高清接收机——F302+（意法 STi7101 方案）

第 5 章　卫星、有线、网络三合一高清接收机——A4/A5-Hybrid

（意法 STi7102 方案）

第6章　卫星、有线、地面三合一高清接收机——F338 （意法 STi7162 方案）

第7章　卫星高清接收机——Vu+ SOLO（博通 BCM7325 方案）

第8章　卫星、有线、地面三合一高清接收机——DM8000 HD PVR （博通 BCM7400 方案）

第 12 章 卫星、有线、地面三合一高清接收机——DM800 se SR4

（博通 BCM7405 方案）

第 13 章　卫星、有线二合一高清接收机——AzBox Premium HD+

（西格玛 SMP8634LF 方案）

第 14 章　卫星高清播放机——DBL121S-SY（西格玛 SMP8671 方案）

第 15 章　硬盘高清播放机——SD101（晶晨 AML8626- H 方案）

第16章 网络高清播放机——BDX-BF001（阿里 M3901 方案）

第17章 卫星、网络二合一高清接收机——卓艺 J15（海思 Hi3716M 方案）

第18章 平板电脑——T3-3113（全志 A10 方案）

第❶章 卫星高清接收机——HD800S2（阿里 M3602 方案）

随着 2010 年 6 月底国内出现的一款名为 OpenBox（OpenBox 是一个国外知名的接收机品牌）的高清机以来，随后短短的三个月就陆续有 SKYBOX HD S9、PVR800HD、invel HD PVR 3612、HiBOX HD 等各种型号高清机在市面上纷纷出现，名称令人眼花缭乱到无以复加的地步，实在是令人惊叹和匪夷所思。

实际上，上述这些机器均是采用中国台湾扬智科技的 ALi（阿里）M3602 芯片方案，硬件方案完全一样，只是机器外观和名称型号不同而已。似乎该方案就是一个框，什么型号都可以往里装。下面以维多利亚的 HD800S2 机器为例，来详细介绍一下采用该方案的机器软硬件特点。

1.1 外观功能

HD800S2 机器配件很简单，一根 HDMI 数字音视频接口线、一个遥控器和一份英文说明书，如图 1-1 所示。

图 1-1　HD800S2 机器配件

图 1-2 为 HD800S2 机器前面板，分为左、中、右三个功能区域，左边区域是操作按钮，上下左右方向键（频道+/-、音量+/-）、OK（确认）、MENU（菜单）和 STANDBY（待机）键共 7 个按键。中间区域是一个显示窗口，内置四位绿色 LED 数码管，显示频道序号和简单的英文单词信息，数码管的右边设有绿色的信号锁定、红色的待机指示灯。右边区域为一个仓门，拨开它，里面是一个 CA 插槽和一个 CI 模块接口。

图 1-2　HD800S2 机器前面板

图 1-3 为 HD800S2 机器背面板，具有一组 LNB IN 和 LNB OUT 环路输出；音视频接口有一组 AV 接口、

1

一组 YPbPr 接口、两个 SCART 接口这几种模拟接口，一个 HDMI、一个 S/P DIF 音频同轴（Coaxial）这两种数字接口；另外还有一个 RJ-45 网口、一个 RS-232 串口以及一个 USB 接口，背面板上还有一个交流电源开关。

图 1-3　HD800S2 机器背面板

1.2　电路主板

图 1-4 为 HD800S2 机器的内部结构，全机是由开关电源板、电路主板、CA 卡座板和操作控制板四大块组成，其中电路主板正面如图 1-5 所示。

图 1-4　HD800S2 机器内部结构

图 1-5　HD800S2 机器电路主板

1.2.1　主控芯片——ALi M3602

HD800S2 机器主控芯片为 ALi M3602（U3）。这是中国台湾扬智科技于 2009 年第一季度推出的一款 MPEG-2/H.264 双解码高清芯片（图 1-6），同期还推出了 MPEG-2/H.264 双解码标清芯片 M3381/M3381C。

提到扬智（ALi）公司，可能"烧友"不太了解，但说起 DVB-S 采用的阿里方案，"老烧友"应该有所了解，早期的亚视达、天诚、迪艾特等接收机大都采用此设计方案，其实阿里就是 ALi 的译音，这家台湾公司早在 DVD 领域就有建树，如推出的 0.18μm 制程的单芯片（整合伺服控制芯片与解码芯片）M3355，其方案与 ESS、WINBOND（华邦）等一起占有很大的市场。

M3602 是高集成度、低成本的 MPEG-2/H.264 双解码高清芯片，主要应用于高性价比的普及型高清机器后端解决方案中。据我们了解：最先采用 M3602 方案的是珠海中大的 WS-3688F 高清机。扬智官方给出了 M3602 芯片＋DVB-S2/S 解调器 M3501 的应用方案，如图 1-7 所示。

图 1-6　ALi M3602 芯片

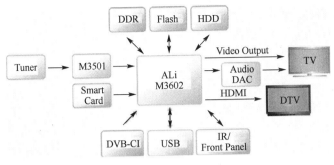

图 1-7　ALi M3602 应用方案

在官方资料中显示：M3602 内置嵌入式高性能 396MHz MIPS CPU，内建 MPEG-2 MP@HL、H.264 HP@L4.1高清格式解码器，JPEG 图片格式解码加速器，支持 DDR SDRAM 内存，支持串行/并行 FLASH，并行 ATA 接口（PATA）的硬盘设备，具有 CA、CI 输入接口，内建 DVI 和 HDMI 数字视频输出接口、S/P DIF 数字音频接口。

1.2.2　存储器

HD800S2 机器采用 SPI E²PROM（U39）＋2×DDR SDRAM（U4、U5）存储系统方案，如图 1-8 所示。

图 1-8　HD800S2 机器存储器

其中 U39 是中国台湾 Macronix（旺宏）公司的串行外设接口（SPI）CMOS E²PROM 可擦写存储芯片 MX25L3205，容量 4MB，用于系统程序的存储；U4、U5 是日本 ELPIDA（尔必达）公司的 D5116AGTA-5B-E，这是一款 DDR400 内存芯片，采用 32M×16bit 结构，存储容量为 64MB，速度 200MHz，两片总容量为 128MB，用于系统运行中的数据存储内存。

实际上，在 U39 焊盘上还标有另外一个 U11 标记，并设计了 PCB 走线，便于厂家备料时，可以选择不同型号、不同封装方式的 E²PROM 芯片。

1.2.3　数字 HDMI 接口

HD800S2 机器的音视频输出可提供数字和模拟两种信号，数字视频接口采用了目前流行的 HDMI 接口，数字音频接口为 S/P DIF 同轴接口。令人可喜的是在 HDMI 接口上采用 ESD 保护芯片。

业内人知道：HDMI 等高速数字接口的 ESD 保护是一项非常艰巨的任务，因为在高速数据速率下，保护电路带来电容性负载会大幅度降低信号的完整性。在 ESD 保护元件的选型原则上，主要有如下几点。

① 击穿电压应尽可能接近 IC 的工作电压，这样一旦电压稍高于正常工作电压，ESD 保护器件便能快速导通。

② 箝位电压应尽可能低,防止受保护 IC 上的电压超出正常工作电压太多,箝位电压还应低于导致器件失效的破坏电压。

③ ESD 保护器件最好有超低电容负载,以尽量减少由于电容负载引起的阻抗失配。

除了早期采用分立的 ESD 保护元件外,现今的 HDMI 接口绝大多数选用单芯片 ESD 保护方案,这些 ESD 单芯片集成了多个分立元件,提供更多功能和线路匹配。

HD800S2 机器 HDMI 接口(JH1)采用 PN521(UH1)保护芯片,这是美国德州仪器(TI, Texas Instruments)公司的 HDMI ESD 保护芯片 TPD12S521 的工厂标记,如图 1-9 所示。

TPD12S521 芯片采用 TSSOP-38 封装,其 0.5 mm 的引脚间距与 HDMI 插座的引脚间距是一样的,能提供无缝布局走线(图 1-10),以消除差分信号的走线毛刺。低速控制线提供电平转换功能,以消除对外部电平转换器 IC 的需要。

图 1-9 HD800S2 机器 HDMI 接口芯片

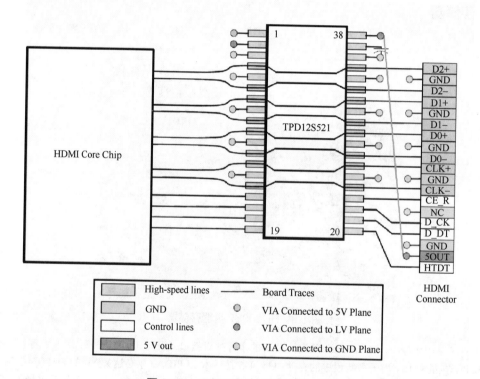

图 1-10 TPD12S521 芯片 PCB 设计

在 TPD12S521 芯片第 38 个引脚上提供了一个额定输出电流为 55 mA 的片上稳压器(图 1-11),当输出为 5V 和 55 mA 时,最大过流保护输出电压降是 100mV。这一电流可使得 HDMI 接收器即便处于关机状态,也能够检测到发射信号。

1.2.4 模拟音视频输出接口

HD800S2 机器提供了一组 AV 接口(JY7)、一组 YPbPr 接口(JY7)和两组 SCART 模拟音视频接口(SCART1),接口驱动电路如图 1-12 所示。

其中 CVBS 复合视频信号采用 FMS6143(U52)驱动芯片,这是一款 8MHz 带宽三通道视频滤波驱动芯片(LCVF),适合于 480i/576i 规格的标清视频接口驱动。YPbPr 接口驱动芯片为安森美半导体(Onsemi)公司的 N2563(U42),这是 30MHz 带宽三通道 LCVF,用于适合 720p/1080i 高清视频格式的芯片。

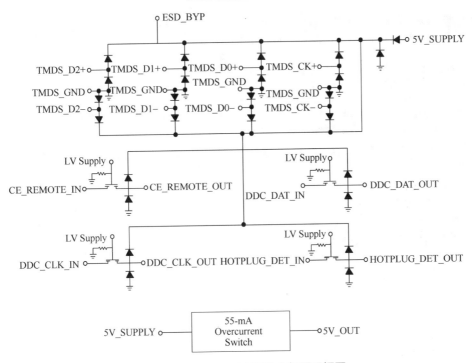

图 1-11　TPD12S521 芯片内部原理框图

　　由于 M3602 主控芯片未内置音频 DAC，因此电路主板上采用了 CS4334（U53）音频 DAC 芯片，将数字音频信号转换为 L/R 模拟音频信号，再经过 4558（U41）双运放构成音频前置电路放大后，为 AV、SCART 接口提供模拟音频信号。

　　主板上 4053（U51）是一款常用的三组二路 CMOS 模拟开关芯片，内部含有三组单刀双掷开关。在 HD800S2 机器中，用于 SCART 接口的 TV /VCR 连接信号的切换。

1.2.5　RJ-45 网络接口

　　HD800S2 机器提供了一个 RJ-45 网络接口（JL1），接口电路如图 1-13 所示。通过台湾 CYL（卓智）PH16 系列的网络变压器 PH163539TG 作为电气隔离，将滤波后的高频信号传送到网络芯片LAN9220-ABZJ中。

图 1-12　HD800S2 机器模拟音视频接口驱动电路　　　图 1-13　HD800S2 机器网络电路

LAN9220 是美国 SMSC 公司的一款支持可变电压 I/O 和 HP Auto-MDIX 16 位 Non PCI 小型 10/100M 以太网控制芯片，采用 QFP-56P 封装，在 HD800S2 机器中，主要用于网络数据的请求和下载。

小知识：网络变压器的作用

在以太网设备中，通过物理层（PHY）接 RJ-45 网口时，中间都会加一个网络变压器。从理论上来讲，可以不需要接变压器，直接接到 RJ-45 上，也能正常工作，但是传输距离就很受限制，而且当接到不同电平网口时，也会有影响，而且外部对芯片的干扰也很大。

当接了网络变压器后，它主要用于信号电平耦合：①可以增强信号，使其传输距离更远；②使芯片端与外部隔离，抗干扰能力大大增强，而且对芯片增加了很大的保护作用（如雷击）；③当接到不同电平（如有的 PHY 芯片是 2.5V，有的 PHY 芯片是 3.3V）的网口时，不会对彼此设备造成影响。

网络变压器本身就是设计为耐 2~3kV 的电压的，也起到了防雷保护作用。有些用户的网络设备在雷雨天气时容易被烧坏，而且大都烧毁了设备的接口，很少有芯片被烧毁的，就是这个网络变压器起到了保护作用。

1.2.6　RS-232 串行接口

HD800S2 机器 RS-232 串口（JR1）没有采用专用的 RS-232 接口转换芯片，而是采用两个贴片三极管构成的简单的分立元件电路来完成这种电平转换。

1.2.7　调谐器部分

HD800S2 机器只有 DVB-S2/S 接收功能，采用 Can Tuner（铁壳调谐器）+板载解调器方案，如图 1-14、图 1-15 所示。其中 Can Tuner 型号为夏普的 S7VZ7306（TU2），内部采用 IX2470 锁相环芯片。板载解调器采用阿里自家的 M3501 芯片，这是一款 DVB-S2/S 解调芯片，内建双 8 位 ADC，支持差分和单端模式，支持 DVB-S/QPSK、DVB-S2 的 QPSK/8PSK/H8PSK/16APSK 解调，支持 DiSEqC 2.0 协议，并具有低功耗待机模式。

图 1-14　HD800S2 机器调谐器电路之一

图 1-15　HD800S2 机器调谐器电路之二

对于调谐器输出的 LNB 13/18V 电压的切换和关断，HD800S2 机器沿用了常见的三端可调式稳压芯片 LM317T（UB1）构成的电路，由于属于普通的线性稳压，有一定的功率消耗，因此芯片上配有小型散热片。

1.2.8　USB、CI 接口

由于主控芯片内置了相应的接口模块，因此 USB 接口（JU1）、CI 接口（JI1）没有外置驱动芯片，是直接和主控芯片连接的，来实现外接 U 盘、移动硬盘以及 CI 模块的插入使用。

1.3　其他电路板

1.3.1　CA 卡座板

由于主控芯片内置了 CA 接口模块，因此 CA 卡座板（图 1-16）仅仅是一个 ISO7816 通用标准的卡座接口，通过排线和主板的 JA1 插座连接。

1.3.2 操作控制板

HD800S2 机器的操作控制板和一般的机器有所不同，如图
1-17 所示，除了具有串行接口 LED 数码管及键盘管理芯片
ET6202（IC080）外，还设置了一个 SM894051C25（IC01）单
片机，如图 1-18 所示。

SM894051C25 是中国台湾新茂（SyncMOS）的一款 8 位单
片机，采用 SOIC-20L 封装。其功能和 430XP、MUTANT-200S
机器卫星标清接收机使用的 SM8952AC25 基本一样，作为一种
通用低成本的可编程控制器，在 HD800S2 机器中用于机器的运
行操作以及开待机控制。SM894051C25 工作频率可达 25MHz，
不过 HD800S2 操作控制板上所配的晶振（CXO1）为 12.000MHz，
因此 MCU 工作时钟频率为 12MHz。

图 1-16　CA 卡座板

图 1-17　HD800S2 机器操作控制板

图 1-18　SM894051C25 单片机

1.3.3 开关电源板

HD800S2 机器的开关电源板采用 PWM+MOSFET 的方案，其中电源管理芯片为 SM8013C（U1），这是
一个新型的高性能的电流型 PWM 控制芯片。在 HD800S2 机器中，通过驱动外部高压 MOSFET 场效应晶体
管 CS2N60F（Q1）构成高效的开关电源，如图 1-19 所示。

图 1-19　HD800S2 机器开关电源板

SM8013C 具有很小的启动电流和工作电流，保证较低的待机功耗和很高的工作效率。在空载或者轻载的情况下，芯片会降低 PWM 工作频率，从而进一步降低开关损耗。

在 HD800S2 机器开关电源板中，由 D8 组成的一路+24V 电源经过主板电路的二次稳压后，向 LNB 提供 13/18V 极化切换电压；由 D7 组成的一路+12V 电源向音频 D/A 芯片等供电；由 D9、D10 分别组成的两路+5V 电源向调谐器、读卡器等供电，并经过主板的电源管理芯片产生 3.3V、2.5V、1.3V 电压，为主芯片、存储器、网络芯片等供电。

1.4　软件使用

HD800S2 机器的使用操作还是比较简单的，主界面有【编辑频道】、【安装】、【系统设置】、【工具】、【录制】和【本地网络设置】六大项目，从主菜单下的【工具】（图 1-20）→【信息】可以查看到软件版本（图 1-21）。

图 1-20　工具界面

图 1-21　信息界面

1.4.1　节目设置

使用前，首先需要在【安装】项目里进行【天线设置】（图 1-22），根据自身的配置方案，进行天线配置。例如，我们的 115.5°E 位于八切一开关的第四个端口下，那就在【DiSEqC1.1】项目上选择"2Cascades：Port4"，依此类推，其他项目参数的设置如图 1-23 所示。

设置完成后就可以选择"盲扫"模式进行搜索（图 1-24），HD800S2 机器可以自动搜索出采用 DVB-S、DVB-S2 调制的信号，并在搜索界面中显示搜索到的电视和广播节目数量和实时滚动的节目名称，如果节目是中文名称，也能够正常显示（图 1-25）。

1.4.2　节目播放

搜索完成后，就可以收看节目了。按遥控器上的 SATLIST（卫星列表）键，可调出卫星列表，选择所需要收看的卫星，再按 OK 键选择节目，就可以播放了如图 1-26、图 1-27 所示。

图 1-22　安装界面

图 1-23　天线设置界面

图 1-24　多卫星扫描

图 1-25　盲扫界面

图 1-26　节目播放之一

图 1-27　节目播放之二

在节目播放中，依次按遥控器上的 INFO（信息）键，可显示当前节目信息条（图 1-28）、当前节目信息指南（图 1-29）和该节目的接收参数界面（图 1-30）。其中的节目信息条提供了丰富的节目信息显示功能，可指示节目的 CA 代码、有无 EPG、字幕、图文信息，并且显示节目源分辨率、视频、音频编码格式。

图 1-28　节目信息条

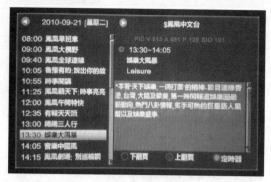

图 1-29　当前节目信息指南　　　　　　　图 1-30　节目接收参数

　　在节目播放中，按 EPG 键，可查看电子节目信息指南。系统软件内置了中文字库，因此能够支持中文解析（图 1-31），但该功能只对携有 EPG 信息的节目有效。

　　在节目播放中，按 TXET（图文）键、SUBTITLE（字幕）键，可查看该频道的图文信息、显示字幕，但该功能只对携有图文信息、显示字幕的频道有效，否则会显示"没有数据"。在节目播放中，按下 FIND（查找）键，输入字母和数字可快速显示看名称开头含有该字符的频道（图 1-32），以便用户快速切换。

图 1-31　电子节目信息指南　　　　　　　图 1-32　频道查找界面

1.4.3　系统设置

　　【系统设置】界面如图 1-33 所示，具有【语言】、【电视制式】、【显示设置】、【本地时间设置】、【定时器设置】、【父母锁】和【OSD 设置】七大选项，其中的【语言】选项灰化，无法设置。

　　（1）电视制式　【电视制式】选项主要是针对节目的显示格式进行设置，如图 1-34 所示。

图 1-33　系统设置界面　　　　　　　　　图 1-34　电视制式界面

　　【视频分辨率】选项具有"480i、480p、576i、576p、720p_50、720p_60、1080i_50、1080i_60"八种强制格式，该选项还可以通过遥控器上的 V.FORMAT（视频格式）快捷键直接选择。如果机器是通过 HDMI 接口连接电视机，则机器启动时会自动将视频分辨率调整到当前使用的 HDMI 电视可支持的最大模式。

不过，HD800S2 机器没有 50Hz、60Hz 帧频自适应模式，都是强制转换的。如设置为 1080i_50 格式，则对 1080i_60 格式的节目强制转换为 1080i_50 格式，这样多多少少会对画质有一些伤害，建议新版本中添加"自适应模式"。

🔍 小提示：

　　视频分辨率可选范围主要取决于用户所使用电视机能够支持的格式，其中 720p_50、720p_60、1080i_50、1080i_60 为高清画质格式，适合接收机和电视机对应的数字 HDMI 接口或模拟 YPbPr 接口连接，以 16：9 模式输出；480i、576i 为标清隔行画质格式，适合接收机的 CVBS 复合视频接口、SCART 接口和电视机的普通 AV 接口、隔行 YCbCr 接口连接，以 4：3 模式输出。而 480p、576p 为标清逐行画质格式，适合于接收机的 YPbPr 接口、SCART 接口和电视机的 YPbPr 接口连接，以 4：3 模式输出。

　　【外观模式】选项主要是针对当前节目显示格式进行画面大小变换设置，具有"Auto、4:3PS（平移和扫描）、4:3LB（信箱）、16:9"四个选项，建议选择"Auto"。

　　（2）**显示设置**　【显示设置】界面如图 1-35 所示，可以设置画面的亮度、对比度和饱和度，满足用户个性化的要求。

　　（3）**本地时间设置**　【本地时间设置】界面如图 1-36 所示，不过本地时间设置是采用节目转发器的时间，随着转发器的不同，本地显示时间也会改变，建议新版本中添加"网络效时"功能。

图 1-35　显示设置界面

图 1-36　本地时间设置界面

1.4.4　网络设置

　　HD800S2 机器具有网络功能，这也是现今高清接收机最基本的一项要求。HD800S2 机器支持现今流行的 CCcam 协议，只要将 CCcam 协议的账号配置文件通过 U 盘上传到机器中即可，具体操作方法如下。

　　① 首先将 CCcam.cfg 复制到 U 盘根目录下，再将 U 盘插入机器的 USB 接口。

　　② 进入主菜单的【本地网络设置】界面（图 1-37），选择【CCcam 插件设置】项目，按 OK 进入。

　　③ 选择【用 USB 升级文件】项目，在【添加升级文件】界面里（图 1-38），选择第 1 项"CCcam.cfg（CCcam Plug）"，再按遥控器的黄色键，读取升级文件。

图 1-37　本地网络设置界面

图 1-38　CCcam 插件设置之一

④ 机器自动读取和保存账号，并提示读取成功，如图 1-39 所示。

⑤ 再进入【管理配置文件】选择第 1 项，在这里可以看到刚才导入的账号，按遥控器的 OK 键勾选激活。

⑥ 返回到【本地网络设置】中开启自动获取 IP 地址（图 1-40），保存后，连接有效的网络并按遥控器上的 POWER 键重新启动机器。

图 1-39　CCcam 插件设置之二

图 1-40　CCcam 插件设置之三

⑦ 机器开始重新启动，并进行账号加载（图 1-41），待机器正常运行时，再进入【管理配置文件】选择第 1 项的界面中，发现显示"Online"（图 1-42），表示已经登录成功，这样就可以看加密节目了。

图 1-41　开机加载账号

图 1-42　管理 CCcam.cfg

【管理配置文件】选择第 2 项为"constant.cw"为免卡 Key 的配置文件，上传方法和上面一样。

1.4.5　PVR 功能

HD800S2 机器通过连接外置的 USB 存储器（包括移动硬盘、U 盘等）可实现 PVR 功能，主要包括节目的录制、回放和时光平移功能。使用该功能前，首先将 USB 存储器连接到机器背面板的 PVR 接口上，不一会儿，屏幕提示机器"USB 设备已连接正常"。与此同时，原来灰化的【录制】界面项目全部变得可操作化。

图 1-43　录制界面

（1）磁盘格式化　初次使用外置 USB 存储器时，需要进入【录制】界面（图 1-43），进行【磁盘格式化】，如图 1-44 所示。由于目前的机器只有一个 USB 接口，因此【磁盘分区】选项为默认值，无法选择。

选择最下方的"硬盘格式化"选项，按 OK 键确认后，系统会提示"Are you sure to format the USB Partition1（你确定要格式化 USB 分区 1 吗）？"用户可根据自己的需要选择"FAT、NTFS"硬盘格式，注意：磁盘格式化将删除该存储器里的全部数据！

格式化存储器后，会创建一个"PVRSS2"保存录制文件的文件夹，这样就可以进行正常的录制节目了。

（2）节目录制　在节目播放中，按 RECORD（录制）键可进行及时录制，录像时屏幕下方会出现录像进程框（图 1-45），录像进程框中用户可以看到已录制节目的名称、日期、时间及已录制当前节目的时长。在录制过程中，按 EXIT 键可退出录制进程显示界面，但屏幕右上角仍然显示"REC"，表示正在录制中。

图 1-44　磁盘格式化界面

图 1-45　节目录制信息条

在录制过程中，再按 RECORD 录制可以设置录制持续时间，按 EXIT（退出）键可选择停止录制。HD800S2 机器还提供了预约录制功能，这从【系统设置】→【定时器设置】来实现，如图 1-46、图 1-47 所示。

图 1-46　定时器设置之一

图 1-47　定时器设置之二

在录制过程中，用户可按 PAUSE 键暂停画面播放，但不能暂停录制，录制仍然在进行中，只有按 STOP 键可彻底停止录制。

（3）节目回放　录制节目的回放操作比较麻烦，需要按遥控器上的 MENU（菜单）键，进入【录制】的【录像管理器】界面，选择刚才录制节目（图 1-48）进行播放（图 1-49）。要返回节目播放状态中，需按 STOP 停止键，再按三次 EXIT 退出键，建议在新版本中添加节目回放和退出的快捷键功能。

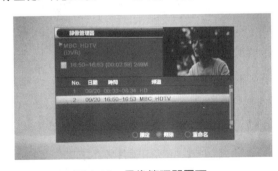

图 1-48　录像管理器界面

图 1-49　录制节目播放

在【录像管理器】界面中，不但可以进行节目的删除、重命名操作，还可以按绿色键可以输入机器的默认密码，锁定录制文件。这样下次播放时必须输入密码才能看到录制的节目。

（4）电脑播放　HD800S2 机器录制的文件是以类似"2008-01-01.04.04.51-HD-529"名称格式的子文件夹保存在 PVRSS2 文件夹里，如图 1-50 所示。每一个子文件夹下有一个或多个容量不超过 948MB 的 DVR 格式文件和一个固定的 32KB 容量 info 文件，其中前者录制节目文件，不过目前电脑中的大多数播放软件、编码软件和分离器无法识别这种格式的文件，因此无法直接播放。

同样，将电脑上 ts 格式的视频复制到 PVR 文件夹下，HD800S2 机器均无法播放。即使改变文件名称和文件后缀名来符合 HD800S2 机器录制文件的命名要求，还是不能播放。可见，HD800S2 机器是不能直接支持其他机器录制节目的视频播放的。

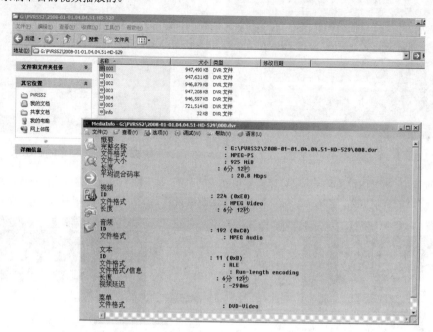

图 1-50　录制文件分析

（5）时光平移　当在【录制】的【DVR 配置】界面中开启时光平移功能时，机器将自动在 PVR 文件夹下生成 test_write1 和 test_write2 两个 6MB 文件，并将剩余磁盘空间的一半容量划给时光平移使用。此时遥控器上的 PAUSE（暂停）键就变为时光平移启用键，再按 PLAY（播放）键就可以进行时光平移中的播放，按住 PAUSE 键可逐帧播放，按 STOP 停止键终止时光平移功能。

（6）音乐和图片播放　HD800S2 机器可以播放硬盘中的 JPG、BMP 格式的图片文件，以及 MP3 格式的音乐文件，如图 1-51、图 1-52 所示。

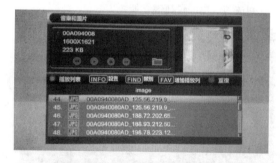

图 1-51　音乐和图片界面之一

图 1-52　音乐和图片界面之二

1.4.6　频道编辑

HD800S2 机器上提供了简单的【编辑频道】功能（图 1-53），如进行喜爱频道编辑，先进入电视频道列表（图 1-54），按 FAV（喜爱）键→OK 键进行编辑。

1.4.7　更换背景画面

HD800S2 机器还提供了杂项文件备份和升级，通过【工具】→【用 USB 备份】→【备份模式】进入，选择"杂项文件"，有四个可选项：

① TP_PROG.dbs（Sat,TP, Prog），对卫星列表、TP 以及系统已储存的节目列表进行备份。

② Back_logo.msv（Backgroud），对系统背景进行备份。

③、④选项和"镜像文件"里的相同。

图 1-53　编辑频道界面

图 1-54　电视频道列表界面

第②项为我们提供了更改背景画面的功能，只要制作一个容量为 42KB 的 M2V 格式的视频文件，将它上传机器中，就可以替换原来的背景画面，图 1-55 为我们制作的分辨率为 1280×720《美丽的钓鱼岛》背景画面。

1.4.8　总评

最后我们将已评测的 F302+、DM8000、DM800 打造版三款高清机和 HD800S2 机器作一个简单的功能对比。

图 1-55　更换背景画面

（1）门限对比　对于采用 S7VZ7306 卫星调谐器＋M3501 板载解调器构成的 HD800S2 机器的门限问题，我们和采用国产易尔达 EDS-4B47FF1B 一体化调谐器的 F302+机器、采用 BCM4501 的板载调谐器的 DM8000 机器以及采用日本 ALPS（阿尔卑斯）BSBE2-401A 一体化调谐器的 DM800 机器做出对比测试。

在同等接收条件，在高频头波导管口处贴上一段铝箔，人为降低信号质量，接收部分转发器节目，以画面观感为主，测试数据如表 1-1。

表 1-1　四款高清机门限接收对比数据

测试机器 频道	DM8000	HD800S2	F302+	DM800
MBC HD (108.2°E 12385 V 6667 3/5　DVB-S2)	正常播放、没有马赛克现象	正常播放、有时会有马赛克现象，但出现概率较小	正常播放、但画面易出现马赛克现象	播放不正常，画面大面积马赛克、偶尔有伴音
CCTV 高清 （115.5°E　4100　H 27500 3/4 DVB-S）	正常播放、没有马赛克现象	正常播放、出现马赛克的面积小、概率小	不能播放、画面大面积马赛克、无伴音	能播放、但画面马赛克多、伴音卡

通过简单的测试我们发现：在这四款高清机中，无论是 DVB-S2 信号的接收，还是 DVB-S 信号，这台 HD800S2 机器都有不错的表现，接收门限仅次于 DM8000 机器，这是我们料想不到的。

（2）开机、待机、换台时间　在未连接硬盘、不激活机器网络功能的同等条件下，经测试，HD800S2 机器在开机启动到正常工作只需时间 20 s 左右，刷写 2010 年 8 月 20 日系统软件的 F302+机器为 1 min 7s 左右，刷写 G2-510#76C 最新版本的 DM800 机器需要 1 min 30 s 左右，可见，HD800S2 机器启动速度过程最快。

在同一个转发器下接收免费频道或者换台屏幕出现画面，F302+机器需要 2s，而 DM800 不超过 1s，而 HD800S2 机器在 1s 左右。

待机再开机 F302+机器需要 3s，DM800 则很快，不超过 1s，HD800S2 机器则需要 18s，这因为 HD800S2 机器的待机实际上就是机器的重新启动，因此时间和上述的机器不能同比。可以看出，对于换台、待机占用时间，还是 DM800 优势大一些。

（3）功耗测试　在同等的不连接硬盘，收看同一个 DVB-S 频道，上述四台机器的功耗测试数据如表 1-2。

表 1-2　　四款高清机功耗对比测试数据　　　　　　　　单位：W

机器状态	DM8000	F302+	DM800	HD800S2
工作	23.8	14.4	14.5	11.7
待机	21.1	11.9	7.1	3.8
深度待机	9.6	—	10.7	—

可见，HD800S2 机器待机功耗仅仅不到 4W，并且在该状态下能够进行节目预约录制，这一点也是值得夸奖的。

（4）总结　　HD800S2 机器具有如下优点有。

① 具有较低的 DVB-S2/S 接收门限，在我们测试的四台机器中，接收门限仅次于 DM8000 机器。

② 具有快速的 DVB-S2/S 信号硬件盲扫功能，盲扫参数的准确性也很高。

③ 开机速度很快，待机功耗在目前我们评测的高清机中最低。

④ 在待机状态中，可以进行机器的预约播放和录制操作。

⑤ 在工作状态中，可以热插拔 U 盘、移动硬盘，能够自由地挂载和卸载而不必重新启动机器。

⑥ 内置的 CCcam 协议对目前各种 CA 系统具有很好兼容性和稳定性。

⑦ 机器工作时温升低，工作稳定性好，几乎没有死机问题。

⑧ 不但具有 CA 插槽，支持目前大多数的 CA 系统，还具有 CI 插槽，可通过 CI 专用模块支持一些不太常用的 CA 系统。

⑨ 较多的音视频接口功能，满足"烧友"各方面的需求。

不过，我们认为这台 HD800S2 机器在软硬件上有一些值得改进的地方：

① 从待机到开机 0～7s 之间，机器前面板显示屏没有任何显示，就像机器没有供电一样，之后显示屏才出现"boot"的字符。建议在 0～7s 之间增加数码管的指示功能。

② 遥控器操作控制灵敏度不错，不过功能键布局设计有待提高，一些常用的功能键设计位置和按键大小应该参考 DM800 遥控器经典的布局设计，以便用户操作更加方便化。

③ 机器上的一些功能还有待开发，如在【安装】→【其他】界面下的【讯号测试】和【BER】两项功能，虽然我们已设置开启，但机器并不能显示该功能。

④ 在机器设置的帧频和节目的帧频一致时，无论标清还是高清频道，节目画面和 DM800 相比较看不出区别；但两者帧频不一致时，即机器强制帧频时，可以看出一些细微的差别，因此建议增加视频分辨率的 1080i_auto 自动切换功能，即 50/60Hz 帧频自适应功能。

⑤ 回放录制节目的操作比较麻烦，建议将遥控器上的 DVR/INFO 键改为录制节目播放快捷键，以便用户快速回放。

⑥ 建议用户换台操作时，屏幕弹出的节目列表具有自动隐藏功能。

⑦ 建议中文版本内置简体中文字库，这样国内用户采用频道编辑软件编辑频道中文名称就更方便了。

⑧ 主控芯片不提供 SATA 或 eSATA 接口，不支持内置或外置的串口硬盘，只有一个外置的 USB 接口，显然是太少了，如果再增加一个 USB 接口就好了。

1.5　软件升级

1.5.1　频道编辑——PVR800-Editor 软件

通过遥控器进行频道编辑，非常麻烦，好在采用 ALi M3602 方案都提供了频道编辑软件——PVR800-Editor，并有 RS-232 串口、USB 接口两种编辑方法。前者和 430xp 机器的编辑方法类似。后者实际上是先将 HD800S2 机器的系统软件保存在 U 盘中，再导入到电脑中进行编辑，编辑完成后，再保存到 U 盘上，并通过接收机的 USB 升级功能刷写带有新频道的系统软件，这样就完成了编辑工作。

具体操作方法如下。

① 将 U 盘插入机器中，通过【工具】→【用 USB 备份】，如图 1-56 所示。

② 按 OK 键进入，在【备份模式】上有"镜像文件"和"杂项文件"两个选项，这里选择"镜像文件"，将光标移动到"开始"上，按 OK 键，在弹出的【备份镜像文件】界面上（图 1-57）共有四个可选项：

a. HDS2_DUMP.abs，对用户自定义机器设置进行备份；

b. system Setting，对用户设置的机器系统进行备份；

c. CCcam.cfg，对系统中已储存的 CCcam.cfg 文件进行备份；

d. constant.cw，对 constant.cw 文件进行备份。

图 1-56　工具界面

图 1-57　备份镜像文件界面

③ 可以选择 a、b 两项，再按黄色键确认储存和备份（图 1-58），备份完成后，按 INFO 信息键可以查看备份结果（图 1-59）。

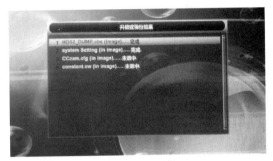

图 1-58　用 USB 备份界面

图 1-59　升级或备份结果

④ 将 U 盘插入电脑中，打开 PVR800-Editor 频道编辑软件，选择 Open Bin File 文件类型的 HDS2_DUMP.abs 文件，如图 1-60 所示。

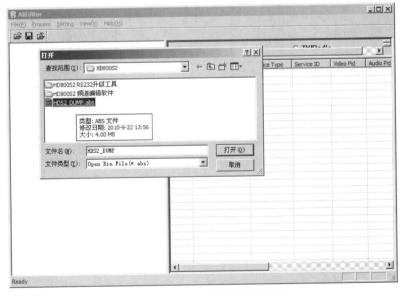

图 1-60　AliEditor 频道编辑界面之一

⑤ 选择数据库类型为"User Date Base（用户数据库）"，展开 All Services（所有服务）项目，找到所需要编辑的节目名称双击它进行编辑，如图 1-61 所示。注意，早期系统软件版本需要采用繁体字体编辑，否则编辑的节目名称在机器上无法正确显示。

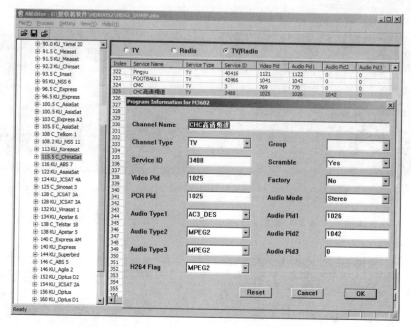

图 1-61　AliEditor 频道编辑界面之二

⑥ 对于一些相邻之间大量重复的频道，可以配合电脑键盘的"Shift"键进行快速删除，如图 1-62 所示。

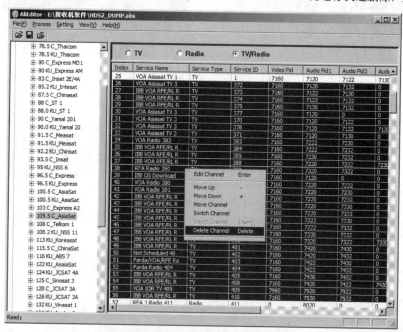

图 1-62　AliEditor 频道编辑界面之三

⑦ 展开 Favorite Group（喜爱组）项目，在界面右边空白处，右击鼠标选择"Edit Group（编辑组）"，如图 1-63 所示。在弹出【Favorite Group Edit（喜爱组编辑）】界面中添加各种类型的喜爱频道，并按 OK 键保存，如图 1-64 所示。

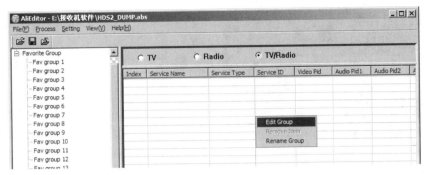

图 1-63　AliEditor 频道编辑界面之四

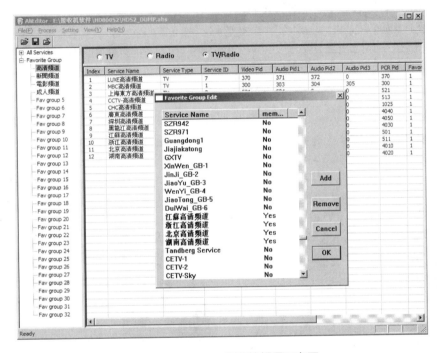

图 1-64　AliEditor 频道编辑界面之五

⑧ 将编辑好的节目保存后，再将 HDS2_DUMP.abs 文件复制到 U 盘中，然后将 U 盘插到机器中，按照图 1-65～图 1-67 进行升级，升级完成后，机器自动重启。

图 1-65　通过 USB 升级之一

图 1-66　通过 USB 升级之二

最后，按遥控器上的 FAV 键，可以发现我们的中文台标已编辑成功，如图 1-68 所示。注意：喜爱频道文件夹名称目前无法显示，建议在新版本中得到改进。

图 1-67　通过 USB 升级之三

图 1-68　中文台标编辑成功

1.5.2　RS-232 串口升级——STBERomUpgrade 软件

实际上在我们上面介绍的节目编辑中的①～③就是系统备份步骤，⑧就是系统升级步骤。当然这只是采用 U 盘的系统升级，如果采用 U 盘升级失败后，还可以采用 STBERomUpgrade 软件通过 RS-232 串口升级来弥补。

具体操作方法如下：

①　关闭机器的电源，用 RS-232 交叉串口线（注：和 DM500 使用的连接线一样）连接电脑串口和机器串口。

②　运行 EromUpgrade.exe 程序，其中【Port】端口、【Bits Rate】速率、【Parity】奇偶性、【Operate Mode】操作模式，按照默认选项进行，无需重新设置。在【File】文件处选择刷机文件，并勾选【Include Bootloader】包括引导程序的选项框，具体如图 1-69 所示。

③　按 Next（下一页）键，再打开接收机电源开关，软件开始执行将电脑中的系统文件传送到机器的内存中，如图 1-70 所示，当进度条到 100％时，表示文件传送完成（图 1-71）。

图 1-69　RS-232 串口升级之一

图 1-70　RS-232 串口升级之二

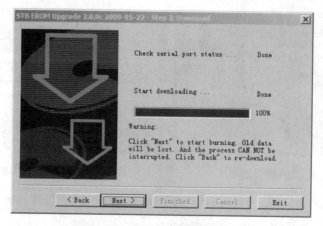

图 1-71　RS-232 串口升级之三

④ 继续按 Next 键，机器开始将保存在内存中的系统文件烧写到 FLASH 芯片中，如图 1-72 所示。请注意：这时千万不能断电或进行其他任何操作！

⑤ 当进度条再次到 100％时，表示系统升级完成（图 1-73），按 Finished（完成）键结束串口刷机。

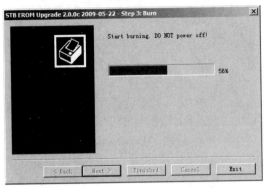

图 1-72　RS-232 串口升级之四

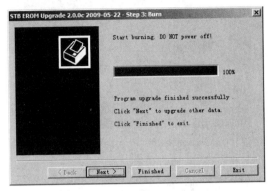

图 1-73　RS-232 串口升级之五

1.5.3　阿里 M3602 方案工程菜单

目前，采用阿里 M3602 方案的高清机有 OpenBox、OpenBox S9、S10、S11、S13、SKYBOX HD S9、PVR800HD、invel HD PVR 3612、HiBOX F1、F2、HD800S2、HDS2-500HD、HD800V9、Bolt HD 等众多的型号，工厂为了方便机器流水线作业的质量检测，在系统软件里设置了一个工程菜单，需要通过特定的方法进入，具体操作如下。

在主菜单下，由【工具】→【信息】，进入【信息】界面，按"11111"密码进入隐藏的【Factory test】工厂测试菜单，有六个工程测试模式，如图 1-74 所示。

第 1 项【LNB control signal test】模式，为 LNB 控制信号测试，如图 1-75 所示。

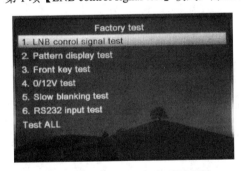

图 1-74　阿里 M3602 方案工程菜单

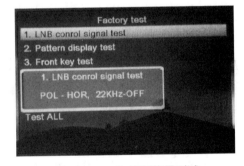

图 1-75　LNB 控制信号测试

"POL"表示极化电压（Polarity），"HOR"表示水平极化（Horizontal，电压为 18V），"VER"表示垂直极化（Vertical，电压为 13V）。"22kHz"用于双本振 Ku 波段高频头的低波段和高波段之间切换，"OFF"表示 22kHz 切换脉冲处于关闭状态，此时切换到低波段，即 9.75GHz 本振工作。"ON"表示 22kHz 切换脉冲处于打开状态，此时切换到高波段，即 10.6GHz（或 10.75GHz）本振工作。

第 2 项【Pattern display test】模式，为模板显示测试，默认输出显示为彩条，并且伴有声音输出（图 1-76）。

第 3 项【Front key test】模式，为前面板按键测试（图 1-77），有 POWER（待机）、MENU（菜单）、LEFT（左）、RIGHT（右）、UP（上）、DOWN（下）、OK（确认）七个按键测试项目。

第 4 项【0/12V test】模式，为 0/12V 电压测试（图 1-78），不过大部分采用 M3602 方案的机器，并没有在背面板提供 0/12V 电压输出接口。

第 5 项【Slow blanking test】模式，为慢帧间隔测试（图 1-79）用于测试画面 16∶9 与 4∶3 宽幅比模式的切换。

第 6 项【RS232 input test】模式，为 RS232 串口输入信号测试（图 1-80）。

图 1-76 模板显示测试

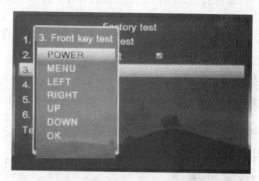

图 1-77 前面板按键测试

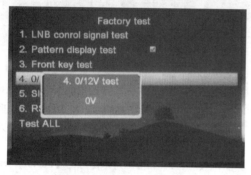

图 1-78 0/12V 电压测试

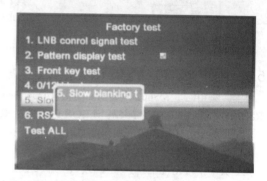

图 1-79 慢帧间隔测试

最后项【Test ALL】为测试上述全部项目，每次测试可以通过 EXIT 键退出。另外，按"7"数字键五次，在信息界面中可以显示收视卡的【CA CARD】的加密系统类型和【CCID】（Card Chip ID，卡和芯片的 ID 码），如图 1-81 所示。对于新固件版本，如果没有这种信息显示，可以按"8888"密码试一试。

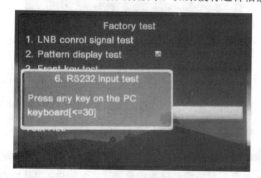

图 1-80 RS232 串口输入信号测试

图 1-81 卡片测试

目前，采用阿里 M3606 方案的高清机有 OPENBOX S16（M3606C）、SR2（M3606）等型号，以及 M3606 减配版 M3601S 方案的 DboxII、Spider HD 等型号。SR2 卫星高清接收机是新雷（SUNRAY）厂家于 2012 年底推出的一款采用阿里 M3606 方案的平民高清机。

2.1 外观功能

新雷 SR2 机器标准配置有一台主机、一根 AV 线和一个遥控器。另外还可选配 150M 迷你型 WiFi 网卡（图 2-1）、HDMI 线。

SR2 机器采用黑色机壳，前面板整体覆盖茶褐色半透明有机玻璃（图 2-2），一个电镀的待机按钮将前面板分为左右两个部分，左半部为四位黄色 LED 数码管的显示窗口，数码管右边是一个蓝色的工作指示灯和一个红色的待机指示灯。

SR2 机器非常简洁，只有一个待机按钮，其他按钮都隐藏在仓门里，拨开仓门（图 2-3），左边区域有上下左右方向键、MENU（菜单）、OK（确认），中间是 USB2.0 接口，右边区域是一个 CA 收视卡插槽。

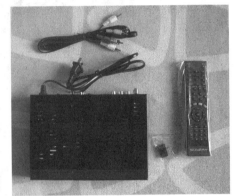

图 2-1 SR2 机器配件

图 2-2 SR2 机器前面板

图 2-3 SR2 机器仓门

SR2 机器背面板如图 2-4 所示，LNB 接口具有一组 LNB IN 和 LNB OUT 环路输出；音视频模拟接口有一组 AV 接口、一个 YPbPr 接口；音视频数字接口有一个 S/P DIF 光纤接口、一个 HDMI 接口；另外还有一个 RJ-45 网口、一个 RS-232 串口以及一个 USB2.0 接口，背面板上还设置了一个交流电源开关。

图 2-4 SR2 机器背面板

SR2 机器采用被动式散热，在机器的上盖、底部和两侧都有散热格栅，有利于工作时元器件热量的散热。

2.2 电路主板

图 2-5 为 SR2 机器的内部结构，全机是由开关电源板、电路主板、CA 卡座板和操作控制板四大块组成，电路主板如图 2-6 所示。

图 2-5　SR2 机器内部结构

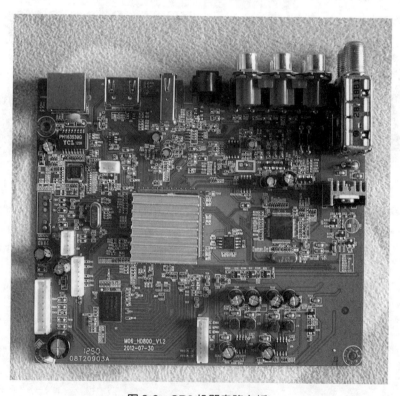

图 2-6　SR2 机器电路主板

2.2.1 主控芯片——ALi M3606

SR2 机器主控芯片上面覆盖了散热片，型号为 ALi M3606（U1），如图 2-7 所示，这是台湾扬智科技于 2010 年第一季度推出的第二代高清互动机顶盒方案 M3606/M3701 系列中的一种。

M3606 是一颗高度集成的机顶盒与网络 IC 芯片，主频为 398MHz，采用 LQFP-256P 封装，拥有两个高性能 32 位 RISC CPU。在视频部分，内建 MPEG2/4 和 H.264 高清视频解码器，内建 DVI 和 HDMI 与 HDCP，支持 4 个视频 DAC，可以同时输出 YPbPr 与 CVBS。在音频部分，内建 2 声道音频 DAC，支持两通道 HE-AAC V1 音频格式，支持杜比缩减混音（Dolby down-mixed）到两通道和杜比定向逻辑 II（Dolby Prologic2）。在外围数据接口部分，具有两个高速 USB 2.0 主机接口，一个 10/100Mbps 以太网 MAC 带有 RMII 接口等、支持 CA、CI 接口。

图 2-8 为扬智官方网站给出的双 M3501 解调器的 M3606 方案系统框图。

图 2-7　ALi M3606 芯片

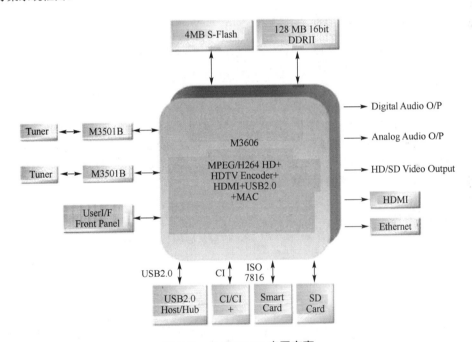

图 2-8　ALi M3606 应用方案

市面上还有采用 M3601S 主控芯片的机器，从官方资料来看，这是 M3606 的减配版，该芯片为单 32 位 RISC CPU，不支持 CI 接口，只有一个 USB 接口，其他功能和 M3606 一致。

2.2.2 存储器

SR2 机器采用 SPI E²PROM＋DDR SDRAM 存储系统方案，如图 2-9 所示。

其中 SPI E²PROM 是串行外设接口 CMOS 可擦写存储芯片，采用中国台湾旺宏（Macronix）公司的 25L3206EM2I-12G（U8），容量为 4MB，用于系统程序的存储；DDR SDRAM 型号为中国台湾南亚（NANYA）公司的 NT5TU64M16GG-AC（U2），这是一款 DDR2 800MHz 内存芯片，采用 64M×16bit 结构，BGA 封装，存储容量为 128MB，用于系统运行中的数据存储内存。

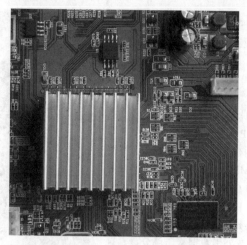

图 2-9　SR2 机器存储器

此外，在 SR2 机器上，还有一枚 E²PROM 存储器 24C02（U17），容量为 2KB，用于频道参数、节目参数、用户设置（比如音量）等的保存。

小知识：卫星接收机中的存储器

存储器主要用于软件的存储和软件运行过程中的数据存储，一般卫星接收机中的存储器主要包括以下四个部分。

第一部分为 ROM，在掉电时不会丢失，用于存储软件。这一部分可以采用掩膜 ROM、E²PROM、FLASH 等，普通标清机一般容量为 1 ~ 4MB，普通高清机一般容量为 4 ~ 8MB。

第二部分为 DRAM 或 SDRAM，用于存储软件运行过程中的各种临时数据，普通标清机一般容量为 1MB。

第三部分为 RAM，专门用于视频解码的缓存和显示图形的缓存，普通标清机一般容量为 2MB。

第四部分为不易散失的存储器，用于频道参数、节目参数、用户设置（比如音量）等的保存。容量比较小，一般为 2 ~ 64KB，可以逐字节修改，掉电后不会丢失。

2.2.3　音视频接口

SR2 机器的音视频输出接口可提供数字和模拟两种信号，如图 2-10 所示。

图 2-10　SR2 机器音视频输出接口

数字音视频采用 HDMI 接口（J3），预留了 ESD（静电保护器）元件（U5/U6）位置，但没有 TVS（瞬态抑制二极管）阵列贴片。YPbPr 接口（J6）预留了三通道视频滤波驱动芯片（LCVF）位置（U12），同样没有贴片。

由于 M3606 主控芯片内置了音频 DAC，因此只需要经过双运放 4558（U10）构成音频前置电路放大后，就可为 R、L 接口提供模拟音频信号。

2.2.4　RJ-45 网络接口

SR2 机器提供了一个 RJ-45 网络接口（COM902），网络座内有红、绿两个 LED 指示灯，显示网络状态。网卡芯片为美国 Atheros（创锐讯）的 AR8032（U16），如图 2-11 所示，这是一款 100Mbps 以太网网卡芯片。在网口座和网络芯片中间采用中国台湾 CYL（卓智）PH16 系列的网络变压器 PH163539G，作为传输数据和网络隔离之用。

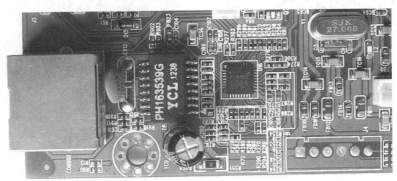

图 2-11　SR2 机器网络接口

2.2.5　RS-232 串行接口

SR2 机器 RS-232 串口通过连线和主板的 CN3 插座相连接，没有采用专用的 RS-232 接口转换芯片，而是采用两个贴片三极管（Q20、Q21）构成的简单的分立元件电路来完成这种电平转换。

2.2.6　调谐器部分

SR2 机器只有 DVB-S2/S 接收功能，采用 Can Tuner（铁壳调谐器）＋板载解调器方案，如图 2-12 所示。其中 Can Tuner 型号为夏普的 S7VZ7306A（TU1），板载解调器采用阿里自家的 M3501 芯片，这是一款 DVB-S2/S 解调芯片，内建双 8 位 ADC，支持差分和单端模式，支持 DVB-S/QPSK、DVB-S2 的 QPSK/8PSK/H8PSK/16APSK 解调，支持 DiSEqC 2.0 协议，支持硬件盲扫功能，并具有低功耗待机模式。

2.2.7　电源管理

电路主板设置了两个厂标型号为 "AAB2JA" 的电源管理芯片，如图 2-13 所示，分别为主板提供 1.8/3.3V（U18 提供）、1.15/1.2V（U19 提供）四组电压，其中 1.15V 为可控电压，待机时为 0V。

图 2-12　SR2 机器调谐器

图 2-13　SR2 机器电源管理芯片

2.3 其他电路板

2.3.1 CA卡座板

SR2 机器配备 CA 卡座板，支持插卡收视加密节目。由于主控芯片内置了 CA 接口模块，因此 CA 卡座板（图 2-14）仅仅设置了简单的阻容元件和一个 ISO7816 通用标准的卡座接口，通过排线和主板的 J22 插座连接。

（a）　　　　　　　　　　　　　　　　　（b）

图 2-14　CA 卡座板

2.3.2 操作控制板

SR2 机器的操作控制板如图 2-15 所示，采用 FD650S（U1）作为 LED 数码管及键盘管理芯片，FD650S 是一种带键盘扫描电路接口的 LED 驱动控制专用电路。内部集成有 MCU 输入输出控制数字接口、数据锁存器、LED 驱动、键盘扫描、辉度调节等电路。FD650S 广泛应用于机顶盒、DVD、电磁炉、小家电、仪器仪表等各种数码管显示及按键控制场合。

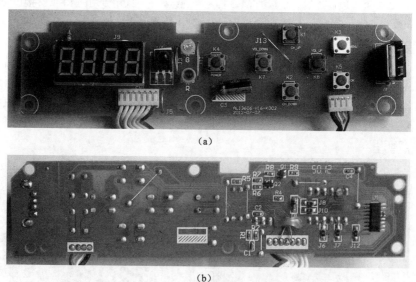

（a）

（b）

图 2-15　SR2 机器操作控制板

操作控制板还设置了一个 USB2.0 插座，通过排线和主板的 CN1 插座连接。

2.3.3 开关电源板

SR2 机器的开关电源板（图 2-16）采用美国仙童（Fairchild）公司的 FSDM0365RB（U1）电源管理芯片，该芯片内部已集成了脉冲宽度调制（PWM）和 N 型沟道结型场效应管（MOSFET）。

图 2-16　SR2 机器开关电源板

在 SR2 机器开关电源板中，由二极管 D9 组成的一路+24V 电源经过主板电路的二次稳压后，向 LNB 提供 13/18V 极化切换电压；由二极管 D8 组成的一路+12V 电源向音频双运放芯片等供电；由二极管 D7 组成的两路+5V 电源向调谐器、前面板、读卡器等供电。经过主板的电源管理芯片产生 3.3V、1.8V、1.2V 电压，为主芯片、存储器、网络芯片、QPSK 解调器等供电。

+24V、+12V、+5V 三组电压由开关电源板 CN3 插座上的排线向主板 J1 插座供电。在开关电源板上，还设置了 CN2 插座，具有–24V、–30V 两组电压，分别是由二极管 D10、D11 提供，是为今后操作面板采用 VFD 操作显示屏预留驱动电源。

2.4　150M 迷你型 WiFi 网卡

SR2 的 150M 迷你型 WiFi 网卡体积很小巧，和一元硬币差不多，将其拆解，如图 2-17 所示。

（a）外观

（b）拆解

图 2-17　150M 迷你型 WiFi 网卡外观及拆解

该网卡采用中国台湾雷凌（Ralink）公司的 RT5370 方案（图 2-18），符合 IEEE 802.11n（Draft 2.0）标准，并且向下兼容 IEEE 802.11g、IEEE 802.11b 标准，无线传输速率最高为 150Mbps（HT40@MCS7），72Mbps（HT20@MCS7），并且支持自适应调节。

网卡的 USB 接口直接设计在 PCB 上，内置的 PIFA 天线（又称皮法天线），即平面倒 F 天线，是以其侧面结构类似倒反的英文字母"F"而命名（图 2-19），PIFA 天线是利用片状金属导体配合适当的馈线来调整天线短路端到接地面的位置，制作成本低，而且可以直接与 PCB 电路板焊接在一起，达到体积上的迷你（Mini）化。

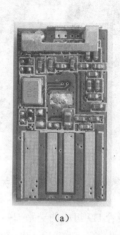 

（a）　　　　　　　（b）

图 2-18　WiFi 网卡电路板正面　　　　　图 2-19　WiFi 网卡电路板上的 PIFA 天线

2.5　软件使用

图 2-20 为 SR2 机器主界面，有【频道编辑】、【卫星设置】、【系统设置】、【工具】、【网络】和【媒体播放器】六大项目，从主菜单下的【工具】→【信息】可以查看到软件（S/W）版本，我们这款机器为 2013 年 2 月 26 日推出的 V2.0.2 版本（图 2-21）。

图 2-20　主界面　　　　　　　　　　　图 2-21　信息界面

2.5.1　节目搜索

使用时，首先需要进入【卫星设置】项目里【卫星列表】里（图 2-22），对所需要接收的卫星进行勾选。对于没有预置的卫星，按绿色键进行添加。如添加 108.2°E 的新天空 11 号卫星（NSS 11），具体如图 2-23、图 2-24 所示。

图 2-22　卫星设置界面　　　　　　　　图 2-23　重命名

添加完成后，进入【天线设置】界面，对所接收的卫星进行本振频率、切换开关端口等设置。例如，我们的 108.2°E 位于八切一开关的第三个端口下，那就在【DiSEqC1.1】项目上选择"2Cascades：Port3"（图 2-25），依此类推。

图 2-24 添加卫星

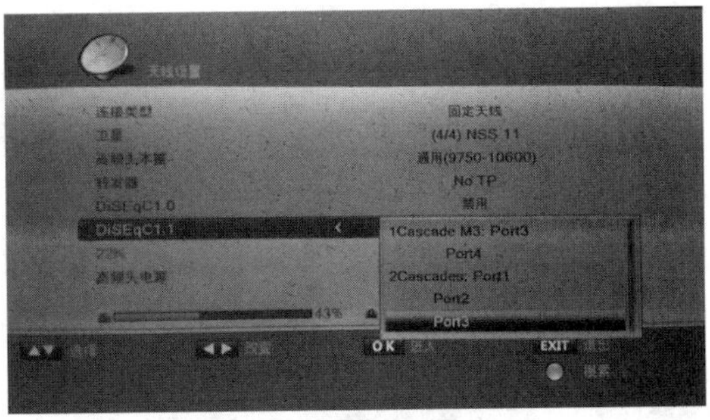

图 2-25 天线设置界面

设置完成后退出，进入【搜索】界面，可以选择"盲扫"模式进行搜索，如图 2-26 所示。

图 2-27 为盲扫界面，SR2 机器可以自动搜索出采用 DVB-S、DVB-S2 调制的信号，在搜索界面中会显示搜索到的电视和广播节目数量和实时滚动的节目名称，并且支持中文台标显示。搜索时，界面下方显示 P、S、Q 三个进度条，非常醒目，其中 P（Process）代表盲扫进程，采用灰色条显示；S（Strength）代表信号强度，采用蓝色条显示；Q（Quality）代表信号质量，采用橙色条显示。

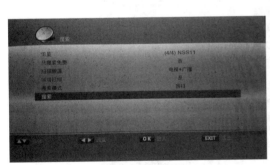

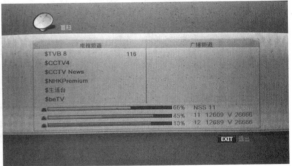

图 2-26 搜索界面

图 2-27 盲扫界面

在盲扫过程中，机器前面板数码管显示"Srch"，其意为"Search"（搜索）提示。盲扫过程很快，完成后，可以返回到【频点列表】界面，查看盲扫出来的转发器参数（图 2-28），我们和实际参数对比一下，无论是下行频率，还是符码率，数值误差很小。

在【频点列表】界面中，可以编辑、添加或删除转发器。当光标移到一个转发器上，界面下方会同步显示该转发器的信号强度和信号质量。按蓝色键，可以对该转换器进行频点搜索，如图 2-29、图 2-30 所示。

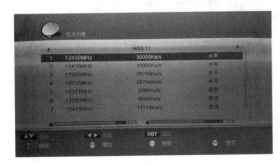

图 2-28 频点列表界面

图 2-29 频点搜索之一

2.5.2　节目播放

　　搜索完成后，就可以收看节目了。按遥控器上的 OK 键，可调出卫星列表，再按 SAT（卫星）键选择所需要收看的卫星。对于高清频道，还有特别醒目"HD"图标提示（图 2-31），再按 OK 键选择节目，就可以播放了。

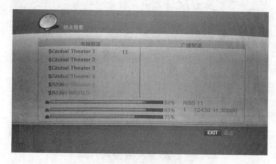

图 2-30　频点搜索之二

图 2-31　卫星列表

　　在节目播放中，按遥控器上的信息键，可显示当前节目信息条（图 2-32），信息条上提供了丰富的节目信息显示功能，可显示节目分辨率，标清（SD）或高清（HD），杜比（DB），免费频道（FTA）或加密方式（Biss、Irdeto、Media、NDS，其他加密方式无法显示，只显示 Unknow 未知）、节目加锁等。

图 2-32　节目信息条

　　对于节目携带 EPG 信息的，再次按遥控器上的信息键，可显示详细信息（图 2-33）。

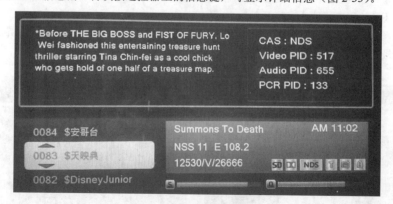

图 2-33　显示 EPG 信息

　　一些 EPG 有语种显示，节目信息条只能显示默认语种，此时可以按遥控器 EPG 键来查看。图 2-34 所示的为 108.2°E 香港 TVB 付费系统的电子节目指南（EPG）界面，按 OK 键，显示英文 EPG 详情（图 2-35），按绿色键就可以更换为中文的 EPG（图 2-36），按遥控器下键可浏览下一页 EPG 内容。

图 2-34 电子节目指南

图 2-35 电子节目指南详情之一

在节目播放中，可以通过遥控器对节目列表中的频道进行排序和查找。排序是按绿色键操作，可按喜爱、卫星、节目源清晰度（HD-SD）、标准、加密系统、网络共享六种分类排序（图 2-37）。

图 2-36 电子节目指南详情之一

图 2-37 频道排序

查找是按蓝色键操作，输入字母和数字可快速显示看名称开头含有该字符的频道（图 2-38），以便用户快速切换。

在节目播放中，可以按遥控器 Play/Pause（播放/暂停）对节目暂停，屏幕右上方出现绿色的"▌▌"图标，不过，这种暂停不是时光平移，仅仅是画面的冻结，声音还是照常播放的。如需实现时光平移功能，必须外接 USB 存储器。

2.5.3 系统设置

【系统设置】界面如图 2-39 所示，具有【语言】、【电视制式】、【显示设置】、【当地时间设置】、【父母锁】、【OSD 设置】和【刻录设置】七大选项。

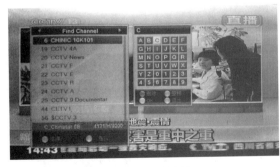

图 2-38 频道查找

图 2-39 系统设置界面

（1）语言 【语言】界面中的【语言】为界面语言，支持中文、英语、法语、德语、意大利语、西班牙语、葡萄牙语、俄语、土耳其语、波兰语、阿拉伯语 11 种语言（图 2-40）。

（2）电视制式 【电视制式】选项主要是针对节目的显示格式进行设置，有【视频分辨率】、【显示比例模式】、【视频输出】、【射频系统】、【射频频道】和【数字音频输出】六个选项（图2-41）。

图 2-40　语言界面

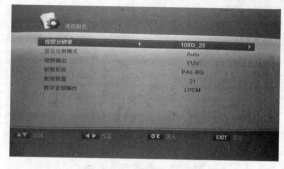

图 2-41　电视制式界面

【视频分辨率】具有"480i、480p、576i、576p、720p_50、720p_60、1080i_25、1080i_30、1080p_50、By Source、By Native TV"11 种格式。其中 By Source（按节目源）也就是"自适应模式"，它是根据节目源的格式自动切换相对应的分辨率，例如播放高清频道时，输出 1920×1080 的分辨率，播放标清频道时，输出 720×576 的分辨率，因此要求电视机具有多种分辨率适应功能，否则会因兼容性问题黑屏而无法显示。By Native TV（按本地电视），是将节目分辨率强制到电视机自身的可显示的分辨率上。

【显示比例模式】有 Auto（自动）、4：3PS、4：3LB、16：9 四种模式。

Auto（自动）模式就是满屏模式，不管节目源原来是什么宽幅比，自动充满屏幕。因此在 16：9 屏幕电视机上，4：3 节目画面左右拉伸变形；在 4：3 屏幕电视机上，16：9 节目画面上下拉伸变形。

4：3PS 为平移和扫描（PAN SCAN）模式，画面垂直部分不变，水平部分按 16：9 比例伸展。因此在 4：3 屏幕电视机上，16：9 节目画面两边伸张到屏幕之外。在 16：9 屏幕电视机上，4：3 节目画面左右拉伸变形，16：9 节目画面也被再次按 16：9 比例伸展变形。

4：3LB 为信箱（LETTER BOX）模式，画面水平部分不变，垂直部分按 16：9 比例收缩。因此在 4：3 屏幕电视机上，画面均不变形；但在 16：9 屏幕电视机上，4：3 节目画面左右拉伸变形，16：9 节目画面再次按 16：9 比例上下压缩变形。

16：9 格式即画面保持原始比例，在 16：9 屏幕电视机上，均可以输出正常不变形的图像。在 4：3 屏幕电视机上，4：3 节目画面左右压缩变形，16：9 节目画面上下拉伸变形。

我们归纳显示比例模式和电视机屏幕观看效果如表 2-1 所示。

表 2-1　比例模式和电视机屏幕观看效果一览表

显示比例模式 电视机屏幕	Auto	16：9	4：3PS	4：3LB
4：3	16：9 节目上下拉伸变形	4：3 节目画面左右压缩变形，16：9 节目上下拉伸变形	16：9 节目不变形，但左右画面溢出屏幕之外	不变形
16：9	4：3 节目左右拉伸变形	不变形	4：3、16：9 节目画面均拉伸变形	4：3 节目画面左右拉伸变形，16：9 节目画面上下压缩变形

【视频输出】有 YUV（色差）和 RGB（三原色）两个选项，请选择"YUV"，如选择"RGB"，则视频分辨率只能在 480i、576i 和 By Source 中选择。

【射频系统】、【射频频道】在本机无效，因为电路主板上没有射频捷变调制器这个硬件，建议新版本删除这两项。

【数字音频输出】有 LPCM 和 BS 两个选项，LPCM 为本机解码，只连接电视机时选此项。BS（Bit Stream，比特流）是源码输出，机器本身不处理声音，通过 S/P DIF 光纤或 HDMI 接口连接功放进行音频解码和放大。

（3）显示设置　【显示设置】可以设置画面的亮度、对比度、饱和度、色调和锐度，满足用户个性化的要求，默认设置如图 2-42 所示。

（4）当地时间设置　【当地时间设置】界面是设置本地时区（图 2-43），不过本地系统时间设置是采用节目转发器的时间，随着转发器的不同，本地显示时间也会改变，建议新版本中添加"网络效时"功能，以显示正确的当地时间。

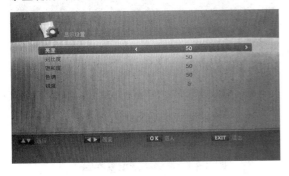

图 2-42　显示设置界面

图 2-43　当地时间设置界面

（5）父母锁　进入【父母锁】需要输入默认密码为"0000"，界面如图 2-44 所示，其中【菜单锁定】选择"开"时，每次进入菜单需要输入默认密码。【频道锁定】是为少儿设定的，一些不适合少儿收看的暴力、色情、恐怖等节目可以加锁。选择频道锁定为"开"后，再到【频道编辑】界面中设置加锁的频道，就可实现这种功能。

（6）OSD 设置　【OSD 超时】设置在 1～10 s 中选择，【OSD 透明度】可从 Off（关）到 10%、20%、30%、40%选择，默认设置如图 2-45 所示。

图 2-44　父母锁界面

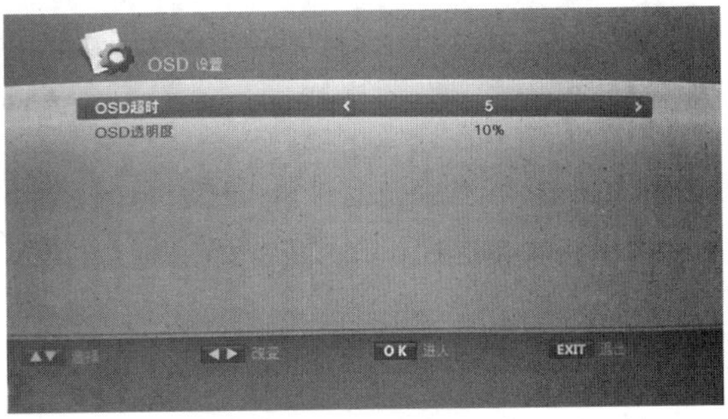

图 2-45　OSD 设置界面

（7）刻录设置　该选项目前无效，如图 2-46 所示。

2.5.4　网络设置

SR2 机器【网络】功能（图 2-47）主要用于网络共享和天气预报，机器支持有线和无线网络，连接需要进行【网络设置】，如图 2-48 所示。

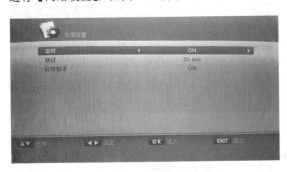

图 2-46　刻录设置界面

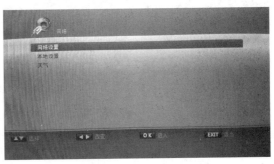

图 2-47　网络界面

（1）**有线网络连接**　有线连接一般无需设置，只要在【IP 地址设置】选项中将【DHCP】功能打开，然后重启机器就会自动获取相关参数，如图 2-49 所示。

图 2-48　网络设置界面

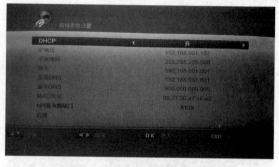

图 2-49　网络本地设置界面

（2）**无线网络连接**　对于无线连接，首先将迷你型 WiFi 网卡插入机器 USB 接口上，然后就可以进入之前灰化的【WIFI 设置】选项中，机器会自动扫描出你周围的 WiFi 热点，图 2-50 中的"OPEN"表示该 WiFi 热点是免费开放的，未加密。选择一个 WiFi 热点按 OK 键进行连接即可，如图 2-51 所示。

图 2-50　WiFi 设置之一

图 2-51　WiFi 设置之二

连接成功，会显示"WiFi Device：On（Connected）"，表示 WiFi 驱动器连接已为打开状态，如图 2-52 所示。

如果 WiFi 热点是加密的，机器会自动显示加密类型（图 2-53），"$"为加密符号，"WEP"为加密类型，按 OK 键，在【Key】选项上输入有效的密码（图 2-54），键盘中的"SP"是空格键（Spacebar），输入完成后，进行连接（图 2-55），图 2-56 为连接成功界面。

图 2-52　WiFi 设置之三

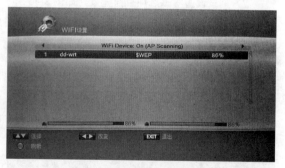

图 2-53　加密 WiFi 设置之一

如果使用过程中，一直显示"timeout（超时无法连接）"，可以将 WiFi 网卡拔出来再重新插入试一试。

（3）**天气预报**　SR2 机器可以显示当地的天气预报（图 2-57），使用前，需要在【本地设置】中进行设置，遗憾的是国内只能查看北京、重庆、上海、深圳和天津这五个城市的天气预报（图 2-58），建议新版本至少增加到全部的省会城市。

图 2-54　加密 WiFi 设置之二

图 2-55　加密 WiFi 设置之三

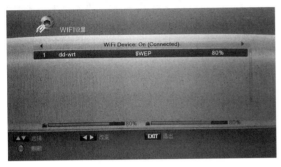

图 2-56　加密 WiFi 设置之四

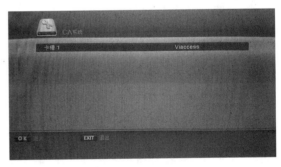

图 2-57　天气界面

2.5.5　加密节目收视

SR2 机器对加密节目的收视提供了三种方法：插卡收视、免卡收视和网络协议。

（1）**插卡收视**　插卡收视顾名思义就是插入有效的收视卡收看加密节目。插卡时，拨开前面板的仓门，将收视卡芯片朝上插入。收视卡的具体信息可以在主菜单下，从【工具】→【CA 系统】查看，如图 2-59、图 2-60 所示。

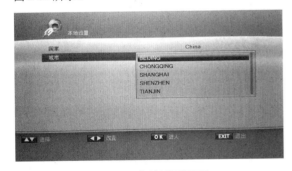

图 2-58　本地设置界面

图 2-59　CA 系统界面

（2）**免卡收视**　免卡收视是利用机器已内置的 Key 来解密一些已破解的加密节目。SR2 机器内置了 Viaccess（法国电信）、Irdeto 2（爱迪德 2）、SECA、Nagra（南瓜）、Biss、CryptoWorks、FIXED 等 CA 系统的一些 Key。没有内置的 Key，用户可以手动添加，以添加 138°E 卫星 12684 V 3300 一组转发器 TVBS 新闻台的 Key 为例，具体方法如下。

① 按菜单键，再输入"7777"密码后，然后通过左右键找到 BISS 界面。

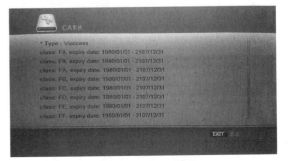

图 2-60　收视卡信息

② 按绿色键添加 Key，弹出【经度】输入界面，【经度】输入"138"，【频率】输入"12685"，【SID】输入"0"，如图 2-61 所示。

③ 将光标移到"下一个"选项上，按 OK 键，弹出【Keyboard】输入界面（图 2-62），此时系统会根据输入的经度和频率自动生成一个唯一的 Key ID 编号，用户只需填写 Code Data（代码数据），也就是从网络上找到的破解 Key 代码。操作遥控器上下左右键配合 OK 键输入 Key，输入完成后，将光标移到"OK"上，按 OK 键确认，该 Code Data 就会保存到 Key 数据库的 Key Code 列中。

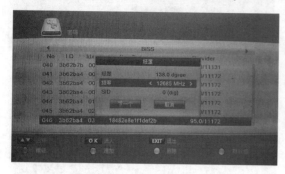

图 2-61 手动添加 Key 之一

图 2-62 手动添加 Key 之二

④ 继续按绿色键添加另外一组 Key 代码，此时在【SID】输入"1"，其他输入同上，输入完成后，如图 2-63 所示。

这样，我们就将 TVBS 新闻台的一组 Key 写入到机器的 FLASH 芯片中了。当播放到这个频道时，系统会根据该频道的 138（经度）、12685（频率）这两个参数映射对应的 ID，再通过这个 ID 从 Key 数据列表找到对应的两组 Key 代码，再通过 CCCam 协议读取从而实现免卡解密，如图 2-64 所示。

图 2-63 手动添加 Key 之三

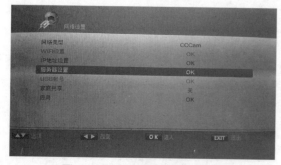

图 2-64 免卡解密

（3）网络协议 SR2 机器支持 TWIN、CCCam、NewCam、MgCam、NH 五种网络协议，机器支持手动填写账号和 U 盘输入账号两种方式。

① 手动填写账号。以 CCCam 为例，从【网络】→【网络设置】进入，将【网络类型】选择"CCCam"，如图 2-65 所示，再进入【服务器设置】界面里输入账号，系统最大支持 4 个账号。输入账号时，必须先将【服务器激活】设置为"开"，具体输入参考图 2-66、图 2-67 所示。

图 2-65 手动填写账号之一

图 2-66 手动填写账号之二

输入完成后，系统会自动提示重新启动（图 2-68），这样才能激活和启用账号。

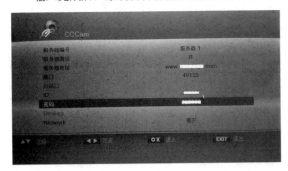

图 2-67　手动填写账号之三

图 2-68　激活和启用账号

② U 盘输入账号。U 盘输入账号非常简单，首先将 CCCam.cfg 账号文件复制到 U 盘根目录下，注意一个账号占一行，下一个账号另起一行；再将 U 盘插入机器的 USB 接口上，在【网络设置】界面中，选择【USB账号】项目，按 OK 键执行，屏幕显示"Network Account Update Success（网络账户更新成功）"，这样账号就自动按照排列先后顺序填写到机器上了。

SR2 机器对账号保密性好，再次进入服务器 CCCam 界面（图 2-69），账号的 ID 和密码是以"*"显示的，预防其他人操作遥控器进入此界面窃取账号。

③ 清空机器账号。清空机器账号最快捷的方法是，在电脑上，在 CCcam.cfg 账号文件最前面填写"C：0 0 0 0"四次，每一次占一行，然后通过 U 盘输入账号到机器中，这就清空了机器原来的账号。

2.5.6　PVR 功能

SR2 机器支持外置的 USB 存储器（包括移动硬盘、U 盘等）可实现 PVR 功能，主要包括节目的录制、回放功能。使用该功能前，首先将 USB 存储器连接到机器的 USB 接口上，不一会儿，屏幕提示机器"U 盘　A：连接成功"。

（1）磁盘格式化　SR2 机器提供了磁盘格式化功能，从【工具】→【录像贮存信息】进入，按 OK 键，进入【Format】磁盘格式化界面（图 2-70），在【Disk Mode】（磁盘模式）有 FAT、NTFS 两个选项，可以格式化为 FAT32 或 NTFS 系统。当然，如果你的硬盘本身就是 FAT32 或 NTFS 系统，也可以不格式化。

图 2-69　CCCam 界面

图 2-70　磁盘格式化界面

格式化完成后，机器会自动显示为磁盘分配的空间（图 2-71），有 Volume（卷标）、Total Size（总容量）、Free Size（剩余容量）、Rec Size（录制剩余容量）、TMS Size（时光平移剩余容量）、File System（文件系统）显示项目，其中 2/3～3/4 空间分配给录制存储，1/4～1/3 空间分配给时光平移（TMS，TimeShift）存储。

格式化后，系统会自动将创建一个保存录制文件的文件夹"DVRS2"，以及两个名为 test_write1、test_write2 的 DVR 系统文件。这样，就可以使用 PVR 功能了。

（2）节目及时录制　SR2 机器提供及时录制和定时录制两种节目录制功能。及时录制是在节目播放中，按 REC（录制）键对当前正在播放的节目进行录制。在录制过程中，屏幕右上角始终显示录制 Logo 的图标。用户可按 PVR info 键可以查看录制信息条，了解已录制节目的名称、日期、时间及已录制当前节目的时长。

按两次 REC 键可以设置录制持续时间，默认录制持续时间为 2 h（图 2-72）。

图 2-71　磁盘分配空间显示

图 2-72　节目录制信息条

小提示：

① 在录制过程中，按 Play/Pause 键可以暂停画面播放，但不能暂停录制，录制仍然在进行中，只有按 STOP 键才能停止录制。

② 录制节目达 15 s 以上的，才能保存，否则系统会默认为误操作而放弃保存。

③ 在录制中，无法在同一转发器下换台，屏幕提示 "Please stop record,the change channel!"（请停止录制，再更换频道!），建议下一版本改进这个缺陷。

④ 采用一些 U 盘录制标清频道没有问题，当录制一些高码流的高清频道时，会无法录制，屏幕提示 "USB speed too low to action"（图 2-73），其意是 USB 速度太低，需要更换写入速度高的 U 盘。

（3）节目定时录制　SR2 机器还提供了节目的定时录制（也称预约录制）功能，按遥控器左下角 TIME（时间）键可以进入【定时器设置】界面，其中的"定时器序号"可选择 8 个定时项目，选择一个进行设置，如图 2-74 所示。

图 2-73　U 盘写入速度太低提示

图 2-74　节目定时录制设置之一

其中【定时模式】选择"一次"，【节目】选择"录制"，【唤醒频道】、【唤醒日期】、【时间】、【持续时间】选项按需要设置，但需要注意【唤醒日期】必须和【系统设置】的【当地时间设置】选项中的时区一致。设置完成后，该定时录制任务就写入【定时器设置】界面中（图 2-75）。

一旦定时录制任务快到时，机器之前如果是待机状态，会自动提前 1 min 进入开机状态，录制时，屏幕先弹出"事件通知!"，然后转为录制状态。录制完成后，屏幕弹出"事件完成!"，然后重新返回到待机状态。

一次定时录制完成后，菜单中的【定时器设置】自动改变为"关"。如果需要每天定时录制，只要在【定时模式】选择"每天"，其他项目设置不变，每天录制任务完成后，【唤醒日期】自动更改为第二天的日期，其他设置依旧保持原来的状态。

（4）节目回放　录制节目回放时，直接按遥控器上的 PVR list（PVR 菜单）键，进入【媒体播放器】的

【录像管理器】界面（图 2-76），选择刚才录制节目进行播放（图 2-77）。回放时，可以操作 REW（快退）、FF（快进）键选择×2、×4、×8、×16、×24 五种速度播放，操作 SLOW（慢放）选择×1/2、×1/4、×1/8 三种速度慢放。遥控器上还设置两个 Jump（跳跃）键，每按一次可前跳或后跳 30 s。

图 2-75　节目定时录制设置之二

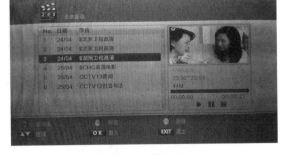

图 2-76　录像管理界面

　　在节目回放中，对感兴趣的片段可先按 PVR info 键调出录制节目信息条界面，再按 MARK（标记）键，在时间显示条上打上红色的倒三角标签，这样下次回放时，就可以快速找到这个片段位置。

　　在【录像管理器】界面中，可以进行节目的删除、重命名操作，还可以按绿色键输入机器的默认密码，锁定录制文件，这样下次播放时必须输入密码才能看到录制的节目。

　　（5）时光平移　当连接好 USB 存储器，遥控器 Play/Pause 键就变为时光平移键。时光平移暂停时，会显示平移节目信息条（图 2-78），其中的"中"形的图标为时光平移启用的标志，此时系统将时光平移的音视频数据文件暂时存放在 USB 存储器中，信息条右下部会显示暂存的时长。

图 2-77　录制节目回放

　　时光平移播放时，可以按 PVR info 键调出平移节目信息条界面，此时按左右键可以移动时间滑块到需要回看的位置，电视节目将从该时段重新播放（图 2-79）。还可用遥控器对平移节目进行暂停、快进、快退操作。按 STOP 键停止回看，恢复到实时播放电视节目的状态，此时 U 盘的时光平移暂存文件自动消失。

图 2-78　时光平移暂停

图 2-79　时光平移播放

🔍 小提示：

　　SR2 机器时光平移对 U 盘的读写速度相对于录制更加严格，因为在时光平移播放时，实时播放的电视节目将继续进行存储，不会中断。这样 U 盘承担着数据的写入和读出双重操作。一些 U 盘录制部分高清频道没有问题，但时光平移就不行了，表现在无法时光平移，只能静像，就是 U 盘的读写速率较低所致。

（6）电脑播放 SR2 机器录制的文件是以类似"[TS] 2013-04-25.00.23.35-CHCX_5q-38"名称格式的子文件夹保存在 DVRS2 文件夹里，如图 2-80 所示。

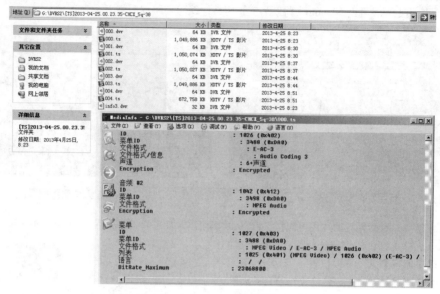

图 2-80 录制文件分析

每一个子文件夹下有一个或多个容量不超过 1050MB 的 ts 文件和同名的 dvr 文件，此外还有一个名为 info 的 dvr 索引文件，其中 ts 文件是录制节目的保存文件。和阿里 M3602 方案 dvr 专用录制文件相比，ts 流录制文件通用性更好，可以在电脑中直接播放。

（7）**TS 文件合并** 如果我们将硬盘录制的文件保存到电脑里播放，对于多个文件，不妨将其合并起来，这样播放就方便很多了。以图 2-80 为例，在同目录下新建一个文本文档，输入下面代码：

copy /b 000.ts+001.ts+002.ts+003.ts+004.ts CHC.ts

注意：copy 和/b 之间有一个空格，/b 和 000.ts 之间有一个空格，004.ts 和 CHC.ts 之间有一个空格。完成后保存为"合并.bat"，这就是 Windows 的批量处理文件。双击它，会弹出一个程序框（图 2-81），电脑就自动进行 TS 文件的合并，合并完成生成一个名为"CHC.ts"的文件。

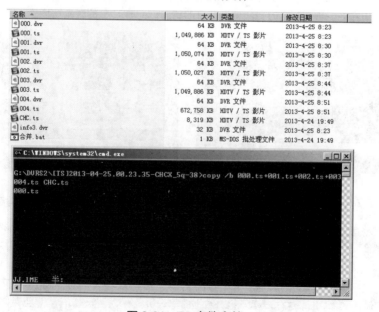

图 2-81 TS 文件合并

（8）多媒体文件播放 在【媒体播放器】界面里（图 2-82）可以播放硬盘中的 MP3 格式的音乐文件，JPG、BMP 格式的图片文件，如图 2-83、图 2-84 所示，其中图片播放也可以直接按遥控器上的 JPEG 快捷键进入。

图 2-82 媒体播放器界面

图 2-83 音乐界面

对于视频文件播放，只支持 mkv、ts 格式，其他一些格式可以在界面中被识别（图 2-85），但不能正常播放。例如，flv 视频是无法播放的，avi 格式只能播放声音，无法视频解码，屏幕会提示"Video codec not support（视频编解码器不支持）!"。另外也不支持 DTS 音频格式的硬解码，显示 "Audio Format not support（音频格式不支持）!"，如图 2-86 所示。

图 2-84 图片界面

图 2-85 视频界面

2.5.7 频道编辑

SR2 机器提供了简单的【频道编辑】功能（图 2-87），可以实现频道的喜爱、排序、移动、删除、重命名、锁定和跳过功能。

如进行喜爱频道编辑，先进入【喜爱】项目中，重命名喜爱组名称（图 2-88），界面只提供字母和数字命名，可按 News（新闻）、Movie（电影）等进行分类（图 2-89）。

图 2-86 音频格式不支持提示

图 2-87 频道编辑界面

然后进入【电视频道列表】（图 2-90），按红色键添加各个分类的喜爱频道。

图 2-88　重命名喜爱组

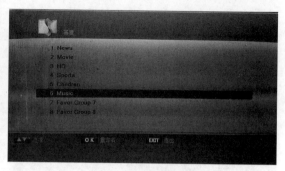

图 2-89　喜爱界面

2.5.8　总评

我们采用 SUNRAY2_LED_CHN_sspcs130427 整合版为例，对"烧友"关注的一些基本性能作了简单的测试。

图 2-90　添加喜爱频道

（1）门限对比　SR2 机器采用夏普的 Can Tuner，门限还是较低的，粗略测试一下，接收 DVB-S 信号的门限和 SR4 机器不分伯仲，接收 DVB-S2 信号的门限略高于 SR4 机器。

（2）开机、待机、换台时间　测试 SR2 机器在断电开机，以及待机中恢复开机耗时间一样，需时 27 s 左右，这因为 SR2 机器的待机实际上就是机器的重新启动，换台耗时间在 1 s 之内，声音先出，不过换台有黑屏现象，对用户视觉冲击大，建议新固件改进一下，换台后继续播放原来的节目，待后台缓冲完成后再进入下一个频道。

（3）功耗测试　SR2 机器正常工作时，功耗在 11W 左右，待机功耗在 5W 左右，待机时，数码管可显示系统时间。

（4）总结　SR2 机器硬件方面具有如下优点有。

① 具有较低的 DVB-S2/S 接收门限和快速的 DVB-S2/S 信号硬件盲扫功能，盲扫参数的准确性也很高。

② 开机速度很快，机器工作时温升低，工作稳定性好，几乎没有死机问题。

③ 在待机状态中，可以进行机器的预约播放和录制操作。

④ 具有两个 USB 接口，可插入指定 WiFi 无线网卡（选配件），在工作状态中，可以热插拔 U 盘、移动硬盘，能够自由地挂载和卸载而不必重新启动机器。

⑤ 机壳工艺还不错，特别是前面板设计风格还算雅致大方。机器体积小巧，内置了开关电源板，设计还和外置电源适配器的 SR4 体积大小差不多。

⑥ 基本的音视频接口都具备，并且可以按照 1080p 格式输出图像，可满足"烧友"各方面的需求。

⑦ 遥控器按键力道适中以及机器采用双 CPU 的主控芯片方案，使得遥控器操作控制流畅、灵敏度高。

相比较 M3602 方案的固件，采用 M3606 方案的 SR2 机器在软件上对我们曾经提出的问题做了改进：

① 在机器开关机时，由数码管显示相关进程状态。开机时，会依次显示：boot（开机）→on（开）→strt（start，开始）；关机时，显示：OFF（关）→系统时间。

② 增加了 By Source（按节目源）视频分辨率选项，即 50/60Hz 帧频自适应功能。

③ 遥控器设置了 PVR list 录制节目播放快捷键，使得回放录制节目的操作变得简单。

④ 换台操作时，屏幕弹出的节目列表具有了自动隐藏功能。

⑤ 内置了采用简体中文字库，采用频道编辑软件编辑频道中文名称非常方便。

⑥ 录制文件的视频格式为 ts 流，不是 M3602 方案的 dvr 格式，非常方便在电脑中播放。

不过我们也发现存在的一些硬件问题，如操作控制板的两个指示灯没有实际意义，建议一个改为信号锁定指示灯，一个改为网络登录指示灯。对于软件上的问题，除了我们在前文中建议的一些问题外，着重提出以下一些问题。

① 节目信息条只显示信号强度、信号质量进度条，没有数值显示，显得不够专业，建议新固件增加百分比和信号质量 dB 值显示。

② 固件内置的是简体中文字库，搜索到的频道是繁体字，台标会无法显示，只能采用频道编辑软件进行编辑，建议再增加中文繁体字库。如果因为 4MB FLASH 容量问题，可以删除其他 9 种不常用的语言字库，只保留中文和英文即可。

③ 固件的部分显示界面和弹出界面未汉化。

SR2 机器硬件上没有 CI 接口，无法插 CI 模块，不过目前市面上采用 M3606 方案的机器好像都没有配置 CI 模块，虽然主控芯片是支持 CI 接口的，如果硬件上增加这种功能，成本也会提高很多，那就不是目前 SR2 机器的低价格销售定位了。

我们看厂家提供的固件名称为"SUNRAY2_LED_CHN"，表示是采用 LED 数码管的 SR2 固件，回想到我们之前评测开关电源板时，提到预留 CN2 插座，是否厂家可能还会推出采用 VFD 操作显示屏的中档销售定位 M3606 方案机器。那我们不妨提前建议一下，可以吸收 SR4 机器的一些功能，取长补短，例如外置电源适配器、腾出机内空间安装 2.5 寸硬盘支架，使得用户安装内置笔记本硬盘，内置 CI 模块，做到 SR4 机器没有的功能，另外也顺便做好模拟视频输出接口的画质，添加视频滤波驱动芯片（LCVF）。

ALi（音译"阿里"）公司的中文名字是扬智科技，是一家专业的 IC 设计公司，成立于 1987 年，企业总部设在中国台湾。该公司在卫星数字接收机领域拥有绝对的领先地位，如早先应用在 DVB-S 标清卫星接收机中的阿里 M3326、M3327、M3328、M3329、M3330 方案，到这两、三年的 DVB-S2 平民高清卫星接收机中的阿里 M3602、M3606 方案，无不是技术成熟、性价比很高的卫星接收机方案。

也可以看出扬智公司一贯的作风，追求高性价比，迎合最多的、最广泛的普通用户的需求，并以自身较强的研发能力，为技术实力不强的众多生产厂商提供整套稳定的 DVB 硬件方案平台、软件开发工具包（SDK）。换句话说，高清机采用阿里方案如同手机领域中采用联发科的方案，以低价格迎合市场对高性价比的需求，被用户称为"平民高清"。

不过，如果你还需要像 SR4 机器一样，有众多插件和网络多媒体功能，那么选择这种低价位的阿里 M3606 高清芯片方案机器，可能有点勉为其难了，因为硬件方案本身就不是处在一个平台上，例如：SR2 机器采用 4MB 的 FLASH，而 SR4 机器采用 64MB 的 FLASH；SR2 机器固件不开源，SR4 机器固件采用开源 Linux 系统。

2.6 软件升级

2.6.1 频道编辑——AliEditor 软件

SR2 机器可以通过 AliEditor 频道编辑软件通过电脑对频道图标进行编辑，具体操作方法如下。

① 将 U 盘插入机器中，通过【工具】→【备份数据到 USB】，如图 2-91 所示。

② 按 OK 键进入，系统自动重命名一个"userDB_25_04"备份文件，如图 2-92 所示，其中"userDB"表示用户的数据库（DB，Database），"25_04"表示备份的日月，按 OK 键执行备份。

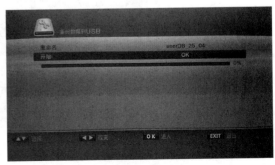

图 2-91 工具界面　　　　　　　　图 2-92 备份数据到 USB

③ 将 U 盘插入电脑中，打开 AliEditor 频道编辑软件，找到刚才备份的 userDB_25_04.udf 文件，如图 2-93

所示，进行编辑，操作方法和阿里 M3602 方案的 HD800S2 机器完全一样。

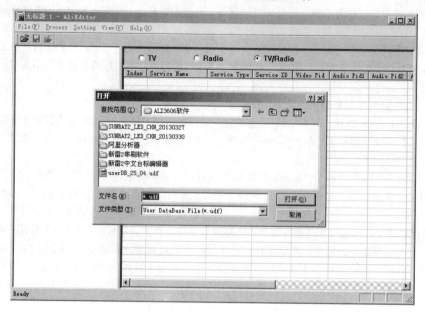

图 2-93　AliEditor 频道编辑界面

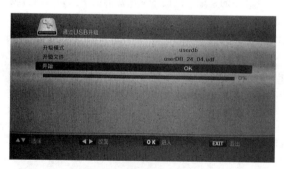

图 2-94　通过 USB 升级

④ 将编辑好的节目保存后，再将 U 盘插到机器中，从【通过 USB 升级】进入，选择【升级模式】为"userdb"，如图 2-94 所示，升级完成后，机器自动重启。

2.6.2　更换开机/背影画面——阿里数据分析器

SR2 机器的开机画面、背影画面和广播画面均为同一幅画面，机器系统没有像 M3602 方案的更换画面选项，不过，我们可以通过阿里数据分析器软件来更换这幅画面，具体操作如下。

① 打开需要更换开机画面的固件，注意固件后缀是"abs"，如图 2-95 所示。

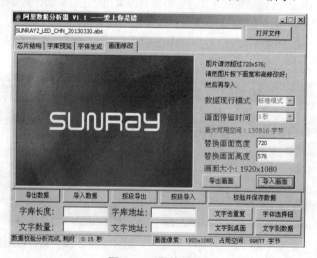

图 2-95　更换画面

② 查看开机画面的大小，SR2 机器的开机画面大小为 1920×1080，制作好同样大小的 BMP 格式图片。

③ 将阿里数据分析器中的替换画面的宽度、高度分别设置为 1920、1080，再点击"导入画面"按钮，选择刚才做好的画面，大概 20s 内，画面更换完成，软件界面右下角有耗时显示，如图 2-96 所示。

图 2-96　画面更换完成

④ 点击"校验并保存数据"按钮，内含新开机画面的固件就保存在你的电脑桌面上了。

⑤ 将新固件复制到 U 盘上，再将 U 盘插到机器中，从【通过 USB 升级】进入，选择【升级模式】为"AllCode（全部代码）"，按 OK 键升级，如图 2-97 所示。

⑥ 系统首先将新固件复制到机器内存中，然后提示是否确认写入 FLASH 芯片中，按 OK 键确定后，机器开始将内存中的固件刷写到 FLASH 芯片，这时千万不安断电（图 2-98）。

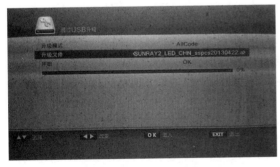

图 2-97　通过 USB 升级之一

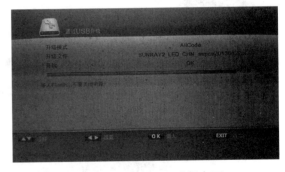

图 2-98　通过 USB 升级之二

⑦ 升级完成后，机器自动重启，这样就可以看到更换后的新画面了。

2.6.3　RS-232 串口升级——新雷 2 串刷工具

SR2 机器升级固件一般是 U 盘升级，升级方法就是上面的⑤～⑦步骤操作。如果采用 U 盘升级失败后，还可以采用新雷 2 串刷工具通过 RS-232 串口升级来弥补，具体操作方法如下。

① 关闭机器的电源，用 RS-232 交叉串口线连接电脑串口和 SR2 机器串口，然后打开机器电源开关。

② 运行新雷 2 串刷工具，其中端口、速率、方式，按照默认选项进行，无需重新设置。在【模式】选择"升级"，具体如图 2-99 所示。

③ 按"请连机"按键，机器自动重启，此时机器前面板数码管显示"conn"，升级界面如图 2-100 所示，点击"全部"，打开需要刷写的版本。

④ 软件开始执行将电脑中的系统文件传送到机器的内存中，如图 2-101 所示。

图 2-99　RS-232 串口升级之一

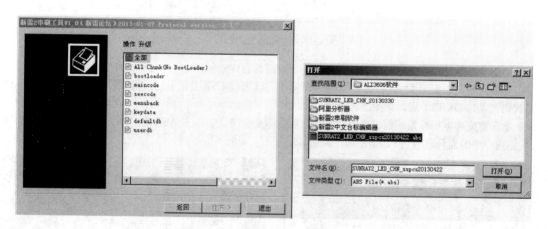

图 2-100　RS-232 串口升级之二

图 2-101　RS-232 串口升级之三

⑤ 当进度条到 100％时，表示文件传送完成，机器开始将保存在内存中的系统文件烧写到 FLASH 芯片中，如图 2-102 所示，此时机器前面板数码管显示不断上下跳动的"－"。请注意：这时千万不能断电或进行其他任何操作！

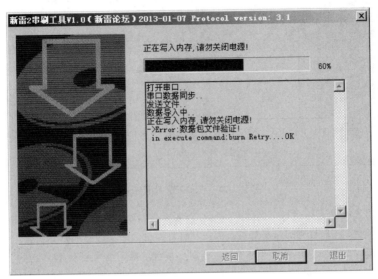

图 2-102　RS-232 串口升级之四

⑥ 当进度条再次到 100％时，表示系统升级完成（图 2-103），按确定键结束串口刷机。

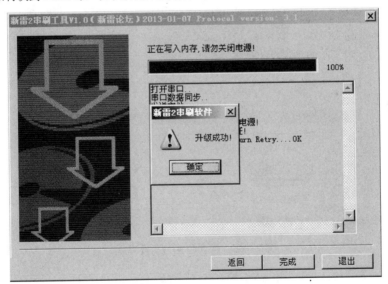

图 2-103　RS-232 串口升级之五

2.6.4　备份固件

SR2 机器系统只能备份用户设置文件，不能备份整个固件，如果需要备份整个固件，有以下两种方法。

（1）用新雷 2 串刷工具备份固件　采用新雷 2 串刷软件通过 RS-232 串口备份固件和升级改进的方法几乎完全一样，只是在【模式】选择"备份"。备份时，选择全部备份，将其保存到电脑相关文件夹下，具体如图 2-104 所示。

串口备份，数据传输很慢，大概需要 6～7 min，才能备份完成。备份过程中，机器前面板数码管显示左右不断跳动的"1"。

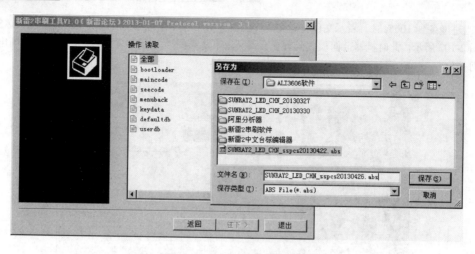

图 2-104　RS-232 串口备份

（2）用阿里数据分析器备份固件　用阿里数据分析器备份固件速度很快，首先用 U 盘将机器中的用户数据库 userDB 备份下来，然后打开阿里数据分析器，并且打开机器原来刷写的官方固件，再点击"芯片结构"选项，将光标移动到"userdb"栏上，点击"导入数据"按钮，找到刚才用 U 盘备份的 userDB 文件，如图2-105 所示。

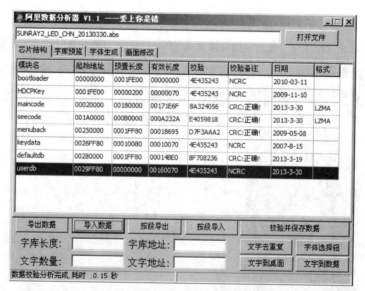

图 2-105　阿里数据分析器备份

导入成功后，点击"校验并保存数据"按钮，这样固件就备份在你的电脑桌面上了。

 小提示：

① 无论上述哪种备份，都不会将你的账号备份到固件中，因此你可以放心地就备份出来的固件和烧友们共分享。

② 备份后固件的容量均为 4096kB，即 4MB，和 SR2 机器 SPI E²PROM 存储器 4MB 容量相符合。

2.6.5　阿里 M3606 方案工程菜单

阿里 M3606 方案同样有一个工程菜单，进入方法和阿里 M3602 方案一样，从【工具】→【信息】进入，

按 "11111" 密码进入。以 SR2 机器为例，工程菜单如图 2-106 所示，相比较阿里 M3602 方案工程菜单，界面内容更加丰富，具有频道测试、自动测试和手动测试三大功能。

（1）**频道测试**　界面上半部预置 9 个频道测试区域，按照从左到右、从上到下顺序，分别对应你机器中所有卫星列表中的 1~9 频道序号。如果本身已恢复出厂设置，那么区域中的预置频道名称和实际播放的频道名称是一致的，如图 2-107 所示。

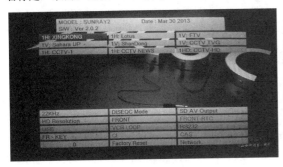

图 2-106　工程菜单

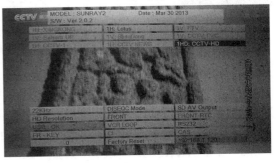

图 2-107　频道测试

光标停留在频道测试区域内，按菜单键，可以消隐工程菜单，只留下右下角的 IP 地址区域。再按一次，恢复工程菜单显示。

（2）**自动测试**　界面下半部有 15 个区域，其中草绿底色区域为自动测试区域，共有两个自动测试模式。

【USB】模式，用于测试 USB 接口功能，当插入 USB 设备时，显示 OK。

【Network】模式，用于测试 RJ-45 网络接口功能，当网线连接正常时，会显示本机的 IP 地址。

（3）**手动测试**　白底区域为手动测试区域，针对 SR2 机器提供 7 个有效测试模式。

【22kHz】模式，用于测试双本振 Ku 波段高频头的低波段和高波段之间切换，有 Off、On 两个测试选项。"Off" 表示 22kHz 切换脉冲处于关闭状态，此时切换到低波段，即 9.75GHz 本振工作。"On" 表示 22kHz 切换脉冲处于打开状态，此时切换到高波段，即 10.6GHz（或 10.75GHz）本振工作。为 LNB 控制信号测试。

【DISEQC Mode】模式，用于测试 DiSEqC1.0 四切一开关，有 A、B、C、D 四个选项。

【SD AV Output】模式，用于测试视频输出，有 "CVBS 16：9"、"RGB 4：3" 两个选项。选择 "CVBS 16：9" 后，将光标移动到【22KHz】模式正下方选项框区域上，按 OK 键，可以依次选择：480i、480p、576i、576p、720p_50、720p_60、1080i_25、1080i_30、1080p_50 这 9 种视频分辨率测试，每按一次 OK 键，测试一种分辨率，同时机器前面板数码管显示相应的分辨率。

【FRONT】模式，用于前面板功能，有 Off、On 两个测试选项。选择 "Off" 时，数码管断电不亮；选择 "On" 时，数码管全亮，显示 "8888"；操作面板按键，在 USB 选项正下方的选项框区域会显示该按键的功能。

【RS232】模式，用于测试 RS232 串口功能。

【0】模式，用于测试遥控器数字按键功能，操作时，该区域会显示相对应的数字。

【Factory Reset】模式，用于恢复工厂设置状态，按 OK 键后，机器清空用户数据库并重新启动。

第3章 卫星、有线二合一高清接收机——iCooL 2G（意法 STi7101 方案）

《《《《《《《《《《《《《《《《《《《《《《《《《《《《

iCooL 2G 是 2010 年面世的一款采用意法 STi7101 方案的卫星、有线二合一高清接收机，是早先市面上的 AK47 的二代产品。

3.1　外观功能

iCooL 2G 机器随机配件很简单，只有一根 HDMI 线和一个遥控器，图 3-1 为 iCooL 2G 机器前面板，左边是带有金属电镀按键，分别为电源、菜单、确定、音量-/+、频道-/+这七个常用功能；中间是四位绿色 LED 数码管显示窗口；右边是一个仓门，内有两个 CA 卡槽，可以插入收视卡，如图 3-2 所示。

图 3-1　iCooL 2G 机器前面板

图 3-2　iCooL 2G 机器仓门

图 3-3 为 iCooL 2G 机器背面板，左边上面是 RS-232 串口，下面是一个 DVB-C 的 RF 输入、输出接口，DVB-S2/S 的 LNB 输入、输出接口，RJ-45 网口和两个 USB 接口合为一体；中间是一个数字光纤 S/P DIF 音频接口、一个数字 HDMI 接口、一组模拟 AV 标清接口和一组模拟 YPbPr 逐行色差高清接口；右边为机器的交流电源开关，用于整机电源的切断控制。

图 3-3　iCooL 2G 机器背面板

iCooL 2G 机器的遥控器带有电视机遥控器学习功能，设计得比较美观大气（如图 3-4）。遥控器上覆盖有透明有机玻璃面板，中间部分的按键和四个颜色键上也覆有透明有机玻璃按钮，其他的则为橡胶按钮，按键功能文字印在透明有机玻璃按钮下，避免长期使用后被磨花。

3.2　电路主板

　　拆下 iCooL 2G 机器上盖板的五颗螺钉，就可以观看到内部结构，如图 3-5 所示，由左边的开关电源板、底部的电路主板、右下角的 CA 卡座板和前边的操作控制板四大块组成，图 3-6 为电路主板。

图 3-4　iCooL 2G 机器遥控器

图 3-5　iCooL 2G 机器内部结构

图 3-6　iCooL 2G 机器电路主板

3.2.1 主控芯片——STi7101

在电路主板中间的贴有散热片的 iCooL 2G 机器的心脏——主控芯片 STi7101（IC201），它是意法半导体

公司 2008 年推出的产品,意法半导体（ST,SGS-Thomson）是由意大利的 SGS 微电子公司和法国 Thomson（汤姆森）半导体公司合并而成,于 1987 年 6 月成立,它是世界最大的半导体公司之一,也是世界第一大工业半导体和机顶盒芯片供应商。

实际上,早先国内的高清接收机大多数是采用 STi7101 芯片（图 3-7）,如长城 318A_S2、长虹 DMB-TH2088HD 等。它比早先的 STi7100 芯片对标清频道的画质有很大的提升。STi7101 芯片兼容 ST40 核,工作频率可达 266MHz,支持 Linux 和 WinCE 及 OS21（ST自行开发的低成本/低管脚操作系统）嵌入式系统。

STi7101 芯片与美规的 ATSC、欧规的 DVB、DIRECTV、DCII、OpenCable 和 ARIB BS4 等规格都能够兼容,是数字地面电视、卫星电视和有线电视高清接收机优秀后端处理芯片。该芯片采用 90nm 工艺,图 3-8

图 3-7　STi7101 芯片

是 STi7101 芯片内部功能框图。

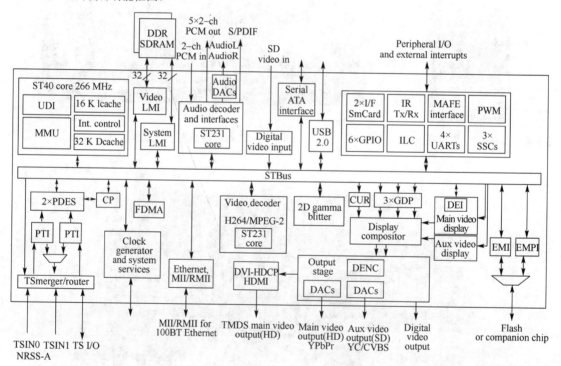

图 3-8　STi7101 内部功能框图

STi7101 主要功能特性如下。

① STi7101 由 3 个负责不同功能的 CPU 组成。两块主频为 400MHz 的 ST231CPU 分别负责视频和音频的解码,一块 266MHz 的 ST40CPU 为主 CPU,采用 SuperH 体系结构,符合 32 比特 RISC 架构,负责整个系统的运转和两块 ST231 的通信。

② 采用意法公司独创的 Omega2（STBus）总线技术,连接 USB2.0 接口, SATA 硬盘接口, UART 串行接口,IR 红外接口,智能卡接口;其提供的外部存储器接口 EMI 和本地存储器接口 LMI 用来连接 DDR SDRAM 内存,FLASH 存储芯片和网卡芯片等设备。

③ 支持 DVB、DIRECT、ATSC 等多种传输流解复用方式，支持卫星接收。

④ 视频解码支持 H.264HP@4.1 和 MPEG-2MP@HL 的高清和标清编码格式。

⑤ 音频解码支持 MPEG-2 AAC，Dolby AC3，PCM，MPEG-1 第三层（MP3）等编码格式。

⑥ 支持 1920×1080i，1280×720P，480×576P，480×576i 等多种显示模式。

⑦ 能够同时解码和播放两路标清图像或一路高清图像加一路标清图像，能够实现画中画功能。

⑧ 具有 DVI/HDMI 高清输出，YPbPr 高清输出和 YC/CVBS 标清输出。

⑨ 支持模拟音频输出接口 RCA，数字音频输出接口 S/P DIF 和 HDMI 音频输出。

⑩ 单独的 2D gamma blitter 实现图形加速功能。

⑪ 标清输出支持 Macrovision 版权保护功能。

STi7101 芯片支持包括卫星、地面和有线电视三大接收系统，采用 STi7101 芯片设计的数字高清接收机单片方案如图 3-9 所示，这是一款降低制造成本的单芯片方案。

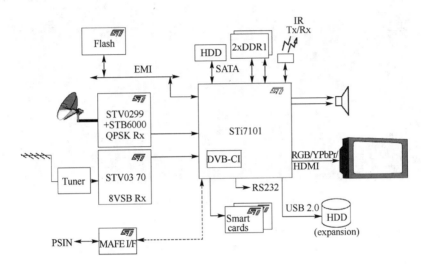

图 3-9 STi7101 应用方案

3.2.2 存储器

iCooL 2G 机器采用 NOR FLASH＋DDR SDRAM 存储方案，如图 3-10 所示。其中 NOR FLASH 是美国 Spansion（飞索）半导体公司的 S29GL064N90TF104（IC203）、采用 16M×8bit 结构，容量为 16MB，用于存储接收机的系统软件。

DDR SDRAM 共采用四片（IC204、IC206、IC207 和 IC208），型号为 NT5DS32M16CS-5T，这是一款中国台湾南亚（nanya）的 DDR400 内存芯片，采用 32M×16bit 结构，存储容量为 64MB，速度 200MHz，四片总容量高达 256MB，作为系统内存和视频内存。

3.2.3 数字 HDMI 接口

iCooL 2G 机器的 HDMI 接口信号是直接从主芯片获得的，未安装 HDMI 接口的 ESD 保护芯片，但预留芯片安装位置（IC702）是一种降低成本的措施。

虽然 STi7101 主芯片内部具有 ESD 静电保护电路，最高可以防止 2000V 的静电，不过未安装 ESD 保护芯片的 iCooL 2G 机器，最好不要热插拔 HDMI 连接线，应在关闭接收机后再连接 HDMI 线与电视。

3.2.4 模拟 YPbPr、CVBS 接口

iCooL 2G 机器的模拟 YPbPr 接口、CVBS 接口分别采用了美国 Fairchild（飞兆）半导体公司的三通道视频滤波驱动芯片 FMS6363（IC401）、FMS6143（IC403）。加视频滤波驱动芯片的目的有三个：

图 3-10　iCooL 2G 机器存储器

① 保证对电视的正常驱动，满足有两个负载的应用；

② 阻抗匹配，视频信号的传输线和负载的阻抗都是 75Ω，所以在源端也需要串联一个 75Ω 的电阻做源端匹配，这样的话，在输出电平不变的情况下，要求驱动增加 6dB；

③ 滤除噪声，去掉 DAC 的采样时钟和系统时钟噪声。

图 3-11 为加入视频滤波芯片前后的图像对比，可以看出，加入视频滤波后，图像要干净得多，没有横线干扰。

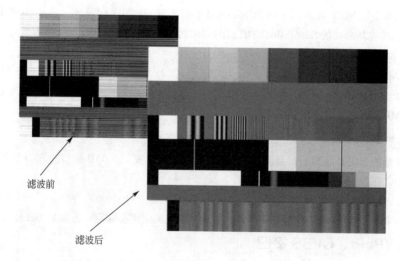

滤波前

滤波后

图 3-11　加入视频滤波芯片前后的图像对比

Fairchild 公司的三通道视频滤波驱动芯片（LCVF）种类很多，带宽也分几种，其中 FMS6143 为 8MHz

带宽，适合于 480i/576i 规格的标清视频接口驱动，如 CVBS、Y/C、RGB、YCbCr 接口；而适合 720p/1080i 高清视频格式的芯片有 FMS6363、FMS6203、FMS6303 等，其中 FMS6363 为 30MHz 带宽，内部框图如图 3-12 所示，主要用于 RGB，YPbPr 接口。F302+机器中的两种视频滤波芯片，均采用 SOIC-8 封装，5V 供电。

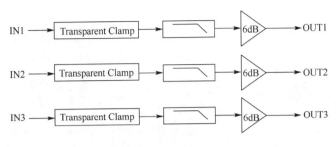

三个六阶30MHz（高清）滤波器

图 3-12 FMS6363 内部框图

iCooL 2G 机器的音频输出接口有模拟和数字两种，模拟音频输出接口有 L、R 一组，它是由 STi7101 主芯片内置音频 DAC 数模转换处理后，再由普通的 4558（IC402）芯片组成的音频放大电路，对左、右两路模拟音频信号分别进行放大后输出。

在 iCooL 2G 机器中，数字音频输出接口只有光纤一种，是直接由 STi7101 主芯片相应端口输出的，所有声音解码都是由外接数字音频解码器来处理。

3.2.5　RJ-45 网络接口

iCooL 2G 机器 RJ-45 网络接口驱动电路采用台湾 DAVICOM（联杰）公司的一款嵌入式 16 位 10/100Mb/s 网络控制芯片，型号为 DM9008AEP（IC103），如图 3-13 所示。采用 LQFP-48P 封装，具有 Local Bus（局部总线）、工作模式 8/16bit，交叉线自适应功能，工作频率均为 25MHz。

图 3-13　iCooL 2G 机器 RJ-45 网络接口电路

由于网卡电路采用普通的 RJ-45 直通座，因此加入了深圳盛威泰（Sunwin-Tek）网络隔离变压器 ST-H1102 作为电气隔离。避免浪涌电压导致 IC103 芯片的损坏，保护网卡电路系统的安全。

3.2.6　RS-232 串行接口

RS-232 串口是用于电脑和接收机之间的软件升级，由于接收机中的 CPU 与电脑 RS-232 端口间是不能直接相连的，必须要在两者之间进行电平和逻辑关系的转换。在 iCooL 2G 机器中，为了降低成本，没有采用专用的 RS-232 接口转换芯片，而是采用 Q703、Q704 贴片三极管构成的简单的分立元件电路来完成这种电平转换。

3.2.7　调谐器部分

iCooL 2G 机器具有 DVB-C 和 DVB-S2/S 的二合一接收功能，为了降低成本和缩小机器体积，该机没有采用成本较高的一体化调谐器，而是采用 Can Tuner（铁壳调谐器）＋板载解调器方案，如图 3-14 所示。

图 3-14　iCooL 2G 机器调谐器部分

其中 DVB-C 接收部分由 GST GCFD89 有线调谐器 ＋M88DC2800 解调器构成，M88DC2800 是国内澜起科技的一款单芯片 QAM 解调器，采用 LQFP-64P 封装，130 nm CMOS 工艺，支持 16QAM、32QAM、64QAM、128QAM 和 256QAM 信号。DVB-S2/S 接收部分由 GST GS4M18 卫星调谐器+AVL2108（U301）解调器构成，AVL2108 为国内中天联科于 2007 年 11 月研发成功的、号称世界上性能最优、功耗最低、面积最小的 DVB-S2 信道解调芯片。

3.3　其他电路板

3.3.1　CA 卡座板

CA 卡座板（图 3-15）用于插卡接收加密节目。在 iCooL 2G 机器 CA 卡座板上，取消了常用的 TDA8004T 这种接口驱动电路，而是通过驱动软件来实现这种接口功能的，因此 CA 卡座板上只有两片 74HC125D（U1、U2）用于卡座的端口功能扩展切换。

（a）正面

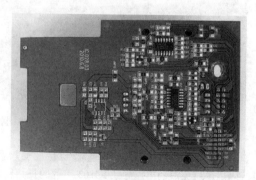
（b）背面

图 3-15　CA 卡座板

3.3.2 操作控制板

图 3-16 为 iCooL 2G 机器的操作控制板，和其他接收机的一样，没有什么特别之处，具有一个红外线接收头（IR1）、一个四位数码管（LED1）和七个面板操作按键，采用 retech CT1642（U1）作为数码管和按键的驱动芯片。

（a）正面

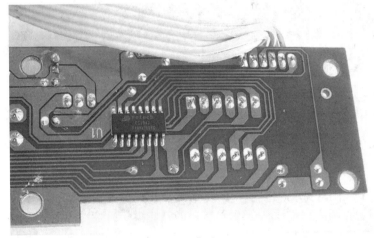

（b）背面

图 3-16 iCooL 2G 机器操作控制板

3.3.3 开关电源板

iCooL 2G 机器的开关电源板如图 3-17 所示，主要由脉宽调制开关电源芯片 DM0365R（IC1）构成的开关电源电路，以产生机器所需要的各组工作电压。

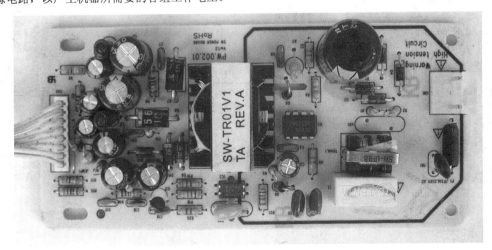

图 3-17 iCooL 2G 机器开关电源板

3.4 软件使用

我们这台 iCooL 2G 机器采用图 3-18 的软硬件版本，这从主菜单下的【系统设置】→【接收机信息】可以查看到。

图 3-18 接收机信息

iCooL 2G 机器的使用比较简单，主界面有【频道管理】、【频道安装】、【系统设置】、【游戏】、【智能卡信息】和【USB 功能】六大项目（图 3-19），其中【USB 功能】选项可通过遥控器的右下角的快捷键直接调出。

图 3-19 主界面

3.4.1 基本设置

使用前，首先需要在【频道安装】项目里进行设置，有三个选项（图 3-20），以设置卫星天线为例，有四个小项。首先进入【设置天线】界面（图 3-21），通过遥控器上下键选择卫星，然后用左右键设置该卫星的 LNB 本振频率、多星切换设置（图 3-22）。

图 3-20 频道安装界面

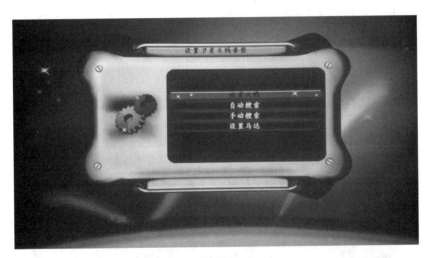

图 3-21 设置天线界面之一

图 3-22 设置天线界面之二

其中的"设置 DiSEqC"选项中，需要按 OK 进入具体设置界面（图 3-23）。界面中的"Committed"为四切一开关切换命令选项，"Uncommitted"为八切一开关切换命令选项。

图 3-23　设置天线界面之三

设置完成后，进入【自动搜索】界面（图 3-24），选择所要搜索的卫星，按蓝色键进入自动搜索设置界面（图 3-25），再按 OK 键，机器开始进行自动搜索（图 3-26），搜索完成后，会显示搜索到的电视和广播数量（图 3-27）。

图 3-24　自动搜索界面之一

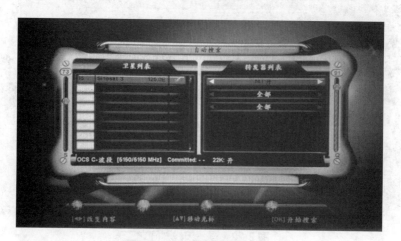

图 3-25　自动搜索界面之二

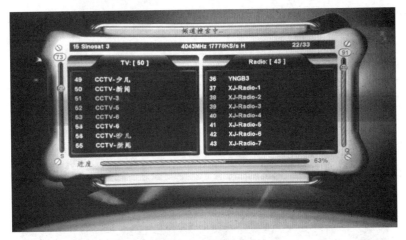

图 3-26　频道搜索中

图 3-27　搜索结束

3.4.2　网络功能

　　iCooL 2G 机器具有网络功能，通过背面的 RJ-45 网口连接网络来实现。不过该功能是隐藏的，需要通过特定的操作方法才能进入，具体操作方法如下。

　　① 在主菜单下，输入密码"6666"，进入【Network Setting】（网络设置）界面，如图 3-28 所示。

图 3-28　Network Setting 界面

② 在主菜单下，输入密码"7777"，进入 Gbox 多机互连——【Card Share】（即卡共享）设置界面，如图 3-29 所示。

图 3-29　Card Share 界面

③ 在主菜单下，输入密码"8888"，进入【Code Edit】界面（即 Key 界面手动编辑）设置，如图 3-30 所示。

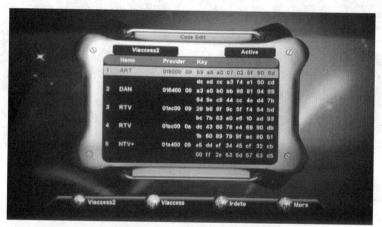

图 3-30　Code Edit 界面

④ 在主菜单下，输入密码"9999"，进入【NewCS Setting】设置界面，如图 3-31 所示。

图 3-31　NewCS Setting 界面

⑤ 在主菜单界面下，按红色键，进入【CCcam Setting】设置界面，如图 3-32 所示。

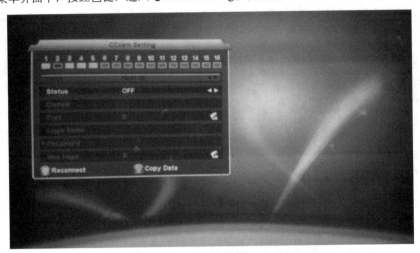

图 3-32 CCcam Setting 界面

小提示：

除了网络设置功能外，其他的隐藏功能需要在最后进入再退出时的这个网络功能才能被激活，也就是说：最后从哪个隐藏菜单退出的，就启用哪个菜单功能，其他功能被自动关闭。

图 3-33 为接收画面的节目信息显示条，信息显示内容比较简单，不能显示信号强度和信号质量，机器也没有设置信号锁定指示灯。如需查看，则要按遥控器上的 POS 键，在【设置马达】界面中显示。

图 3-33 接收画面的节目信息显示条

3.4.3 PVR 功能

iCooL 2G 机器的 PVR 功能主要包括节目的录制、回放和时光平移功能，这都是通过连接外置的 USB 存储器（包括移动硬盘、U 盘等）来实现节目的存储和播放的。

使用该功能前，首先将 USB 存储器连接到机器背面板的 USB 接口上，然后断电重启机器。此时电视屏幕出现"USB 设备正在初始化"（图 3-34），不要担心，机器并不会格式化存储器，只是在存储器中创建一个"PVR"文件夹。接下来会出现"找到新的 USB 设备"界面（图 3-35），这就表示 USB 存储器已挂载成功了。

（1）节目录制 在节目播放的状态下，按遥控器左下角的"●"录制键，屏幕弹出开始录制频道提示（图3-36），按 OK 键，机器开始录制节目，并且在屏幕上显示录制文件的保存路径和文件名称（图 3-37），可以

看出，录制文件是以 trp 的格式保存的。请注意：在录制过程中，机器没有任何状态提示的。

图 3-34　USB 设备正在初始化

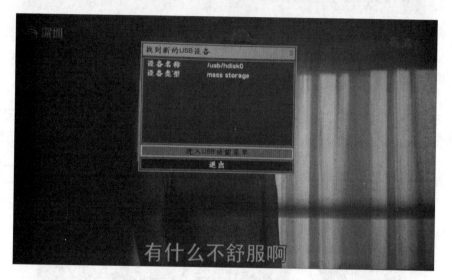

图 3-35　找到新的 USB 设备

图 3-36　屏幕弹出开始录制频道提示

图 3-37 屏幕显示录制文件信息

停止录制时，操作很繁琐。首先按遥控器上的"■"停止键，会弹出一个询问对话框，选择"是"（图 3-38），再按 OK 键，又弹出一个"录制进程管理"界面（图 3-39），按遥控器上的红色键，会再次弹出询问对话框，选择"是"（图 3-40），再按 OK 键，机器才能停止录制。

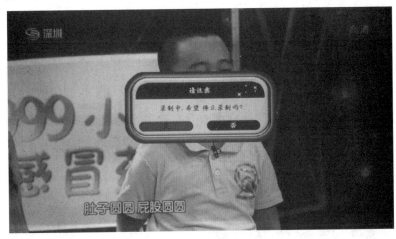

图 3-38 停止录制询问对话框之一

图 3-39 停止录制询问对话框之二

图 3-40　停止录制询问对话框之三

这种需要三层菜单操作才能停止录制的设计，实在是太繁琐。建议新版本中改为进入一层菜单后，就能够停止录制，这样才更具有人性化。

（2）**节目回放**　节目回放操作比较简单，按遥控器上的 USB 键，进入【USB 功能】界面，选择 "RVR回放"（图 3-41），打开 PVR 文件夹（图 3-42），选择刚才录制节目（图 3-43）进行播放（图 3-44）。要返回节目播放状态中，只有按两次 EXIT 退出键即可。

图 3-41　节目回放之一

图 3-42　节目回放之二

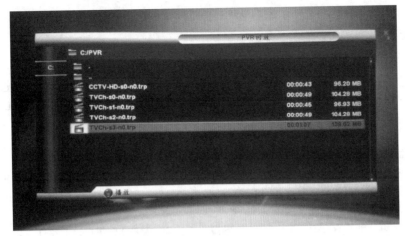

图 3-43　节目回放之三

图 3-44　节目回放之四

（3）电脑播放　iCooL 2G 机器录制的文件在 Windows 操作系统的电脑中播放没有任何问题，但我们将几段采用 DM800、F302+机器录制的视频以及网络上的 ts 格式的视频复制到 PVR 文件夹下，iCooL 2G 机器均无法播放。即使改变文件名称和文件后缀名来符合 iCooL 2G 机器录制文件的命名要求，还是不能播放。说明 iCooL 2G 机器是不能直接支持其他机器录制节目的视频播放的。

（4）时光平移　在节目播放状态中，按遥控器上的"T/S"，可以进行时光平移，但在使用中发现，该版本的这个功能使用不稳定，不能稳定播放，有时无法使用，甚至会产生机器自动重启的现象。

3.4.4　遥控器学习功能

iCooL 2G 机器现配的遥控器具有学习功能，遥控器背面有英文使用说明，初次接触用户可能看不太懂，具体设置方法如下：

① 按住 iCooL 2G 遥控器右上方 TV 区域里的"SET"键约 2～3 s，LED 灯变常亮，进入学习状态；

② 先按下一个学习键，LED 灯开始闪烁，表示可以接收信号了；

③ 将电视遥控器对住 iCooL 2G 遥控器，按一下电视的遥控器按键，此时 iCooL 2G 遥控器 LED 灯将闪烁 3～5 下，并在松开电视遥控器按键后保持常亮，表示此按键功能学习成功；若无此现象，表明学习不成功，需重新操作；

④ 重复上述步骤完成其他按键的学习，一共可以学习 6 个按键；学习完后按"SET"键退出。

目前高清接收机配合电视/高清机二合一功能已逐渐成为了一种趋势，不过，在使用 iCooL 2G 遥控器时，我们发现存在一个问题：就是遥控器按键操作偏硬，另外遥控操作不灵敏，机器受控角度较小，可能和操作电路板上的一体化红外线接收头性能，以及安装位置有关。有动手能力的用户可以更换或调整红外线接收头

（IR1）试一试。

3.4.5　总评

最后我们将目前市面上代表型的 F302+、DM800 两款高清机和 iCooL 2G 机器作一个简单的功能对比。

（1）门限对比　对于采用 GST GS4M18 卫星调谐器 +AVL2108（U301）解调器构成的 iCooL 2G 机器的门限问题，我们和采用国产易尔达 EDS-4B47FF1B 一体化调谐器的 F302+机器、采用日本 ALPS（阿尔卑斯）BSBE2-401A 一体化调谐器的 DM800 机器、韩国 Samsung（三星）DMBU 24511IST 一体化调谐器的长城318A-S2 机器作出对比测试，发现在这三款高清机中，对于 DVB-S2 信号的接收，iCooL 2G 接收效果最好、门限最低；但对于接收 DVB-S 信号的，iCooL 2G 接收效果最差、门限最高。

（2）开机、待机、换台时间　在未连接硬盘的同等条件下，经测试，iCooL 2G 机器在开机启动到正常工作需时间 38～40 s 左右，而我们之前测试的 F302+机器为 55～58 s 左右，DM800 机器需要 2 min 左右，可见，iCooL 2G 机器启动速度过程最快。

待机再开机 F302+机器需要 3s，iCooL 2G 机器需要 2s，而 DM800 则很快，不超过 1s。在同一个转发器下换台到屏幕出现画面，F302+机器需要 2s，而 DM800 不超过 1s，而 iCooL 2G 机器在 1～2 s 之间。可以看出，对于待机、换台占用时间，还是 DM800 优势大一些。

（3）软硬件其他问题　经过测试，我们还发现存在如下的软硬件问题。

① 机器使用 YPbPr 接口连接高清电视机时，画质较差，画面有明显色带干扰；在显示 OSD 界面时，色带干扰变得更严重，在 OSD 显示区域附近有大面积的色带干扰，希望厂家分析软硬件的原因并进行改善。

② 输出音频噪声较大，估计是电路主板硬件设计以及电源滤波问题，断电后再开机或关机，iCooL 2G 机器会发出的冲击噪声也较大，建议在新版本中改善。

③ 设置 Ku 波段双本振高频头，不能按照常规方法设置，必须将高低本振频率拆开设置，否则搜索不到节目，建议新版本中修正这种 BUG。

④ 不支持 AAC 音频，接收频道声道无法选择。

⑤ 机器发热严重，由于机器结构较紧凑，内部空间小，散热效果差，建议在机壳上下部分增加散热孔数量，另外机器左右两侧也开散热孔，让内部器件热量从多个部位散发出去。

第4章 卫星、有线、地面三合一高清接收机——F302+（意法 STi7101 方案）

2010 年，市面上出现了一种 DK8000-F3 高清接收机，可接收卫星（DVB-S2/S）、地面（DMB-TH）、有线（DVB-C）高清电视信号，并且具有外接硬盘录制（PVR）功能。DK8000-F3 机器有多种型号，下面我们对其中的 F302+机器进行硬件、软件介绍。

4.1 外观功能

F302+机器全套配件有一台主机、一根交流电源线、一根色差线和一个遥控器，另外附送了一个用于 DMB-TH 和 DVB-C 信号的 5V 切换器（图 4-1）。

图 4-1　F302+机器全套配件

F302+机器前面板（图 4-2）从左到右依次是 MENU（菜单）、上下左右方向键（频道+/-、音量+/-）、OK（确认）、EXIT（返回）和 STANDBY（待机）键。中间是一个显示窗口，内置四位黄色 LED 数码管，指示频道序号，靠数码管的左边设有绿色的信号锁定、红色的电源 LED 指示灯。前面板右边为一个仓门，内置一个 CA 插槽，两个 CI 模块接口。

图 4-2　F302+机器前面板

　　F302+机器的背面板（图 4-3）具有众多的接口，也体现出 F302+机器的强大功能。最左边是卫星 LNB
输入、输出接口，然后是活动调谐板上的三个接口，依次为 ABS IF 输入、DMB-TH 和 DVB-C 信号共用输入、
输出接口。

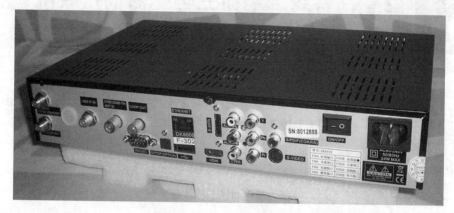

图 4-3　F302+机器背面板

　　对于音视频接口部分，模拟信号输出接口有一组 AV 接口、一组 YPbPr 接口、一个 S 端子；数字信号输
出接口有一个 HDMI 端子、一个同轴和一个光纤 S/P DIF 接口。此外还有 RS-232 串行接口、RJ-45 网络接口，
eSATA 串口硬盘接口、USB 移动硬盘接口。该机还配置了一个交流电源开关，用于机器的彻底断电。

4.2　电路主板

　　拆下 F302+机器上盖板的五颗螺钉，就可以观看其内部结构，如图 4-4 所示，是由左边的开关电源板、
底部的电路主板，右上角的调谐器活动板、右下角的 CA 卡座板和前边的操作控制板五大块组成，其中电路
主板如图 4-5 所示。

图 4-4　F302+机器内部结构

图 4-5　F302+机器电路主板

4.2.1　主控芯片——STi7101

F302+机器的主控芯片上贴散热片，采用 ST（意法半导体）公司的 STi7101（U13）芯片，在第 3 章介绍 iCooL 2G 机器时，我们已详细介绍过这款采用意法公司的芯片的性能。

4.2.2　存储器

高清接收机早期多采用 NOR FLASH＋DDR SDRAM 存储方案，NOR FLASH 是最常见 FLASH 存储器，和我们常见的 SDRAM 内存一样，采取随机读取方式。在 F302+机器中，存储芯片也是这两种，其中 U20 是美国超捷（SST，Silicon Storage Technology）公司的 NOR FLASH 芯片 M29DW128F、采用 16M×8bit 结构，容量为 16MB，用于存储接收机的系统软件。

U3、U4、U14、U17 是韩国海力士的 DDR SDRAM 芯片 HY5DU121622 ETP-D43，和 DM800 所用的芯片一样，这是一款 DDR400 内存芯片，采用 32M×16bit 结构，存储容量为 64MB，速度 200MHz，四片总容量高达 256MB，用于系统内存和视频内存。

4.2.3　数字 HDMI 接口

F302+机器的 HDMI 接口信号是直接从主控芯片获得的，未安装诸如 CM2020 之类 ESD 保护芯片，但预留芯片安装位置（U19），本章后文提供了加装 HDMI 接口 ESD 保护芯片的方法。

4.2.4　模拟 YPbPr、S-Video、CVBS 接口

F302+机器的 YPbPr、S-Video、CVBS 接口分别采用了美国 Fairchild（飞兆）半导体公司的三通道视频滤波驱动芯片 FMS6363（U7）、FMS6143（U6）。加视频滤波驱动芯片的详见第 3 章叙述。

4.2.5 音频输出接口

F302+机器的音频输出接口有模拟和数字两种，模拟音频输出接口有 L、R 一组，它是由 STi7101 主控芯片内置音频 DAC 数模转换处理后，再由 LM358（U2）芯片组成的音频放大电路，对左、右两路模拟音频信号分别进行放大后输出。

数字音频输出接口有光纤和同轴两种，是直接由 STi7101 主控芯片相应端口输出的，声音数据在主控芯片内部不作任何处理，只是将接收到的数据转换成 S/P DIF 格式后通过光纤和同轴输出，所有声音解码都是由外接数字音频解码器来处理。

4.2.6 RJ-45 网络接口

F302+机器 RJ-45 网络接口驱动电路采用意法公司的 10/100M 以太网控制芯片 STE100P（U2），为主板提供了 1 个 10/100Mbps 以太网接口。

由于网卡电路采用普通的 RJ-45 直通座，因此加入了 Pulse 网络隔离变压器 H1102NL 作为电气隔离（图 4-6）。这样可以有效地避免浪涌电压导致网卡芯片 STE100P 的损坏，保护网卡电路系统的安全。

图 4-6　F302+机器 RJ-45 网络接口

4.2.7 RS-232 串行接口

一般的数字卫星接收机都携有 RS-232 串口，主要用于接收机的系统软件的重新刷写或版本升级。不过在接收机中，主芯片端口是不能直接与电脑 RS-232 串口相连的，因为两者之间存在电平匹配问题，必须通过 RS-232-TTL 接口电平转换电路实现两者间的电平和逻辑关系转换。

在实际应用中，除了少数要求不高的场合使用分立器件外，一般都采用 RS-232 专用转换芯片实现，如 ADM3307、ICL3217、MAX232、MAX3223、SP3243 等，本机采用 ST232C（U23）芯片完成这种电平转换。

4.2.8 USB、eSATA 接口

F302+机器中的 USB 接口用于连接 U 盘或移动硬盘，进行软件升级或数字节目录制存储。eSATA（external SATA，外部 SATA）接口用来连接外置串口硬盘，进行录制节目的存储和回放。

4.2.9 CI 模块接口

F302+机器内置两个 CI 模块接口，接口芯片为 CIMaX SP2L（U27），如图 4-7 所示。这是一款符合 DVB-CI 和 OpenCable 标准的接口控制产品，采用 PQFP-128 封装（图 4-8），支持 2 个独立 CAM 卡；具有 VCC 电源自动和重启处理，支持热插拔；支持 3.3V 或 5V 输入、输出缓冲，具有省电待机模式，其工作原理如图

4-9 所示。

图 4-7　F302+机器 Ci 模块接口

图 4-8　CIMaX SP2L 芯片

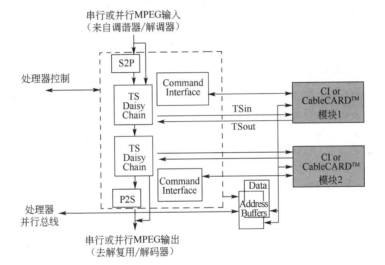

图 4-9　CIMaX SP2L 工作原理

4.2.10　免卡芯片

在 F302+机器电路主板的背面（图 4-10），采用了一枚 UTi1201 芯片（UY1），这是数字太和公司于 2008 年 5 月量产的第二代 UTI 主机/设备双用控制芯片，用于艺华付费平台的免卡授权收视。

依托 UTI 机卡分离行业标准，UTi1201 芯片具有 TS 流解复用功能和通用解扰功能，既可以作为 UTI 主机接口芯片，也可以作为 UTI 设备接口芯片。芯片内置 DRM 保护机制，支持内容、设备、用户的认证；支持 CA、EPG、数据广播等多种数字电视业务。

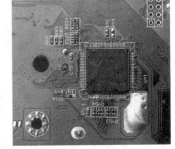

图 4-10　UTi1201 芯片

4.2.11　一体化调谐器

F302+机器电路主板上安装有一个固定的 DVB-S/S2 卫星调谐器（图 4-11），为国产易尔达一体化调谐器的 EDS-4B47FF1B+，内置意法公司的 STV0903 解调芯片。这是一款性能优异的 DVB-S2 芯片。

图 4-11　DVB-S/S2 卫星调谐器

4.3　其他电路板

4.3.1　调谐器组件板

DK8000-F3 机器之所以形成具有多个系列、多个型号，主要在于设计电路主板时，采用了模块化的接插件设计方案，电路主板和调谐板都采用了 4 层 PCB 板。

在电路主板上设置一个 40 脚插针，可以通过更换不同型号的调谐器组件板实现 DVB-C 有线数字电视、DMB-TH 地面数字电视接收，可实现三个传输通道的数字电视的无缝切换和接收。至于具体的接收功能，和选配的调谐器组件板类型有关。

F302+机器所配的调谐器组件板如图 4-12 所示，正面板上安装了一大一小的两个调谐器，其中小的是专门接收 ABS-S 信号的，只有一个 LNB IN 输入接口；大的为 DVB-C、DMB-TH 共用调谐器，具有 RF IN、RF OUT 两个接口；如果同时连接有线、地面信号时，需要采用附送的 5V 切换器作通道切换控制。调谐器组件板上安装双排 40 针镀金插座（J10），和电路主板的镀金插针相对应，作为电气连接，而四个安装孔通过铜导柱和机壳底板作物理连接固定。

（a）正面

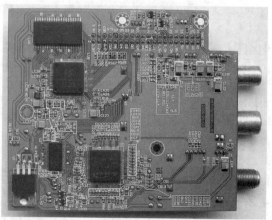

（b）背面

图 4-12　F302+机器调谐器组件板

　　F302+机器调谐器组件板背面安装了四个集成芯片，其中 UG21 采用中天联科（Availink）的 ABS-S 解调器芯片 AVL1108，配有 16 位缓冲器/线路驱动器 LCX16244（U2），以将解调后 TS 流传输到主板上进行解复用和编解码。背面板的三端可调式稳压芯片 LM317（U1）和电路主板上的 U29 一样，用于 LNB 13/18V 极化电压的切换，来选择左旋（L）或右旋圆极化信号的接收。

　　LU5 为杭州国芯（NationalChipTM）推出的 GX1501B 芯片，这是一款单/多载波双模式 DMB-TH 解调芯片，还融合了 DVB-C 接收功能，通过一颗芯片就可以实现接收有线和地面的数字电视信号，其接收原理如图 4-13 所示。由于 GX1501B 未内置 SDRAM，因此外配了一个海力士公司的 HY57V641620 型（4M×16bit）的 SDRAM，作为 DMB-TH 解调中的时域解交织存储器。

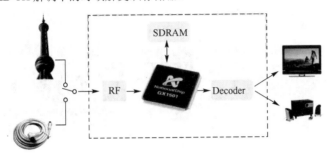

图 4-13　GX1501B 应用方案

4.3.2　CA 卡座板

　　CA 卡座板（图 4-14）用于插卡接收加密节目，由飞利浦公司读卡器的控制线路芯片 TDA8024T（IC1）构成，它是一款通用的低成本异步智能卡接口芯片，用在智能卡和主控芯片通信的接口上，在主控芯片 STi7101 的控制下，可完成智能卡的电源保护和读卡功能。

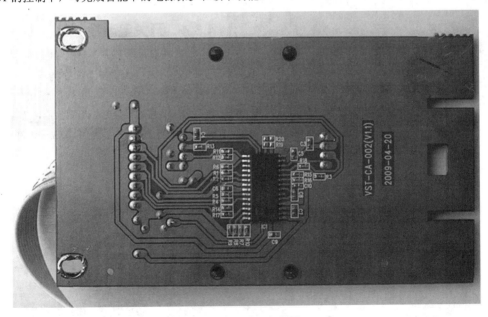

图 4-14　CA 卡座板

4.3.3　操作控制板

　　图 4-15 为 F302+机器的操作控制板，和其他接收机的一样，没有什么特别之处，具有一个红外线接收头（U1）、一个四位数码管（D3）、一个绿色 LED 锁定指示灯（D4）、一个红色 LED 电源指示灯（D5）和八个面板操作按键，采用串入并出移位寄存器 SN74HC164N（U2）作为数码管和按键的驱动芯片。

图 4-15　F302+机器操作控制板（一）

前期 F302+机器操作控制板的数码管闪烁较大，是由于采用的主控芯片来不及处理所致。2010 年 6 月，F302+机器使用单片机管理操作控制板，改善了这个 BUG（图 4-16）。

图 4-16　F302+机器操作控制板（二）

同时增加了两个 LED 状态显示功能，效果如图 4-17 所示，其中左边有三个指示灯，从上到下依次为绿色信号锁定灯（D2）、白色指示灯（D4，当录像/回放或者网络串流时闪亮）、蓝色指示灯（D5，当共享或者软 CA 读卡正常时闪亮），右边的为红色电源指示灯（D3）。

图 4-17　F302+机器前面板显示

4.3.4　开关电源板

F302+机器的开关电源板（图 4-18）主要由开关电源芯片 5L0380R（U1）构成，产生机器所需要的 22V、12V、5V、3.3V 几组工作电压。在电路板上，由 C1/L1/C4 构成的抗干扰电路、RV1 构成的浪涌电压保护、RT1 构成的浪涌电流抑制等电路一应俱全。

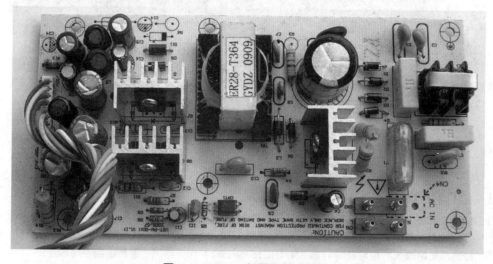

图 4-18　F302+机器开关电源板

F302+机器整体设计条理清楚，一些细节也做得不错，例如机器很注重信号屏蔽，在易泄漏信号的前面板也采用了金属挡板（图 4-19），使得机器的整体防电磁干扰性能更加好。背面板采用三芯分离式电源插座，使得机器背面板更为美观整洁。

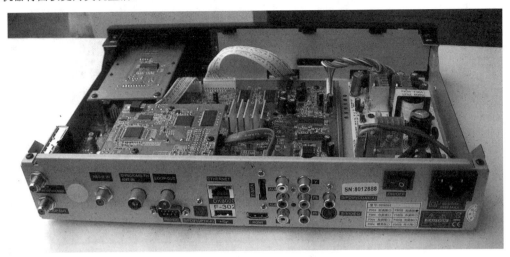

图 4-19　F302+机器内部结构

4.4　软件使用

F302+机器具有地面、有线和卫星接收以及节目录制功能，我们这台 F302+机器采用如图 4-20 所示的版本。

4.4.1　地面电视接收

（1）**地面频道搜索**　地面电视接收是接收当地的 DMB-TH 国标数字电视信号，接收前，先将室外天线的馈线连接到机器上。按遥控器上的菜单键，进入接收机主菜单界面（图 4-21），选择【地面接收搜索】。

进入【地面接收搜索】界面，选择当地的无线频率，当有信号电平和信号质量显示（图 4-22），同时机器面板上的信号锁定指示灯点亮，表示已收到信号。将光标移动到只搜本频道上，按确认键就将节目搜索下来了。

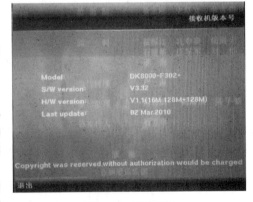

图 4-20　系统版本

图 4-21　接收机主菜单

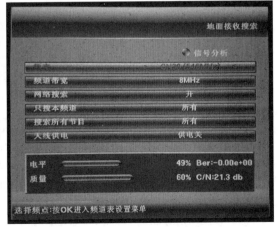

图 4-22　地面接收搜索

为了了解当地是否还有其他无线频率，选择"搜索所有节目"，机器开始从"CH21（474MHz）"开始，到"CH69（859MHz）"结束，按 8MHz 的步长进行搜索，搜索过程稍微慢一些。

（2）**频道信息** 按遥控器上的 P+键，可以显示当前频道信息（图 4-23），显示内容十分丰富，现详细介绍如下。

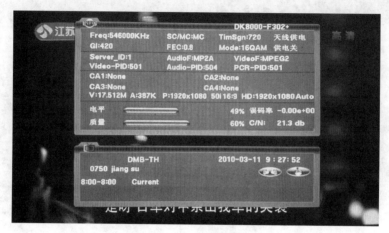

图 4-23 地面频道信息

在【INFO】区域内，共分四栏。

第一栏为接收参数显示

【Freq】为频率；【SC/MC】中的"MC"表示多载波调制，"SC"表示单载波；【TimSgn】为交织模式；【GI】为保护间隔；【FEC】为编码效率；【Mode】为调制模式。

第二栏为节目制式和 PID 码显示

【Server_ID】为频服务标识符；【AudioF】为音频制式，"MP2A"大概表示"MPEG2-Audio"的意思，实际上应该是"MPEG-1 Audio Layer 2"，建议更改为"MP2"更准确一些，正如大家熟知的 MP3 是"MPEG-1 Audio Layer 3"的简称一样；【VideoF】为视频制格式（Video Format），有"MPEG2"和"MPEG4"两种；【Video-PID】为视频 PID；【Audio-PID】为音频 PID；【PCR-PID】为节目参考时钟 PID。

第三栏为节目加密方式、音视频码流和图像输入输出分辨率显示，可用于高清频道性质、码流的判断。

【CA1～CA4】为条件接收（CA）系统的加密方式显示，"None"表示未加密；【V:17.512M A:387K】为视频、音频码流的显示，数值会不断变动，反映当前节目的实时码流，省略的单位为"bps"，即"bit per second"的简写，表示每秒比特数，即比特率；【P:1920×1080 50i 16:9】为节目的原始分辨率、帧频、扫描模式（隔行扫描用"i"表示，逐行扫描用"p"表示）和画面宽高比；【HD:1920×1080 Auto】为用户在【输出信号设置】界面下设置显示，可通过遥控器上的"图像格式"快捷键进行设置。

第四栏为信号强度、质量显示显示，可用于调整天线时参考。

【电平】表示信号的模拟强度；【质量】为信号质量；【误码率】即 BER，天线对星位置越精确，误码率数值就越小，可作为天线的寻星指示用；【C/N】为载噪比。

（3）**信号分析** 除了上面的频道信息显示外，机器软件还提供了更为专业的地面【信号分析】工具包，这是采用 GX1501B 单/多载波双模式 DMB-TH 解调芯片所具有的特色功能。在【地面接收搜索】界面下，按红色键进入【信号分析】界面，再按红色、蓝色、蓝色按键，可显示该接收频点的冲激响应、频谱分析和星座图，为判断在接收过程中的同频干扰、杂波干扰作参考。

如在图 4-24 冲激响应图中，水平为时间轴，第一个冲激峰表示 DMB-TH 解调芯片锁定的最强信号，峰底的杂波越小越好，第二个冲激峰为反射过来的多径信号。

图 4-25 为 8MHz 带宽内的频谱图，可以根据图中尖刺的上包络线和下包络线判断同频多径信号干扰的轻重程度。

星座图就是 QAM 相位图，相当于数字电视的示波器，可以提供信号噪声干扰的来源、种类的线索，为排除故障作参考。图 4-26 为显示 16-QAM 的星座图，共有 16 星座点，星座点和星座点之间界限越明显，离散性越小，误码率就越低。

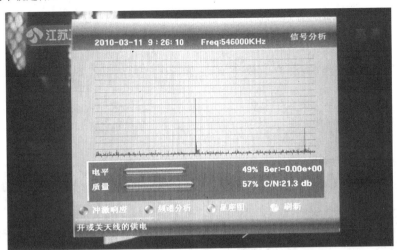

图 4-24　地面信号频点冲激响应图

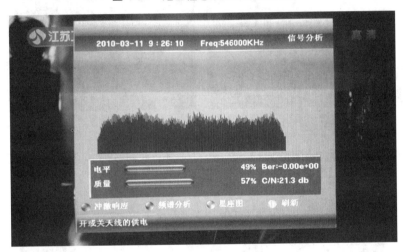

图 4-25　地面信号频谱图

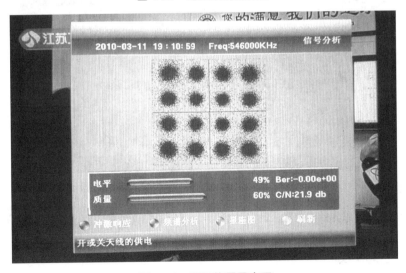

图 4-26　地面信号星座图

4.4.2　有线电视接收

（1）有线频道搜索　首先将有线电视射频线插入天线输入（ANT IN）插孔里，如果同时要接入接收地面数字电视的室外天线，那就需要使用附送的 5V 切换器了，不过连接时会麻烦一些，由于 RF 接口和 F 头连接不匹配，需要转接头。

接下来进行数字有线电视节目搜索，搜索很简单，无需设置，只要进入如图 4-27 所示的界面，按界面下方的文字提示进行操作即可。

首次搜索应选择"搜索所有节目"，机器自动开始从"1（52MHz）"到"137（459MHz）"进行搜索，图 4-28 为搜索进程。软件内置了中文字库，支持节目流里中文节目名称和中文 EPG 解析，我们可以看到正确的中文台标。

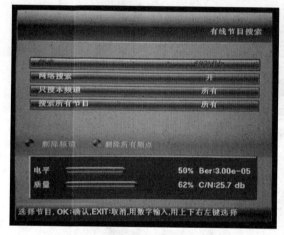

图 4-27　有线节目搜索之一

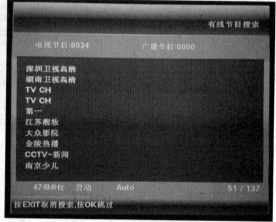

图 4-28　有线节目搜索之二

（2）加密节目收视　对于加密节目，未插卡显示黑屏，不过我们可以从其节目信息界面里得知所采用的加密系统，如图 4-29【INFO】区域内第三栏的 CA1 显示"TongFang"，表示为"永新同方"加密，可为选择 CI 模块作参考。

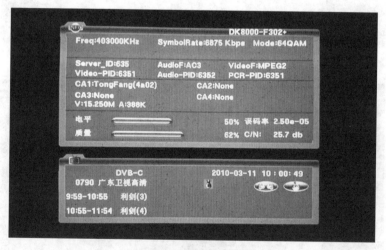

图 4-29　有线频道信息

（3）电子节目指南　按遥控器上黄色键，可以调出电子节目指南界面，即使是加密节目也能够显示 EPG 节目表（图 4-30），因为 EPG 信息是不加密的。

4.4.3　卫星电视接收

对于 F302+ 机器的卫星电视接收，相比较地面、有线电视接收复杂一些，因为卫星接收涉及本振频率的设置、多星切换的设置以及参数的盲扫等内容，这些设置和操作执行均在主菜单下的【整个卫星搜台】中进行的的。

（1）**卫星频道搜索** F302+机器卫星接收功能支持 DiSEqC1.1/1.2 版本协议，也就是支持目前流行的八切一开关以及极轴天线控制功能。以接收八切一开关第四个端口下的 115.5°E 中星 6B 卫星为例，操作设置如下：进入【整个卫星搜台】界面（图4-31），在【卫星】项目上通过左右方向键可以选择"Chinasat 6B（115.5）"，也可以按 OK 键，在弹出的卫星列表下拉菜单里快速找到该卫星。

然后将光标移动到【LNB】项目上，按右键选择"LNB 4"，再按 OK 键，出现【LNB 设置】界面（图4-32）。设置好"LNB 4"的【本振频率】为"5150MHz"、【DiSEqC 开关】为"V1.1"版本、【DiSEqC 输入】为"4"（即第 4 个端口），设置完成后，按返回键回到主界面下，就可将光标置于【卫星搜索】上按 OK 键进行搜索了。

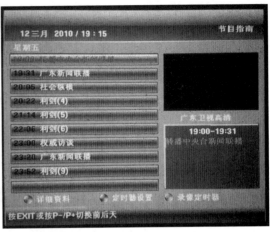

图 4-30 EPG 节目表

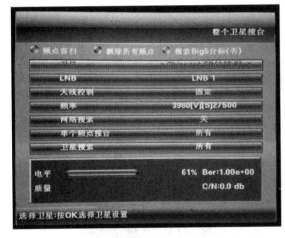

图 4-31 整个卫星搜台界面

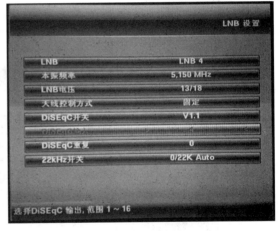

图 4-32 LNB 设置界面

小提示：

在【整个卫星搜台】界面里有大五码（Big5）台标的选项，按绿色键可以开启，这样搜索一些卫星上的繁体中文频道台标时，就不会显示乱码了。如果接收卫星信号在门限之间徘徊，搜索时会无法解析频道台标，只能显示"TV CH"，同时频道播放会卡。

（2）**频点盲扫** 上述方法只是对内置卫星参数表的搜索，由于卫星节目参数变动较频繁，内置卫星参数表里的参数可能过时了，一些新的参数未收集在内，这时我们可以采用频点盲扫，它不但可以搜索 DVB-S 信号，还可以搜索 DVB-S2 信号，并且能够将搜索到的转发器参数完整地显示出来。

盲扫前，先按蓝色键删除卫星内置的所有转发器，再按红色键进入【频点盲扫】界面（图4-33）。

继续按红色键，机器开始盲扫。盲扫是按先垂直极化、后水平极化两个步骤进行的，在默认的"开始频率～结束频率"范围内，从低到高按 8MHz 的步长进行搜索，搜索进程以及搜索到的转发器参数（包括下行频率、符号率、极化方式、调制方式、FEC）会实时地显示在界面右半部，并自动保存到机器内置参数表中。例如是 DVB-S 信号，调制方式会显示"S"；是 DVB-S2 信号，调制方式会显示"8P"，表示采用 8PSK 解调。

盲扫时，机器面板上的四位数码管板同步显示信号质量"—×××"，图4-34为盲扫结束界面。

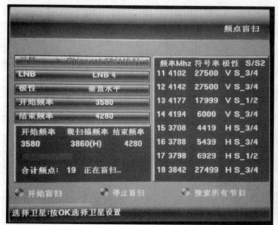

图4-33　频点盲扫

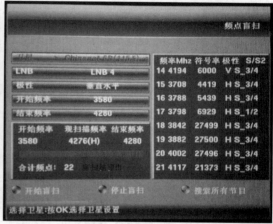

图4-34　盲扫结束

接下来，需要按绿色键进行节目搜索了，直至完成搜索。建议新版本改进一下，盲扫后机器能够自动进行节目搜索，节省用户需要手动操作的等待时间。

（3）频偏自动纠正　F302+机器卫星接收时，具有高频头频率偏移（简称"频偏"）自动纠正和指示功能，频偏指示可从节目信息界面中看出，图4-35中的"LNB_OffSet：1410（kHz）"，表示高频头本振频率偏移了1410kHz。

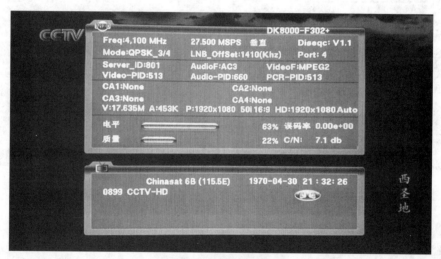

图4-35　卫星频道信息

建议：图4-35中的符码率单位"MSPS"更改为"MSps"更专业一些，其中"Sps"是"Symbol per second"的缩写，表示指每秒钟传输数据符码数。"Diseqc"更改为"DiSEqC"，符合通行惯例；"Khz"更为"KHz"，以保持界面整体风格的统一。

4.4.4　艺华付费平台授权

在前文我们介绍了F302+机器内置了数字太和的UTi1201芯片，这是用于艺华付费平台的免卡授权收视的。购买F3系列新机的用户可以享受到免费试看高清频道一个月，这是F3生产厂家和艺华公司达成的一项互利互惠的举措。

（1）艺华付费平台授权　免费收视需要向艺华卫视客服人员申请报开，未报开时看这些加密节目时，屏幕黑屏并提示"CA没有开户！"。申请报开时，用户需要将"用户系列号"报告给客服人员，"用户系列号"可从【主菜单】下的【条件接收】→【板上ＣＡ】→【关于UDRM】界面中查到（图4-36～图4-38）。

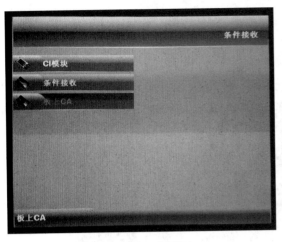

图 4-36　条件接收界面

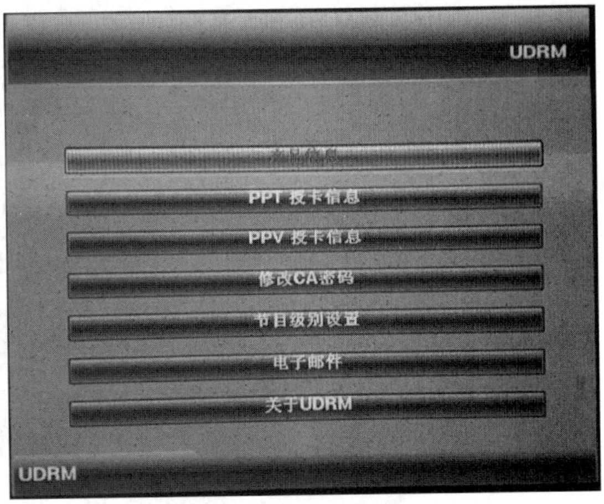

图 4-37　UDRM 界面

开通后，在其【产品信息】界面里会出现相关数据（图 4-39），然后停留在一个高清频道如"Channel HD CCTV"上等待授权信息，目前采用的数字太和 UDRM 免卡系统需要 15 min 左右完成授权。如果长时间等待还是不能完成授权，请联系客服人员重新授权（图 4-40）。另一方面，用户检查自身所用的接收天线是否过小，信号质量是否过门限，误码率是否过高，这些因素都会影响到授权作业。

图 4-38　关于 UDRM 界面

图 4-39　产品信息

No.	节目包	收视号码	类型	开通日期	终止日期
1	UTI高清试看(一个月)	⬤⬤⬤⬤⬤⬤⬤⬤⬤⬤⬤⬤	重授	2010-03-11	2010-04-10
2	UTI高清试看(一个月)	⬤⬤⬤⬤⬤⬤⬤⬤⬤⬤⬤⬤	重授	2010-03-11	2010-04-10
3	UTI高清试看(一个月)	⬤⬤⬤⬤⬤⬤⬤⬤⬤⬤⬤⬤	新开	2010-03-11	2010-04-10

图 4-40　重新授权

授权成功后，就可以看到加密的高清频道了。如果看其他艺华直播平台下的标清节目，屏幕会弹出"节目没有授权！"的信息提示，这需要另外付费收视的。

（2）关于艺华加密系统　早期的艺华直播平台采用了数字太和的 Udrm、泰信长城 ChangCheng 和 Conax 多种加密方式，如图 4-41 所示，其中采用泰信长城免卡方式是针对早期推出的长城 318A_S2 机器，到 2012 年 9 月底，艺华关闭了泰信加密方式。而 Conax 加密方式是为工程套餐开通的，不针对个人用户。

图 4-41　艺华频道信息

4.4.5　节目录制

（1）**硬盘格式化**　节目录制前，首先通过 USB 或 eSATA 接口连接好移动硬盘或串口硬盘，并且开启硬盘电源，然后再开启 F302+机器，机器启动时将自动挂载硬盘。初次使用新硬盘时，需要进入【主菜单】下的【硬盘文件功能】（图 4-42），进行【硬盘格式化】操作，格式化 EXT2 文件格式。为了防止误操作，格式化前需要输入密码，默认密码为 "0000"。

（2）**即时录制**　即时录制操作很简单，按一下遥控器上的录像键，调出【硬盘管理】界面，再按一下录像键即可录制，界面中会显示硬盘录制持续时长、硬盘容量等信息（图 4-43）。按返回键回到电视正常播放状态中，此时屏幕右上角会显示录制图标和录制时长（图 4-44）。

图 4-42　硬盘管理

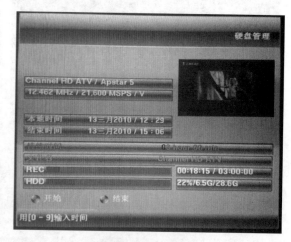

图 4-43　硬盘录制

如果屏幕不显示录制状态，可进入主菜单下的【接收机参数设置】→【特别选项设置】，将【录放状态】选项选择为 "有效的" 即可（图 4-45）。

（3）**暂停和停止录制**　在录制过程中，按遥控器最上方的暂停录像键可以暂停录制，屏幕会出现暂停录制图标（图 4-46），再按一次又可恢复录制。暂停录像键是一个很实用的功能，例如在录制高清节目遇到中间插播广告时，按此键暂停，可以节省硬盘录制的空间，也便于回放时连续欣赏，这个暂停录制功能是采用 STi7101 芯片机器特有的功能，最早应用在长虹 DMB-TH2088HD 机器上，而今 F302+机器也增加了这种功能，无疑是很实用的。

图 4-44　录制进行中

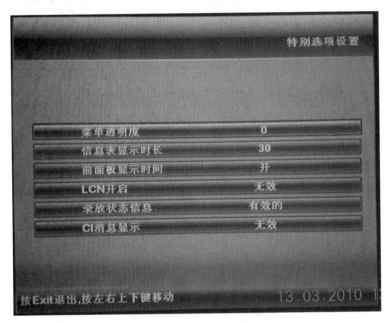

图 4-45　特别选项设置

图 4-46　暂停录制

如果要停止录制，按遥控器上的停止键，再按 OK 键即可，如图 4-47 所示。

图 4-47　停止录制

（4）录制节目回放　按遥控器上录像文件键，出现【我的录像机】界面（图 4-48），选择里面的文件按 OK 键就可回放已录制的节目。回放结束后，会自动返回到原来的电视频道播放状态。

图 4-48　我的录像机界面

在回放过程中，还可以操作遥控器最下两排按键，进行快进、快退、暂停等多项目播放控制（图 4-49）。

图 4-49　节目回放操作

（5）**预约录制、EPG 录制和时光平移** F302+机器还提供了预约录制、EPG 录制功能，分别是从【硬盘文件管理】、【节目指南】界面下的【录像定时器】中进行的。具有硬盘录制功能的接收机均有时光平移功能，F302+机器也不例外，按动暂停播放键就转入时光平移功能。由此可见，F302+机器的录制功能还是不错的。

我们是采用 30G 硬盘配硬盘盒通过 USB 接口的录制节目的，对 115.5°E 卫星 CCTV 高清频道，以及艺华高清包里的几个高清频道进行了录制测试。通过多次录制操作、未发现死机问题，感觉录制操作简单易用，录制节目回放流畅、没有发现马赛克现象。

4.4.6 录制文件管理

对于录制文件的管理，F302+机器提供了【硬盘文件功能】下的【录像文件管理】项目。进入该项目出现【我的录像机】界面（图 4-50），按四个颜色键可以对录制节目进行改名、排序、加锁和删除这些常规操作。

F302+机器开放了 RJ-45 网络端口，因此用户可以通过这个网口将录制文件 FTP 上传到电脑里播放。FTP 软件有很多，如 CuteFTP、FileZilla、PSFTP、WinSCP 等，但最为简单的是 Dreambox 的 DCC-E2 软件的 FTP 功能完成上传和下载。

我们是通过路由器和 F302+机器网口连接的，网络连接设置界面如图 4-51 所示。

图 4-50 录像文件管理

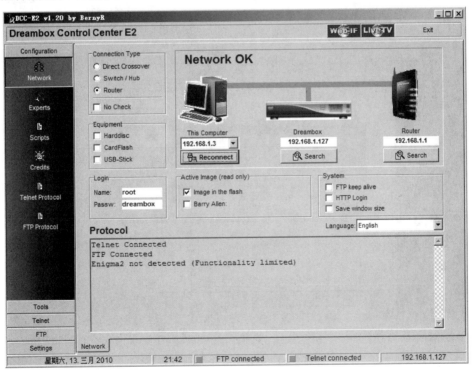

图 4-51 DCC-E2 软件

F302+机器的 IP 地址默认为"194.168.1.127"，虽然在主菜单【接收机参数设置】下的【网络设置】中可以更改 IP 地址，但实际上是无效的，仍然按照默认的 IP 地址执行。

录制节目的文件格式为 MPEG-TS，这可使用 MediaInfo 软件分析得出（图 4-52），MPEG-TS 文件可以在 Windows 系统下采用大多数多媒体软件播放而不需要作任何视频格式转换。

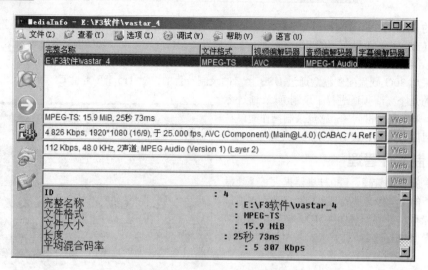

图 4-52　MediaInfo 软件分析

不过，硬盘格式化是 Linux 系统的 EXT3 格式，在 Windows 系统下需要通过相关的软件进行识别，而采用 DCC 的 FTP 功能，就可以直接将硬盘的录制文件下载到电脑中。F302+机器的录制文件是保存在机器 /Disk_A（或 Disk_B）文件夹下，并以 vastar_n 的多个子文件夹保存，录制一次会创建一个子文件夹，直至 n 个，只要将每个子文件夹下最大容量的文件（该文件没有后缀名）下载到电脑中即可，如图 4-53 所示。

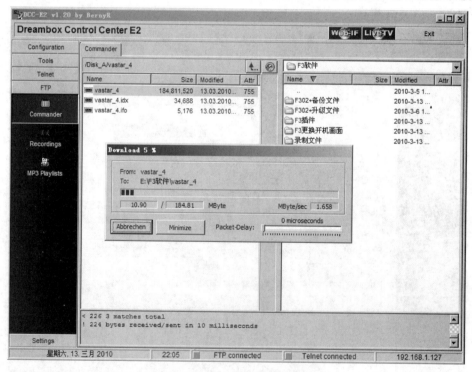

图 4-53　录制文件下载到电脑

4.4.7　频道编辑

F302+机器在主菜单下的【节目编辑和修改】有喜爱节目编辑、节目加锁、节目删除、节目更名和 PID 编辑功能，其中喜爱节目有四个编辑节目单（图 4-54），用户可以将众多的喜爱频道分门别类地编辑到这个节目单中。建议：新版本在编辑喜爱频道的界面中，遇到加密频道时右边能够显示加密图标，以便用户更好地编辑。

4.4.8 画中画显示

F302+机器具有画中画功能，通过画面交换、画中画、小画面的频道+、频道-四个按键实现，如图 4-55、图 4-56 所示。

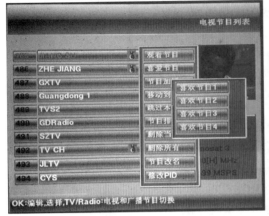

图 4-54　节目编辑

图 4-55　画中画设置

图 4-56　画中画显示

小提示：

① 【画中画】功能只能通过 HDMI 或 YPbPr 端口输出，而【双画面】功能是 HDMI 或 YPbPr 端口输出主画面，AV 端口输出副画面。

② 画中画功能只适用于同一个转发器下的免费频道，加密频道（包括带有加密性质的开锁频道）不能显示画中画。

4.4.9 网络功能

（1）**IP 播放和转发**　F302+机器具有 IP 播放和转发功能，使用也很简单，以 IP 单播转发功能为例，在【网络设置】中，将【UDP/RTP_IP】设置为你的局域网里的一个电脑的 IP 地址，如我们测试的笔记本电脑 IP 地址为"194.168.1.3"，设置如图 4-57 所示，保存后退出。

接下来按遥控器上的信源列表键，再按蓝色键发送到 IP，此时屏幕先黑屏一下，然后正常播放并在画面的右上角出现一个"MPEG"图标（图 4-58），表示已发送 TS 流。

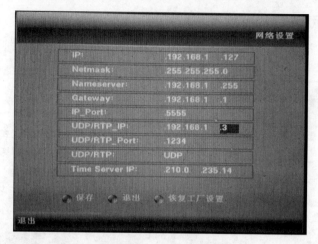

图 4-57　网络设置

图 4-58　信源列表

　　然后在电脑端安装网络流媒体播放软件，如 VLC media player，它支持基于 UDP/RTP、UDP/RTP 多播、HTTP/FTP/MMS、RTSP 等网络协议的网络视频的在线播放。安装完成后，按照图 4-59 简单设置一下，再按"确定"按钮即可播放。

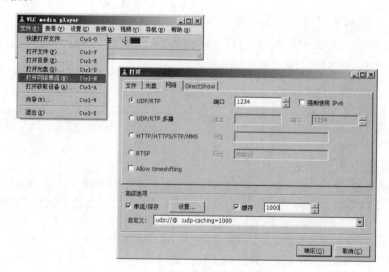

图 4-59　VLC media player 设置

图 4-60 为在电视机和电脑上同时播放 115.5°E 的 CCTV 高清频道的画面，在电脑端观看效果还不错，只是声画有一些延迟。

（2）网络校时功能　F302+机器可以设定网络自动校时，这可从【接收机参数设置】下的【本机时间设置】中【时间同步来源】选择"网络服务器"实现（图 4-61）。

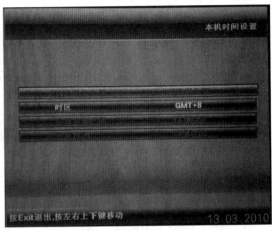

图 4-60　IP 播放和转发　　　　　　　图 4-61　本机时间设置

实际上，这是 F302+机器软件通过网口连接到互联网上的时间服务器来校正的。在网络设置界面里有一个【Tims Server IP】"210.0.235.14"，这是香港行政区授时中心时间服务器（stdtime.gov.hk），校时精确度达到 0.003 s，非常准确。准确的时间运行也是用户设置定时播放和预约录像成功的保证，待机后四位数码管显示实时时间，就像一台电子钟。

（3）网络共享　作为 F302+机器的生产厂家是不会也不可能开发 GX 功能的，但由于机器采用了 LINUX 系统，并且激活了 RJ-45 网口，加上 2010 年的 0302 升级软件推出，使得 FLASH 芯片有了近 3M 的未用空间，给一些第三方插件的开发提供了便利。

如当时从国外流出来的 SccamD 插件就在 F302+机器上小试牛刀，使之和 DM800 一样具有共享功能，使用和 DM800 一样的共享账号，只要将账号按照一定的格式要求编辑到/PLUGINS/cardclient.conf 配置文件中，重启接收机就可以接收一些加密节目。

4.4.10　遥控器学习功能

F302+机器遥控器具有学习功能，具体操作方法如下。

① 按住"TV"键 2 s 左右，LED 灯变长亮，进入学习状态。

② 先按下一个学习键，LED 灯开始闪烁，表示可以接收信号了。

③ 将被学习的遥控器对住学习遥控器，如图 4-62 所示，按住被学习的遥控器按键 1s 左右，接收成功后 LED 快速闪烁三下后继续长亮，表示学习成功。

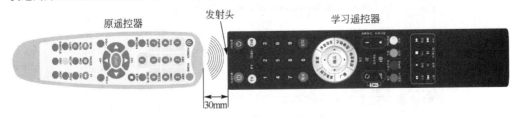

图 4-62　遥控器学习功能

④ 重复上述骤完成其他按键的学习，一共可以进行 49 个按键的学习，学习完后按"TV"键保存退出学习功能。

学习后的遥控器使用其功能时，需要按"TV"键，不过"电视电源"键无需按"TV"键切换即可使用，这一点非常人性化。遥控器中间的外、中、里三环 11 个键采用机械簧片按钮，按上去滴答作响，手感不错，值得称赞。

不过也有一个缺点，由于受遥控器宽度的限制，中环上下左右四个方向键设计的较窄，使用起来不太习惯，容易误操作到外环的按键上，而这四个方向键又是经常操作的按键，因此我们建议，外环按键可以缩小一下，腾出位置将中环四个方向键一些增宽。

早先的遥控器上的"STB 电源"键只能作待机用，后期 2010 年 appexe_f302+_0527.out 新 appexe.out 文件，赋予了"STB 电源"键双重功能：按一次，进入待机，连续按两次，可以重启机器。

4.4.11 总评

在 2010 年，市面上高清机器，大家最为熟悉的要数 DM800 机器了，现在就将 F302+机器和 DM800 机器简单对比一下。

（1）门限对比　我们对采用国产易尔达 EDS-4B47FF1B 一体化调谐器的 F302+机器，和采用日本 ALPS（阿尔卑斯）BSBE2-401A 一体化调谐器的 DM800 机器、韩国 Samsung（三星）DMBU 24511IST 一体化调谐器的长城 318A-S2 机器进行对比测试。

测试发现 F302+和长城 318A-S2 机器门限相当，接收 DVB-S2 信号门限较低，明显优于 DM800，这也是部分用户在采用 DM800 机器下不了 FTV HD，而 F302+却能够接收到信号的原因。而对于 DVB-S 信号的测试，三个机器未发现明显的区别，可以说是旗鼓相当。

（2）开机、待机、换台时间　经测试，F302+机器从开机启动到正常需 55～58 s 左右，而 DM800 机器需要 2 min 左右，可见 F302+机器的启动过程还是比较快的。待机再开机 F302+机器需要 3 s，而 DM800 则很快，不超过 1 s。在同一个转发器下换台，F302+机器需要 2 s，而 DM800 不超过 1 s。可以看出，对于待机、换台占用时间，DM800 优势大一些。

总之，F302+是一款不错的机器，它是在累积了 U 牌机、中大机等高清机的成功设计经验的基础上，开发出来的一款具有地面、有线和卫星电视接收的多功能高清机，加上 PVR 硬盘录制功能，更给用户带来可玩性。

4.5　软件升级

4.5.1　频道编辑——DK8000 Configuration manager 软件

采用机器编辑比较麻烦，也不能编辑中文名称，而 DK8000-F3 台标修改工具——DK8000 Configuration manager 软件则较好地解决了这个问题。

通过将机器/mnt 文件夹下的 program_info.bin、binpointer_info.bin、transporter_info.bin 三个文件下载到电脑中，对其中的 program_info.bin 进行中文台标编辑（图 4-63），编辑完成后将其以及原来的两个相关文件一起上传到机器中（图 4-64），再重新启动机器即可解决问题。

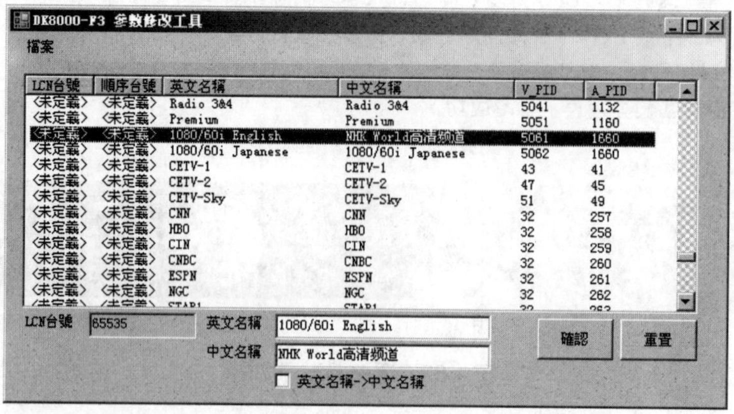

图 4-63　DK8000 Configuration manager 台标修改

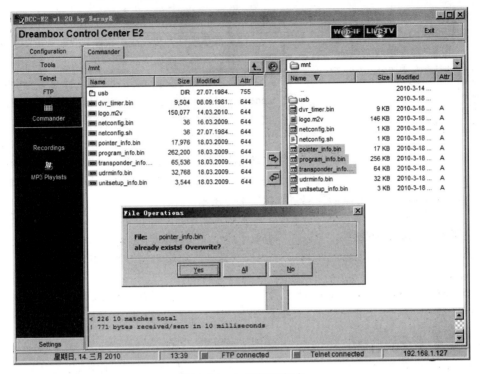

图 4-64　上传频道文件

4.5.2　用户配置备份

如果要升级系统软件，可能把原来用户的配置、参数盲扫、节目搜索、喜爱编辑的频道删除殆尽，这时我们利用将机器的/mnt 文件夹保存到电脑中，待软件升级后，再恢复出厂设置，然后将保存的/mnt 文件夹下载到机器中，覆盖原来的文件即可恢复原有的设置。

表 4-1 为 mnt 文件夹下各个文件的功能说明。

表 4-1　mnt 文件夹下各个文件的功能说明

文　　件	说　　明
dvr_time.bin	录像时间设置
logo.m2v	开机画面
netconfig.bin	网络参数配置
pointer_info.bin	卫星 LNB 配置、节目数据位置文件
program_info.bin	频道名称、频道参数
transponder_info.bin	转发器数据
udrminfo.bin	无卡 CA 授权信息
unitsetup_info.bin	系统设置

4.5.3　更换开机画面

从表 4-1 可以看到：logo.m2v 是 F302+机器的开机画面文件，只要更换这个文件，就可以更改开机画面。用户首先制作一个 1920×1080 或 1280×720 尺寸的图片，然后用 TMPGEnc 视频编辑软件将其转换并重命名为 logo.m2v 视频文件，最后将 logo.m2v 文件上传到机器/mnt 文件夹下，替换原来的文件即可。

4.5.4　系统升级

F302+机器刷机分为刷写软件高层软件和底层软件两种。

（1）高层软件升级　高层软件刷写很简单：只要将刷机文件复制到 U 盘中，再将 U 盘插入机器 USB 接口中，开启机器电源开关，机器会自动进行刷写，刷写完成后，关机拔出 U 盘，再断电重启机器即可完成

```
Board: STb71xx HMP Reference  [29-bit mode]

U-Boot 1.3.1 (Jul 11 2009 - 11:04:49) - stm23_0042

DRAM:  128 MiB
NOR:   16 MiB
In:    serial
Out:   serial
Err:   serial
Using MAC Address 02:D1:03:02:04:40
STM-MAC: STe100P found
STM-MAC: 100Mbs full duplex link detected
Hit any key to stop autoboot: 0
MB442> _
```

图 4-65　超级终端刷机

升级。

（2）底层软件升级　底层软件需要配合电脑的超级终端软件进行，具体方法如下：

首先将 rootfs_zip.img、vmlinux_zip.ub、updatezip.sh、appexe.out 四个文件复制到 U 盘根目录中，再将 U 盘插入 USB 接口中，RS-232 串口线连接电脑和机器，然后打开电脑创建一个超级终端，再打开机器，超级终端界面里会显示一些启动检测信息，待出现 " Hit any key to stop autoboot：3 " 提示时，立即按回车键，机器自动进入升级"MB442>"状态，如图 4-65 所示。

然后依次复制下面的一行代码，在超级终端界面下 "粘贴到主机"，再按回车键，进行下一行的复制。

usb start ………………………………………………说明：开启 U 盘和查看 U 盘文件

fatls usb 0

fatload usb 0 0x84000000 vmlinux_zip.ub ……………………说明：升级 vmlinux_zip.ub（内核）

prot off 1:17-43

erase 1:17-43

cp.b 0x84000000 0xa00a0000 $filesize

fatload usb 0 0x84000000 rootfs_zip.img ………………说明：升级 img（库和文件系统）

prot off 1:44-269

erase 1:44-269

cp.b 0x84000000 0xa0250000 $filesize

待完成后，重启机器，机器自动进行高层软件升级。升级完成后，去掉 U 盘、RS-232 串口线，再重启机器；然后恢复出厂设置后，再重启机器就完成升级过程。

（3）升级相关问题　【问题 1】一些用户反映可以看到 "Hit any key to stop autoboot：3" 倒数，但按回车键一直没反应，无法中断机器的 Autoboot，因此无法升级底层文件。

实际上这是在设置超级终端端口属性参数时出了问题，只要将【数据流控制】由 "硬件" 更改为 "无" 即可解决（图 4-66），否则由于超级终端只能接收 F302+ 的发过来的数据，而无法向其发送数据，致使按回车键无反应。

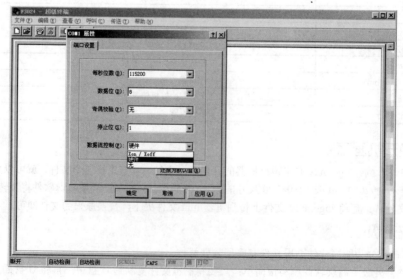

图 4-66　超级终端设置

【问题2】刷机后，关闭电脑，机器重启就死机。

RS-232 串口线没有拔下所致，将该线从 F302+机器上拔掉就可以正常启动。

4.6 硬件打磨

4.6.1 内置笔记本硬盘

由于种种原因，DK8000-F3 系列多功能高清接收机没有提供内置硬盘功能。这对于一些经常将机器在客厅和卧室之间来回搬动的用户感到不太方便，如果能够内置硬盘就好了，下面以 F302+机器为例，介绍硬件打磨的具体方法。

（1）**材料准备** 考虑到 F302+机器电源功率的限制，以及内部安装空间的问题，我们选择内置 2.5 英寸笔记本硬盘的方案。为了便于在 F302+机器内部安装固定硬盘。我们采用了 DM800 机器所用的硬盘支架和电源/数据连接线，如图 4-67 所示。

图 4-67 材料准备

（2）**确定方案** 加装内置硬盘的方案是：利用 F302+机器控制操作板的+5V 电压给笔记本硬盘供电，并且在 CI 插槽的内部安了一个硬盘电源控制开关，同时更改了面板的红色电源指示灯线路，改为硬盘电源供电指示灯。当开关打开时，硬盘得电工作，同时指示灯点亮，指示硬盘正常供电中。

（3）**安装硬盘电源开关** 首先安装硬盘电源开关，为了不破坏机器外观，我们采用小型的 250V 3A 单刀船形开关（图 4-68），并将它安装到 CI 模块槽内。

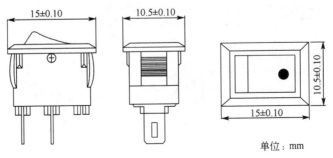

15±0.10   10.5±0.10

10.5±0.10

15±0.10

单位：mm

图 4-68 小型船形开关尺寸参数

用电烙铁在模块槽内部左侧烫出方孔，再用什锦锉打磨一下，使得开关能够恰好安装进去并且固定紧密，具体如图4-69所示。

图 4-69　安装硬盘电源开关

（4）**安装支架和硬盘**　F302+机器前面板和机壳之间有屏蔽用的金属挡板，恰好可以在此安装硬盘支架。将支架放置到挡板上，画好两个安装孔的打孔位置，再用 3.2mm 的钻头钻孔，如图4-70所示。

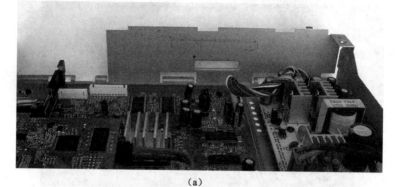

（a）

（b）

图 4-70　DIY 金属挡板安装孔

然后将硬盘用四颗螺钉固定到支架上，注意硬盘的安装位置，将硬盘有引脚的一端尽量往外靠，以便插入硬盘转接线时不受安装支架阻挡，接下来将支架安装到机器上，如图4-71所示。

（a）

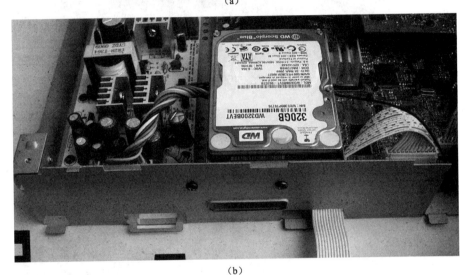

（b）

图4-71 安装硬盘

（5）**线路焊接** 为DM800机器提供的内置串口硬盘电源/数据转接线如图4-72所示，对于笔记本硬盘供电，只需要使用红色的5V供电线和任意一根黑色GND地线即可，因此将其他的线剪掉，只保留这两根线，将地线焊接到主板的任意一个接地处。

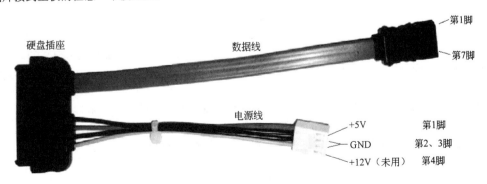

图4-72 硬盘电源/数据转接线

然后将 F302+机器操作控制板上的电阻 R26 拆下（图 4-73），一端改接到背面板上，具体如图 4-74 所示，硬盘+5V 工作电源从排线的最右边引脚取得，通过导线焊接到开关的中间引脚上，再将 R26 的另一端和硬盘供电线焊接到开关的边脚上。

图 4-73　拆除该电阻

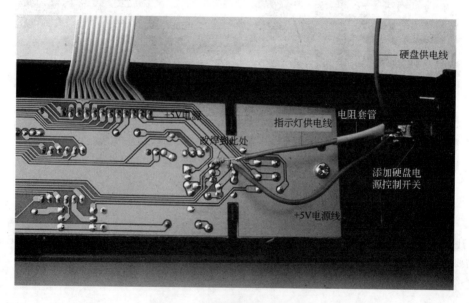

图 4-74　连接硬盘电源指示灯

（6）**安装和使用**　首先将调谐器组件板拆下，将机器 eSATA 接口内置连接线从 J5 拔下，再将硬盘转接线的一端数据接口插到该插座上，注意插口方向。最后安装好调谐器组件板，并且转接线另外一端连接到硬盘上（图 4-75）。

加装的开关安放在 CI 插槽的内部左侧，丝毫不影响模块的插拔，如图 4-76 所示。

使用时，首先格式化硬盘，然后就可以正常录制和回放节目了。由于 F302+机器没有硬盘休眠功能，不需要硬盘工作时就将加装的开关关闭。不过需要注意录制时，加装的开关先打开，然后重新断电启动机器，才能成功挂载硬盘，进行节目录制。

4.6.2　免卡芯片晶振更换

2010 年 4 月 7 日，艺华高清平台更新转发器参数为 12472 V 33500 DVB-S2 8PSK 3/4，并且节目处于免费播出测试，而 F302+机器能够下载频道台标，但黑屏，无法解析码流，厂家告知需要更换免卡芯片外围的晶振。

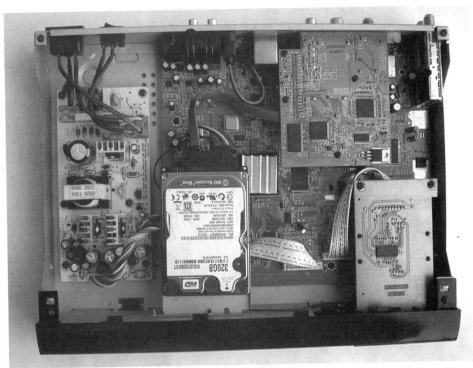

图 4-75　加装硬盘电源和数据接口

图 4-76　操作硬盘电源控制开关

（1）免卡芯片晶振工作原理　经过厂家技术人员分析确定：问题出在搭载的数字太和免卡 CA 芯片 UTi1201 身上。当初制订加密方案的时候，确定 UTi1201 芯片的上限码流为 60Mb/s，因此在 F302+机器主板上面，有一个服务于 UTi1201 的 12MHz 晶振（YY1），在 UTi1201 内部 5 倍频运行，正好是 60MHz，能够允许通过最高为 60Mb/s 码流。而艺华高清平台更新转发器参数后，符码率由原来的"21600kS/s"提高到"33500 kS/s"，使得传输码流大大增加。

由于转发器的符码率不等于其数据传输率，它还包含了纠错的一些数据开销等，因此对于采用 DVB-S2 8PSK 转发器数据传输率（即码流）的计算公式如下：

$$数据传输率（Mb/s）＝符码率×3×188÷(204×FEC)$$

由此可以出计算原来的码流为 44.8 Mb/s，更新转发器参数后的码流是 69.5Mb/s。

F3 系列机器主板与 UTi1201 之间采用并口连接，是同步通讯，UTi1201 相当缓冲器。对于约 70Mb/s 高码流的数据，UTi1201 芯片的 60MHz 处理速度就显得较慢，数据丢失严重，传输困难，成为导致接收信号黑屏的瓶颈。而 UTi1201 芯片本身最高允许 100MHz 的内部时钟运行频率，对应于 20MHz 晶振频率，因此我们可以提高 YY1 晶振的频率值，来增强 UTi1201 的处理大码流数据的能力。

（2）免卡芯片晶振更换操作　厂方建议：将 YY1 晶振（图 4-77）更换为 16MHz 安全值，此时码流上限将提高到 80Mb/s，大于目前艺华的码流 70Mb/s，就可解决上述问题。

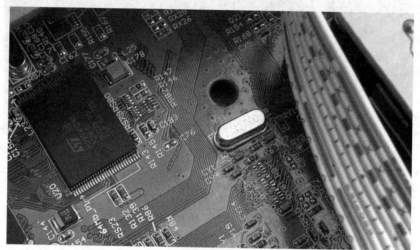

图 4-77　免卡芯片晶振

下面介绍具体的更换操作方法：

拆下机器电路主板，注意拔掉主板上的 eSATA 线，一定要小心操作，如果用蛮力硬拔，可能会将插座的地脚一起拔掉，那就比较麻烦了。用电烙铁配合吸锡器拆掉 12MHz 晶振，再将 PCB 板上两个金属化孔上的余锡清除干净（图 4-78）。

安装上 16MHz 晶振，焊接好。更换完成后，将机器安装好。注意：活动调谐板有 5 个铜导柱，CA 卡座板有 2 个铜导柱，不要装错。另外，装回背面板时，一定要让光纤插座自然地套进钢板的方孔内，才能拧紧螺钉。否则，易使得光纤插座上的弹簧小门脱落。

4.6.3　加装 HDMI 接口 ESD 保护芯片

F3 系列机器的 HDMI 接口信号是直接从主控芯片获得的，未安装 HDMI 接口的 ESD 保护芯片，但预留 U19 芯片安装位置，如前面图 4-6 所示。同样采用 STi7101 方案的长城 318A_S2、长虹 DMB-TH2088HD 就安装了这种 ESD 保护芯片。如长城 318A_S2 机器的 HDMI 接口（CN700）采用的一片美国 CMD（加利福尼亚微设备）公司的 HDMI/DVI 接口 MediaGuard 系列保护芯片 CM2020-00TR-00TR。

（1）HDMI 接口 ESD 保护芯片工作原理　据悉，生产厂家于 2010 年 8 月份出货的 F302-（比 F302+少了中星 9 号 ABS-S 接收功能，其他完全相同）、F304 两款机型的高清机，已经预装了 ESD 保护芯片和外围元件，采用和 CM2020-00TR 同一系列、相同封装，但性能更加优异的 CM2031-00TR 芯片（图 4-79）。

CM2031-00TR 是 CMD 公司的第三代 HDMI 接口 ESD 保护芯片，全面兼容支持最新的 HDMI 1.3 的要求，包括具有更快的速度、CEC 增强功能以及延伸电缆支持等，CM2031-00TR 芯片引脚功能如图 4-80 所示。

从图 4-81 的 CM2031-00TR 芯片的内部框图可以看出，HDMI 每个端口是由两个串联二极管和一个 5V 直流电源构成的箝位电路。在正常工作时，两个二极管是反偏截止的。一旦端口电压比电源电压高 0.7V 或比地低 0.7V 时，其中的一个二极管正偏导通，从而将端口电压箝制在 0～5V。这样就有效地避免了末端器材产生反馈电压，经 HDMI 端口直接加载到主控芯片上，造成对主控芯片的损坏。

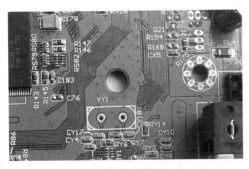

图 4-78　电路主板上的 12MHz（YY1）晶振

图 4-79　已安装 HDMI 接口 ESD 保护芯片的 F3 机器

5V_SUPPLY	1	38　N/C
LV_SUPPLY	2	37　CE_SUPPLY
GND	3	36　GND
TMDS_D2+	4	35　TMDS_D2+
TMDS_GND	5	34　TMDS_GND
TMDS_D2−	6	33　TMDS_D2−
TMDS_D1+	7	32　TMDS_D1+
TMDS_GND	8	31　TMDS_GND
TMDS_D1−	9	30　TMDS_D1−
TMDS_D0+	10	29　TMDS_D0+
TMDS_GND	11	28　TMDS_GND
TMDS_D0−	12	27　TMDS_D0−
TMDS_CK+	13	26　TMDS_CK+
TMDS_GND	14	25　TMDS_GND
TMDS_CK−	15	24　TMDS_CK−
CE_REMOTE_IN	16	23　CE_REMOTE_OUT
DDC_CLK_IN	17	22　DDC_CLK_OUT
DDC_DAT_IN	18	21　DDC_DAT_OUT
HOTPLUG_DET_IN	19	20　HOTPLUG_DET_OUT

图 4-80　CM2031-00TR 芯片引脚功能

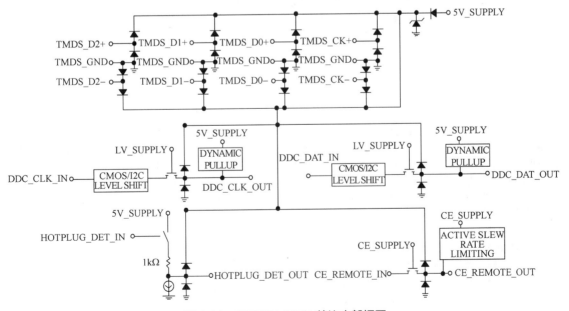

图 4-81　CM2031-00TR 芯片内部框图

生产厂家在进行 ESD 保护设计时，通常遵循全球认同的 ESD 标准 IEC61000-4-2I。由于 ESD 保护电路产生的任何电容性负载都会大幅度降低信号的完整性，因此要求 ESD 保护器件必须具有电容值小、箝位电压低的特点，才能确保 ESD 保护的有效性和可靠性。而 CM2031-00TR 芯片具有目前业内最低电容 0.9pF 静电放电保护二极管组，这样可充分保证 HDMI 图像芯片不会受 ESD 瞬态损伤。另外，具有动态 DDC 负载CM2031-00TR 芯片允许用户使用更长、稍便宜些的 HDMI 连接线。

CM2031-00TR 芯片采用 TSSOP-38 封装，两边的引脚功能是对应的，与 HDMI 连接的 0.5mm 空间相匹配，可最大程度减少数字信号交叉串扰，确保信号无错传输，降低信号衰减。同时也为机器的 PCB 设计带来方便（图 4-82），只要将芯片的数据传输引脚并联到 PCB 相应的走线上即可。

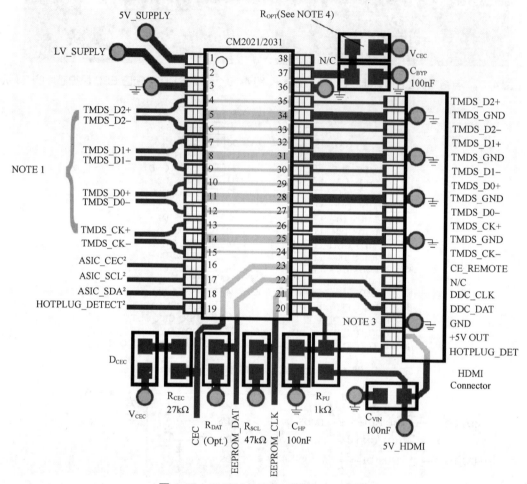

图 4-82　CM2031-00TR 芯片 PCB 走线

（2）加装 HDMI 接口 ESD 保护芯片　ESD 是造成大多数的电子元件或电子产品受到过度电性应力破坏的主要因素，安装 CM2031-00TR 这类芯片就具备了 ESD 保护功能。对于没有这种 HDMI 接口保护电路高清机，在使用时，请务必在关闭接收机后再连接 HDMI 线与电视，不要热插拔 HDMI 连接线，否则易烧毁主控芯片。

有动手能力的用户可以为 F302+机器加装这种 ESD 保护功能，从电子市场上购买一枚 CM2031-00TR 芯片，价格大约为 8～10 元/片，再用热风枪焊接到预留的 U19 芯片安装位置上。

另外，还需要进行如下元件的焊接操作：

① 拆掉 R134、R135、R137 电阻；

② 增加背面板 R183　47kΩ 0603 贴片电阻；

③ 增加背面板 R184　1kΩ 0603 贴片电阻；

④ 增加背面板 C218　100nF 0603 贴片电容；

⑤ 增加 C126　100nF 0603 贴片电容；

⑥ 增加 R112　47kΩ 0603 贴片电阻；

⑦ 增加 R124　47kΩ 0603 贴片电阻；

⑧ 增加 R130　47kΩ 0603 贴片电阻。

第5章 卫星、有线、网络三合一高清接收机——A4/A5-Hybrid（意法 STi7102 方案）

《《《《《《《《《《《《《《《《《《《《《《《

　　近几年来，由于国内互联网的广泛普及以及带宽日益提高，一个新型网络电视——IPTV 逐渐流行开来，从起初只有主流的电信服务商推出的和宽带捆绑 IPTV 机顶盒以及相关的套餐服务，到现在不少厂家推出的各式各样具有网络电视播放的多功能机顶盒以及配套服务，纷纷呈现在我们面前。

　　本章介绍亚星厂家的 IPTV+DVB-C 的高清接收机——A4-Hybrid，以及 IPTV+DVB-C+DVB-S2/S 的高清接收机——A5-Hybrid。

5.1　外观功能

　　A4/A5-Hybrid 机器采用银灰色外壳，如图 5-1 所示。前面板左边区域上方内嵌一长条形茶褐色有机玻璃，贴有塑料保护膜，使用时可揭下。有机玻璃内有两个发光二极管指示灯指示电源、信号锁定状态；一个四位绿色 LED 数码管指示频道号以及简单的频道信息英文字符提示。下方是电源、菜单、频道+/-、音量+/-、确定这 7 个常用操作按钮。前面板右边区域是一个活动仓门，印有"Cloud-AsungTV™"字样，其意是 Asung 系列云端接收机。

图 5-1　A4/A5-Hybrid 机器前面板

　　配件中包含一根 HDMI 高清线、一个 12V/2A 电源适配器和一个遥控器，如图 5-2 所示。

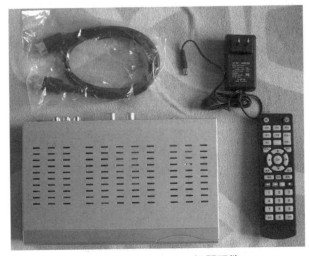

图 5-2　A4/A5-Hybrid 机器配件

105

拨开仓门，里面有一个 CA 卡槽（图 5-3），是用于插卡收视数字加密电视节目的。

图 5-4 是 A4-Hybrid 机器背面板，中间上面是数字有线电视 RF 输入、输出接口。下方从左到右依次是：一个 RJ-45 网口、两个 USB 接口、一个数字光纤 S/P DIF 音频接口、一个数字 HDMI 接口、一组模拟 YPbPr 逐行色差高清接口（上）、一组模拟 AV 标清接口（下）、12V 电源输入接口、琴键式 12V 电源开关。

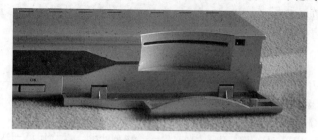

图 5-3　A4/A5-Hybrid 机器 CA 卡槽

图 5-4　A4-Hybrid 机器背面板

图 5-5 是 A4-Hybrid 机器的底板，和上盖板一样，为了便于机器工作时热量及时散发，也布满了散热孔。值得一提的是四个脚垫固定在底板冲出的四个环型凹孔内，避免了底板由于温度升高、脚垫上不干胶黏性降低而引起的脚垫位移。另外，在机器底板贴有 MAC 地址，这个地址很重要，是 IPTV 授权认证的重要参数。

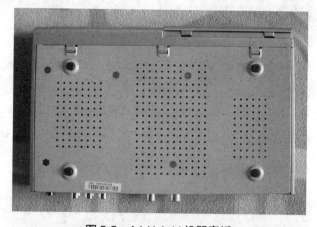

图 5-5　A4-Hybrid 机器底板

A5-Hybrid 机器背面板如图 5-6 所示，只是多一个 DVB-S2/S 输入接口，其他的均和 A4-Hybrid 机器一样。

图 5-6　A5-Hybrid 机器背面板

5.2 A4/A5-Hybrid 机器电路主板

A4-Hybrid 机器内部电路板布局如图 5-7 所示，图 5-8 为电路主板正面图。

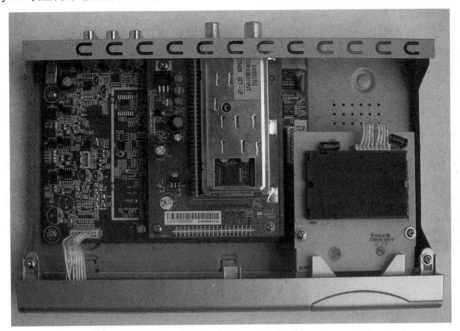

图 5-7 A4-Hybrid 机器内部电路板布局

图 5-8 A4-Hybrid 机器电路主板

5.2.1 主控芯片——STi7102

A4/A5-Hybrid 机器采用 ST（意法半导体）公司的 STi7102（U100）主控芯片，这是意法半导体在 CCBN

2011 展会上公开演示的 HDOne 平台的入门级方案，HDOne 平台还有采用 STi7162 芯片的高端方案，以及采用 STi7111 芯片的 ISDB-Tb 和 DVB-S2 双模方案。

STi7102 芯片上面贴有一个 2mm 的散热板（图 5-9），而不是常见的散热片，因为 STi7102 芯片工作时温升低，不需要占用较大空间。

STi7102 芯片外观如图 5-10 所示，主要功能特性如下。

图 5-9　STi7102 散热片

图 5-10　STi7102 芯片

① 内嵌 DELTA 视频解码与 ST231CPU，内嵌 ST40 主 CPU，具有 32kB 指令缓存（Instruction Cache，I-Cache）和 32kB 数据缓存（Data Cache，D-Cache）。

② 双 USB2.0 主机接口、e-SATA、以太网 MAC 带有 MII/ RMII 和 TMII 接口。

③ 先进的 2D 图形和显示子系统，也支持 3D 用户界面效果和 1080p/60 的显示输出。

④ 支持 H264/VC-1/MPEG2 编码的标清、高清视频解码，以及 AVS 编码的标清视频解码。

⑤ 支持 MPEG-1/2，支持 MP3，DD/ D+，AAC/AAC+、WMA9/WMA9Pro 多声道音频解码。

⑥ 支持 Linux 和 WinCE 及 OS21（ST 自行开发的低成本/低管脚操作系统）嵌入式系统；提供 ROM、Flash、SRAM 接口，可外接只读存储器、闪存和随机存储器。

图 5-11 是 STi7102 芯片内部功能框图。

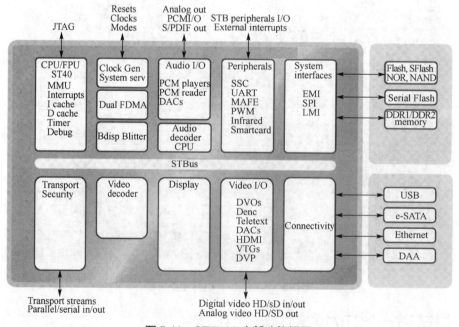

图 5-11　STi7102 内部功能框图

5.2.2 存储器

A4/A5-Hybrid 机器采用 NOR FLASH＋DDR SDRAM 存储方案。其中 NOR FLASH 采用两个芯片：一片是三星的 **K9F2G08U0C**-SCB0（U304），采用 256M×8bit 结构，容量为 256MB，另外一片是中国台湾 Macronix（旺宏）公司的串行（SPI）NOR FLASH 芯片 MX25L3206EM2J（U403），容量为 4MB，NOR FLASH 芯片是用于存储接收机的系统软件。

DDR SDRAM 采用两片台湾力积（Zentel）的 A3R1GE4EGF-G8E（U200/U201），这是 DDR2-800 内存芯片，采用 64M×16bit 结构，FBGA-84P 封装，存储容量为 128MB，速度 400MHz，用于装载生成的数字电视图像。

5.2.3 数字 HDMI 接口

A4/A5-Hybrid 机器的 HDMI 接口采用了一片美国 CMD（加利福尼亚微设备）公司的 HDMI/DVI 接口 MediaGuard 系列保护芯片 CM2020-00TR（U802），如图 5-12 所示。

图 5-12　A4/A5-Hybrid 机器 HDMI 接口

ESD 是造成大多数的电子元件或电子产品受到过度电性应力破坏的主要因素，安装 CM2020 芯片就具备了 ESD 保护功能。目前不少高清接收机省略了这种驱动芯片，主要是生产厂商出于产品成本考虑。如在使用没有这种 HDMI 保护电路的接收机时，请务必在关闭接收机后再连接 HDMI 线与电视，不要热插拔 HDMI 连接线，否则易烧毁主芯片。

5.2.4 模拟视频接口

A4/A5-Hybrid 机器的模拟视频接口有 YPbPr、CVBS 两种，分别输出高清、标清信号，两种接口采用了一片美国 Fairchild（飞兆）半导体公司的四通道视频滤波驱动芯片 FMS6364A（U600），该芯片采用 TSSOP-14P 封装，最低工作电源为 3V，支持 3 个 1080i 高清通道和 1 个标清通道。

5.2.5 音频输出接口

A4/A5-Hybrid 机器的音频输出接口有模拟和数字两种，模拟音频输出接口有 L、R 一组，由于主控芯片 STi7102 已内置了音频 DAC，因此直接由 LM833（U601）双音频运算放大器组成的音频前置电路，对左、右两路模拟音频信号分别进行放大后输出。

A4-/A5Hybrid 机器数字音频输出接口只有 S/P DIF 光纤一种，是直接由主控芯片 STi7102 相应端口输出的，所有声音解码都是由外接数字音频解码器来处理。

5.2.6 RJ-45 网络接口

A4/A5-Hybrid 机器的 RJ-45 网络接口驱动电路采用 Realtek 瑞昱 RTL8201（U18）以太网控制芯片（图 5-13）。为主板提供了 1 个 10/100Mbps 有线网络接口，在 RJ-45 接口和 RTL8201 驱动芯片之间还添加了 THCOM 的 HS16-103CS 网络隔离变压器。

5.2.7 USB 接口

A4/A5-Hybrid 机器背面板提供了两个 USB2.0 接口，USB 接口驱动芯片采用中国台湾沛亨（AIC）公司的双 USB 高侧（High-Side）电源开关——AIC1526（U803），每通道可提供最大的 500mA 连续负载电流，也是 USB 协议规定的标准供电电流。

5.2.8 电源管理

A4/A5-Hybrid 机器采用外置的 12V 直流电源，为了满足主板各个部分电路的供电要求，机器采用了三块 DC-DC 电源管理芯片（图 5-14），由 ACT4060A（U500）构成的 5V 电源，由 MP2365DN（U502）构成的 3.3V 电源，由 MP2365DN（U501）构成的 1.3V 电源。

图 5-13　A4/A5-Hybrid
机器 RJ-45 网络接口

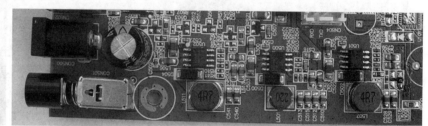

图 5-14　A4/A5-Hybrid 机器 DC-DC 电源管理芯片

5.3 其他电路板

5.3.1 调谐器组件板

A4/A5-Hybrid 机器的调谐器组件板是可拆卸的，通过 20×2 插座和主板上的插针连接。

图 5-15 为 A4-Hybrid 机器的 DVB-C 调谐器组件板，采用三星的 TCMU30311PJT 一体化 DVB-C 调谐器（Tuner），属于分立元件的调谐器＋EPCOS X6966D 声表面滤波器＋STV0297D 解调器方案。

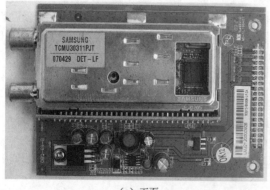

（a）正面

（b）背面

图 5-15　A4-Hybrid 机器的调谐器组件板

调谐器所需要的＋30V 调谐电压先由 AP34063（U101）升压芯片将＋5V 电压升压至＋37V，然后再经过三端可调式稳压芯片 LM317（U102）稳压＋30V。另外所需的＋3.3V 电压由低压差芯片 EH16A（U100）输出。

图 5-16 为 A5-Hybrid 机器的 DVB-C＋DVB-S2/S 二合一调谐器组件板（Tuner），其中 DVB-C Tuner 和

A4 机器的完全一样，DVB-S2/S Tuner 采用三星的 DNBU107121SA 一体化 DVB-S2/S 调谐器，该 Tuner 采用意法半导体的硅调谐器 STV6110A＋中天联科的 DVB-S2 解调器 AVL2108 方案。

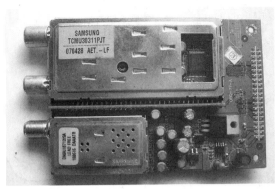 

（a）正面 （b）背面

图 5-16　A5-Hybrid 机器的调谐器组件板

对于 AVL2108 芯片，我们在第 3 章 iCool G2 机器中介绍过，这是国内中天联科（Availink）于 2007 年 11 月研发成功的、时称世界上性能最优、功耗最低、面积最小的 DVB-S2 信道解调芯片。

实际上，在 A5-Hybrid 机器的调谐器组件板上，仅仅是增加了这个卫星调谐器，而相关驱动电路都设计到主板上了（图 5-17）。这个部分主要是由 LNBH23L（U101）构成的 13/18V LNB 极化电压切换及其相关电路。

图 5-17　A5-Hybrid 机器 13/18V LNB 极化电压切换电路

LNBH23L 采用 5mm×5mm 的 QFN32 封装，别看体积很小，但功能强大，提供 13/18V、22kHz 等输出控制功能一样也不少，具有完整的 I²C 总线接口、内置高效率的 12V 单电源 DC-DC 转换器，具有 LNB 过载、短路动态保护，支持 DiSEqC™1.X 编码协议，用于多种中频开关的切换。采用 LNBH23L 构成的 LNB 电路所需的外围元件数量极低，使得设计非常简洁，功耗大大降低。

有用户询问，能否将 A5-Hybrid 机器的调谐器组件板安装到已有的 A4-Hybrid 机器上，实现 DVB-S 接收功能？理论上是可以的，因为 PCB 走线设计是相同的。不过在实际中的 A4-Hybrid 机器电路主板上未内置 LNB 这部分元器件（图 5-18），因此无法实现 DVB-S 接收。

5.3.2　CA 读卡器

A4/A5-Hybrid 机器内置一个 CA 读卡器，采用 NXP（恩智浦）公司的 TDA8024T（ICSC1）通用读卡器的控制线路芯片，用于智能卡的读卡、控制以及供电保护。

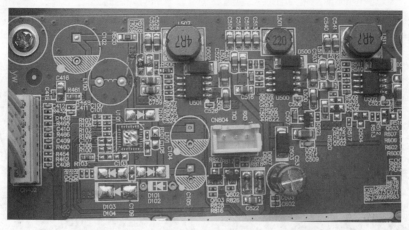

图 5-18　A4-Hybrid 机器未内置 LNB 电路元器件

5.3.3　操作控制板

图 5-19 是 A4/A5-Hybrid 机器前面板内部的操作控制板,采用了 4 位绿色 LED 数码管作为频道序号显示。采用 8 位单片机（MCU）95F264K（ICD2）作为按键和数码管的驱动芯片。

图 5-19　A4/A5-Hybrid 机器操作控制版

5.4　A4-Hybrid 机器软件使用

A4-Hybrid 机器的使用操作很简单,按遥控器左下角的首页键进入主界面,如图 5-20 所示,有【数字电视】、【网络电视】、【网络影院】、【网络电台】、【本地播放】、【设置】六大项目,右下角还有网络 Logo,显示网络是否连接成功。

从主菜单下的【设置】→【系统信息】→【版本信息】可以查看到软件版本（图 5-21、图 5-22）。

图 5-20　A4-Hybrid 机器主界面

图 5-21　A4-Hybrid 机器设置

A4-Hybrid 机器支持网络和 USB 两种渠道升级系统软件版本,从【设置】→【软件升级】可以看到,如图 5-23 所示。

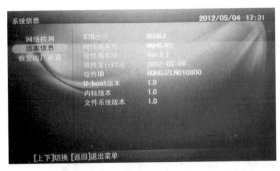

图 5-22　A4-Hybrid 机器版本信息　　　　　　图 5-23　A4-Hybrid 机器软件升级

5.4.1　网络设置

使用网络电视功能时，需要先连接上网络，A4-Hybrid 机器提供了有线和无线两种网络连接方式。

使用有线连接网络很简单，只要将网线连接到机器 RJ-45 网口上，机器默认状态下会自动连接（图 5-24），网络连接成功的标志就是屏幕右上角能够显示当前的正确时间，因为 A4-Hybrid 机器是通过网络校时的。

此外，也可以从【设置】→【系统信息】→【网络检测】中看网络连接是否正常（图 5-25）。

图 5-24　A4-Hybrid 机器网络设置界面　　　　图 5-25　A4-Hybrid 机器网络检测界面

对于无线网络连接，A4-Hybrid 机器支持采用台湾雷凌（Ralink）公司 RT2571（54M）、RT5030（150M）、RT3070（150M）芯片方案的 USB 无线局域网卡，例如 BL-LW05-2 USB 11N 150M 无线 USB 网卡。我们测试手边的深圳普联（TP-LINK）的 54M 无线 USB 网卡 TP-WN321G+，发现机器完美支持。

设置方法如下。

① 将 TP-WN321G+无线网卡插入机器背面板两个 USB 接口的任意一个中，如图 5-26 所示。

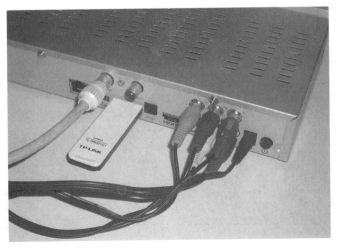

图 5-26　将 TP-WN321G+无线网卡插入机器背面

② 从主菜单下的【设置】→【网络设置】→【无线设置】，按 O K 键搜索无线网络，如图 5-27 所示。

③ 搜索出 WiFi 热点名称 "TP-LINK"，表示 A4-Hybrid 机器识别了这个无线网卡，并且加载了正确的驱动程序，按遥控器右键，将光标移到这个 WiFi 热点上，如图 5-28 所示。

图 5-27　A4-Hybrid 机器无线设置之一

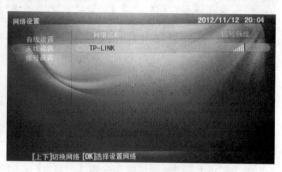

图 5-28　A4-Hybrid 机器无线设置之二

④ 如果你的无线局域网未加密，则不需要输入密码，只要将 "IP 地址获取方式" 设置为 "自动"，如图 5-29 所示。

⑤ 按返回键，此时屏幕出现 "设置更改，是否保存" 的提示，保存后退出，这样我们的 TP-WN321G+ 无线 USB 网卡就可以正常工作了。

5.4.2　网络电视

网络连接正常后，在主界面下，按直播键就可以看网络电视了。不过网络电视不是 DM800、DM800se 系列那种免费的频道，需要付费授权后才能收看的，厂家宣称：这是一种自主开发的 Cloud-IPTVTM 云端网络电视 LiveTV 直播（P2S）。

图 5-29　A4-Hybrid 机器无线设置之三

用户付费后，再将机器 MAC 地址报给经销商授权报开，然后才能看网络电视。机器 MAC 地址可以从包装盒、机器外壳底部贴纸，或者是机器工作时【版本信息】界面中获取。由于是通过 MAC 地址授权的，因此工厂生产机器时就确保了每台机器出厂时 MAC 地址是唯一的，如同每个公民具有唯一的一张身份证那样。

观看网络电视，每次进入时，会先出现一个有效期限提示，按确定后才能下载网络电视节目表。这项设计不太人性化，建议在其他界面中显示有效期，否则需要用户再次操作遥控器才能下载网络电视节目表，耽误时间，很麻烦。

收看网络电视时，可以通过上下键或数字键换台，每次换台时，屏幕会有数据缓冲提示（图 5-30），大概需要 6～10 s 才能播放下一个频道（图 5-31），并且是先有声音，后有画面。在播放中，按 OK 键可以弹出节目窗，按返回键回到直播列表节目，再按一次返回键回到主界面。

图 5-30　屏幕会有数据缓冲提示

图 5-31　网络电视频道

5.4.3 网络影院、网络电台和本地播放

【网络影院】项目里有【热门影视】、【网络点播】、【影视搜索】三个子项目（图 5-32），目前只有网络点播可以收看"奇艺"的一些点播节目，如图 5-33、图 5-34 所示。

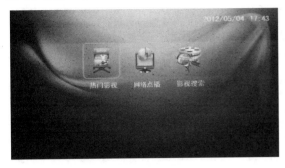

图 5-32 网络影院

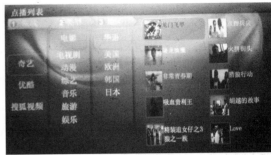

图 5-33 网络点播

在【网络电台】项目里，目前只有内地的几个广播频道可以播放，如图 5-35 所示。

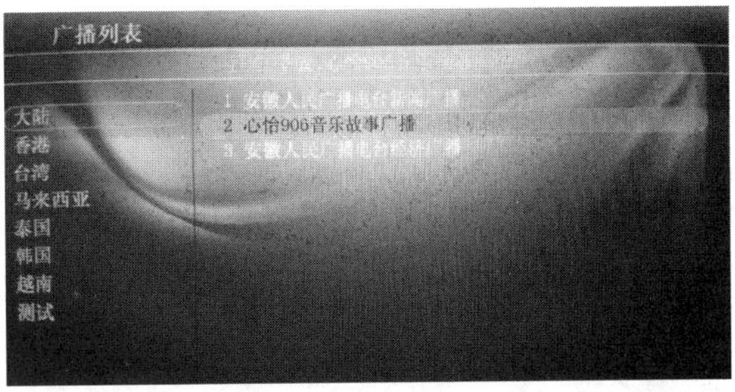

图 5-34 节目内容介绍

图 5-35 网络电台

对于【本地播放】项目，我们在 USB 接口插入存储器或硬盘，测试无法播放，厂家宣称这部分的一些模块还在完善中，当正式完善时，该机可具有 VOD 点播（P2V）系统以及 Internet Radio 网络收音机系统，用户可实现互联网络影视资源的快速搜索以及时下流行互联网络影视网站的影视内容（电影、电视剧、音乐、图片等）的高清在线播放和下载。

5.4.4 节目搜索

A4-Hybrid 机器可以接收国内的数字有线电视，并且支持插卡收视加密频道。进行节目搜索前，建议删除原来的内置频道，从主菜单下的【设置】→【节目编辑】（图 5-36），在进入【节目编辑】前，需要输入默认密码"0000"，按遥控器右下角的删除键即可全部删除（图 5-37）。

图 5-36 节目编辑之一

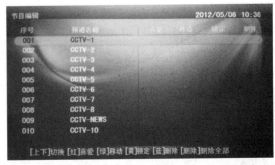

图 5-37 节目编辑之二

接下来，进入【节目搜索】界面，搜索当地的数字有线电视频道。A4-Hybrid 机器的节目搜索具有网络、手动、全频三种类型（图 5-38），其中网络搜索就是可以快速地搜索出网络信息表（NIT Network Information

Table）中所有的频道。这样用户输入一个有线电视的频点，就可以搜索出与之相关的所有频道，非常方便。

用户一般不知道数字有线电视具体频道参数，建议选择"全频"扫描，让机器自动盲扫，具体操作如图5-39、图5-40所示。

图 5-38　节目搜索之一

图 5-39　节目搜索之二

建议：全频扫描时增加频点实时显示功能，这样用户可以更细致地了解机器的扫描进度。对于搜索出的节目还可以【节目编辑】界面中做移动、删除、加锁、加入喜爱频道等操作。不过，目前的版本没有 PID 码编辑功能，建议厂家增加这项功能。

5.4.5　节目收视

对于免费节目，用户可以直接操作遥控器收看。在节目播放中，按状态键可以显示当前节目的信息参数（图 5-41），按字幕键可以显示节目的 EPG（图 5-42）。

图 5-40　搜索完成

图 5-41　频道检测

对于加密节目需要插卡收视，将收视卡芯片触点朝下插入机器的 CA 卡槽中，就可以收视相关节目了。不过目前厂家说明，机器内置的 CA 库属于已公开的 CA 代码，对于国内 CA 系统，目前永新视博（STV，即原永新同方 TF）测试过可以正常读卡，其他的 CA 系统有待于用户测试验证。

智能卡信息可以从主菜单下的【设置】→【条件接收】中查看，未插卡或卡片无法读取，显示信息如图5-43 所示。

图 5-42　节目指南

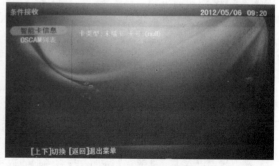

图 5-43　条件接收界面

A4-Hybrid 机器支持现今流行的 OSCam 协议，是在【OSCAM 列表】中通过 U 盘加载和导入的（图 5-44），具体操作和第 1 章阿里 M3602 方案的机器类似。

5.5 A5-Hybrid 机器软件使用

A5-Hybrid 机器承续 A4-Hybrid 机器的系统界面，只是节目搜索界面中，增加了 DVB-S 选项，如图 5-45 所示，在这里进行卫星节目配置和搜索。

图 5-44 OSCAM 列表

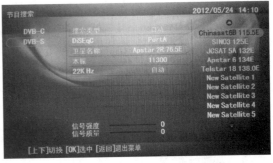

图 5-45 A5-Hybrid 机器节目搜索

5.5.1 卫星自动搜索

在 A5-Hybrid 机器中，内置了各颗卫星的常用的转发器参数，用户可以依据内置的转发器参数进行节目搜索。搜索类型有"自动"、"手动"两个选项，"自动"选项是按内置转发器参数扫描，"手动"选项是自行选择和增加转发器扫描。

图 5-46～图 5-48 为 115.5°E 中星 6B 卫星的自动搜索界面的进程显示。

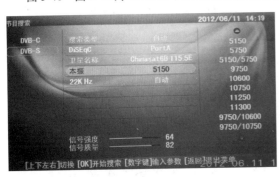

图 5-46 自动搜索之一

图 5-47 自动搜索之二

在 V1.9 版本的中星 6B 中，内置了 47 个转发器（TP1～TP47），如图 5-49 所示。对于没有内置的转发器参数，可以在最下面的名为"New TP"（即新频点）转发器中添加。如果实际搜索后，机器确认是有效的参数，则该 TP 频点会以"TP48"序号保持在机器中，依此类推。

图 5-48 自动搜索之三

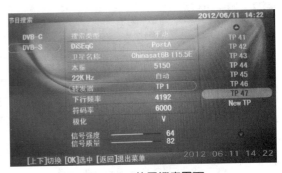

图 5-49 节目搜索界面

117

目前的版本不支持内置转发器的编辑和删除，也就是说无法对每个 TP 转发器参数进行修改。还有，也请增加卫星网络搜索（NIT）功能，这样用户通过多种方法搜索就会方便、快捷了许多。

5.5.2　八切一开关设置

A5-Hybrid 机器支持 DiSEqC 1.0/1.1 版本协议以及 22kHz 开关功能，用户可以使用四切一、八切一、十切一、十六切一等各种具备 DiSEqC1.0/1.1 协议的切换开关来进行多星接收切换。

对于 DiSEqC1.1 切换开关设置很简单，以八切一开关为例，我们接收的中星 6B 卫星的高频头连接在八切一开关第 4 个端口，设置如下。

① 从主菜单下的【设置】→【节目搜索】的 DVB-S 界面，将卫星名称选择为 "Chinasat6B 115.5E"，然后将光标移动到 "DiSEqC 类型" 选项上，按遥控器右键，有 "DiSEqC1.0" 和 "DiSEqC1.1" 两个有效选项，其中 "DiSEqC1.0" 协议支持我们常见的四切一开关，这里选择 "DiSEqC1.1"，如图 5-50 所示。

② 按 OK 键，界面右边出现切换端口选择栏目，最大可以选择到 "16"，即支持十六切一开关，这里我们选择 "4" 端口，如图 5-51 所示。

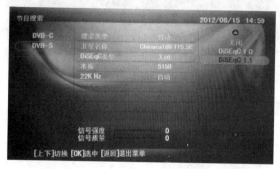

图 5-50　八切一开关设置之一

图 5-51　八切一开关设置之二

③ 继续按 OK 键，这样这个设置就保持下来了，在 "DiSEqC 类型" 选项上可以看到所使用的协议和端口号，如图 5-52 所示。

可以看出：A5-Hybrid 机器对 DiSEqC1.1 协议设置还是非常简单的。经测试各颗卫星间的切换也很正常。如果配合 0/22k 开关，切换卫星高频头数量可以翻倍，如采用一个十六切一、16 个 0/22k 开关，A5-Hybrid 机器最多可以切换 32 颗卫星。

5.5.3　节目收视

A5-Hybrid 机器支持采用 OSCAM 协议对加密节目的收视，图 5-53、图 5-54 为 CHC 高清频道的接收画面，以及频道状态参数。

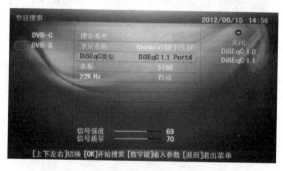

图 5-52　八切一开关设置之三

图 5-53　CHC 高清频道接收画面

图 5-54　CHC 高清频道检测界面

建议：频道检测界面应该叠加在节目播放画面前，并且 OSD 半透明化，这样便于用户监视频道接收状态。

A5-Hybrid 机器支持 DVB-S2 节目的收视，图 5-55、图 5-56 为法国时装高清频道的接收画面及频道状态参数。粗略地测试一下，A5-Hybrid 机器接收 DVB-S2 信号的门限还是比较低的。

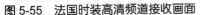

图 5-55　法国时装高清频道接收画面

图 5-56　法国时装高清频道检测界面

5.5.4　建议

A4/A5-Hybrid 机器采用意法公司的 STi7102 方案，系统软件风格和 DK8000-F3 高清机系列类似。对于 A4/A5-Hybrid 机器软件上的建议，除了已在前面具体介绍外，我们还有如下一些建议。

①　加强四位数码管的显示功能，如在节目扫描时，能同步显示信号质量数值（目前显示是"————"）；在播放网络电视时，能够显示当前的频道号（目前显示是"—IP—"）。

②　目前系统设置的视频输出中只有 PAL 和 NTSC 两个选项，没有自动输出选项，系统软件上能否增加这个选项，这样不经过强制转换，画质不易受损。

③　建议增加 4∶3 和 16∶9 的画面手动和自动切换选项。

④　在节目播放中，按 OK 键，在弹出的节目列表中，不过目前只有电视节目、广播节目、喜爱节目这三个选项，建议增加每颗卫星的节目列表选项。

⑤　由于用户常用的是卫星搜索，建议将【节目搜索】界面默认的"DVB-C"更改为"DVB-S"方式，这样减少用户的操作步骤，因为有线节目往往变动很少，一般搜索一次后就不需要再操作了。

⑥　建议用户设置退出后，直接返回到之前收看到的频道上，而不是现在的需要再进入【数字电视】项目里面才可以收看，这样很繁琐。

对于硬件方面的问题，我们也有如下一些建议。

①　数码管亮度低，白天在室内光线强时几乎无法看到数码管显示，建议增加亮度，或采用红色数码管，显示更加醒目。

②　电源开关和一个 USB 接口能否设计到前面板上，便于用户操作。

③　遥控器建议增加回看键，另外建议增加按键操作指示灯。

A5-Hybrid 可以说是目前市面上唯一的一款具有 DVB-C（有线）、DVBS2/S（卫星）、IPTV（网络电视）三合一功能的低价位高清接收机。由于刚刚推出，在系统软件上就有很大的改善空间，一些基本的设置操作还需要进一步的人性化，目前阿里平民高清机也实现了免卡 Key 收视加密节目、配合电脑对内置节目表的中文台标编辑以及节目的录制功能，希望 A5-Hybrid 及其后续产品中能够逐渐实现。

另外对于用户关注的卫星盲扫功能，由于 A5-Hybrid 机器硬件本身的限制，目前是无法实现的。

5.6　软件升级

A4/A5-Hybrid 机器软件升级有网络在线升级和 U 盘本地升级两种方式，不过前者暂未开通。U 盘升级文件有两种：一是补丁固件升级（没有扩展名），二是完整固件升级（扩展名是 bin），如图 5-57 所示。

5.6.1　补丁固件升级

U 盘升级补丁固件很简单，2～3 min 即可完成，具体方法如下。

①　首先将补丁固件复制到 U 盘根目录下，注意：这时 U 盘根目录中不能有完整固件，再将 U 盘插到机器上。

图 5-57　升级固件

② 在主菜单下，从【设置】→【软件升级】，选择"USB"升级，如图 5-58 所示，机器校验 U 盘内的升级软件是否符合要求。

③ 确认升级软件没有问题后，机器开始将 U 盘的数据传送到内存中，如图 5-59 所示。

图 5-58　USB 软件升级之一　　　　　　　　图 5-59　USB 软件升级之二

④ 传送完成后，机器开始将内存中的数据刷写到 FLASH 芯片中，此时需要注意：千万不能断电！如图 5-60 所示。

⑤ 刷写完成后，机器自动重启，再从主菜单下的【设置】→【系统信息】→【版本信息】可以查看到刚才刷写的固件版本已由原来的 V1.7 升级为 V1.9 版本，如图 5-61 所示。

图 5-60　USB 软件升级之三　　　　　　　　图 5-61　版本信息

升级注意事项：

① 在 U 盘升级中，如果屏幕显示"未检测到新版本软件"，无法升级，这时需要更改补丁固件名称。如果机器软件 ID 为"HQHGJZLNO10900"，则将刷机软件如"HQHGJ_UPDATE_ZL-1.7-1.8_20120606_S+C"，中的"1.7-1.8"更改为"1.9-1.10"，如果为"HQHGJZLNO11000"，则将刷机软件中的"1.7-1.8"更改为"1.10-1.11"。实际上版本号和软件 ID 有着对应关系，即：1.8=10800，1.9=10900，1.10=11000……以此类推。

② 升级成功后，必须恢复出厂设置后，才能使用升级后的功能。

5.6.2　完整固件升级

完整固件升级方法如下。

① 将名为 nandflash.bin 的固件拷贝到 U 盘根目录，插入接收机。

② 打开机器电源，屏幕提示"软件升级，请勿关机"，表示升级进行中。

③ 由于完整固件容量较大，约 100MB 左右，故升级过程约需 10 min 左右，待出现"升级成功，请拔掉 U 盘"，请拔下 U 盘重启机器。

④ 此时，屏幕会出现一个球赛背景的测试菜单，按退出键、确认即可升级成功。

第6章 卫星、有线、地面三合一高清接收机——F338（意法 STi7162 方案）

<<<<<<<<<<<<<<<<<<<<<<<<<<<<<<

在第 4 章中，我们介绍了第一代 F302+三合一高清接收机。到了 2011 年，F3 一代 DK8000-F3 系列停产，推出 F3 二代 DK8080-F3 系列，这是在 F3 一代机器的基础上，完全重新设计的机型，具体型号依然由搭载的调谐板来确定。

6.1　外观功能

F3 二代机器刚推出时，沿用了当初 F3 一代的面板，造型现在来看已老套落伍，面板虽然具有基本功能的操作按键，但按键容易失灵。到了 2012 年，机顶盒操控除了使用传统的遥控器之外，还能通过网络在电脑上换台，甚至能用 WiFi 无线连接智能手机或平板电脑进行操作。基于这两种因素，新开发的 F3 二代机器取消了前面板上的按键，采用的镜面设计更简洁（图 6-1）。

图 6-1　F3 二代机器前面板

F3 二代机器前面板显示屏隐藏在镜面里面，有显示大字体的橙色 LED 数码管和显示小字体的绿色 VFD 显示屏两种机型供用户选择（图 6-2）。前面板左侧有四个点状 LED 指示灯，白灯常亮是待机指示灯，绿灯常亮是信号锁定指示灯，红灯闪亮是录像或串流指示灯，蓝灯闪亮是软 CA 读卡或网络共享指示灯。

F3 二代机器未设计 CA 卡座仓门，改为直接插入（图 6-3）。在电路主板上，预置第二个 CA 卡座接口，"烧友"还可以再内置一个卡座（图 6-4）。

原来 F3 一代机器拥有的双 CI 卡座被移到了背面板，并露出一部分，散热更好。此外，还开发了外置的 USB 读卡器，具有两种卡片钟频的选择开关，读卡更稳定，还提供用于小卡转大卡的卡托（图 6-5）。

图 6-2　F3 二代机器前面板显示屏

图 6-3　F3 二代机器 CA 卡槽

图 6-4　F3 二代机器内置 CA 卡座

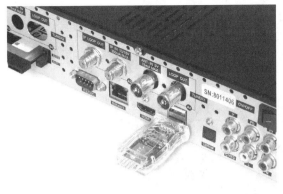
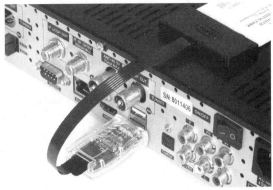

（a）插入小卡　　　　　　　　　　（b）插入大卡

图 6-5　外置的 USB 读卡器

F3 二代机器背面板也作了相应的调整，如图 6-6 所示，鉴于 F3 二代工程机 ASI 专业数字接口的需要，在背面板左下角预留了 ASI 输出插头孔。同时取消了交流电源线插座，右下角增加了 12V 5A 直流电源插座孔，两个 USB2.0 接口也都设计在背面板上。和一代机相比，F3 二代机背面板接口精减了 eSATA、同轴音频、S 端子这三个接口，欧版机型配有 SCART 接口。

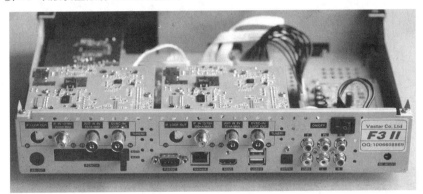

图 6-6　F3 二代机器背面板

6.2　电路主板

F3 二代机器刚推出时，电路主板采用绿色的大主板（注：绿色是指 PCB 电路板上阻焊剂的颜色为绿色，下同），内置交流电源开关板，如图 6-7 所示，不过在 2012 年底停产这款机型。

（a）前面　　　　　　　　　　（b）背面

图 6-7　F3 二代首款机型

123

第二款是蓝色的小主板（图6-8），也就是沿用一代机简配版的方式，去除双CI卡座及其相关电路，尺寸得以减小，功耗也随之降低。小主板是一种经济型的简配设计，价格几乎是大主板的一半，而机箱外观、主芯片和菜单界面，都跟大主板一样，这样就大大提高了性价比。小主板依然可以选配艺华解密芯片，但最多只能支持一块三合一调谐板。第二调谐板由于没了音视频矩阵切换芯片，无法使用。

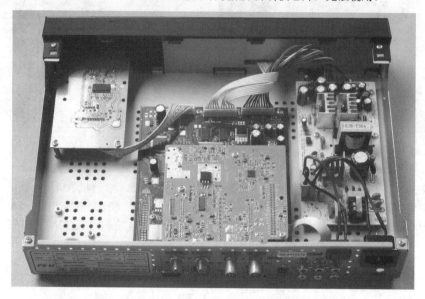

图6-8　F3二代蓝色小主板

第三款也就是目前最新发售的红色大主板，由大大小小的七块电路板组成，分别是电路主板、直流开关电源板、第一调谐板组件、第二调谐组件板板（选配）、CA卡座、操作控制板、模拟接口板。此外还有USB读卡器、交流适配器两种选配件，如图6-9所示。

图6-9　F3二代红色大主板

6.2.1　主控芯片——STi7162

F3 系列机器的发展过程中，一直采用了意法（ST）半导体公司 STi71××的高清主芯片。从最早雏形机的 STi7100 开始，到两年前 F3 一代的 STi7101，再到现在 F 3 二代的 STi7162。可以说，F3 系列机器是随着 ST 主控芯片的发展而发展的。

意法是一家非常成熟的高清解决方案提供商，也是世界上最大的高清机顶盒主芯片供应商，在国内机顶盒（STB）的市场份额中占有量也最大。意法通过不断推出新产品，提高芯片性能，降低成本，同时提升技术服务来实现并保持多年的市场领先地位。例如，在 STi7101 非常成熟和普及的今天，适时推出 1080P 的 STi7105 系列，同时后面又紧跟着 3D 的 STi7106 系列做市场储备。意法高清方案是与时俱进，推陈出新的典范。

图 6-10　STi7162 芯片

STi7105 是一个以 1080P 为标志的全新系列，近年采用意法方案的机型越来越多，例如通路者 DDR2000 地面接收机、DISH HD 专用机 211t+都是采用 STi7105 主控芯片，日星 VT7100 共享机采用同系列的廉价型号 STi7111。

为了降低用户成本，STi7105 芯片内还能选配 DVB-T 或 DVB-C 解调，并微调了其他搭载，适用不同的用户需求，由此派生出很多系列型号。F3 二代机器采用的 STi7162 就是其中的一款，实际上就是 STi7105＋DVB-C/T 解调器芯片 STV0367 方案，但由于 F3 二代机器采用活动调谐板设计，主芯片内的解调部分并未使用。

STi7162 采用低功耗 55 nm 工艺制造，PBGA-620P 封装（图 6-10），图 6-11 是 STi7162 内部功能框图。相比 STi7167 除了不支持 SATA、PCI、Advance CA 外，总体来讲接口还是挺完备的，支持 ST Linux 开发，基本能满足当前除 3D 技术外所有的 STB 方案需求了。

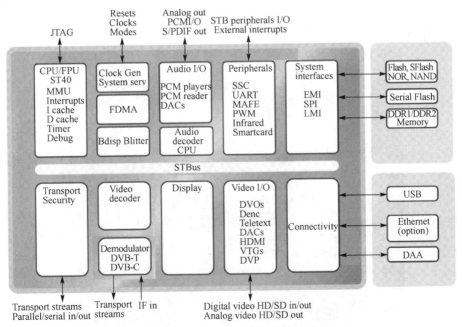

图 6-11　STi7162 内部功能框图

STi7162 内部集成了 3 个时钟为 450MHz 的高速 CPU，包括高性能的 ST40 应用程序处理器，它的实时处理、运算能力超过 900DMIPS。还集成了两个协处理器，能用于各种图像和伴音的复杂运算。如果把 STi7162 的整个运算能力加在一起，可达到 3000DMIPS 以上，在业内处于领先水平。

STi7162 具有极低的功耗和优秀的散热性能，在机顶盒中可以不用散热片而长时间正常工作。电源管理方面，深度待机时把时钟降低到 1/100，有助于机顶盒节能，芯片本身的待机功耗仅为 0.1W，不过 F3 待机时依然激活 RJ-45 网口、RS-232 串口、面板显示器等，实际功耗较大。

STi7162 的 TS 流输入处理模块，可以支持等效于 4 路 TS 流的标清输入，同时处理、分解多个码流，用于同时进行录像（PVR）、码流回放、画中画。这些码流可以来自卫星、有线、无线等广播通道，也可以来自以太网、本地硬盘、U 盘等各种网络多媒体通道。

在视频解码方面，除了传统的 MPEG2 和 H.264 之外，STi7162 还能支持微软 VC-1 和国标 AVS 一代，但兼容的流媒体封装格式不多。国家公布的各地 DMB-TH 无线广播中，第一批南昌、兰州、长春、石家庄、太原等五座城市采用了标清的 AVS 编码，现已增加到几十座，最近开播的是广东省中山市。AVS 在将来的一段时间里，是很大的卖点。STi7162 视频规格最高支持 1080P/60Hz，并内置图像降噪声处理，不管是标清还是高清，画质都是一流的。对于喜欢纯日系平板或高清 CRT 的玩家来说，转 60Hz 高清画面不闪不抖，是很大的利好消息。

在音频解码方面，STi7162 支持 MPEG1、MPEG2、MP3、AC-3、DD+、AAC、AAC+等，也可以支持杜比 DTS 的新算法，同时可支持一代国标 AVS 配套的 DRA 音频标准，可以说兼容各种常见的格式。

在条件接口方面，依赖 OSCAM 插件，STi7162 能支持各种常用的 CA 方式，包括较低版本的永新视博、数码视讯、Irdeto（爱迪德）、Nagra（南瓜）以及 NDS、Conax 等。同时还能支持 CI 机卡分离，只要配合 CI 模块，就能支持对应的加密格式。

STi7162 提供两个 USB2.0 口，但取消了 eSATA 硬盘接口。虽然有另一个 STi7167 芯片可支持 eSATA 接口，但 STi7167 具有严格的嵌入式安全系统，包括 DES、AES 和 DVB 解扰器等，并不适合二代机使用。不过，有了两个高速的 USB 口，即使再高的码流，也可以流畅录像和重放，画面不卡。F3 二代机器搭载的部件太多，电源负担过重，所以不建议 DIY 内置硬盘。

6.2.2 存储器

F3 二代机器根据主控芯片 STi7162 的性能特点，重新设计了新的主板。采用 NAND FLASH（UE1）+ 2×DDR SDRAM（UL3、UL4）存储系统方案，如图 6-12 所示。

图 6-12　F3 二代机器存储器一

我们这台 F338 机器的 NAND FLASH 是 Hynix（海力士）公司的 HY27UF084G2B（UE1），采用 512M×8bit 结构，容量为 512MB，比一代机大 64 倍，DDR SDRAM 是 SAMSUNG（三星）公司的 K4T1G164QF-BCE7，这是一款 DDR2-800 内存芯片，采用 64M×16bit 结构，存储容量为 128MB，速度 400MHz，两片总容量为 256MB，对于高度压缩的 H.264 视频的解码来说，大容量的储存器是必要的。

另外，板上大量采用了钽电容、贴片式多层高频陶瓷电容、DC-DC 变换器，有源晶振等。主板和调谐板都用四层 PCB，调谐板还电镀真金。

6.2.3 免卡芯片

艺华免卡芯片依然采用数字太和的 UTi1201（UY1），不过型号已经按照不同用户段 U031111239 进行编排（图 6-13）。红色主板预留了数字太和新款芯片的脚位，将来可以直接更换数字太和的升级换代芯片——UTi1203，它具有外置 USB 刷卡功能，使用 UTi1201 芯片，如果用户长期固定一个频道观看容易死机，而 UTi1203 就改善了不少。

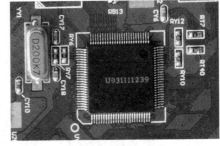

图 6-13 F3 二代机器存储器二

艺华高清目前使用一个 54MHz 的宽频转发器，远期码流可能高达 100Mbps，在新的红色大主板上，数字太和免卡芯片的晶振（YY1）已经加大到 20MHz，保证今后艺华升级扩容的需要，使艺华高清不卡不停，完全流畅播放。

小提示：

采用免卡数字太和同样芯片的其他机器，例如艺华低端机、深圳有线电视专用机等，可自己 DIY，将芯片移植到 F3 的主板上，照样可以授权和收看节目，从而实现标清倍线到高清、源码录像等高级功能。

6.2.4 CI 模块接口

F3 二代机器内置两个 CI 模块接口，接口芯片采用韩国 I&C Technology 公司的 STARC12WIN-V1.1 通用双调谐器接口（Twin Tuner Common Interface）切换控制芯片（UT1），如图 6-14 所示，这是一个矩阵 TS 流切换器，在 F3 机器中，用于 CI 模块和两个调谐板的切换。可以同时读取两个 CAM 模块。换句话说，同时接收两个调谐器上的加密频道，用于 PIP（画中画）显示，或者看一个频道，录制另外一个不同频点下的频道。

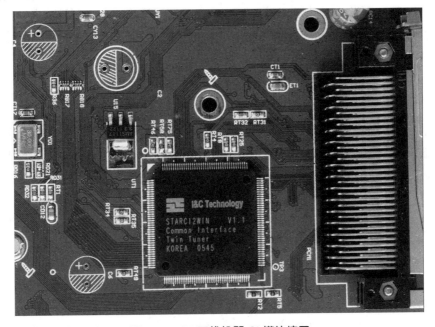

图 6-14 F3 二代机器 CI 模块接口

 小提示：

小板机是没有这个 STARC12WIN-V1.1 芯片的，因此小板机除了没有 CI 模块接口外，也不能搭载第二块调谐组件板。

6.2.5 其他接口

红色大主板对 HDMI 接口和网络接口上加强了静电保护（图 6-15），采用 TVS 阵列贴片增强了抵御外来高压脉冲的打击能力。在 USB 电源驱动方面，USB 的总输出电流可以达到 1A，但如果两个 USB 都用，那么每个 USB 只能输出 500mA。

图 6-15　F3 二代机器其他接口

由于有了独立的直流开关电源板，红色大主板上未设计电源管理芯片，这部分改为预留 ASI 专业码流输出接口电路（图 6-16），厂家可根据用户定制 ASI 工程机的需要，进行相关元器件的贴片。

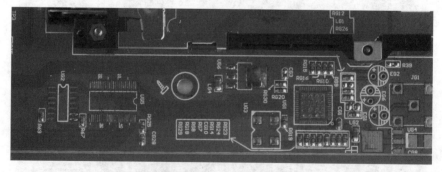

图 6-16　预留 ASI 专业码流输出接口电路

6.3　F328/F338 调谐器组件板

F3 二代机器的具体型号是依据所搭配的调谐器组件板来定义的，目前厂家推出了 F328、F338 两款调谐器组件板，采用四层 PCB 黄板，也是今后一段时间内，F3 二代机器的主推型号。

6.3.1 F328 调谐器组件板

F328 调谐器组件板是卫星、地面和有线接收三合一组件板，采用夏普 1BF8402 一体化有线/地面调谐器

＋易尔达 EDS-4B47FF3E+一体化卫星调谐器方案，如图 6-17 所示。

（a）正面 （b）背面

图 6-17 F328 调谐器组件板

夏普 1BF8402 是专门为 DVB-T2 设计的，具有极低的相位噪声，用于 DMB-TH 绰绰有余，并且已经在 F318 机器上成功搭载，被认为是目前门限最低的有线/无线双输入调谐器。解调芯片采用高拓讯达（AltoBeam）公司于 2012 年初发布第五代 DMB-TH/DVB-C 复合解调芯片——ATBM8869，是目前性能最优秀的一款解调芯片，功耗更低，经测试：有线 C/N 比先期的 ATBM8859 平均可提高 1dB。

卫星一体化调谐器和 F318 机器采用的一样，沿用易尔达（EARDA）公司成熟的 EDS-4B47FF3E+型号，采用 STV6100 调谐器+STV0903 解调器方案。此款调谐器经过 2008 年北京奥运以来的五年使用，被证明是最优秀的 DVB-S2 铁壳调谐器（Can Tuner）。

F328 调谐器组件板还有一个优点，系统软件跟 F307、F308、F318 机器通用，它们同属高拓和易尔达系列。

6.3.2 F338 调谐器组件板

F338 调谐器组件板也是卫星、地面和有线接收三合一组件板，采用夏普 1BF8402 一体化有线/地面调谐器＋矢量 SP2246 一体化卫星调谐器方案，如图 6-18 所示。

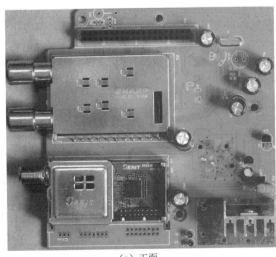 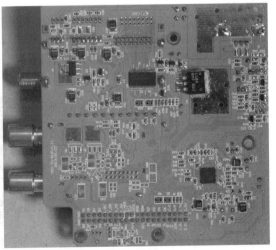

（a）正面 （b）背面

图 6-18 F338 调谐器组件板

F338 调谐器组件板有线/地面调谐器和 F328 的一样，而卫星部分则是 F3 机器有史以来的第一次升级，改用韩国矢量科技（SERIT）SP2246，它采用 STV6111 调谐器＋STV0913 解调器方案，具有更先进的制程、更低的功耗、更快更精准的盲扫、更低的门限、更稳定的运行模式，将是目前国产三合一高清机中的最优秀的卫星、有线、地面的调谐和解调方案。

由于卫星调谐器的改型，F338 调谐器组件板的系统软件不和 F328 的通用，有其独立的软件。F328、F338 调谐器组件板采用相同的 PCB 板，即公板设计，既可装易尔达卫星调谐器，也可装矢量卫星调谐器。

6.3.3　F328A/F338A 调谐器组件板

根据 F3 产品惯例及型号命名方法，F3 厂家还推出了两款简配的黄板型号 F328A、F338A，价格当然也较低，用户可根据需要搭载。其中 F328A（图 6-19）是 F328 的简配版本，只有有线、地面接收功能。F338A（图 6-20）是 F338 的简配版本，只有卫星接收功能。

图 6-19　F328A 调谐器组件板

图 6-20　F338A 调谐器组件板

6.3.4　关于 F328/F338 调谐器接收性能

下面，我们针对 F328、F338 调谐器组件板上的 Can Tuner 进行一些深入的讨论。

（1）夏普有线/地面一体化调谐器　关于调谐器部分，目前主要有两种设计。一种是板载硅调谐器（Silicon Tuner），采用微带电路，成本较低，一致性较差。另一种就是成品的铁壳调谐器（Can Tuner），国内以夏普的品质最好。

大家知道，对于接收有线/地面信号，UHF 段的频率较低，所以不适合用微带电路。夏普 1BF8402（图 6-21）里的模拟部分依然采用传统设计，使用手绕的脱胎电感，每个电感元件都是看着网络分析仪分别调整过，使得整个频带内增益平坦。别看这些小电感都是七倒八歪的，千万不能自己去扶正，否则性能将完全破坏了。夏普 1BF8402 调谐芯片在背面，为厂标型号"C4"，

（a）正面屏蔽罩

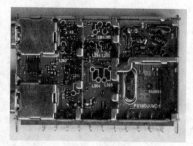

（b）正面内部

（c）背面内部

图 6-21　夏普 1BF8402 调谐器内部结构

卫星高频头也好，有线无线调谐头也好，以前的噪声指标都是指模拟的。到了数字时代，信号从各个不

同正交方向上进行多维调制，既调幅，也调频，还调相。因此模拟噪声指标早已不合时宜，现在应该用数字相位噪声来衡量它的性能。夏普这款 Can Tuner 是目前业内相位噪声最低的，可以支持将来的有线二代标准和地面二代标准。

有线、无线两个独立的输入端子，都有铜质的屏蔽罩。Can Tuner 内部有三层间隔，把电路板分割成四个腔体，达到良好的屏蔽要求。内置模拟电子切换器，型号是 SO18，而不能用数字切换器！虽然模拟切换器的隔离度依然不如欧姆龙的高频继电器，但这款夏普头的隔离度是所有模拟电子切换器里最好的。

目前任何 Silicon Tuner 都没有这么多的零部件，效果当然跟 Can Tuner 无法比拟。当电磁环境很复杂的时候，只有 Can Tuner 的选择性能满足要求。Silicon Tuner 厂家公布的参数，都是在实验室纯净环境里测试的，跟实际情况有很大的差异。

夏普 1BF8402 的两个输入端子，不分先后，性能完全相同。可以使用一路有线、一路无线，或者两路无线。请注意需要根据实际信号输入情况，在菜单里对应设置"左"或"右"。

在 F3 机器中是这样定义的，图 6-19 左上端口是有线（对应菜单里的"左边"），左下端口是无线（对应菜单里的"右边"）。但对于 F328/F318/F308/F307 机器来说，由于要兼顾外置 5V 切换器，为了防止电压短路，出厂默认的菜单设置有线无线端口都是"左边"，如果有线无线同时使用，那么无线只能插在"右边"，并且在菜单里要将有用的频点手动设置到"右边"，否则搜台是无信号的。但 F338 机器由于是独立的软件，出厂可以分开左右设置，用户就不必自己设置了。

（2）矢量卫星一体化调谐器　韩国矢量卫星一体化调谐器价格较常贵，最大的亮点是率先采用了意法公司最新研发的解调芯片 STV0913，是 STV0903 的更新换代产品。累积了全球 DVB-S2 接收技术方面的十年经验，从软硬件上都全面得到了改良，可以兼容 BPSK、QPSK、8PSK、16/32 APSK 调制格式。

矢量 SP2246（图 6-22）内部被分割成 RF 放大、调谐和解调三个腔体，加强了屏蔽效果。卫星的中频较高，所以 RF 放大器腔体内采用微带电路设计，调谐芯片是意法的 STV6111，信号解调芯片是意法的 STV0913，金属屏蔽罩只盖住调谐部分的两个腔体，解调芯片无需屏蔽。矢量 SP2246 背面很简洁，没有元器件。

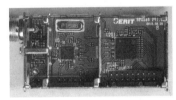

（a）正面　　　　　　　　　　（b）正面内部　　　　　　　　　　（c）背面内部

图 6-22　矢量 SP2246 调谐器内部结构

大家知道，F3 二代机器主控芯片是意法公司的 STi7162，而今，从调谐、解调、解码，都是意法公司的一条龙解决方案，可谓门当户对了。

（3）实际测试　经过各地用户测试表明，高拓 ATBM8869 在地面接收性能上，仅仅是略好于自家的 ATBM8859（图 6-23）。但在有线接收方面，比 ATBM8859 要胜出许多，C/N 平均提高 1dB（图 6-24）。因为市面上的 ATBM8869 机器大都是纯地面接收机，只有 F3 机器是有线和地面合在一起接收的。

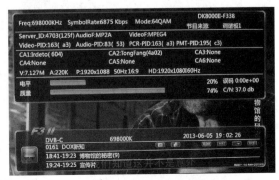

图 6-23　地面频道接收参数显示　　　　　　　　図 6-24　有线频道接收参数显示

2012 年底，台湾 88°E 卫星 Ku 波段播了五大高清，采用了 DVB-S2 里两个特别的调制代码，即"物理层信令"PLS（Physical Layer Signalling）、"输入流标识符"ISI（Input Stream Identifier），普通接收机无法解调。但 F3 机器的卫星调谐器采用了意法方案，可以兼容。

F3 机器最新的 0620 版本软件，已经可以在门限以下精确显示信号 C/N 值了，最低可以显示 1dB，分辨率 0.5dB。按遥控器信号键，F3 机器前面板显示屏就同步显示信号品质，连续按二次信号键，就开启大字体调星界面，图 6-25 是 88°E 卫星 Ku 波段调星界面，大字体显示信号强度（S）和信号质量（Q）的百分百数值。

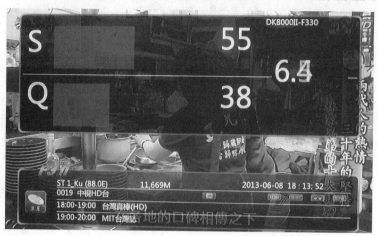

图 6-25　88°E 卫星 Ku 波段调星界面

以后还会添加蜂鸣器软件，眼看耳听，在楼顶调星将更方便，可使得 F3 机器成为非常实用的寻星利器。

6.4　直流开关电源板

虽然 F3 的机壳已经够宽敞，但用家普遍反映夏天散热不够，上盖很烫，原因有两个：①F3 金属机壳采用 0.8mm 钢板制造，热容量大，手感就会烫，其实这是错觉；②旧款的交流开关电源板效率不高，自身发热较大。针对第二个原因，厂家新开发的黄色直流开关电源板，其实是一个多组电压的直流变换器。一组 +12V 输入，通过三组高效的 DC/DC 变换电路输出 +5V、+3.3V、+23V 等多组电压，解决发热较大的问题。

直流开关电源板采用双层 PCB（图 6-26），采用大面积地线屏蔽，效果更好。如果将来再给它做一个网孔状的金属屏蔽罩，就能彻底隔离电源部分造成的干扰，使得电源输出直流成分更纯净、使电路主板工作更稳定。由于经过了交流适配器和内置直流电源板两层隔离，来自市电的脉冲干扰基本上被杜绝，如老式镇流器型日光灯启动，或者电风扇空调等启动，都不会给主机造成干扰。此外，还能一定程度地抵御电网串入的雷击。

（a）正面　　　　　　　　　　　　　　（b）背面

图 6-26　F3 二代机器直流开关电源板

直流开关电源板还更合理分配了各组电压的功率，实际功率输出比旧款的交流板更大，因此提高了整机的稳定性，减少了由于电源问题造成的死机现象。这样就保证了大板机搭载全负载的情况下（如两块三合一调谐板、两个 CI 模块、两个 CA 卡座、外置 USB 硬盘，甚至卫星极轴天线等），都能供电充足。

外置交流适配器输出+12V，最大电流 5A，实际可持续输出 3A，使用常见的直径 5.5mm 插头。这是一种通用 12V 直流电源适配器，电子市场里很容易买到。这样组合的结果，使整机能效大大提高，并把一部分热量从机箱内部移到直流电源适配器中。同时，12V 电压正好与汽车电瓶电压相同，因此 F3 二代机还能放置在汽车上移动接收，或者回放硬盘里的多媒体文件。

实测一台采用红色大主板+F338 三合一调谐板+直流电源板的样机（图 6-27），在没有任何外置设备的情况下，含电源适配器的整机功耗只有 10.2W，待机 6.5W，均为一代机功耗的一半左右，达到了降低机器功耗和机壳表面温度的要求。

图 6-27　F338 样机

F338 机器背面板的总电源开关依然保留，不过现在它只能切断 12V 直流电源，因此在选购外置 12V 电源适配器时，应选择空载功耗低的适配器。如果选购 F3 机器主要用于服务器或者是前端设备，建议选择内置直流开关电源板的 F338 机器。对于已有 F3 系列机器的用户，也可以更换直流开关电源板，安装的孔位跟交流电源板完全一样，只是后背挡板上需要自己钻一个 6~8mm 直径的电源插孔。

6.5　F3 二代机器功能概述

F3 二代机器的"二"字，充分体现在电路主板的设备搭载上。两个 CA 卡座，其中一个板上预留；两个 CI 卡座，位置改到背后，并采用专业级的矩阵切换芯片，使得两个模块同时工作；高清数字接口 HDMI 和模拟接口 YPbPr 能同时输出，显示画中画，大小两个画面，两画面都能任意换台，并能选择其中一路录像。画外画是 HDMI 和 YPbPr 输出一路，CVBS 输出另一路，可供两台电视同时观看相同或任意不同的频道，只是CVBS 的那一路是标清的效果。标清的 CVBS 模拟接口可以和高清接口输出相同或不同的频道。

艺华兔卡 CA 搭载一直是 F3 机器的特色，F3 二代机器也继承这个优点。但数字太和的 UTi1201 芯片只能同时解一路加密频道，想用画中画同时显示两个艺华频道是不可能的，只能一个频道是艺华，另一个频道是艺华以外的任意频道。

F3 二代机器最精彩的是电路主板搭载了两块三合一活动调谐板，每块板都有卫星、有线、无线输入端口。典型的搭载是两块 F328 或两块 F338 调谐器组件板。两块调谐板协同工作时，具有两路卫星、两路有线、两路无线信号接收功能。允许录制任何一路信号，同时收看任何一路信号。这个功能，目前在国产高清机顶盒中，是绝无仅有的。

表 6-1 为 F3 一代和 F3 二代机器的软硬件功能对比表，供用户选购时参考。

表 6-1　F3 一代、二代机器的软硬件功能对比表

项目	机型	F3 一代	F3 二代
CPU	型号	STi7101	STi7162
	主频	266MHz	450MHz
RAM	容量	256MB（64MB×4）	512MB
	类型	DDR-400	DDR2-800
FLASH	容量	16MB	512MB
	类型	NOR	NAND
视频功能	支持 1080P 视频	×	支持
	帧频（50/60Hz）转换	标清	标清或高清
	高清视频处理	同时处理 1 路	同时处理 2 路
	MPEG2/H.264	支持	√
	国标 AVS	×	√
	微软 VC-1	×	√
	流媒体播放	×	√
	画中画和画外画	限同频点	任意频点
	录一路看一路	只能解密 1 路	同时解密 2 路
界面功能	菜单界面（皮肤）	标清	高清
	矢量中文字库	×	√
条件接收	CI 接口	2 路选 1 路	独立的 2 路
	CA 接口	1 个	1 个（预留 1 个）
	艺华无卡 CA	√	√
音视频接口	HDMI 接口	√	√
	YPbPr 接口	√	√
	AV 输出接口	√	√
	光纤输出接口	√	√
	S 端子接口	√	×
	同轴音频输出	√	×
存储器接口	USB2.0 接口	1	2
	eSATA 接口	√	×
通信接口	RS-232 串口	√	√
	RJ-45 网口	√	√
调谐器组件板		1	1~2
待机功耗		13W	6W

F3 厂家曾经展览过一款五合一的概念机，支持 DVB-S2、DVB-T2、DVB-C、DMB-TH、ABS-S，被烧友誉为业内接收功能最多、最壮观的机器（图 6-28）。

F3 二代机器作为一款经典的三合一高清接收机，已充分展示出它传统的信号接收性能。而一旦连上网络，神奇的功能将大大拓展，例如，通过电脑串流播放 F3 的高清节目，用智能手机遥控 F3 的操作，在电脑上对 F3 进行远程管理，自己搭建家庭服务器一卡多机等，这些功能已属于电脑玩家的功能，初烧友只有通过相关

论坛和网站学习、进阶才能玩转。

图 6-28　F3 五合一概念机

6.6　F3 机器发展历程

F3 机器的发展历程，是伴随着国标地面接收的解调芯片的发展而发展的，如果有关部门想举办国标地面接收机顶盒的回顾展，那一定少不了 F3 机器。因为 F3 机器都曾经参与过，拿得出各个时期的产品。

最早可以追溯到 2007 年，F3 机器最早的雏形是采用凌讯的鼻祖芯片 LGS-8913（图 6-29）。

2008 年，用过泰鼎的 TDM5570（图 6-30），它是目前唯一 DVB-C 有自动符码率的芯片。

图 6-29　凌讯 LGS-8913 芯片

图 6-30　泰鼎 TDM5570 芯片

2009 年，F3 一代机器开始生产，第一批型号 F302 绿板机器采用国芯 GX1501 芯片（图 6-31）。它搭载了一代 92.2°E 中星 9 号卫星的调谐器（以下简称"中 9"），采用中天联科的解调芯片 AVL1108。由于后来中 9 发生了一系列的变更，而且迟迟未开播高清，因此停产。但它至今仍然是中九机中唯一具有倍线 HDMI 输出和数字录像的机型。

2009 年，F304 绿板机器投产，采用凌讯 LGS-8G75 芯片。这款板子虽已停产，但至今还有玩家在使用中，可见其生命力非同一般（图 6-32）。

图 6-31　国芯 GX1501 芯片

图 6-32　凌讯 LGS-8G75 芯片

2010 年，一款升级版 F302+绿板机器量产，采用国芯 GX1501B 改良芯片（图 6-33），首次实现地面信号分析功能，包括冲激响应、2K 采样的带内频谱、星座图等。

2010 年，首款台湾制式的 F306 绿板机器下线，采用 Zalink 公司的 ZL10353 芯片（图 6-34），支持 DVB-T 格式，能收台湾地面信号，Zalink 后来倒闭被收购。

图 6-33 国芯 GX1501B 芯片

图 6-34 Zalink ZL10353 芯片

2011 年，F307 绿板机器发售，第一次采用高拓的 ATBM8846 芯片（图 6-35），抗同频干扰大大提高。

同年，也就是 F307 推出不到半年，紧接着又发售 F308 绿板机器，采用高拓 ATBM8846E 改良芯片（图 6-36），更上一层楼。

图 6-35 高拓 ATBM8846 芯片

图 6-36 高拓 ATBM8846E 芯片

小提示：

ATBM8846E 和 ATBM8859 芯片软件都完全通用，只是型号和封装不同而已，ATBM8846E 采用 QFN-72P 封装，而 ATBM8859 采用 QFN-48P 封装，ATBM8859 最初是为日本平板电视机定制的型号，日方要求 ATBM8859 为日机专用型号，其他用户不许使用。因此高拓公司就将 ATBM8859 列为出口型号，内销的一律为 ATBM8846E。

2011 年末，再推出 F309 蓝板机器，采用凌讯 LGS-9701 分集芯片（图 6-37）。它是国内第一款，也是唯一的分集接收的机顶盒。不过，随后凌讯垮台，没有了后劲。

2012 年，发布 F316 红板机器，它是 F306 机器的升级版，采用内置解调芯片的夏普 DVB-T2 Can Tuner，型号是 VA4MIEE6159（图 6-38），迄今仍是接收中国台湾地区地面信号最强悍的机型。

图 6-37　凌讯 LGS-9701 芯片

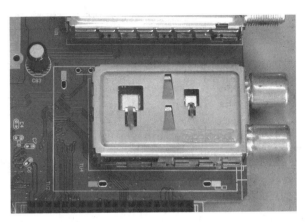

图 6-38　夏普 VA4MIEE6159

2012 年，同时发布了 F318 红板机器，采用高拓 ATBM8846E（ATBM8859）芯片和夏普最新型的低噪声双通道 Can Tuner，具备卫星、有线、无线三个独立的信号输入端子，从而舍弃了外置的 5V 切换器。

2013 年初，试制了 F322 黄板机器，采用国芯 GX1503B 换代芯片（图 6-39）。但各地测试报告表明，和最新的高拓芯片比较，没有特别的惊喜，因此最终没有量产。而当初研发国芯 1503B 芯片的团队，据说也已解散。

2013 年 6 月，隆重推出 F328/F338 二款黄板，将卫星、有线、无线的信号接收能力推上顶峰。采用高拓 ATBM8869 芯片（图 6-40）和夏普低噪声双通道 Can Tuner。

图 6-39　国芯 GX1503B 芯片

图 6-40　高拓 ATBM8869 芯片

从 2007 年开始，F3 厂家试用过几乎所有厂家的地面接收解调芯片，为了紧跟技术发展的步伐，往往仓库里老一代地面解调芯片还没用完，新一代解调芯片又要投产了，造成极大的浪费，从而提高了研发和生产成本。但为了跑赢这个瞬息万变的数字高清技术时代，永不落伍，这样做是值得的，大浪淘沙，真正性能优越的芯片得以批量生产。

6.7　F3 机器型号简介

从一开始，F3 机器的设计理念，就是积木化组合。用户可以根据各人所需，随意搭建自己的机顶盒，因为 F3 机器型号命名是根据调谐板组件板来定义的，根据调谐器组件板型号的不同，从而派生出很多 F3 系列机器型号。

为了便于用户了解 F3 机器各种型号，表 6-2 归纳了 F3 机器各个时期销售过的调谐板器组件板型号及配置。

表 6-2　F3 调谐板器组件板型号一览表

序号	型号	接收功能	描　　述	有线无线解调	卫星解调	PCB 板颜色	备　　注
1	F302A	DVB-C、DMB-TH、ABS-S	有线+无线+中 9 卫星	GX1501	AVL1108	绿色	停产
2	F302A+	DVB-C、DMB-TH、ABS-S	有线+无线+中 9 卫星	GX1501B	AVL1108		带地面信号分析软件
3	F302A-	DVB-C、DMB-TH	有线+无线	GX1501B	—		带地面信号分析软件
4	F304	DVB-C、DMB-TH	有线+无线	LGS8G75	—		停产
5	F306	DVB-C、DVB-T、DVB-S2	有线+无线（台湾版）+卫星	ZL10353	STV0903		停产
6	F307	DVB-C、DMB-TH、DVB-S2	有线+无线+卫星	ATBM8846	STV0903		停产
7	F307A	DVB-C、DMB-TH	有线+无线	ATBM8846			停产
8	F308	DVB-C、DMB-TH、DVB-S2	有线+无线+卫星	ATBM8859	STV0903		停产
9	F308A	DVB-C、DMB-TH	有线+无线	ATBM8859	—		停产
10	F309A	DVB-C、DMB-TH	有线+无线（分集接收）	LGS9701	—	蓝色	双天线分集
11	F300	DVB-S2	卫星	-	STV0903	红色	快速盲扫
12	F316	DVB-C、DVB-T2、DVB-S2	有线+无线（台湾版）+卫星	VA4MIEE6159	STV0903		兼容 DVB-T2
13	F318	DVB-C、DMB-TH、DVB-S2	有线+无线+卫星	ATBM8859	STV0903		性价比高
14	F318A	DVB-C、DMB-TH	有线+无线	ATBM8859	—		性价比高
15	F322A	DVB-C、DMB-TH、DVB-S2	有线+无线+卫星	GX1503B	—		未量产
16	F328	DVB-C、DMB-TH、DVB-S2	有线+无线+卫星	ATBM8869	STV0903	橙色	通用软件
17	F328A	DVB-C、DMB-TH	有线+无线	ATBM8869	—		地面信号接收优秀
18	F338	DVB-C、DMB-TH、DVB-S2	有线+无线+卫星	ATBM8869	STV0913		目前 F3 二代三合一旗舰机器
19	F330	DVB-S2	卫星	—	STV0913		目前 F3 二代卫星旗舰机器

注：1. 表中，序号 1~10 属于当时 F3 一代机器的型号，现已停产。一代机电路主板配有卫星接收功能，除了 F304 机器具有有线、无线两个独立的输入端子之外，其他型号都只有一个公共输入端子，如果有线无线同时接收，那需要外置一个 5V 切换器，通过 F3 机器输出 0/5V 控制电压来自动切换。而序号 12~18 就不需要外置切换器了，因为它们的无线有线是两个独立的输入端子。

2. 根据向下兼容的继承原则，F3 二代可以兼容 F3 一代的调谐器组件板（即序号 1~11），但 F3 一代不能兼容 F3 二代的调谐器组件板（序号 12~19）。

限于篇幅，本章节只能笼统地对 F3 二代机器作重点的介绍，更详细的内容，请参考相关资料。F3 二代机器是没有使用说明书的，好比用户买了电脑和智能手机，一样没说明书。F3 二代机器的基本使用方法跟第 4 章介绍的 F3 一代机器 F302+没什么太大不同。

第7章 卫星高清接收机——Vu+ SOLO（博通 BCM7325 方案）

>>>>>>>>>>>>>>>>>>>>>>>>>>>>

Vu+ SOLO 机器是国外 2010 年度推出的一款采用博通 BCM7325 方案的卫星高清接收机，属于 Vu+系列高清机的低端品种。Vu+系列高清机默认采用和 DM500HD、DM800、DM800 se 等 Dreambox 系列高清机一样的 Linux 系统 Enigma 2 软件方案，其操作使用几乎没有什么区别。

7.1 外观功能

Vu+ SOLO 机器采用如图 7-1 所示本色纸盒包装，显得很朴实。配件中包含一根 HDMI 连接线、一根 AV 线和一个遥控器，还有一本如同练习簿风格的英文说明书（图 7-2）。

图 7-1　Vu+ SOLO 机器包装盒

图 7-2　Vu+ SOLO 机器配件

Vu+ SOLO 机器前面板和上盖采用黑色，前面板如图 7-3 所示，左边圆形显示窗里面是一个红绿双色指示灯和一个一体化红外线接收器，工作时显示绿色、待机时呈红色；中间区域设置了待机、频道-/+、音量-/+五个按钮；右侧区域是一个仓门。

仓门里内置了一个 CA 卡槽，两个 CI 卡槽，以及一个 USB 接口，如图 7-4 所示。

图 7-3　Vu+ SOLO 机器前面板

图 7-4　Vu+ SOLO 机器仓门

图 7-5 为 Vu+ SOLO 机器背面板，从左到右依次为：　一个 DVB-S2/S 的 LNB 输入接口、一个 RS-232 串

口、一个 SCART 模拟音视频接口、一个 RESET 复位按钮（刷机用）、一个 HDMI 数字接口、一个 RJ-45 网口和 USB 接口合为一体的接口、一组模拟 YPbPr 逐行色差高清接口、一组模拟 AV 标清接口、一个数字光纤 S/P DIF 音频接口。

图 7-5　Vu+ SOLO 机器前面板

Vu+ SOLO 机器为韩国 CERU 公司生产，工作电压很宽，100～240V 交流电都可以使用。Vu+ SOLO 机器是 Vu+系列高清机中唯一没有采用风扇强制散热的机器，它是通过上盖板的散热槽和底板的散热孔形成空气对流来自然散热。

7.2　电路主板

Vu+ SOLO 机器的内部结构如图 7-6 所示，全机是由开关电源板、电路主板、CA 卡座板和操作控制板这四大块组成，电路主板如图 7-7 所示。

图 7-6　Vu+ SOLO 机器内部结构

（a）正面　　　　　　　　　　　　（b）背面

图 7-7　Vu+ SOLO 机器电路主板

7.2.1　主控芯片——BCM7325

电路主板中间覆盖黑色两翼型散热片的为机器的主控芯片，为美国 Broadcom（博通）公司 333MHz 的 BCM7325（U301）芯片，采用 65nm 工艺制造，BGA 封装，如图 7-8 所示。

BCM7325 是博通公司于 2008 年发布一款单通道多种格式的高清卫星接收机芯片，它是将自家的 BCM4506 单调谐器/解调器功能和支持多种视频格式的最新一代 AVC 解调器集成在一起。采用 333MHz 速率的双线程 MIPS CPU 核心，可提供超过 600DMIPS 的性能。BCM7325 设计支持 UMA 和非 UMA 存储架构，并利用 400MHz 时钟、32 位宽 DDR2 存储器接口来提升性能和支持低成本的存储器。

图 7-8　BCM7325 芯片

图 7-9 是 BCM7325 芯片内部功能框图。

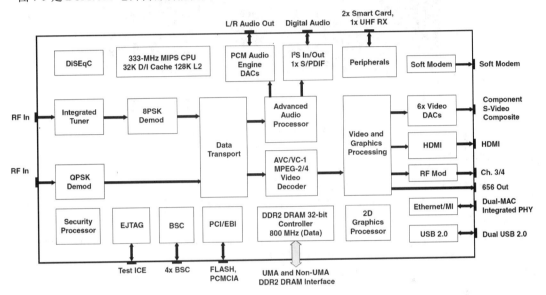

图 7-9　BCM7325 内部功能框图

BCM7325 内置了一个宽带硅调谐器，支持 DiSEqC2.×协议和可编程 FSK 收发器，配合内置 DVB-S28PSK 解调模块，就相当于一个 BCM4506 芯片功能。如果还需要接收另外一个卫星通道，可以载外置一个调谐器，配合 BCM7325 内置了 QPSK 解调模块，就可以实现 DVB-S2、DVB-S 双通道卫星接收功能。

BCM7325 内置了一个数据传输处理器，MPEG-4/VC-1/MPEG-2/AVS 视频解码器，可编程音频解码器，支持 AC3、AAC、PCM 音频格式，6 个视频 DAC，一个音频 DAC，一个 10/100M 以太网 PHY 和 MII、两个 USB 2.0 接口，还具有芯上安全处理器（On-chip Security Processor）、2D 图形引擎、UMA 和非 UMA 模式、一个高速 400MHz 的 DDR2-800 内存控制器以及外设控制单元。

7.2.2　存储器

Vu+ SOLO 机器采用 NAND FLASH（U506）＋2×DDR SDRAM（U503、U504）存储系统方案，如图 7-10 所示。

其中 U506 是 SAMSUNG（三星）公司的 NAND FLASH 闪存芯片 K9F1G08U0D，128M×8bit 结构，容量为 128MB，用于存储接收机的系统软件，相比较 DM500 HD、DM800、DM800 se 机器的 64MB 容量大了一倍。

由于 BCM7325 只需要 32 位宽的 DDR 内存，故 Vu+SOLO 机器只采用 2 颗 32M×16bit 结构的内存颗粒，型号为 Hynix（海力士）公司的 HY5PS1631C，这是一款 DDR2-800 内存芯片，采用 64M×16bit 结构，存储容量为 128MB，速度 400MHz，两片总容量为 256MB，用于存储高清解码中生成的大量的处理数据。

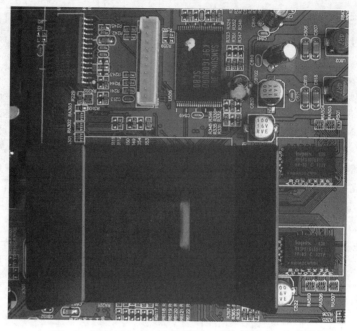

图 7-10　Vu+ SOLO 机器存储器

7.2.3　音视频输出接口

Vu+ SOLO 机器的音视频输出接口有模拟和数字两种，模拟音频输出接口有 AV（PP01）、SCAR 接口中的 L、R 两组，它将 BCM7325 芯片输出的模拟音频信号分别经过 S2052B（U201）、S2052B（U204）芯片组成的音频放大电路，对左、右两路模拟音频信号分别进行放大后输出。

模拟 YPbPr 接口采用美国 Fairchild（飞兆）半导体公司的三通道视频滤波驱动芯片——FMS6363A（U605），可以提升逐行色差输出接口的画质。模拟 SCART 接口（P601）采用了 MAXIM（美信）低功耗音视频接口单 SCART 连接器——MAX9597CTI（U602），如图 7-11 所示。

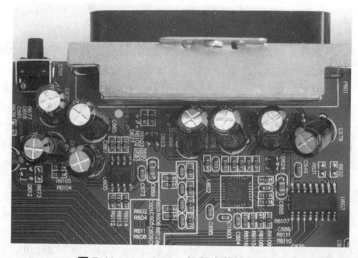

图 7-11　Vu+ SOLO 机器音频输出接口

MAX9597 采用裸露焊盘的 QFN-28P 薄型封装，工作电压为 3.3～12V；音频通道最大可以输出 2Vrms 电压。视频部分包含 4 通道视频滤波放大器。分别用于 CVBS、R、G、B 通道，MAX9597 还支持慢速切换和快速切换信号。MAX9597 系统内部框图如图 7-12 所示。

数字音视频采用 HDMI 接口（P604），预留了保护视频输出端口的钳位二极管（D607～D614）位置，但

·没有贴片。数字音频输出接口只有光纤一种（PP02），是直接由主控芯片 BCM7325 相应端口输出的，声音数据在主芯片内部不作任何处理，只是将接收到的数据转换成 S/P DIF 格式后通过光纤输出，所有声音解码都是由外接数字音频解码器来处理。

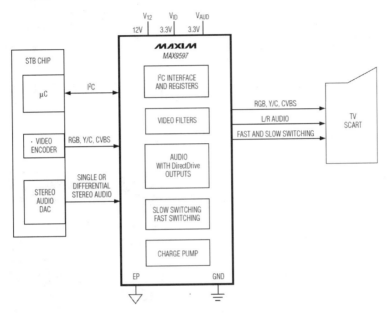

图 7-12　MAX9597 系统内部框图

7.2.4　RJ-45 网络接口和 USB 接口

Vu+ SOLO 机器提供了 1 个 10/100M 有线网络接口，由主控芯片 BCM7325 已内置了以太网物理层（PHY）和数据链路层（MAC），因此无需再外置网卡芯片。在 Vu+ SOLO 机器中，采用了 USB 2.0 和 RJ-45 接口共为一体的 RU3-261A1D11 插座（P201），如图 7-13 所示。该插座内置了网络 LED 指示灯和网络变压器，因此也无需外置网络隔离变压器了。

图 7-13　Vu+ SOLO 机器 RJ-45 网络接口和 USB 接口

BCM7325 只支持两个 USB 2.0 接口，在 Vu+SOLO 机器中，另外一个由 P203 插座通过跳线连接到操作控制板上。两个 USB 2.0 接口采用美国 Diodes 公司的 AP2146A（U416）作为电源控制保护芯片，由 AP2146 构成的典型的双端口 USB 主机/自供电集线器如图 7-14 所示，可提供 500mA 双通道限流开关保护。

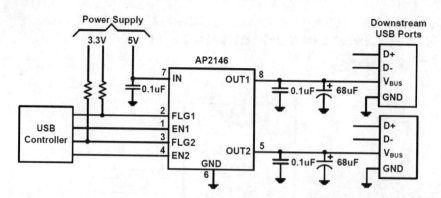

图 7-14　AP2146 典型双端口 USB 主机/自供电集线器

7.2.5　CA、CI 接口

　　Vu+SOLO 机器内置一个 CA 接口、两个 CI 模块接口，如图 7-15 所示，其中的两个 CI 模块插槽直接固定在主板上，采用了 11 个三态输出的八路缓冲驱动芯片 HC244（U401～U411）作控制切换。

　　CA 读卡器芯片采用飞利浦的通用读卡器的控制线路芯片——TDA8024T（U202），用在智能卡和主芯片通讯的接口上，在主控芯片 BCM7325 的控制下，完成智能卡的电源保护和读卡功能。

　　Vu+ SOLO 机器存在抄板（clone）机，和原装机的区别是在 CI 插槽的外侧内置了一个打磨掉型号的芯片，该芯片是一个抄板 Vu+SOLO 机器加密系统破解的单片机，在原装机器上是没有这个芯片的（图 7-16）。

图 7-15　Vu+ SOLO 机器 CA、CI 模块接口电路

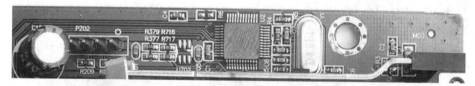

（a）抄板机

（b）原装机

图 7-16　抄板机和原装机的区别

7.2.6　RS-232 串行接口

　　RS-232 串口是用于电脑和接收机之间的软件升级，由于接收机中的 CPU 与电脑 RS-232 端口间是不能直接相连的，必须要在两者之间进行电平和逻辑关系的转换。本机 RS-232 串口（PZ04）采用美国 Sipex 公司的 SP3243EEA（U201）多通道转换芯片来实现这种电平转换，DM500 机器用的也是这款芯片。

7.2.7 LNB 输入接口

主控芯片 BCM7325 已集成了 BCM4506 调谐器/解调器功能，这使得 LNB 输入接口（U107）电路非常简单，只要设计一个 DVB-S2/S 信号输入的 LNA 低噪声放大器就可以了（图 7-17）。

对于 LNB 极化控制方面，Vu+ SOLO 机器采用了 Allegro 微系统公司的单路 LNB 电源和控制稳压器——A8293（U101），这是一款单片线性/开关稳压器，专用于通过同轴电缆将电源和接口信号传给一个 LNB 降压转换器。

A8293 具有集成到器件内的升压开关和补偿电路，需要很少的外围元件就可以实现一个完整的 LNB 极化控制方案。同时该器件提供一组包括过电流、过热关机、欠压以及电源不良等全面的故障寄存器。在 Vu+SOLO 机器中，A8293 采用无铅 MLP/QFN-20P 封装，尺寸仅仅为 4mm×4mm。

图 7-17　Vu+ SOLO 机器 LNB 部分

7.2.8 电源管理

电路主板设置了三个 DC-DC 降压芯片 Z1021A1，如图 7-18 所示，分别为主板提供 1.2V（U801 提供）、1.2V（U802 提供）、3.3V（U808 提供）三组电压。超低压差稳压器 RT9018B（U805）提供 2.5V 电压，低压差线性稳压器 RT9183H（U501）提供 3.3V 电压，DDR 终端稳压器 G2995（U502）专门为两个 DDR2-800 内存芯片提供 1.8V 电压。

图 7-18　Vu+ SOLO 机器电源管理芯片

7.3　其他电路板

7.3.1　CA 卡座板

Vu+SOLO 机器配备 CA 卡座板仅仅是接口板（图 7-19），读卡芯片在电路主板上，通过排线和主板的 P202 插座连接。

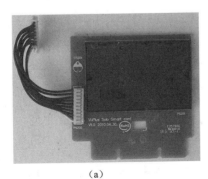

（a）

（b）

图 7-19　CA 卡座板

7.3.2　操作控制板

Vu+ SOLO 机器的操作控制板如图 7-20 所示，采用 PIC16F886-I/SS（UF701）单片机作为 LED 指示灯及键盘管理芯片，红绿双色 LED 发光二极管（D701）用于指示机器工作状态。

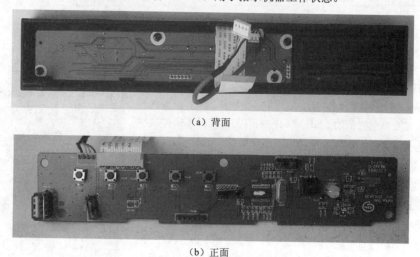

（a）背面

（b）正面

图 7-20　Vu+ SOLO 机器操作控制板

7.3.3　开关电源板

Vu+ SOLO 机器的开关电源板（图 7-21）采用美国仙童（Fairchild）公司的 FSDM0365RB（IC1）电源管理芯片，该芯片内部已集成了集成的脉冲宽度调制（PWM）和 N 型沟道结型场效应管（MOSFET）。在 Vu+ SOLO 机器开关电源板中，由二极管 D8 组成的一路提供+5.2V 电源，由二极管 D10 组成的一路提供+3.3V 电源，由二极管 D12 组成的一路提供+12V 电源。

（a）　　　　　　　　　　　　　　　（b）

图 7-21　Vu+SOLO 机器开关电源板

由于电路主板尺寸设计的限制，YPbPr、AV 接口和 S/P DIF 接口移到了开关电源板上，通过软排线和电路主板连接。

7.4　软件使用

7.4.1　版本信息

我们这台 Vu+ SOLO 机器采用 BlackHole（黑洞）-1.7.9 版本，版本信息如图 7-22 所示，可以看到调谐器信息为"BCM7325 DVB-S2 NIM (internal)（DVB-S2）"，表示采用主控芯片 BCM7325 内置的 DVB-S2 调谐解调模块。

在浏览器上输入机器的 IP 地址，可以进入 OpenWebif 界面，从【Info】→【Box Info】可以看到 Vu+ SOLO 机器软硬件详细信息（图 7-23）。

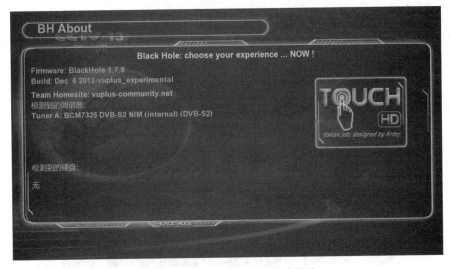

图 7-22　Vu+ SOLO 机器版本信息

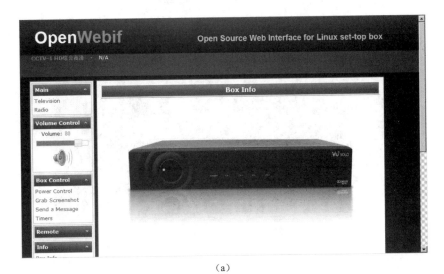

（a）

（b）

图 7-23　OpenWebif Box Info 界面

7.4.2 版本简介

（1）**开关机选项** 黑洞关机菜单有六个选项，其中重新启动和硬件重启在 Vu+SOLO 机器操作上效果是一样的，如图 7-24、图 7-25 所示。

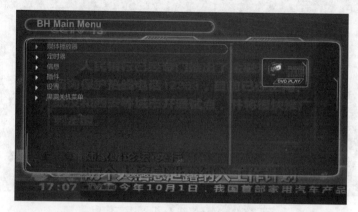

图 7-24 黑洞主机菜单

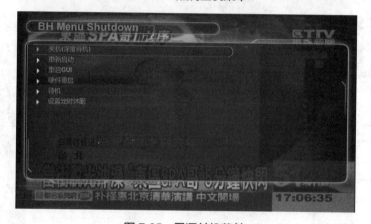

图 7-25 黑洞关机菜单

（2）**CI 选项** Vu+SOLO 机器内置了两个 CI 模块接口，设置菜单也有相应的设置选项（图 7-26）。

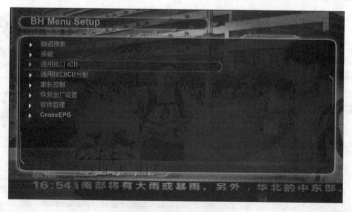

图 7-26 黑洞设置菜单

（3）**系统信息** BlackHole 蓝色面板有一项独特的信息显示功能，只要按黄色键就能进入，如图 7-27 所示。该界面犹如飞机上的仪表盘，尽显专业和豪华。仪表盘上指针所对的数值可显示内存、U 盘、硬盘的使用量、硬盘的温度等各项实时参数；面板开关上的红绿灯指示工作状态，绿灯表示在工作中，红灯表示已停止。在该界面中，按四个颜色键和 1～3 数字键还可查询其他信息。

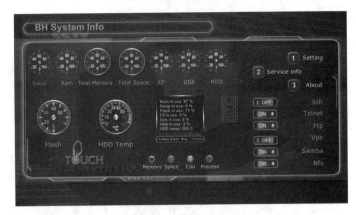

图 7-27　黑洞系统信息

7.4.3　WiFi 网卡使用

BlackHole 整合版内置了 ath.ko、hostap.ko、rt2x00、rtl8187.ko、rtl8192c.ko、rt5370sta.ko、rt73usb.ko、zd1211rw.ko 等 WiFi 网卡驱动，支持采用这些方案的网卡使用。我们测试新雷 SR2 机器用的 150M RT5370 WiFi 网卡，使用完全正常。

使用时，首先将 WiFi 网卡插入机器中，再重启 GUI 或者断电重启，然后从【主菜单】→【设置】→【系统】进入【网络配置】界面，可以看到该界面增加了一个无线局域网连接选项（图 7-28），表示 WiFi 网卡已被机器识别，并且自动加载该网卡的驱动程序了，也就可以继续下一步设置了。

图 7-28　网络配置

进入【无线局域网连接】→【网卡设置】（图 7-29），按 OK 键，出现一个 "usb WLAN adapter（USB 无线局域网适配器）" 选项。

图 7-29　网卡设置

继续按 OK 键，进入【无线局域网设置】界面（图 7-30），选择"扫描无线 AP"，不一会儿系统扫描出附近的 AP 热点（图 7-31）。

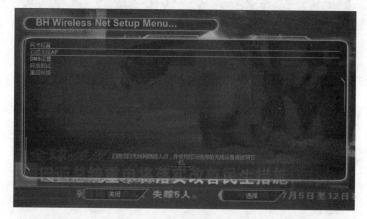

图 7-30　无线局域网设置

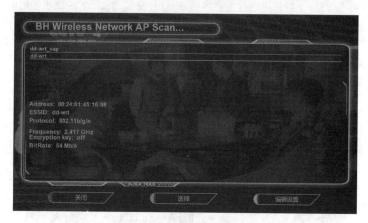

图 7-31　扫描 AP 热点

选择一个热点，按蓝色键进行加密类型和密钥配置（图 7-32）。如果无线局域网没有加密，就将加密选项设置为"否"，按 OK 键后，机器自动激活和加载。

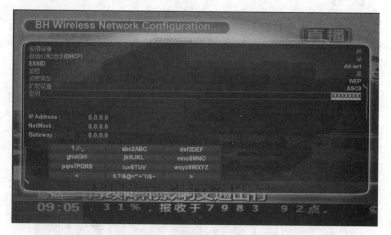

图 7-32　无线局域网配置

当界面下方出现网络参数时，表示设置成功（图 7-33），这时还可以返回【显示 WLAN 状态】查看 WiFi 网卡连接相关信息（图 7-34）。

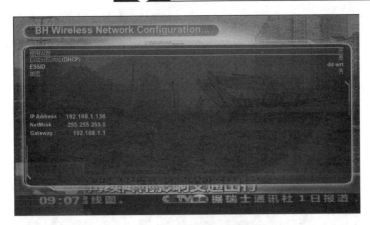

图 7-33　无线局域网配置成功

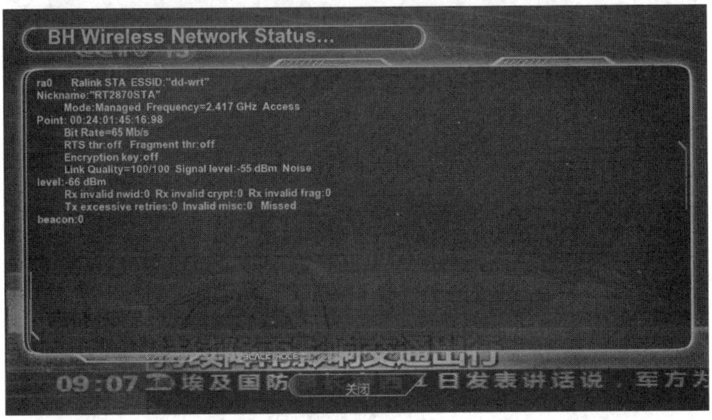

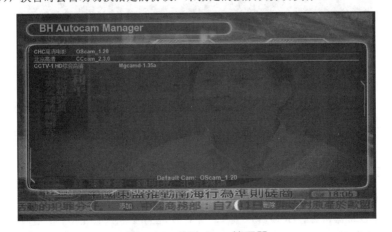

图 7-34　显示 WLAN 状态

7.4.4　加密节目收视

对于加密频道节目的收视，Vu+ SOLO 机器提供了插卡收视和网络共享两种方法，在 BlackHole-1.7.9 整合版里内置了 CCC2.30、Mgacmd1.35a、OSCam1.20 三个协议，在蓝色面板里，启用左右键选择相应的协议，即可收视。

BlackHole 版本还具有自动 Cam 功能，实际上在 DM800 机器的 GP2 版本时代就有了这个功能，只是在 GP3 版本删除了这一功能。使用这个功能时，只要在蓝色面板的自动 Cam 管理器界面中添加每个频道所使用的协议（图 7-35），换台时会自动切换指定的协议，未指定的按默认协议执行。

图 7-35　自动 Cam 管理器

7.4.5 节目录制和回放

Vu+SOLO 机器支持外置 USB 存储器录制节目，可以使用 FAT32、NTFS（只支持第一个分区）文件系统录制节目。录制前先进行挂载，按两次蓝色键，选择"Devices Manager"设备管理器进入，将挂载点设置为"/media/hdd"，如图 7-36～图 7-38 所示，设置完成后，需要自动重启才能挂载。

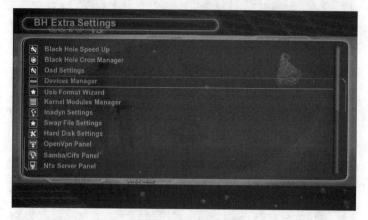

图 7-36 扩展设置

图 7-37 设备管理器

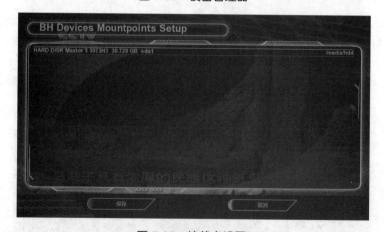

图 7-38 挂载点设置

节目播放过程中，按遥控器红色点键或红圈键可以录制，回放时，按遥控器 MENU 右边的键即可。对于视频播放，Vu+ SOLO 机器和采用 BCM7405 主控芯片的 DM800 se、SR4、DM500 HD 机器支持的音视频格式一样，均支持 DTS 音频硬解码。

7.4.6　总评

我们采用 Vu+ SOLO BlackHole-1.7.9 整合版为例，对烧友关注的一些基本性能做了简单的测试。

（1）**门限对比**　简单测试一下，Vu+ SOLO 机器接收 DVB-S 信号的门限和 SR4 机器不分伯仲，弱于采用 4505 头的 DM800 se 机器。接收 DVB-S2 信号的门限明显高于 SR4 机器。

（2）**开机、待机、换台时间**　测试 Vu+ SOLO 机器在断电开机，需时 75s 左右，换台耗时时间在 1s 之内，声音先出，画面短暂黑屏后出画面。

（3）**功耗测试**　Vu+ SOLO 机器正常工作时，功耗在 14W 左右，待机和深度待机（关机）功耗都在 10W 左右，实际上待机功耗仅仅是关闭 LNB 的电源输出降低 3W，系统待机降低 1W。

（4）**总结**　对于 Vu+ SOLO 机器，我们将其和 DM800、DM800 se、SR4、DM500 HD 机器做了性能参数对比，如表 7-1 所示。

表 7-1　DM800、DM800 se、SR4、DM500 HD、Vu+SOLO 机器性能参数一览表

项目	机器	DM800	DM800 se、SR4	DM500 HD	Vu+SOLO
CPU	型号	BCM7401	BCM7405		BCM7325
	主频	300MHz	400MHz		333MHz
	DMIPS	450	1100		550
	处理器	MIPS32 位 16e	双核 CMT MIPS32 位 16e		双线程 MIPS32 位
RAM	容量	256MB			
	类型	DDR-400	DDR2-800		DDR2-800
FLASH	容量	64MB			128MB
	类型	NAND			
电视接收功能	DVB-C/T 有线/地面	可换调谐器组件板（单一接收）	√	×	×
	DVB-S2/S 卫星	√	√	√	√
网络、存储接口	RJ-45 网口	√			
	USB 接口	2	2～3	×	2
	SATA 接口	1	2	1	×
	内置硬盘	2.5 寸串口硬盘		×	×
CA 接口	CA 卡槽	1	2	1	1
	CI 卡槽	×			2
音视频输出接口	HDMI	DVI- HDMI 转接线	√		
	光纤 S/P DIF	√			
	YPbPr	SCART 转	SCART 转		√
	CVBS、R/L				√
面板功能	显示屏	单色 OLED	彩色 OLED	×	×
	指示灯	红色	蓝色		红色/绿色
	按键	待机键	待机键		待机、频道-/+、音量-/+
电源功能	电源模式	外置 12V 3A 电源适配器			内置
	电源开关	×	√		×
	待机节能	×	√		×

从对比中可以看出，Vu+ SOLO 机器 FLASH 容量是这几款机器最大的，是其他容量的一倍之多，FLASH 容量大，表示机器有更多的运行空间，也可以安装更多的插件，从 DCC-E2 v1.50 软件的存储器信息（图 7-39）也可以看到这种区别。

从主控芯片的主频来看，333MHz 的 Vu+ SOLO 机器处于 300MHz 的 DM800 和 400MHz 的 DM800 se、DM500 HD 机器之间，不过如果从 DMIPS 来看，550DMIPS 的 Vu+ SOLO 机器处于仅仅比 450DMIPS 的 DM800 高一些，远不如 1100DMIPS 的 DM800 se、DM500 HD 机器。如果从接收功能来看，Vu+ SOLO 机器和 DM500

HD 差不多，都没有显示屏，也不能内置硬盘，因此 Vu+ SOLO 机器包装盒注明是 "USB PVR Ready"，表示是采用 USB 存储器的准 PVR。

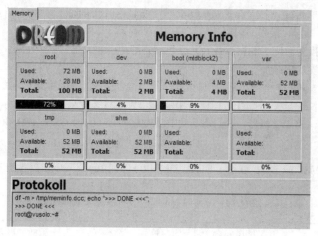

图 7-39　Vu+ SOLO 机器 FLASH 存储器信息

　　总体来讲，如果将 Vu+ SOLO 机器和用户了解的 DM800、DM800 se、DM500 HD 机器作比较，Vu+ SOLO 机器强于 DM800 机器，弱于 DM800 se 机器。

7.5　软件升级

7.5.1　USB 接口升级

　　Vu+ SOLO 机器采用 U 盘刷写非常简单，具体方法如下。

　　① U 盘必须是 FAT32 文件系统，如果不是，请先在电脑上格式化一下。

　　② 将下载的 U 盘刷机文件解压缩后复制到 U 盘根目录下，请注意，在\vuplus\solo 文件夹下应有 boot_cfe_auto.jffs2、kernel_cfe_auto.bin、root_cfe_auto.jffs2 三个文件，如图 7-40 所示。

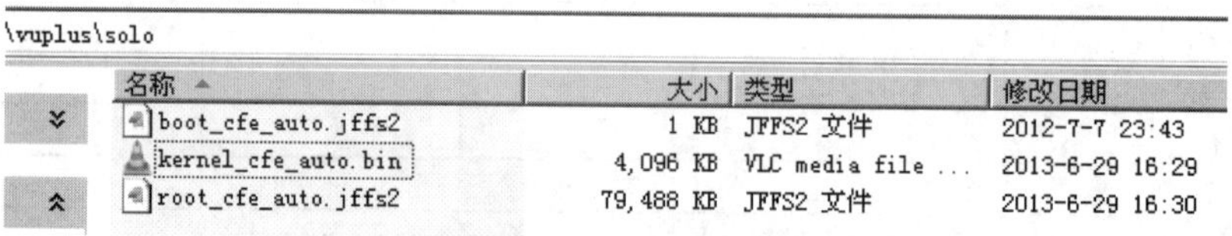

\vuplus\solo			
名称 ▲	大小	类型	修改日期
boot_cfe_auto.jffs2	1 KB	JFFS2 文件	2012-7-7 23:43
kernel_cfe_auto.bin	4,096 KB	VLC media file ...	2013-6-29 16:29
root_cfe_auto.jffs2	79,488 KB	JFFS2 文件	2013-6-29 16:30

图 7-40　solo 文件夹刷机文件

　　③ 将 U 盘插入机器前面板仓门里的 USB 接口上，然后按一下机器背面的微动按钮。

　　④ 此时 Vu+ SOLO 机器处于待机状态中，指示灯呈红色，机器开始将 U 盘文件下载到 DDR SDRAM 内存中，并从 DDR SDRAM 内存中写入到 NAND FLASH 闪存中。如果你的 U 盘有读写指示灯，会发现指示灯在不停闪烁中。

　　⑤ 当 Vu+ SOLO 机器指示灯由待机状态红色转变为绿色闪烁时，可以拔下 U 盘，然后再按一下机器背面的复位按钮，机器绿灯不再闪烁，开始进入重新启动中，这样就完成了 U 盘刷机。

　　🔍 小提示：

　　　① 机器背面的微动按钮是起复位作用，用户也可以直接拔插机器电源线来复位；② 插入 U 盘复位后，如果机器无法转到红灯状态，是因为机器无法识别该 U 盘，建议重新格式化试一试。

7.5.2　RS-232 串口升级——VuUtil 软件

　　对于 nfi 打包 Vu+固件，需要采用 RS-232 串口配合 VuUtil 软件来刷写，具体方法如下。

① 采用交叉串口线连接 Vu+SOLO 机器和电脑，并且将网线连接到 Vu+SOLO 机器上。

② 打开 VuUtil 软件，选择好【Port】端口、【Machine】（机器），然后在【Image】（固件）选择需要刷写的固件，该软件支持 nfi 格式的固件，以及压缩成为 "zip" 文件的刷写，如图 7-41 所示。

③ 点击 "Next" 按钮，再点击 "Start" 按钮，此时开始进入刷机界面，如图 7-42 所示，提示 "Please, start or restart your machine!"，其意是 "请启动或重新启动机器！"

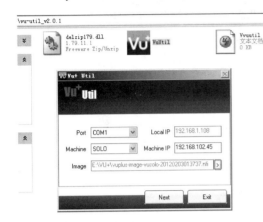

图 7-41　RS-232 串口刷机之一

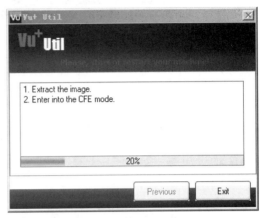

图 7-42　RS-232 串口刷机之二

④ 重启机器，刷机正式开始，每一步刷机进程界面都会有提示，如图 7-43 所示，到进度条到达 100%，重启机器刷机完成。

7.5.3　JTAG 接口升级——Broadband Studio 软件

Vu+ SOLO 机器没有类似 Dreambox 高清机的 BIOS 芯片，BIOS 开机数据是写在 FLASH 芯片里边，当机器无法启动时，只能通过机器主板上的 JTAG 插针刷机来修复 FLASH 芯片中的 BootLoader 引导程序了。Vu+SOLO 机器的引导程序是名为 "cfe_solo_2.0.zip" 压缩文件，解压后文件名为 "cfe_cfe_auto.bin"。

刷写前，需要购买一种型号为 "EZ-USB FX2LP CY 7C68013A" USB 转接板，然后按照如下方法进行：

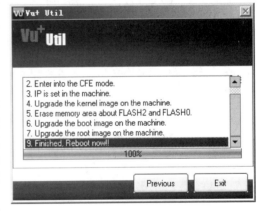

图 7-43　RS-232 串口刷机之三

① 首先从网络下载安装 Broadband Studio 3（博通工作室 3）软件，以及 Bcm97325 程序。

② 通过 USB 线连接 USB 转接板到电脑上，根据电脑提示安装其驱动程序。

③ 关闭 Vu+solo 机器电源，用跳线连接 USB 转接板和 Vu+SOLO 机器主板 PZ02 插针，线序如图 7-44 所示，其中①脚为+3.3V 电源、②脚 SCL 时钟端、③脚为 SDA 数据端、④脚为 GND 公共地端。

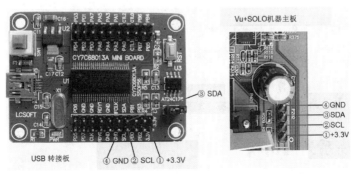

图 7-44　USB 转接板和 Vu+ SOLO 机器主板连接线序

④ 远行 Broadband Studio 3 软件，从【View】→【Devices】→【Bcm97325】进入，如图 7-45 所示。

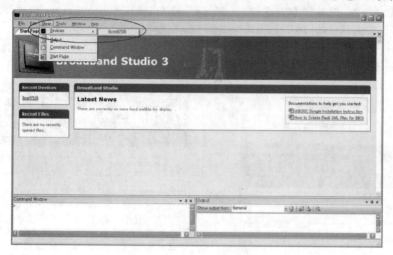

图 7-45　JTAG 接口刷机之一

⑤ 打开 Vu+ SOLO 机器电源，你将看到【State】（状态）选项显示绿色的"Connected"已连接提示，如图 7-46③所示。

⑥ 点击"Flash Explorer"（图 7-46④），在弹出的界面中【Type】（类型）选项中选择"Samsung K9F1G08U0A"，也就是这台 Vu+SOLO 机器 FLASH 芯片的对应型号，如图 7-46⑤所示。

⑦ 点击"Refresh"刷写按钮（图 7-46⑥），再点击 "Browse"浏览按钮（图 7-46⑦），选择"cfe_cfe_auto.bin"刷写文件。

⑧ 点击"Start"开始按钮，如图 7-46⑧所示。此时，开始正式将"cfe_Solo.zip"文件刷写到机器的 FLASH 芯片中。

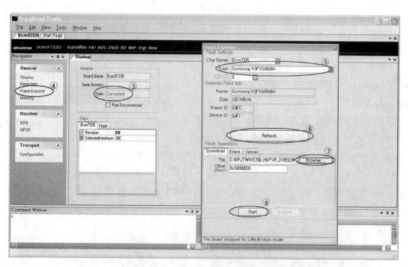

图 7-46　JTAG 接口刷机之二

⑨ 刷写完成后，拔下跳线，断电重启 Vu+SOLO 机器，首先你看到指示灯显示红色，然后看到启动画面显示"STARTING"，表示 JTAG 接口刷机成功。这样，就修复了 FLASH 芯片中的引导程序，接下来就可以采用 USB 接口刷机了。

7.6　漫谈 Vu+系列高清机

Vu+ 又称"Vu plus"，是韩国 Ceru（切鲁）公司的注册商标，Vu+系列高清机目前包括：Vu+ SOLO、Vu+

DUO、Vu+ UNO、Vu+ Ultimo、Vu+ SOLO2、Vu+ DUO2 六款型号，默认操作系统均为 Enigma2。目前有 Black Hole、OpenPli、VTI、VIX 、DreamTeam、AAF 团队为其提供各种版本的固件（Image）。

早期的 Vu+ 系列高清机的命名是有一定规则的，如 Vu+ SOLO 表示采用一个板载调谐器（Solo，意大利文：单一）、Vu+ DUO 表示采用两个板载调谐器（Duo，意大利文：双）、Vu+ UNO 表示采用一个插槽式调谐器，后期的产品命名则打乱了这种规则。下面简单介绍一下除上面介绍过的 Vu+ SOLO 之外， Vu+ 系列其他各种机型的特点。

7.6.1 Vu+ DUO 机器简介

Vu+ DUO 是 Ceru 公司于 2010 年推出的一款板载双卫星调谐器的机器，外观如图 7-47 所示。

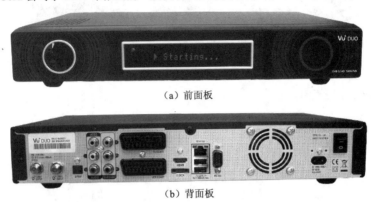

（a）前面板

（b）背面板

图 7-47 Vu+ DUO 机器外观

Vu+ DUO 机器采用博通公司于 2008 年发布一款双通道多种格式的高清卫星接收机芯片——BCM7335，主频 400MHz，采用 450MHz 速率的双线程 MIPS CPU 核心，可提供超过 950DMIPS 的性能。除了主频相比较 BCM7325 提高外，BCM7335 内置了两个 BCM4506 调谐器/解调器（图 7-48），其他性能基本相同。

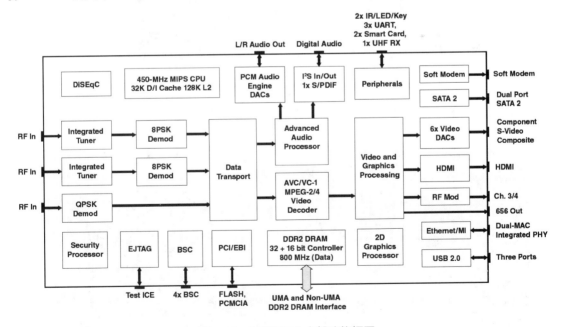

图 7-48 BCM7335 内部功能框图

Vu+ DUO 机器内存容量为 384MB，闪存容量为 128 MB。可以内置 3.5 寸串口硬盘（图 7-49），机器背面板带有散热风扇。实际上除了 Vu+ SOLO 不带散热风扇和内置硬盘外，其他所有的 Vu+ 机种背面板都安装了散热风扇，机器内部都可以安装硬盘。

图 7-49　Vu+ DUO 机器内部结构

7.6.2　Vu+ UNO 机器简介

2011 年，Ceru 公司推出了两款采用 BCM7413 方案的高清机种：Vu+ UNO 和 Vu+ Ultimo，闪存容量仍然保持 128MB 不变，但内存容量为增加到 512MB。Vu+ UNO 机器外观如图 7-50 所示，内部结构如图 7-51 所示。

（a）前面板

（b）背面板

图 7-50　Vu+ UNO 机器外观

在 Vu+ UNO 机器上，Ceru 公司首次开始采用了可插拔式调谐器组件板（图 7-52），方便用户随心所欲地更换 Vu+系列的调谐器组件，实现 DVB-S2、DVB-C/T 不同传播途径的数字高清电视接收。

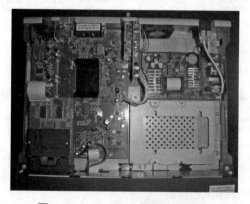

图 7-51　Vu+ UNO 机器内部结构

图 7-52　可插拔式调谐器组件板

Vu+ UNO 机器内置的硬盘支架既可以安装 3.5 寸硬盘，也可以安装 2.5 寸硬盘，实际上改造很简单，只要在支架内侧冲出 2.5 寸硬盘四个安装孔即可。

博通 BCM7413 芯片是一个多格式 IPTV 系统级芯片（SoC），采用 400MHz 主频双核 CMT MIPS32 位 16e 处理器，可提供 1100DMIPS 的性能。BCM7413 支持 AVC/AVS/MPEG-2/MPEG-4/VC-1 视频解码，支持 AVS Jizhun profile@L2.0/4.0 /6.0 版本标清高清解码，其中高清支持到 720p 和 1080i，支持音频 DTS 转码。BCM7413 支持双标清解码和画中画输出，支持高速 2D 和 3D 图形处理，具有三个 USB 2.0 接口，一个 PCI2.3 接口，高速 DDR-2 800MHz 内存控制器，以及外设控制单元。

7.6.3　Vu+ Ultimo 机器简介

Vu+ Ultimo 机器外观如图 7-53 所示，内部结构如图 7-54 所示。

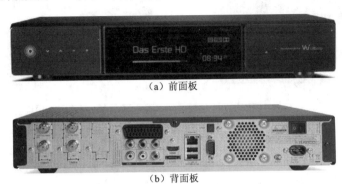

（a）前面板

（b）背面板

图 7-53　Vu+ Ultimo 机器外观

Vu+ Ultimo 机器内部有 3 个调谐器插槽，推荐的调谐器组合是：DVB-S2×3、DVB-S2×2＋DVB-C/T×1、DVB-S2×1＋DVB-C/T×1 三种方案，如图 7-55 所示。

图 7-54　Vu+ Ultimo 机器内部结构

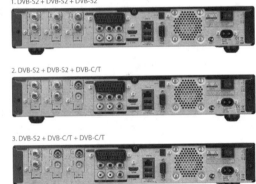

图 7-55　Vu+ Ultimo 机器调谐器组合方案

Vu+ Ultimo 机器采用 256×64 像素的大型图形 VFD 来显示状态图标频道名称和节目信息，可视面积为 115mm×28.7mm，显示更加清晰，图 7-56 为几种状态下的 VFD 屏幕显示。

Vu+ Ultimo 机器遥控器设计独具特色，采用了双面控制，如图 7-57 所示。正面是常规的遥控按键操作，背面则是一个 QWERTY 键盘，输入字符更方便。

7.6.4　Vu+ SOLO2 机器简介

在 2012 年度，Ceru 公司推出了 Vu+ SOLO、Vu+ DUO 机器的二代机种 Vu+ SOLO2、Vu+ DUO2，在外观尺寸上和各自的一代机种相同，而功能接口却大为不同。这两种二代机型的共同特点是采用了 40nm CMOS 制程设计、高达 1300MHz 主频双线程 CPU，主板还内置 1000M 网络接口、SATA III 存储接口。

Vu+ SOLO2 机器外观如图 7-58 所示，从背面板功能接口布局来看，更像是 Vu+ DUO 机器的改进版。

Vu+ SOLO2 机器内部结构如图 7-59 所示，和 Vu+ DUO 一样，内置了两个板载 DVB-S2 卫星调谐器，由于机壳尺寸限制，Vu+ SOLO2 机器只能内置 2.5 寸硬盘。

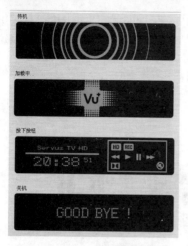

图 7-56　Vu+ Ultimo 机器 VFD 显示信息

图 7-57　Vu+ Ultimo 机器遥控器

（a）前面板

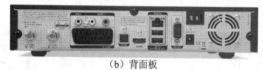

（b）背面板

图 7-58　Vu+ SOLO2 机器外观

图 7-59　Vu+ SOLO2 机器内部结构

Vu+ SOLO2 机器内存容量增加到 1GB，闪存容量增加到 256MB，主控芯片采用博通 BCM7356，它是博通公司于 2011 年初推出的 BCM7344、BCM7346、BCM7354、BCM7356 四款卫星机顶盒单芯片系统解决方案中的一种，该系统方案支持 1080p/60Hz 全高清（Full HD）视频和各种全分辨率 3D 高清电视功能，包括 MPEGH.264 分级视频编码和多视点视频编码（SVC/MVC）标准以及提供高级 3D 图形的 OpenGL®ES2.03D 图形处理单元（GPU）。

BCM7344、BCM7354 为单调谐器 DVB-S2 接收，BCM7346、BCM7356 双调谐器 DVB-S2 接收。BCM7354、BCM7356 相比较 BCM7344、BCM7346 集成了以太网 MII 和物理层（PHY）功能，以实现与博通 WiFi 及电力线解决方案的互连。

7.6.5　Vu+ DUO2 机器简介

对于 Vu+系列高清机自身来讲，Vu+ DUO2 机器是目前这一系列的高端旗舰机，外观如图 7-60 所示，内部结构如图 7-61 所示。该机的背面板接口布局和 Vu+ Ultimo 机器）完全一样，因此更像是 Vu+ Ultimo 机器的升级版，不过相比较 Vu+ Ultimo 机器拥有的 3 个调谐器插槽减少了一个。

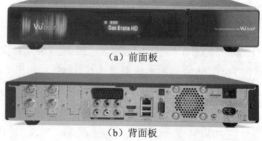

（a）前面板

（b）背面板

图 7-60　Vu+ DUO2 机器外观

Vu+ DUO2 机器存储器部分如图 7-62 所示，内存容量增加到 2GB，由 8 枚 Hynix 内存颗粒组成（U1901～U1904、U2001～U2004）。闪存容量增加到 1GB，采用 SAMSUNG（三星）公司的 NAND FLASH 闪存芯片 K9F8G08U0D（U506）。

图 7-61　Vu+ DUO2 机器内部结构

图 7-62　Vu+ DUO2 机器存储器

Vu+ DUO2 机器最大特色也最吸引人们眼球的是：拥有 LCD+VFD 双屏显示！其中 LCD 采用 3.2 寸 TFT 彩色液晶显示屏，显示色彩达 262000 色，如图 7-63 所示。

图 7-63　Vu+ DUO2 机器双屏显示

用户可以安装 LCD4linux 插件，自定义 LCD 屏幕显示内容，如图 7-64 所示。

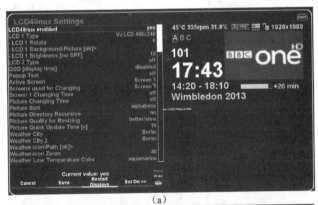

图 7-64　LCD4linux 插件设置

Vu+ DUO2 机器主控芯片采用博通 BCM7424,它是博通公司于 2011 年 1 月初推出的 BCM7425、BCM7424 两款有线电视机顶盒单芯片系统解决方案中的一种, 这两款单芯片系统采用 1.3GHz 双线程超高性能 MIPS® 应用处理器, 可提供 3000DMIPS 硬件处理性能, 总处理性能高达 6000DMIPS。也是博通对 2010 年 12 月业界最先推出的 BCM7422、BCM7421 两款 40nm 全分辨率 3D 高清电视视频网关机顶盒单芯片的补充。

BCM7425 是全球首款家庭视频媒体服务器(VMS)单芯片系统解决方案, 它集成了实时高清转码器、高性能应用处理器, 提供采用分级视频编码(SVC)标准的全分辨率 3D 电视功能和 Open GLES2.03 DGPU, 支持可在整个家庭中实现互连的 MoCA1.1 标准。BCM7425 的高清转码器能够将广播、OTT(over-the-top) 和用户产生的内容转换成采用不同分辨率、格式和比特率的内容, 以无缝方式向家庭内外所有互连设备分配内容, 同时该转码器还可提供视频会议等先进服务。

BCM7424 与 BCM7425 功能相同, 但集成了以太网 MII 和 PHY, 支持与博通 WiFi 及电力线解决方案的互连。

7.6.6 Vu+调谐器组件板简介

Vu+系列调谐器组件板有 DVB-S2、DVB-C/T 两种类型, 接口采用 25×2 排插针方式, 而 Dreambox 系列调谐器组件板采用的金手指方式。Vu+系列调谐器组件板目前只应用在 Vu+ UNO、Vu+ Ultimo 和 Vu+ DUO2 三款机器上。

DVB-S2 调谐器组件板如图 7-65 所示, 采用矢量(SERIT)公司 SP2237AHb 一体化调谐器, 带有环路 (Loop-through)输出接口, 其中解调器采用中天联科的 AVL2108 芯片, 该芯片支持 DVB-S2-8PSK 解调模式下, 45Mbps 高符码率信号接收, 支持盲扫(BlindScan)功能。

(a) 正面   (b) 背面

图 7-65 DVB-S2 调谐器组件板

也就是说,只要是采用 DVB-S2 调谐器组件板的机器 Vu+都支持卫星盲扫功能,而采用之前的 Vu+ SOLO、Vu+ DUO 机器采用的板载调谐器是不支持盲扫的。不过采用板载调谐器的 Vu+ SOLO2 也是支持盲扫的。

DVB-C/T 调谐器组件板如图 7-66 所示,采用 LG 的 TDFW-G331D 一体化调谐器,这是一种混合调谐器, 可用于 DVB-C 有线电视或 DVB-T 地面电视接收,但只能设置其中的一个模式接收。

(a) 正面   (b) 背面

图 7-66 DVB-C/T 调谐器组件板

2012 年第三季度, Vu+推出了双 DVB-S2 调谐器组件板,如图 7-67 所示,采用矢量公司的 SP460Hb 调谐器,具有两个 DVB-S2 LNB IN 输入接口,可同时接收两颗卫星的转发器信号。如安装一个这种调谐器组件板，Vu+ UNO 机器就具有 2 个调谐器功能、Vu+ DUO2 机器具有三个调谐器功能，Vu+ Ultimo 机器具有四个调谐器功能。

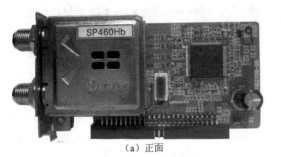 

（a）正面　　　　　　　　　　　　　　（b）背面

图 7-67　双 DVB-S2 调谐器组件板

7.6.7　Vu+系列高清机参数简介

Vu+系列高清机总体硬件性能强于 Dreambox 系列高清机，如果硬要作对应关系的话，那么 Vu+ SOLO 类似于 DM500 HD，Vu+ UNO 类似于 DM800HD se，Vu+ Ultimo 类似于 DM7020HD。最后，我们将 Vu+系列高清机参数归纳如表 7-2 所示。

表 7-2　Vu+系列高清机参数一览表

<table>
<tr><td colspan="2">　　　　　　机型
项目</td><td>Vu+ SOLO</td><td>Vu+ DUO</td><td>Vu+ UNO</td><td>Vu+ Ultimo</td><td>Vu+ SOLO2</td><td>Vu+ DUO2</td></tr>
<tr><td colspan="2">生产时间</td><td>2010 年</td><td>2010 年</td><td>2011 年</td><td>2011 年</td><td>2012 年</td><td>2012 年</td></tr>
<tr><td rowspan="3">CPU</td><td>型号</td><td>BCM7325</td><td>BCM7335</td><td>BCM7413</td><td>BCM7413</td><td>BCM7356</td><td>BCM7424</td></tr>
<tr><td>主频</td><td>333MHz</td><td>400MHz</td><td>2×400MHz</td><td>2×400MHz</td><td>2×1300MHz</td><td>2×1300MHz</td></tr>
<tr><td>类型</td><td>MIPS</td><td></td><td></td><td></td><td></td><td></td></tr>
<tr><td colspan="2">RAM 容量</td><td>256MB</td><td>384MB</td><td>512MB</td><td>512MB</td><td>1024MB</td><td>2048MB</td></tr>
<tr><td rowspan="2">FLASH</td><td>容量</td><td>128MB</td><td>128MB</td><td>128MB</td><td>128MB</td><td>256MB</td><td>1024MB</td></tr>
<tr><td>类型</td><td>NAND</td><td></td><td></td><td></td><td></td><td></td></tr>
<tr><td colspan="2">DVB 调谐器</td><td>1 个板载 DVB-S2</td><td>2 个板载 DVB-S2</td><td>1个调谐器插槽</td><td>3个调谐器插槽</td><td>2 个板载 DVB-S2</td><td>2 个调谐器插槽</td></tr>
<tr><td colspan="2">LNB 环路输出</td><td>×</td><td>×</td><td>√</td><td>√</td><td>×</td><td>√</td></tr>
<tr><td colspan="2">画中画</td><td>×</td><td>√</td><td>同一转发器下</td><td>√</td><td>√/（HD）</td><td>√（HD）</td></tr>
<tr><td rowspan="2">CA 接口</td><td>CI 插槽</td><td>2</td><td>2</td><td>2</td><td>2</td><td>1</td><td>2</td></tr>
<tr><td>CA 插槽</td><td>1</td><td>2</td><td>2</td><td>2</td><td>2</td><td>2</td></tr>
<tr><td rowspan="2">存储器接口</td><td>USB 2.0</td><td>2</td><td>3</td><td>3</td><td>3</td><td>2</td><td>3</td></tr>
<tr><td>eSATA</td><td>×</td><td>√</td><td>√</td><td>√</td><td>√</td><td>√</td></tr>
<tr><td rowspan="2">内置硬盘</td><td>规格</td><td>×</td><td>3.5 寸</td><td>2.5/3.5 寸</td><td>2.5/3.5 寸</td><td>2.5 寸</td><td>2.5/3.5 寸</td></tr>
<tr><td>类型</td><td>×</td><td>SATA Ⅱ</td><td>SATA Ⅱ</td><td>SATA Ⅱ</td><td>SATA Ⅲ</td><td>SATA Ⅲ</td></tr>
<tr><td colspan="2">RS-232 串口</td><td>√</td><td>√</td><td>√</td><td>√</td><td>√</td><td>√</td></tr>
<tr><td colspan="2">RJ-45 网口</td><td>100M</td><td>100M</td><td>100M</td><td>100M 300MUSB-WIFI</td><td>1000M</td><td>1000M+ 内置 WiFi-N</td></tr>
<tr><td rowspan="4">音视频接口</td><td>HDMI 接口</td><td>√</td><td></td><td></td><td></td><td></td><td></td></tr>
<tr><td>S/P DIF 接口</td><td>√</td><td></td><td></td><td></td><td></td><td></td></tr>
<tr><td>YPrPb 接口</td><td>√</td><td>√</td><td>×</td><td>√</td><td>×</td><td>√</td></tr>
<tr><td>SCART 接口</td><td>1</td><td>2</td><td>1</td><td>1</td><td>1</td><td>1</td></tr>
<tr><td colspan="2">显示屏</td><td>×</td><td>VFD</td><td>VFD</td><td>图形 VFD</td><td>VFD</td><td>LCD/VFD</td></tr>
<tr><td colspan="2">电源支持</td><td>内置 100～240V</td><td>内置 100～240V</td><td>内置 100～240V</td><td>内置 100～240V</td><td>外置+12V</td><td>内置 100～240V</td></tr>
<tr><td colspan="2">尺寸(长×高×深)（mm）</td><td>280×50×200</td><td>380×60×280</td><td>340×60×272</td><td>380×60×290</td><td>280×50×200</td><td>380×60×290</td></tr>
</table>

≪≪≪≪≪≪≪≪≪≪≪≪≪≪≪≪≪≪≪≪≪≪≪≪

德国 Dream Multi Media（DMM，梦幻多媒体）公司的 Dreambox 系列高清机的高端产品——DM8000 HD PVR 机器（以下简称"DM8000"），一直是一些 Dreambox 发烧友追求的目标，实际上 DM8000 机器有老款和新款两种，老款 DM8000 机器于 2006 年 5 月推出，新款 DM8000 机器于 2008 年 12 月正式销售。它是一款针对高端用户的多功能高清接收机，当时售价高达 999 欧元。

8.1 外观功能

DM8000 机器体积大、分量重，从外到内采用了两层纸盒包装，如图 8-1 所示。

（a）外包装盒 （b）内包装盒

图 8-1　DM8000 机器包装盒

内层包装盒里还有一个小纸盒，放置遥控器、说明书和一张国外论坛的 VIP 会员卡，还有一些连接配件。机器外部连接线有：一根"8"字电源线、一组 AV 线、一根 DVI 转 HDMI 数字音视频接口线；内部连接线有：一根内置 3.5 寸串口硬盘的数据/电源连接线、一根 SATA 连接线。此外还有一个 USB-eSATA 转接头，一个 DVD 转接座，以及一个带 4P 引线、具有 PWM 智能温控、测速功能的散热风扇（图 8-2）。

图 8-2　DM8000 机器配件

图 8-3 为 DM8000 机器前面板，一条镀铬的银色弧线将前面板布局一分为二，右边依次是频道上下按键、OLED 显示屏和待机按键。左边则是一个仓门，拨开它，如图 8-4 所示，从左到右依次是两个 CI 卡槽、两个 CA 卡槽、一个 CF 卡槽、一个 SD/MMC 卡槽和一个 USB2.0 卡槽。

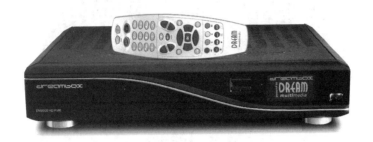

图 8-3　DM8000 机器前面板

图 8-5 为 DM8000 机器背面板，可以看出和 DM800 机器相比较，DM8000 机器的 DVI、S/P DIF 数字音视频接口保持不变，还多了一个同轴数字接口。另外，增加了一组 AV 接口、一组 YPbPr、一个 VCR SCART 接口和一个 S 端子这四种模拟音视频接口，背面板上也有两个 CI 插槽。

图 8-4　DM8000 机器仓门　　　　　图 8-5　DM8000 机器背面板

DM8000 机器最大的特色是：不但有两路可收看不同转发器节目 DVB-S2 LNB 输入接口，还可以增加两个 DVB-C/T 组件板，使之具有四路 DVB 信号接收功能。

此外，DM8000 机器采用内置开关电源，通过背面板上红色的电压挡位拨动开关选择电压，使之在 230V 或 110V 交流电下工作。请注意国内使用时，必须将该开关向右拨动，使得 230V 标识出现，否则机器不能正常启动、OLED 屏没有字符显示。

8.2　电路主板

DM8000 机器上盖拆解稍微麻烦一些，需要先将机器两侧的黑色塑料挡板向外推出，才能拆下面固定上盖的四颗螺钉，再拆下背面板上的一颗螺钉就可以将上盖拆下来，如图 8-6 所示。

（a）　　　　　　　　　　　　　　　　（b）

图 8-6　DM8000 机器上盖拆卸

图 8-7 是 DM8000 机器的内部结构，中间为 3.5 寸串口硬盘和 6cm×6cm 散热风扇共用支架，左边是一个 DVD 光驱支架，支架下面是一块大的电路主板，右边细长型的是开关电源板。

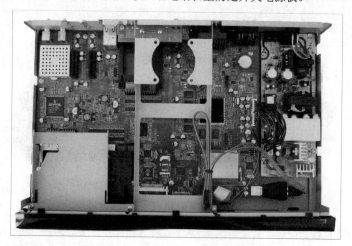

图 8-7　DM8000 机器内部结构

8.2.1　主控芯片——BCM7400

图 8-8 为 DM8000 机器电路主板，长×宽尺寸为 33cm×25cm，由于主板尺寸较大，元件 PCB 布局就非常方便，背面板上就不需要设计安装元件了。

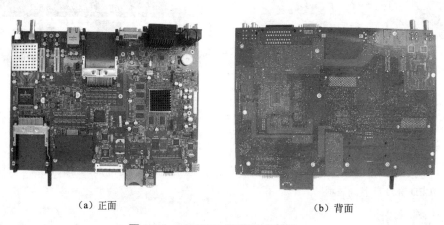

（a）正面　　　　　　　　　　　　　　　（b）背面

图 8-8　DM8000 机器电路主板

电路主板中间覆盖散热片的为机器的主控芯片（图 8-9），采用美国 Broadcom（博通）公司 400MHz 的 BCM7400 方案，BCM7400 芯片是一款双通道 AVC/VC-1/MPEG-2 视频解码芯片，内置了一个快速 1000DMIPS 的双线程 MIPS32 位 CPU，采用 QFP-1521P 封装。

图 8-9　BCM7400 芯片

图 8-10 是 BCM7400 芯片内部功能框图。

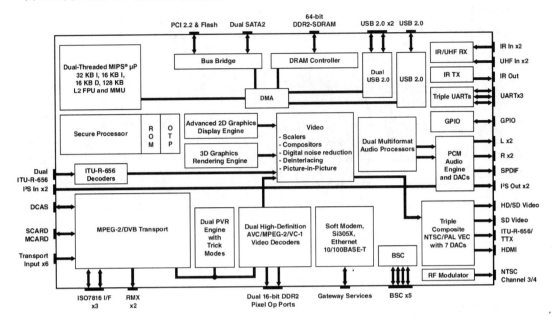

图 8-10　BCM7400 内部功能框图

BCM7400 芯片主要功能特性如下。

① 采用新一代的视频压缩技术，如先进视频编码（AVC）（ITU 和 ISO 联合标准）、VC-1（活动图形和电视工程师协会标准或称 SMPTE 标准）和 MPEG-2。这些视频压缩技术让系统能够支持高清（HD）电视节目和标清（SD）电视节目。

② 双路音频和视频 HD 通道，让单一系统能够同时向家庭内的多台电视机发送 HD 节目，并允许用户在观看一套高清电视节目时，对另一套进行录像，或同时对两套节目进行录像，或采用画中画技术在电视机上显示多套不同的节目。

③ 并发多线程 MIPS CPU，配合 IEEE754 FPU 和 128kB 二级高速缓存，提供 875DMIPS 的处理能力，让系统能够以快速的响应时间来支持高级应用、基于 JAVA 的应用和 3D 游戏。

④ 集成个人录像机（PVR）能力，可以同时对多个频道进行录像，并让用户能够在家庭内各个设备上存储和回放内容。

⑤ 先进的 2D 和 3D 图像引擎，通过提供改进后的节目指南和浏览能力，呈现前所未有的视觉内容，增强用户界面，并实现与个人计算机类似的易于操作的消费者操作环境。

⑥ 集成内容安全处理器，提供了端对端的安全性和媒体内容的数字版权管理。支持有线电视可下载条件接收系统（DCAS），实现基于 DCAS 的可租赁和可零售"具备数字化有线电视能力"的机顶盒。包含了 SVP 安全技术，用于网关与所连接的客户机之间的数字化连接家庭内的内容保护。

⑦ 集成多种外设接口，如 10/100M 快速以太网和 USB 2.0,可用于在家庭内与其他数字化家用电器连接，或用于通过 DSL 调制解调器与 IP 网络连接。其他网络连接，如 WiFi 网络，也可以通过 PCI 接口进行组建，而这个 PCI 接口采用数字传输版权保护（DTCP）标准进行安全防护。

BCM7400 芯片在与博通其他的机顶盒芯片组合使用时，能够为多种类型的应用提供高度集成化的媒体中心解决方案。博通官方给出了和 BCM3255 与多个 BCM3420 调谐器组合起来后，提供完整的 HD AVC、数字化录像（DVR）的有线电视媒体中心应用方案，如图 8-11 所示。

该方案能够支持速度高达 120Mb/s 的 IP 通道，另加 2 个 HD AVC 视频解压缩通道，先进的可下载条件接收系统（DCAS）安全功能，高达 1000 DMIPS 的处理能力以及完整的家庭网络管理程序包。对于 DM8000 机器，则是采用了 BCM4501＋BCM7400 双芯片方案，如图 8-12 所示。

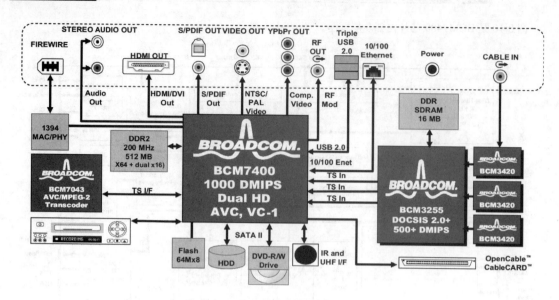

图 8-11　BCM7400 应用方案

8.2.2　存储器

　　DM8000 机器采用 OTP EPROM（U902）＋NAND FLASH（U904）＋4×DDR SDRAM（U201～U206）存储系统方案。其中 U902 采用的型号和 DM800、DM500 HD 一样，均为 ST 公司的 M27W40180K6L，如图 8-13 所示，U904 是美国 Micron（美光）的 NAND FLASH 芯片 MT29F2G08AAD，容量为 2Gbit /8＝256MB，这款芯片比 DM800 机器所使用的 HY27US08121B 容量大了四倍。

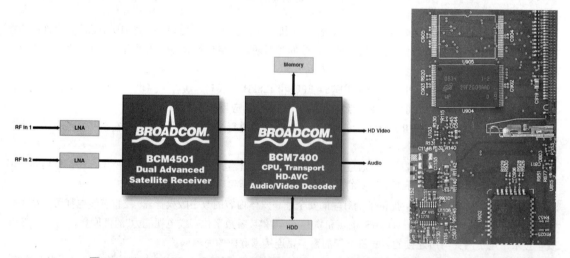

图 8-12　BCM4501＋BCM7400 方案　　　　　图 8-13　DM8000 机器 FLASH 存储器

　　DM8000 机器 DDR SDRAM 芯片型号为日本 ELPIDA（尔必达）公司的 E5116AJBG-8E-E（图 8-14），这是一款采用 BGA 封装的 DDR2-800 内存芯片，存储容量为 64MB，速度 400MHz。DM8000 共采用了六片，使得总容量高达 384MB。抄板（Clone）厂家 DDR SDRAM 芯片为韩国 SAMAUNG（三星）的 K4T511630G-HCE7，性能参数和 E5116AJBG-8E-E 基本一致。

　　在 2010 年度市面上的高清接收机里，我们还是第一次看到采用 256MB 的 NAND FLASH、384MB 的 DDR SDRAM 芯片容量的存储方案设计，加上配以 400MHz 的 BCM7400 主控芯片，确保了硬件系统的强劲的解码性能，提升主控芯片对多路高清信号的高速图像处理能力，不愧称为当时高清机中的一代"机王"。

图 8-14　DM8000 机器 DDR SDRAM 存储器

8.2.3　音视频输出接口

DM8000 机器提供了丰富的数字和模拟音视频输出接口，在电路主板上有一系列的模拟接口驱动芯片。

（1）**SCART 音频和视频开关矩阵芯片**　大家知道，SCART 接口又叫欧插，在欧洲地区，SCART 连接线用来连接两个机顶盒设备。不少机顶盒具有两个 SCART 连接器，一个用于连接电视（TV），另外一个用于连接录像机（VCR）。为了在机顶盒、VCR 和电视之间发送音视频信号，需要一个复杂的音视频交叉点电路。早期很多的机顶盒在 PCB 设计上使用电感、电容、模拟开关、逻辑门和视频放大器这些分立器件来完成。

不过，这种分立器件方案存在一些缺点：①占用很多的电路板面积；②需要很多微处理器的通用输入和输出（GPIO）引脚；③会延长设计时间；④由于电路复杂，因此可靠性较低。

目前这些分立器件方案已被成熟的、低成本、高集成度的双 SCART 音视频开关矩阵芯片所代替，在 DM8000 机器中，采用的 MAXIM（美信）MAX4397D 就是这种芯片（图 8-15）。

图 8-15　MAX4397D 芯片

图 8-16 为 MAX4397 的典型应用方案框图，在 I²C 控制下，MAX4397 芯片将音频和视频信号在 MPEG 解码器芯片的视频编码器模块和两个外部 SCART 连接器之间传输，视频编码器只能发送单向视频信号到 MAX4397，而 TV 和 VCR SCART 接口是双向的。MAX4397 工作在标准+5V 和+12V 电源条件下，支持慢速和快速的信号切换。

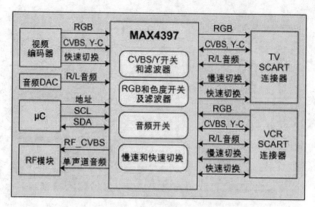

图 8-16　MAX4397 典型应用方案框图

（2）模拟视频滤波驱动芯片　在 DM8000 机器中，SCART 接口是不能输出高清的逐行色差视频信号的，是由单独的一组 YPbPr 接口提供的。其信号驱动芯片为 FMS6363（U403），和 DM500 HD 型号一样，均为美国 Fairchild（飞兆）半导体公司的三通道视频滤波驱动芯片；而 S-Video、CVBS 接口则采用 FMS6143（U404）驱动芯片，LR 音频部分采用 10358（U410）双运放构成音频前置电路。

小提示：

　　加视频滤波驱动芯片目的有三个：①保证对电视的正常驱动；②阻抗匹配；③滤除噪声。实际上加视频滤波驱动芯片还可以保护主控芯片的 YPbPr 输出端口，我们在检修 DM800 机器中，发现很大一部分用户因带电拔插 SCART－YPbPr 转接线，而导致主控芯片 BCM7401 的 YPbPr 输出端口的损坏，表现在使用 YPbPr 信号时，画面色彩不正常，而在 DM500 HD、DM8000 机器中就能够支持逐行色差接口的带电拔插。

8.2.4　音视频采集电路

　　DM8000 机器的音视频采集电路如图 8-17 所示，主要用于将 VCR SCART 接口输入的模拟音视频信号转换为数字音视频信号，供内置硬盘进行录制。

图 8-17　DM8000 机器音视频采集电路

音频采集芯片为 AK5358AET（U405）芯片，这是 AKM（Asahi Kasei Microsystems）公司的一款 24 位、96kHz 音频模数转换（ADC）芯片。

视频采集芯片为 TW9910（U400），这是美国 Techwell（特威）公司的一款低功耗的 PAL/NTSC/SECAM 制式视频采集芯片，内部功能框图如图 8-18 所示，配以 27MHz 晶振（J400），可以将模拟的 CVBS、S-Video 信号转换成数字 8 或 16 位 YCbCr（4:2:2）输出，能够满足所有模拟视频编码标准。

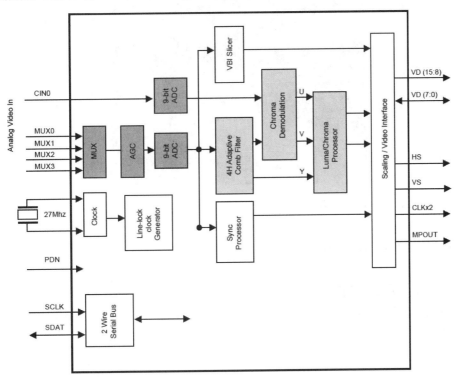

图 8-18　TW9910 内部功能框图

8.2.5　CI 接口

DM8000 机器提供两组共四个 CI 接口，用于插入 CI 模块解密相应的 CA 系统。每一组 CI 接口采用 14 个三态输出的八路缓冲驱动芯片 LVC244A 作控制切换，前面板 CI 接口（X1300）芯片为 U1313～U1324、U1394、U1395，背面板 CI 接口芯片为 U1325～U1336、U1398、U1399，如图 8-19 所示。

（a）前面板 CI 接口

（b）背面板 CI 接口

图 8-19　DM8000 机器 CI 接口

8.2.6 读卡器

在 DM8000 机器中，读卡器电路采用台湾 Alcor（安国）公司的 AU6375（U505）方案，如图 8-20 所示，用于对来自前面盖板里面的 CF、SD/MMC 插槽里存储卡的数据读取。

图 8-20　DM8000 机器读卡器电路

AU6375 是一个集成 USB 2.0 多媒体读卡控制器的单芯片，内部功能框图如图 8-21 所示。采用 LQFP-100P 封装，配合外置的 12MHz 晶振（J503），支持 CF、SMC、XD、SD、MMC、Memory Stick 等存储卡的数据读取。

8.2.7 USB 端口扩展芯片

DM8000 机器一共采用了四个 USB2.0 接口，而 BCM7400 主控芯片只支持三个 USB 2.0 接口，因此采用了一枚 USB 端口扩展芯片 ISP1520BD（U500），如图 8-22 所示。

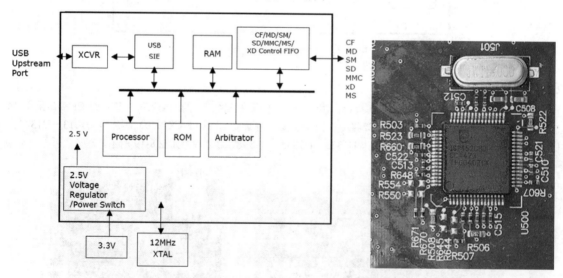

图 8-21　AU6375 内部功能框图　　　　图 8-22　ISP1520BD USB 端口扩展芯片

ISP1520BD 芯片采用 LQFP-64P 封装，是一款完全用硬件实现的 USB HUB 控制器，支持自供电（Self-power），支持 480Mbit/s 高速、12Mbit/s 全速及 1.5 Mbit/s 低速数据传输，连接多个全速的外设控制器可以共享上传接口 480Mbit/s 带宽。

8.2.8 操作控制芯片

DM8000 机器前面板操作控制芯片采用 ATMEGA8535L（U807）8 位的 AVR 单片机（图 8-23），配以 8MHz 晶振（J800），用于系统操作的辅助控制。

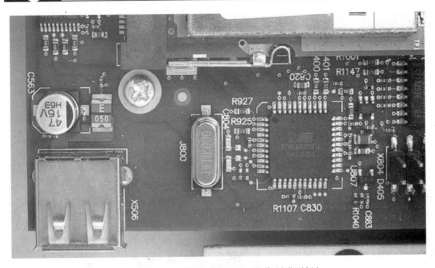

图 8-23　ATMEGA8535L 操作控制芯片

8.2.9　防抄板器件——SIM 卡和加密芯片

DM8000 机器采用 SIM 安全卡和加密芯片两种措施来预防机器系统软件被抄板盗用。

（1）**SIM 卡**　SIM 安全卡（Security SIM）是白色的 A2P 卡，如图 8-24 所示，如果没有该卡，机器是不能启动的。如果是 Clone（克隆）卡，则不能刷写原版的系统软件。

（a）卡片中　　　　　　　　　　　　　　（b）正面

图 8-24　Security SIM A2P 卡

抄板机器采用绿色标签的 Ferrari（法拉利）卡，如图 8-25 所示。

（a）卡片中　　　　　　　（b）正面　　　　　　（c）背面

图 8-25　Ferrari 卡

（2）**加密芯片**　为了进一步防止抄板，DM8000 机器主板上采用了美国 Xilinx（赛灵思）Spartan-3E 系列 XC3S500E（U700）芯片，如图 8-26 所示，这是一个可编程控制器（FPGA），用于 DM8000 机器软件系统加密。

8.2.10 板载调谐器

图 8-27 为 DM8000 机器板载调谐器部分，内置了两个 DVB-S2 调谐器，从左到右分别为 A 头、B 头；并拥有两个调谐器插槽，从左到右分别为 C 槽、D 槽。用户可以在 DVB-S2/S/C/T 四种调谐器组件板中任选两个插入该槽，这样就有了四路 DVB 调制信号收入接口。相比较 DM800 仅有的一路 DVB 接口来讲，功能强大了很多，这归功于该机采用 BCM4501＋BCM7400 双芯片方案。

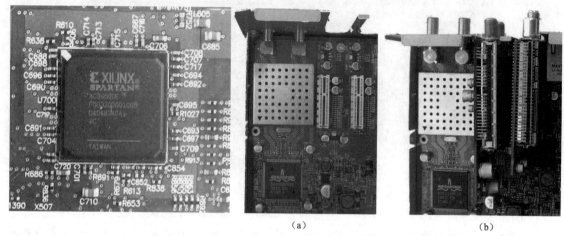

　　　　　　　　　　　　　　　　　　　　　　　　(a)　　　　　　　　　　　　(b)

图 8-26　XC3S500E 加密芯片　　　　　　图 8-27　　DM8000 机器板载调谐器

BCM4501 芯片是博通公司于 2006 年推出的业界第一款双 DVB-S2 卫星接收芯片，该芯片集成了两个 CMOS 调谐器和先进解调器，支持 DVB-S2、DVB-S 和 DigiCipher 2 调制信号解调，内部功能框图如图 8-28 所示。

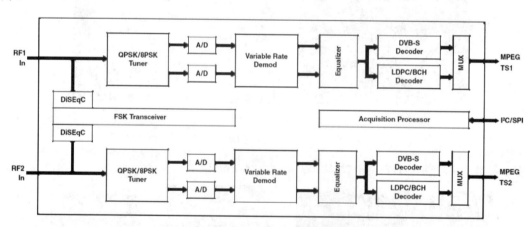

图 8-28　BCM4501 内部功能框图

　　屏蔽罩内为板载调谐器的 LNA 部分，内部结构如图 8-29 所示。可以看出 RF 电路部分很简单，但是 PCB 线路设计并不简单。

　　在 DM8000 机器中，由 BCM4501 芯片构成双 DVB-S2 输入，可接收两路不同卫星的高清信号，同时提供两个高清频道的播放。例如用户在观看一套 HDTV 节目的同时，对另一套 HDTV 节目进行录像，或同时录制两套节目。

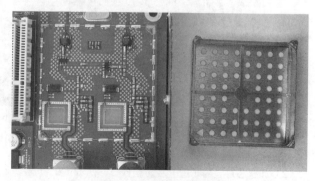

图 8-29　LNA 内部结构

8.3 其他电路板

8.3.1 RS-232 串口转接板

DM8000 机器的 RS-232 串口电路做在一个小电路板上，如图 8-30 所示。采用美国 Sipex（西伯斯）公司的 SP3232EC，这是一款专用 RS232 转换芯片，用于主控芯片端口与电脑 RS232 串口之间的电平和逻辑关系转换。该转接板上还安装了 S 端子、光纤和同轴接口。

图 8-30　RS-232 串口转接板

8.3.2 无线网卡

DM8000 机器内置了 54M WiFi 无线网卡，如图 8-31 所示，和笔记本电脑上的局域网无线网卡一样，采用 mini-PCI 接口。无线网卡上有两个天线接口，连接两根内置天线，天线的另外一端固定在机器前面板内侧。

（a）正面

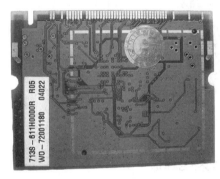

（b）背面

图 8-31　54M WiFi 无线网卡

8.3.3 操作控制板

DM8000 机器的操作控制板在前面板内里的右侧，如图 8-32 所示。

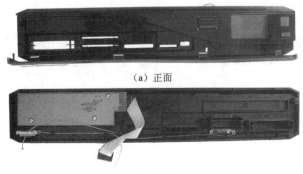

（a）正面

（b）背面

图 8-32　DM8000 机器前面板

操作控制板如图 8-33 所示，在操作控制板上增加了频道+/–按钮，采用 3.5cm×5.5cm 尺寸彩色 OLED 屏，通过软排线和控制板上屏线插座连接，并且 OLED 屏是通过暗扣固定在 PCB 上的。

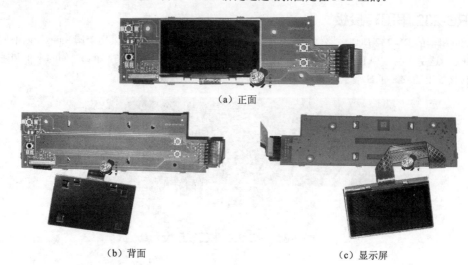

（a）正面

（b）背面　　　　　　　　　　　　　　　　（c）显示屏

图 8-33　DM8000 机器操作控制板

抄板 DM8000 机器采用的是同尺寸的 LCD 屏，由于和电路主板的线路接口连接不兼容，因此在控制板上有一个电平逻辑转换单片机，型号已被打磨掉，屏线是直接焊到 PCB 上的，屏幕也是通过胶带黏附在 PCB 上，如图 8-34 所示。

（a）正面　　　　　　　　　　　　　　　　　（b）背面

图 8-34　抄板 DM8000 机器操作控制板

8.3.4　开关电源板

DM8000 机器的开关电源板比较复杂一些（图 8-35），不但有主板需要的各组电压，还设有内置 3.5 寸串口硬盘、DVD 光驱所需要的 12V/5V 工作电源，因此在背面板上也设有两个电源管理芯片。

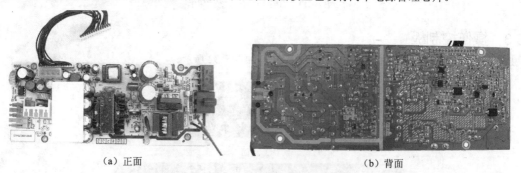

（a）正面　　　　　　　　　　　　　　　　　（b）背面

图 8-35　DM8000 机器开关电源板

8.4　硬件安装

8.4.1　安装硬盘

DM8000 机器支持内置 3.5 寸串口硬盘，这得益于机器内部宽敞的空闲空间，而 DM800 只能内置 2.5 寸串口硬盘。从硬盘容量的性价比来看，使用 3.5 寸硬盘无疑实惠了很多。

硬盘是安装在中间的硬盘和风扇支架上的，串口线的连接有两种连接方法可任选：一是直接插入主板上两个 SATA 插座 X507、X508 中的一个（注：另一个是插 DVD 刻录光驱的），二是通过随机附送的 USB-eSATA 转接头及 eSATA-SATA 转接线连接到 USB 插座（X506）上，如图 8-36 所示。

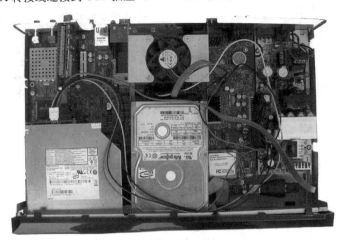

图 8-36　DM8000 机器安装硬盘

USB-eSATA 转接头如图 8-37 所示，该转接座是一个通用的器件，具有内部转换电路，可以将任何的 SATA 数据接口转换到 USB2.0 接口上传输。我们用串口硬盘通过该转接座连接到 DM800 机器上，同样运行正常。

（a）正面　　　　　　　　　　　　（b）背面

图 8-37　USB – eSATA 转接头

8.4.2　安装 DVD 刻录光驱

我们采用 8 倍速 DVD 刻录光驱 AD-7590S，这是由索尼与 NEC 光驱部门于 2006 年合资成立的一家光存储公司 Sony NEC Optiarc 的产品，是一款用于笔记本电脑上的 SATA 接口 DVD 光驱，如图 8-38 所示。

（a）顶部　　　　　　　　　（b）底部　　　　　　　　　（c）背面

图 8-38　AD-7590S DVD 刻录光驱

安装刻录光驱如图 8-39 所示，连接好 DVD 电源/数据转接座，并通过 SATA 连接线和 USB-eSATA 转接头连接到主板内部的 USB 插座（X506）上。

（a）

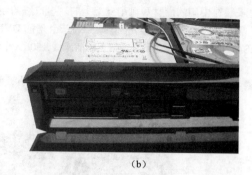
（b）

图 8-39　安装 DVD 光驱

AD-7590S 刻录光驱具体技术参数如表 8-1 所示。

表 8-1　AD-7590S 刻录光驱技术参数

选　　项		参　　数	
盘片类型		DVD	CD
最大读取速度（Read Speed）		8×	24×
最大写入速度 （Transfer Rate write）	−R	8×	24×
	+R	8×	
	−RW	6×	24×
	+RW	8×	
	−R DL	6×	
	+R9	6×	
	−RAM	5×	
平均寻道时间（Access time）		180 ms	150 ms
机制（Mechanism）		托盘装载	
接口类型		SATA	
突发传输速率（Burst transfer rate）		1.5Gbps	
缓存区容量 Cache		2 MByte	
可支持的盘片		DVD-ROM、DVD-R、DVD-R DL、DVD-RW、DVD+R、DVD+RW、DVD+R9、 DVD-RAM、CD-ROM、CD-R、CD-RW	
可支持的盘片标准		DVD-Video、CD-ROM XA、CD-Audio、CD Extra、CD Text、CD-I Ready、CD-Bridge、 PhotoCD、Video CD、Hybrid CD	
写入方式（Writing methods）		DAO、SAO、TAO 零间隙，可变或固定包，多区段	
兼容性		MultiRead、PC2001、MS Vista 兼容	
重量（kg）		0.174	
体积尺寸（W×D×H，mm）		128×129×12.7	

8.5　软件使用

8.5.1　硬件信息

图 8-40 为我们刷写的 DM8000 机器软件版本信息。

对于 DM8000 机器的具体硬件信息，可以从主菜单界面下的【信息】→【硬件】中查看，这和电脑中的【设备管理器】界面类似，如图 8-41～图 8-46 所示。从这些图中，我们可以了解 DM8000 机器硬件运行的基本参数、工作状态以及硬件配置。如从图 8-46 中可以看到，我们在主板的 C、D 插槽中插了两个 DVB-C 调谐器组件板。

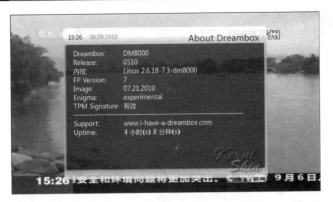

图 8-40　版本信息

图 8-41　硬件信息之一

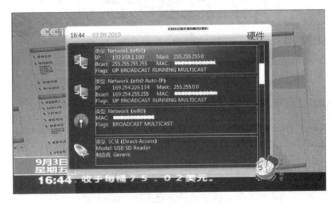

图 8-42　硬件信息之二

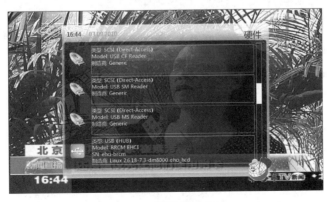

图 8-43　硬件信息之三

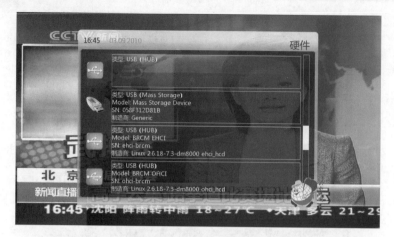

图 8-44　硬件信息之四

图 8-45　硬件信息之五

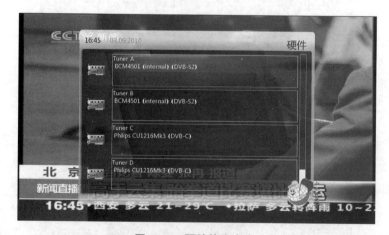

图 8-46　硬件信息之六

8.5.2　软件特点

（1）录像机、通用接口（CI）选项　DM8000 机器在硬件上比 DM800 增加了 VCR SCART 接口、CI 模块接口，因此软件系统界面也有相应的选项。其中在主菜单下，增加了【录像机】项目（图 8-47），用于外部输入的模拟音视频信号录制到硬盘上。在【设置】子菜单下增加了【通用接口（CI）】、【通用接口（CI）分配】（图 8-48）。具体项目内容如图 8-49、图 8-50 所示。

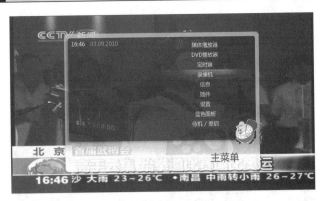

图 8-47　主菜单界面

图 8-48　设置界面

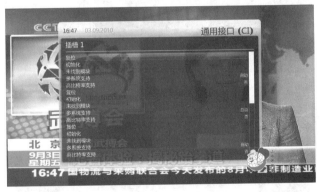

图 8-49　通用接口（CI）界面

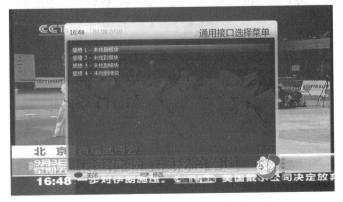

图 8-50　通用接口（CI）分配界面

（2）画中画（PIP）显示　DM8000 机器具有四路各不干扰 DVB 信号输入，并且主控芯片 BCM7400 有两路独立的高清视频解码器，因此支持任意两路来自不同 DVB 接收信号的画中画（PIP）显示功能。使用时，长按蓝色键调出操作界面（图 8-51）。

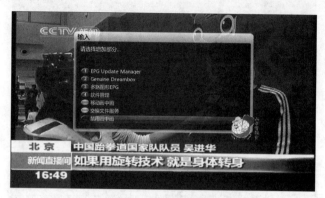

图 8-51　画中画操作

对于画中画显示，Web 页面是无法截取 PIP 图片的，可以屏摄，如图 8-52 所示。按绿色键，可以调出移动画中画的菜单，进行副画面大小、屏幕位置的调整；按黄色键，可以交换主、副画面。

图 8-52　画中画显示

8.5.3　调谐器设置

我们充分地利用了 DM8000 机器主板上的 C、D 插槽，分别插入了 DVB-S2、DVB-C 一体化调谐器组件板，再进入【设置】→【频道搜索】→【调谐器配置】，对每一路的 DVB 调谐器通道进行配置（图 8-53）。

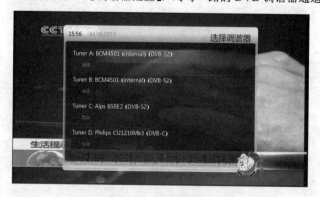

图 8-53　调谐器配置

8.5.4　温度和风扇控制插件

DM8000 机器支持风扇控制插件（图 8-54），将附带的 4 线散热风扇安装上去，并和 J802 插座连接，就可以通过该插件设置和控制风扇运行状态和的转速，另外还显示各个部件工作温度，如图 8-55～图 8-57 所示。

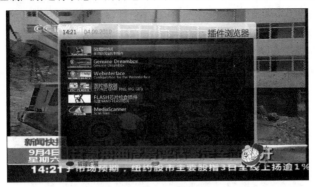

图 8-54　插件浏览器

图 8-55　风扇控制主界面

图 8-56　风扇控制设置

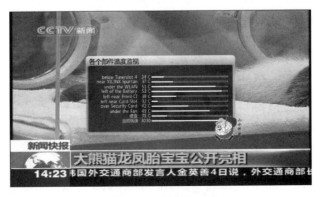

图 8-57　温度监视

8.5.5 多节目录制

和 DM800 机器一样，DM8000 机器支持内置硬盘进行即时录制、定时录制和多节目同时录制功能。在 DM800 机器中的多节目同时录制是指：同步录制同一个转发器下的免费节目，即采用 MCPC（多路单载波）方式的节目。而 DM8000 机器就没有这些限制，可以录制四路来自不同 DVB 调谐器的节目（包括加密节目）。

从 BCM7400 的内部功能框图可以看出，芯片有两个解密通道，每路可以同时录制两个加密节目，因此 DM8000 最多可以录制八个加密节目。图 8-58 为采用机器板载的 A、B 调谐器同时录制 115.5°E、125°E 上的两个加密节目。

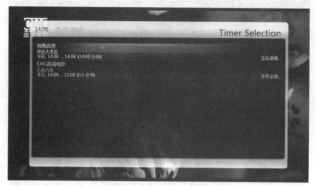

图 8-58　录制不同卫星上的两个加密节目

对于免费节目的录制则和 DM800 机器一样，一个转发器下有多少免费节目，就可以录制多少节目，图 8-59 为我们同时录制长城直播亚洲平台中的 11 套节目的显示界面。

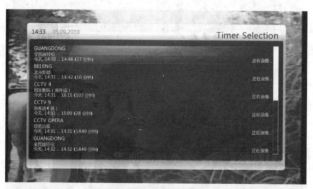

图 8-59　录制同一转发器下的 11 个免费节目

8.5.6 碟片播放和刻录

当安装好 DVD 刻录光驱后，重新启动机器，就可以加载/usr/lib 文件夹下的 DVD 驱动程序 libdvdcss.so.2.1.0，此时从图 8-60 的硬件界面中可以看到其型号，制造商名称。

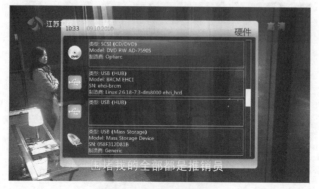

图 8-60　硬件信息

（1）碟片播放　播放 DVD 碟片很简单，将碟片放入弹出式 DVD 光驱中，选择主界面的【DVD 播放器】（图 8-61），按 OK 键即可进入 DVD 碟片的播放选单（图 8-62）。在播放过程（图 8-63）中，可以操作遥控器上的颜色键进行快进、快退、暂停等操作，按 MENU 键返回播放选单，按 EXIT 键可退出 DVD 播放。

图 8-61　主菜单界面

图 8-62　DVD 播放选单

图 8-63　DVD 播放信息条

对于 VCD 碟片播放，系统不支持。对于不符合 DVD 视频格式的数据光盘文件，可以通过【媒体播放器】播放。图 8-64、图 8-65 为 DVD 光盘中高清 TS 文件的播放操作界面，不过光盘里的一些 .mpg 后缀的高清文件，播放不流畅。

图 8-64　媒体播放器之一

图 8-65　媒体播放器之二

（2）碟片刻录　刻录碟片前需要下载 DVD Burn 插件，我们对该插件进行了汉化，如图 8-66 所示。

图 8-66　插件浏览器

启动 DVD Burn 插件，按绿色键添加刻录节目。对于 H.264 的视频刻录，只能刻录成 DVD 数据光盘，如图 8-67～图 8-69 所示。

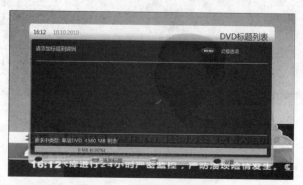

图 8-67　添加刻录节目之一

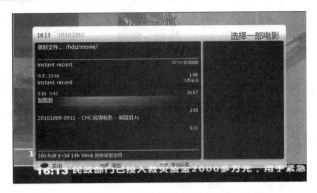

图 8-68　添加刻录节目之二

图 8-69　添加刻录节目之三

　　图 8-70 为刻录节目成功添加的界面，在该界面中，按黄色键可以查看刻录节目的标题属性（图 8-71），按蓝色键可以查看刻录节目的收藏设置（图 8-72）。

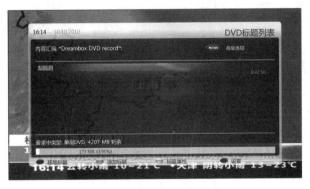

图 8-70　刻录节目成功添加

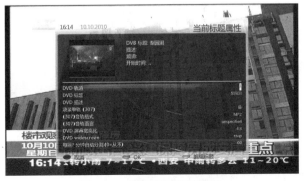

图 8-71　刻录节目标题属性

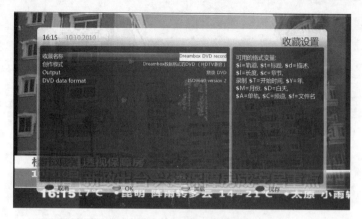

图 8-72　刻录节目收藏设置

接下来按 MENU 菜单键，选择"烧录 DVD"（图 8-73），机器开始刻录，并且显示进程界面（图 8-74）。

图 8-73　烧录 DVD

图 8-74　刻录进程中

对于 MPEG-2 视频，机器在刻录前，会自动采用硬件压缩方式，将标准的 TS 流格式编码为 DVD 格式。在 DM8000 机器执行硬件压缩时，依次进行如下的流程：

① Creating menu video（创建视频菜单）；

② Encoding menu video（编码视频菜单）；

③ Mux ES into PS（原始流到节目流的复用转换）；

④ Muxing buttons into menu（多路按钮进入菜单）；

⑤ Make FIFO nodes（建立 FIFO 节点）；

⑥ Authoring DVD（制作 DVD）；

⑦ Creating symlink for source titles（创建节目源链接）；

⑧ Demux video into ES（解复用视频导入原始流）。

其中最后这个"解复用视频导入原始流"流程为正式的硬件压缩编码进程，费时较长，如图 8-75 所示。此时我们可以按蓝色键，在后台中继续这项任务。

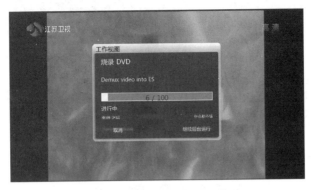

图 8-75　解复用视频导入原始流

硬件压缩编码的文件保存在硬盘的/movie/tmp 相应的子文件夹里（图 8-76），其中 dvd 文件夹下有 AUDIO_TS、VIDEO_TS 两个文件夹，在 VIDEO_TS 文件夹里的 VTS_01_1.VOB 就是 DVD 编码格式的视频文件（图 8-77）。

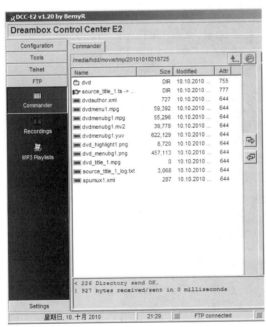

图 8-76　硬件压缩编码的文件夹

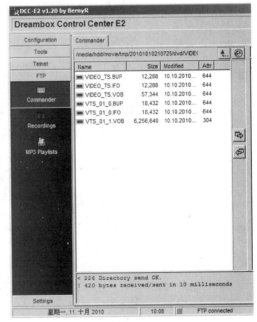

图 8-77　VIDEO_TS 文件夹

硬件压缩编码完成后，界面会弹出"是否在烧录之前预览 DVD？"，如图 8-78 所示，选择"是"，机器会调用 DVD 播放器对编码后的 DVD 文件进行播放（图 8-79）。

图 8-78　烧录前预览提示框

图 8-79　预览烧录 DVD

　　播放预览完成，检查没有编辑问题后，就可以进行正式刻录，进程如图 8-80 所示，完成刻录的界面如图 8-81 所示。

图 8-80　刻录进程中

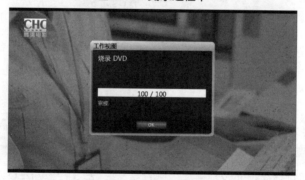

图 8-81　刻录完成

　　请注意，必须选用 DVD 刻录光盘，不能是 CD 刻录光盘！否则会显示未知错误，刻录失败，如图 8-82、图 8-83 所示。

图 8-82　错误提示

图 8-83　刻录失败

（3）**DVD 刻录光驱在 DM800 中的使用**　我们将 DVD 刻录光驱连接到 DM800 背面的 USB 接口上，并且为之提供 5V、12V 工作电源，此时 DM800 机器能够识别这个刻录光驱，并且能够正常播放 DVD 碟片。但和 DM8000 机器一样不能播放 VCD 碟片，DM800 会显示"Gstreamer plugin VCD protocol source not available"的错误提示（图 8-84）。

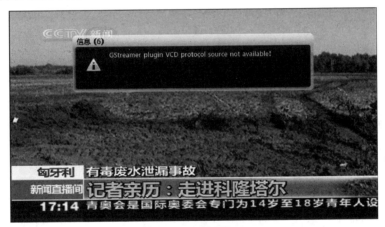

图 8-84　错误提示

另外，安装相应的 DVD Burn 插件，DM800 机器同样可以实行 DM8000 所具备的 DVD 刻录功能。

（4）**关于使用蓝光光驱的问题**　目前 DM8000 不支持蓝光光驱（Blue Ray Drive）播放，主要是基于 Linux 系统下的 HDCP（High-bandwidth Digital Content Protection：高带宽数字内容保护）版权保护的原因，不会公开提供其驱动文件。但可以刻录 Blue Ray 数据的。

8.5.7　总评

（1）**门限对比**　我们对 DM8000 机器两个内置调谐器 A、B 以及 C 槽中 DM800 使用的 APLS BSBE2-401A 调谐器（以下称"401 头"）作了门限简单对比测试，发现无论是 DVB-S 信号还是 DVB-S2 信号，采用 BCM4501 的板载调谐器比 401 头在信号质量数值上高出一些，通过实际接收对比也可以发现这种门限之间的区别，而同样采用 401 头的 DM8000 和 DM800 在信号接收门限上，几乎没有什么区别。

对 DM8000、DM800 和 F302+机器一起作了门限对比测试，发现在这三款高清机中，对接收 DVB-S2 调制信号，门限从低到高依次为 DM8000、F302+、DM800 机器；对于接收 DVB-S 调制信号，门限从低到高依次为 DM8000、DM800、F302+机器。

（2）**功耗测试**　对于 DM8000 机器的功耗，我们和 DM800、DM500 HD 机器进行了对比测试。在未连接硬盘和 C、D 插槽没有调谐器组件板情况下，收看同一个频道，测试数据如表 8-2。

191

表 8-2　　DM8000 和 DM800、DM500 HD 机器功耗对比测试数据　单位：W

机器状态	DM8000	DM800	DM500 HD
工作	24.4	13.3	13.7
待机	22.5	5.2	8.6
深度待机	8.7	9.1	0.3

可见，DM8000 机器在待机状态下和实际工作时，功耗相差并不大，而在深度待机状态下，功耗降低到工作状态的 40% 左右，但仍然接近 9W，并没有实现 1W 待机能耗的欧洲环保标准。不过在深度待机（即遥控器关机）状态下，是可以进行节目预约录制的，这一点和 DM800、DM500 HD 机器是不同的。

（3）开机、待机、换台时间　在未连接硬盘的同等条件下，经测试，DM8000 机器在开机启动到正常工作时需 1 分钟 30 秒左右，和 DM800 机器所需时间一样。待机再开机以及在同一个转发器下换台下屏幕出画面，DM8000 和 DM800 基本一致。

（4）总结　DM8000 对比 DM8000 机器、DM500 HD 相同，主要体现在如下一些优点：

① 首先作为板载调谐器，该机具有出色 DVB-S2/S 信号接收性能，接收门限在我们评测的几款机器中最低，这应该归功于采用 BCM4501 调谐器整合芯片以及优异的 PCB 线路设计。

② 能够同步录制八个加密频道，这主要得益于 BCM7400 主控芯片内部的双 PVR 通道，以及内存主频、容量的提升。

③ 内置 WLAN 局域网无线网卡，解决拖拉网线的麻烦。

④ 可内置 3.5 寸串口硬盘，DVD 刻录光驱无疑是该机的另外一个亮点。

⑤ 具有 CF、SD 等存储卡的读卡器接口，可以快速在电视上读取存储卡中符合 DM8000 机器要求格式的图片、视频文件等容量。

⑥ 该机工作时机器温升很低，这主要归功于机器内部空间宽敞，以及高性能低功耗的新型芯片的采用。

不过，内置的 BCM4501 板载调谐器虽然解决了 DM800 机器所采用的 401 头不能接收艺华高清平台采用的 DVB-S2 调制、33500 kS/s 符码率转发器信号的问题，但仍然不能接收 100.5°E 亚洲 5 号卫星印度 Dish TV 直播的 DVB-S2、40700kS/s 转发器信号，更不能接收越南 VTC 数码系统的 DVB-S2、43200 kS/s 转发器信号，而采用 BCM4505 调谐器芯片的 DM500 HD、DM800 HD se 机器则可以正常接收。另外，DM8000 机器不支持 DTS 音频硬解码。

8.5.8　关于 DM8000 机器硬件版本

DMM 公司一直不断地对 DM8000 机器进行改进，前后历经了三代，第一代 DM8000 于 2006 年 5 月推出，第二代 DM8000 于 2008 年 12 月正式销售，也就是本章介绍的这款机器。第三代 DM8000 机器于 2009 年 10 月推出，相比较第二代的 DM8000 机器有四点区别：

① OLED 显示屏颜色由绿色更改为黄色。

② 板载调谐器 LNB IN 的 F 头由原来 18 mm 长度缩短到 10mm，如图 8-85 所示。

③ SATA 插座由第二代的两个增加到三个，其中靠 X507 位置旁边新增加了一个 SATA 插座，如图 8-86 所示。

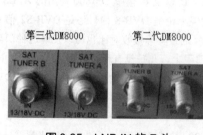

图 8-85　LNB IN 的 F 头

图 8-86　增加了一个 SATA 插座

④ 板载调谐器芯片采用 BCM4506 取代第二代的 BCM4501，如图 8-87 所示。

第三代DM8000　　　　　　　　第二代DM8000

图 8-87　调谐器芯片对比

BCM4506 支持 DVB-S2/S 信号的盲扫功能，不过和 BCM4501 一样，不能接收超过 40000kS/s 高符码率 DVB-S2 转发器信号。而 DMM 公司推出 DM800 二代机器 DM800 HD se 中使用的 BCM4505 芯片的调谐器组件板就完美的地解决上述问题，并且支持盲扫功能。因此用户可以选择 BCM4505 调谐器组件板插入 DM8000 机器的 C、D 插槽中，来解决 DVB-S2 信号符码率上限低的问题。

2012 年 6 月，德国 DMM 公司官方网站发布公告，原产 DM8000 机器因部分配件供应链中断而停止生产，对该平台的软硬件也停止开发。

8.6　软件升级

8.6.1　RJ-45 网口升级

DM8000 可以通过 RJ-45 网口配合 Web 页面刷机，刷机方法和 DM800 类似，只是 Web 页面进入方法有一点区别。具体方法如下：

① 首先按住机器前面板的"频道-"键，再打开机器背面板上的交流电源开关。

② 当显示屏出现"BOOT #……"时，松开按钮。

③ 这时就可以在 IE 浏览器上输入你的机器 IP 地址进入 Web 页面刷机了，如图 8-88 所示。

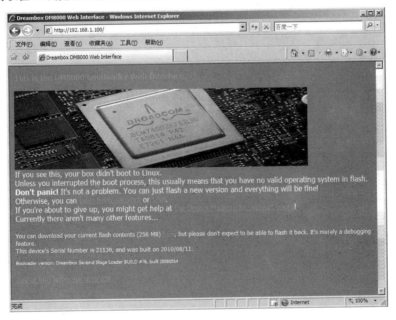

图 8-88　Web 页面刷机

8.6.2　RS-232 串口升级——DreamUp 软件

　　一些抄板 DM8000 机器开机时屏幕显示"Err01：NO CA FOUND"而不能启动的问题，产生这种原因很多，如 SIM 卡接触不良、IMG 打包驱动问题、机器内部引导驱动问题等。遇到此问题时，可以关闭电源开关几分钟后再启动试一试，如果不行可以刷写最新推出的 IMG 整合版试一试。

　　和 DM800 一样，DM8000 机器刷机可以通过 RS-232 串口配合 DreamUp 软件来刷写 IMG，图 8-89 为刷机时的部分界面。

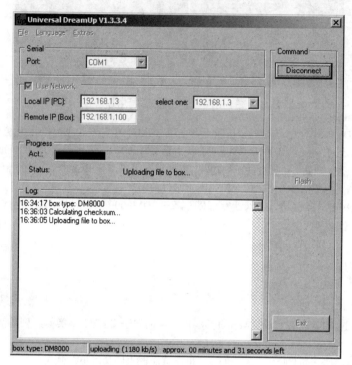

图 8-89　DreamUp 软件刷机

第9章

卫星高清接收机——DM800 HD PVR（博通 BCM7401 方案）

2008 年 3 月，阿联酋迪拜（Dubai）的 CABSAT 贸易展会上，德国 DMM 公司推出了新款的 DM800 HD PVR（以下简称"DM800"）卫星高清接收机，该款机器有一组 DVB-S2（DVB-C、DVB-T 为选购件）通用调谐器接口，预置 2.5 英寸硬盘驱动器，具有 DVB-S2/S 双解调、MPEG-2、H.264 双解码功能，配置硬盘可以无损录制高清 TS 流。

9.1 外观功能

DM800 机器采用黑色典雅的外包装设计，如图 9-1 所示。全套配件有德文/英文说明书一本、一组 AV 线，一个遥控器、一个 12V 3A 电源适配器和"8"字电源线外，还有一根内置 2.5 寸硬盘的数据/电源连接线、一根 DVI 转 HDMI 数字音视频接口线，另外还有一个 SCART（欧插）转换 AV 接口座，如图 9-2 所示。

图 9-1　DM800 机器包装盒

图 9-2　DM800 机器配件

DM800 机器的体积和 DM500 相比较，两款机器的长度、高度完全一样，只是 DM800 比 DM500 宽 1cm 左右。DM800 机器的前面板设计得很简洁，一条镀铬银色的 Dreambox 特有的弧线将前面板布局一分为二，右边为黑色的有机塑料覆盖，一个小窗口透射出显示屏，最右边为镀铬的待机按钮（图 9-3）。

DM800 机器左边是一个机器仓门，在左侧上端拨开它，露出一个插卡槽，可以插入收视卡，接收相应的加密系统节目（图 9-4）。

图 9-3　DM800 机器外观

图 9-4　DM800 机器仓门

相对于简洁的前面板，DM800 机器背面板复杂多了，布满了各种接口（图 9-5）。除了在 DM500 机器中常见的一进一出 LNB F 型接头、RS-232 串口、10/100M 的 RJ-45 型 LAN 网口、可输出 YPbPr 逐行色差的 SCART 模拟音视频接口、S/P DIF 数字音频接口外，还有高清烧友梦寐以求的 eSATA 串口硬盘接口、USB 移动硬盘接口，以及 DVI 数字音视频接口，可谓"麻雀虽小，五脏俱全"。

9.2 电路主板

DM800 机器内部结构如图 9-6 所示，电路主板如图 9-7 所示。由于 DM800 体积小巧，空间紧凑，大部分贴片元件安装到主板的背面，如存储芯片、电源管理芯片和大量的贴片电阻、电容等。

图 9-5　DM800 机器背面板

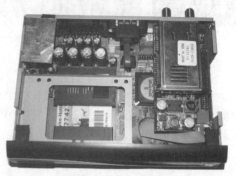

图 9-6　DM800 机器内部结构

（a）正面

（b）背面

图 9-7　DM800 机器电路主板

9.2.1　主控芯片——BCM7401

DM800 机器采用美国 Broadcom（博通）公司 2006 年推出的 BCM7401 方案，BCM7401 是一款具有 H.264、VC-1、MPEG-2 高清视频解码芯片（图 9-8），采用 BGA-676P 封装。

图 9-8　BCM7401 芯片

从图 9-9 内部功能框图中可以看出，BCM7401 芯片内置了 450 DMIPS 的 MIPS32®/MIPS16e™级 CPU，主频为 300MHz，还具有 10/100M 以太网卡、音视频解码器、音视频 DAC 等众多功能模块。BCM7401 芯片还具有 USB2.0、SATA 接口，使得外置移动硬盘或内置 2.5 寸串口硬盘录制数字高清节目成为了该机的一大亮点。

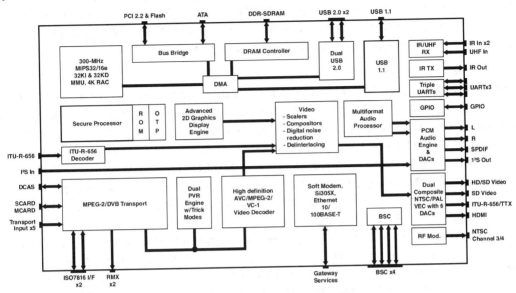

图 9-9　BCM7401 芯片内部功能框图

BCM7401 和 DM8000 机器采用的 BCM7400 主要区别参见第 10 章表 10-1，其他性能和 BCM7400 基本一样。

由于 BCM7401 内部集成了丰富的 I/O 接口芯片，在不需要很多外部芯片的情况下就可以实现大部分接口功能，如音视频接口不需要外部 DAC、以太网接口不需要外部网卡芯片等。DM800 机器电路原理框图如图 9-10 所示。

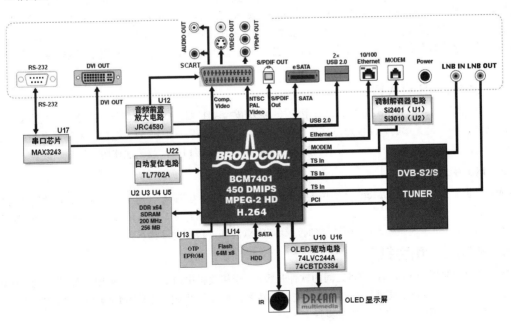

图 9-10　DM800 机器电路原理框图

DM800 机器开始工作时，首先各芯片进行上电复位，主芯片 BCM7401 从 U13、U14 内加载并运行程序。程序首先完成软硬件初始化，包括时钟、系统内存、前端解调及音视频解码寄存器等初始化，并建立多个工作进程。多进程模式不但使 BCM7401 能同时处理多个工作流程，还可以进行进程间的通讯控制。

系统完成初始化后，用户就可通过遥控器进行频道选择，频道选择界面通过 OSD 显示。BCM7401 响应遥控器指令，通过 I²C 总线设置一体化调谐器，使调谐器（Tuner）输出中频信号。中频信号经 QPSK（键控移相调制）解调器处理后，输出 TS 流，在 BCM7401 内 PID 过滤器实现 TS 流解复用，将相关的原始流 ES 或分组原始流 PES 分别送入音视频解码器，最终输出音频和视频信号。

9.2.2　存储器

DM800 机器的存储系统采用 OTP EPROM（U13）+NAND FLASH（U14）+4×DDR SDRAM（U2、U3、U4、U5）方案。其中 U13 是意法公司的 OTP（One Time Programmable，一次性编程）EPROM（Erasable Programmable ROM，可擦可编程只读存储器）芯片 M27W40180K6L，容量为 512kB，存储机器的 Bootloader 程序，其作用是完成 CPU、内存和其他硬件（例如高频头）的初始化，相当于电脑主板的 BIOS 功能。

U14 是 Hynix（海力士）公司的 NAND FLASH 芯片 HY27US08121A，64M×8bit 结构，容量为 64MB，用于存储接收机的系统软件，即运行程序。实际上对于 FLASH 芯片来讲，一般小容量的用常见的 NOR FLASH，因为其读取速度快，多用来存储操作系统等重要信息，而大容量的用 NAND FLASH，如我们通常用的闪盘、数码相机 SD 卡等，就是这种芯片。

由于 BCM7401 需要 64 位宽的 DDR 内存，故 DM800 机器采用 4 颗 32M×16bit 结构的内存颗粒，主板正面（U2、U3）、背面（U4、U5）各两颗，型号为日本 ELPIDA（尔必达）的 D5116AFTA-5B-E 芯片，也有采用韩国现代公司的 HY5DU121622 DTP-D43，均为 DDR400 内存芯片，采用 32M×16bit 结构，存储容量为 64MB，速度 200MHz，四片总容量高达 256MB，用于存储音视频解码数据、OSD 位图，同时还存储高清解码中产生的大量的处理数据。

9.2.3　音视频输出接口

DM800 机器的音视频输出可提供数字和模拟两种信号，数字音视频信号可由 DVI 接口提供。模拟音视频信号可由 SCART 接口提供，可输出 CVBS 复合视频、YPbPr 逐行色差视频和模拟的音频信号。其中的模拟音频信号是在主芯片内部音频 DAC 转换后，由外部的 JRC4580（U12）构成的音频前置电路输出的。

有用户疑惑该机器为什么不采用 HDMI 接口，而是采用电脑上的 DVI 接口？实际上这是 DMM 公司早期有意规避含有 HDCP（High-bandwidth Digital Content Protection，高带宽数字内容保护）版权的 HDMI 接口的一种变通方法，卫星接收机中是无需 HDCP 功能的。通过附送一根 DVI 转 HDMI 接口线，就可实现和 HDMI 一样的传送数字音视频信号功能。数字音频信号也可通过 S/P DIF 接口连接携有数字音频解码功能的功放播放。

9.2.4　USB、eSATA 接口

DM800 机器提供两个 USB2.0 接口，可用于挂接移动硬盘、U 盘、DVD 光驱等。请注意，电路主板内部的 USB 接口（P4）是无效的，仅仅通过+5V 电压。DM800 机器提供一个 eSATA 接口，主要用来连接外置串口硬盘。由于 BCM7401 只支持一个 SATA 接口，当使用 eSATA 接口时，就无法使用内置串口硬盘。

9.2.5　RJ-45 网络接口

DM800 机器提供一个 100Mbps 传输率的以太网口，接口类型为 RJ-45，用于和局域网、互联网等外部网络设备的连接。在网口座内置网络变压器，并设有绿、黄两个指示灯。未插入网线时，两个灯均不亮；插入网线时，黄灯亮，指示连接状态；登录网络时，绿灯间歇闪烁，指示登录状态。

9.2.6　RS-232 串行接口

RS-232 串口是用于电脑和接收机之间的软件升级，由于接收机中的 CPU 与电脑 RS-232 端口间是不能直接相连的，必须要在两者之间进行电平和逻辑关系的转换。本机采用美国 MAXIM（美信）公司的 MAX3243（U17）多通道转换芯片来实现这种电平转换。

9.2.7　防抄板器件——SIM 卡

DM800 机器只采用 SIM 安全卡来预防机器系统软件被抄板盗用，位于主板左下角，用黑胶封住的，如

图 9-11 所示，型号为 A2P 卡（图 9-12）。

（a）正面　（b）背面

图 9-11 DM800 机器的 SIM 卡

图 9-12 Security SIM A2P 卡

抄板机器采用是破解的 SIM 卡，主要有 Ferrari（法拉利）卡、e-star 卡和 Sunray（新雷）卡三类。Ferrari（法拉利）卡为红色卡片，如图 9-13 所示，e-star 卡为白色卡片，如图 9-14 所示。

（a）正面　（b）背面

图 9-13 Ferrari 卡

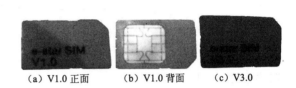

（a）V1.0 正面　（b）V1.0 背面　（c）V3.0

图 9-14 e-star 卡

Sunray 卡种类较多，其中 2009 年 1 月 1 日～7 月 20 日采用 SIM 1.0 塑料白卡（图 9-15），卡身没有任何标志，该卡最高只能使用到 SSL72 驱动。

2009 年 7 月 20 日～10 月 17 日采用 SIM 2.0 卡，如图 9-16 所示，卡身有圆形银色防伪标志，并且卡片有凸出的软封装存储器芯片，这种卡可以通过凰凰写卡器升级为 SIM2.01 卡。

（a）正面　（b）背面

图 9-15 SIM 1.0 卡

（a）正面　（b）背面

图 9-16 SIM 2.0 卡

2009 年 10 月～2011 年 6 月，采用 SIM 2.01 卡，卡身有方型金色防伪标志，如图 9-17 所示。

2011 年 6 月到现在，采用 SIM 2.10 卡，卡身有方型金色防伪标志，但没有了 SIM 2.01 卡凸出的软封装芯片，如图 9-18 所示。SIM 2.01 卡、SIM 2.10 卡目前可以使用最新的 SSL84B 驱动。

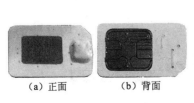

（a）正面　（b）背面

图 9-17 SIM 2.01 卡

（a）正面　（b）背面

图 9-18 SIM 2.10 卡

9.2.8 供电电路

在 DM800 机器中，主要应用了 LT1940、LT3684、LM2742 等新型的电源管理芯片，各个电源管理芯片的供电部分如图 9-19 所示。

由于电源管理芯片都设置在主板的背面，对主板各路供电电压检测的常规方法是拆下主板后加电检测，不过这种方法比较麻烦。好在 DM800 主板正面的 P5 端子已提供各组电源的测试端，如图 9-20 所示。

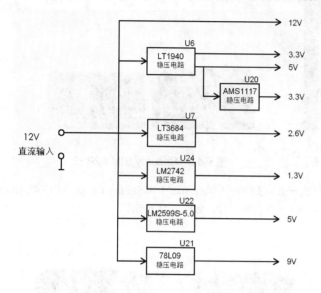

图 9-19　DM800 机器主板供电框图　　　　图 9-20　DM800 机器主板供电测试端

其中 P5 端子的 1 脚是 LM2742（U24）芯片产生的 1.3V 电压，为主芯片、OTP EPROM 芯片等供电；2 脚是 LT3684（U7）芯片产生的 2.6V 电压，为 DDR SDRAM 芯片供电；3 脚是 LT1940（U6）芯片产生的 3.3V 电压，为 FLASH 芯片、RS-232 串口芯片、调谐器组件、电话接口小板、控制电路板等供电；4 脚是 AMS1117（U20）芯片产生的 3.3V 电压，为其他部分等供电；5 脚是 LT1940（U6）芯片产生的 5V 电压，为调谐器组件、音频前置芯片供电；6 脚是电源适配器送来的 12V 电压，为上面的电源管理芯片以及调谐器组件板供电。

另外，P10 端子的 1 脚是 LM2599S-5.0（U22）芯片产生的 5V 电压，为内置 2.5 寸串口硬盘供电；U21 的 1 脚产生 9V 电压，为控制电路板上的 OLED 显示屏供电。

除了主芯片、主板电源构成的电路外，DM800 主板上还有由 TL7702A 构成的自动复位电路、由 JRC4580 构成的音频前置电路、由 MAX3243 构成的 RS-232 串口电路、由 74LVC244A、74CBTD3384 构成的 OLED 接口电路。

9.3　其他电路板

9.3.1　调谐器组件板

拆下 DM800 后面板（图 9-21），就可以将调谐器组件板沿水平向右抽拉出来。调谐器组件板采用类似 PCI-E 显卡的"金手指"接插件，其中 DVB-S2 一体化调谐器（Tuner）采用日本 ALPS（阿尔卑斯）电气株式会社制造的 BSBE2 系列，型号为 401A，为卧式安装方式（图 9-22），该 Tuner 采用美国 CONEXAN（科胜讯）公司的 CX24118 调谐器＋CX24116 解调器方案。

图 9-21　拆下 DM800 后面板

（a）正面　　　　　　　　　　　　（b）背面

图 9-22　BSBE2-401A 调谐器组件板

在调谐器的右边是一款 ST（意法半导体）公司于 2003 年推出的卫星 LNB 专用控制芯片 LNBP21PDT，采用 Power SO-20 封装，内置步进的 13/18V 极化电压切换，I^2C 双向总线接口和 22kHz 脉冲发生器。允许用 DiSEqC 协议控制 LNB，使得 LNB 输出的更加稳定，切换更加自如快捷，并且具有外部馈线过长电压补偿、LNB 过热、过流短路的保护和诊断机能。

对于 LNB 的控制部分，采用了 ST（意法半导体）公司于 2003 年推出的卫星 LNB 专用控制芯片 LNBP21PD（U5），主要为 LNB 提供 13/18V 极化电压。

DVB-S2 Tuner 工作中解调芯片温升较大是一个常见的问题，BSBE2 系列 Tuner 采用了解调器腔体的屏蔽罩开栅栏和底部屏蔽罩充片贴盖的两项措施，以使得 CX24116 芯片的温升降低（图 9-23）。

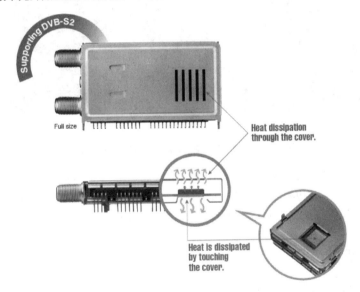

图 9-23　BSBE2-401A 散热措施

DMM 公司之所以采用这种可插拔调谐器组件板，是基于模块化的设计理念，以方便用户随心所欲地更换不同的调谐器组件，完成不同传播途径的数字高清电视接收。

9.3.2　操作控制板

DM800 机器控制电路板上采用约 25mm×12mm 面积的单色 OLED 显示屏，如图 9-24 所示。

（a）正面　　　　　　　　　　　　（b）背面

图 9-24　DM800 机器控制电路板

OLED 显示屏相比一般接收机采用的 LED 数码管显示的信息量更加丰富，DM800 机器所有的主要操作项目都可在这块显示屏上获得信息提示。屏幕虽然小，但显示的字体清晰度很高，并且完全不受字体限制，可以显示任何字符。

小提示：

OLED（Organic Light Emitting Diode，有机发光二极管）显示屏是由众多的像素点组成，这些像素点按行、列排成矩阵；显示图像时，按行扫描或按列扫描。这种屏显示方式与传统的 LCD、VFD 显示不同，它采用很薄的有机材料涂层和玻璃基板，无需背光灯，也无需要高电压，当有电流通过时，这些有机材料就会发光。OLED 显示屏具有亮度高、显示清晰度高、轻薄、省电的优点。

9.3.3　RJ-11 Modem 电路板

DM800 机器一块携有 RJ-11 电话线接口的调制解调器（CM，Cable Modem）的小电路板，如图 9-25 所示。

（a）正面　　　　　　　　　　　　　　　　（b）背面

图 9-25　DM800 机器 RJ-11 Modem 电路板

电话调制解调器电路板很小，采用美国 Silicon Laboratories（芯科实验室）公司于 2003 年推出的 Si2401（U1）＋Si3010（U2）双芯片结构的嵌入式 Modem（ISOmodem）方案，电话调制解调器电路板主要用于 DVB-C 接收中的互动业务，如用户点播、浏览短信和购物等。由于上传的数据量非常少，因此回传通道使用普通电话线就可以了。

9.4　软件升级

9.4.1　软件安装相关名词解释

在介绍软件升级之前，我们首先对经常涉及"IMG"、"Enigma2"、"SSL"、"Plugins"等一些专业英文名词作一个简单的解释。

（1）IMG　我们在给 Dreambox 机器刷写系统时，经常谈到"IMG"或"image"文件，实际上是操作系统映像（OS Image）文件，也称为"固件"，它包括控制硬件的 Linux 操作系统和播放录制电视的应用程序以及任何与程序有关的数据文件等，就如同数码相机、DVD 刻录机等上的"固件（Firmware）"一样。不过在 Dreambox 系统中，"IMG"的叫法更被广泛使用。通过下载和安装"IMG"文件，可以整体更新 Dreambox 机器系统软件。

（2）Enigma1 和 Enigma2　各种 Dreambox 系列的 IMG，其核心部分都是基于 CVS 开发团队（http://cvs.tuxbox.org）的 Enigma。从 DM500 开始一直到 DM7020 的 Dreambox 系列机器都是使用第一代的 Enigma（简称 Enigma1），Enigma1 是个很老的版本，已跟不上现在的 DVB-S2、HDTV 的发展的需要了，因此出现了第二代的 Enigma 版本（简称 Enigma2 或 E2）。它最早应用在 DM7025 机器上，而后应用到 DM7025+、DM800、DM8000、DM500 HD、DM800 se 等 Dreambox 系列高清机上。

Enigma1 和 Enigma2 是 Dreambox 系统的核心程序，亦称"内核"，在 Linux 平台下，实现接收机的各种功能。从某种意义上，可以把它理解为电脑 Windows 平台下的一个 DVD 播放器。

IMG 的每一个开发团队都在 Enigma1 或 Enigma2 的基础上加上了自己的附加程序和插件，形成了各自特色的 IMG；但是核心部分的 Enigma1 或 Enigma2 都是来自于 CVS 的代码，差异只是采用了 CVS 在哪一个时间发布的哪一个 Enigma1 或 Enigma2 版本而已。

Enigma2 版本的代码是在 Enigma1 概念上重写的全新代码，与 Enigma1 不完全兼容，对于文件的存放位置也不一样，因此在软件操作和设置上 DM800 和 DM500 机器是有一些区别的。Enigma2 在稳定性和功能上优于 Enigma1，但启动速度比 Enigma1 慢，硬件要求也比 Enigma1 高，这点也类似于电脑操作系统 Windows98 和 WindowsXP 的区别。CVS 团队一直都在充实和完善 Enigma2，每一段时间都有新的东西和补丁发布，但新东西和补丁并非马上就能体现和集成在其他开发者的 IMG 上，会有一段时间差。

（3）**SSL**　SSL（Second Stage Loader）是用于启动系统，在 Dreambox 高清机中还有两个重要作用：①提供 Web 网页刷写界面；②用于正版机器验证，如果是抄板机器，那就得使用对应修改的 SSL，如果抄板机刷了原版 SSL，开机将显示 NO CA，无法正常启动，也无法进行网刷，只能采用串口刷写或更换正版的 SIM 卡。

更新 SSL，可安装含有 secondstage 的 IMG 或 secondstage_×× dm×××.ipk 插件来解决。

（4）**Plugins 和 Driver**　Plugins（插件）是能给固件增加额外功能的小程序，例如网络电视插件、EPG 下载插件、SoftCam 插件等，各个 IMG 一般集成了常用的插件，但也各有特色。基于 Enigma2 的插件主要包括系统插件和扩展插件，其主程序分别位于/usr/lib/enigma2/python/Plugins 文件夹的 SystemPlugins、Extensions 子文件夹中。

Driver（驱动程序）是为官方 IMG 开发了新的驱动程序，让官方 IMG 支持更多的外围设备。驱动文件均在类似"/lib/modules/2.6.18-7.4-dm800"文件夹下，驱动文件后缀名为".ko"。

（5）**Skin**　Skin（皮肤）是一个形象的称谓，IMG 皮肤就是 IMG 的界面，是固件的可视外观。就如手机、车的外壳、人的衣服一样，可以说，固件皮肤就等于固件的衣服。

各种固件有其特色的皮肤，一般都内置 1～3 款皮肤，其中内置的 Default Skin 为一般为标清皮肤，适用于采用标清电视机使用。用户通过换肤实现个性化体验需求。不过，不同固件的皮肤互换时需注意会兼容性问题，如果换肤失败，机器会反复绿屏重启，这时可以通过 FTP 功能，进入/usr/share/enigma2 文件夹下，删除这个不兼容皮肤所在的文件夹，机器就会自动切换到内置的 Default Skin 皮肤下投入正常工作。

（6）**Emu 和 SoftCam**　Emu 为英文 Emulator 的缩写，意思是仿真器，在条件接收领域主要是指使用硬件或软件模拟有条件接收认证环节的环境。Emu 插件也称为 SoftCam，其实是相对于 CAM（Conditional Access Module）条件接收硬件模块的一种称谓，意为条件接收软件模块。

在各个第三方开发的 IMG 里，都汇集了不少 Emu 或 SoftCam 插件，如内置 CCcam、MGcamd、OSCam 协议的插件，可以配合网络、收视卡接收加密节目，这也是众多用户喜爱第三方 IMG 的原因。

（7）**IMG 和 Clone IMG 版本**　Dreambox 机器的 IMG 主要由 Linux、Enigma2、Plugins 三个部分构成，其中 Linux 为 Dreambox 提供了最底层的工作平台，Enigma2 可以理解为一款优秀的 DVB 中间件，是整个固件的核心部分，官方提供的 Enigma2 是基于开源的 OpenDreambox，官方固件的下载地址：http://www.dreamboxupdate.com。

非官方的 Dreambox 软件开发小组或团队很多，他们提供的 Dreambox IMG 主要有 iCVS、Newnigma、OpenBlackHole、Oozoon、PLi、SIFteam 等，一些团队还在为 Enigma2 开发 Plugins 或工具。

例如，著名 GP3 插件就是由 i-have-a-dreambox 团队开发的，该团队还开发 iCVS 固件，不过 2010 年 12 月，i-have-a-dreambox 团队发布声明，不再提供 Gemini Project 2（GP2）IMG 了，伴随着大家从 GP2-3×0 到 GP2-510 众多更新版本的时代已宣告结束！从 Gemini Project 3（GP3）起，是以 GP3 向导的插件方式存在于 iCVS IMG 的插件浏览器中，用户可以自行选择安装和使用。

上述介绍 IMG 版本都只能用于原装 Dreambox 机器中，Ferrari、Sim2.01 等一些团队将这些后 IMG 破解移植到抄板机上，如团队中的 ramiMAHER、mfaraj57 都是这方面高手，推出各种版本的 Clone IMG。国内有 Freedmx 团队 EaStNj 的 Cnigma2 版本，较好地解决了 Enigma2 内部的中文处理。

（8）**IMG 版本选择**　对于 IMG 版本的选择，首先主要看你所使用的机器，对于国内绝大多数使用的是抄板机器，因此只能使用 Clone IMG 版本；其次看自身能力如果有一定能力，可以安装各个开发团队提供的纯净版 IMG，优点是系统简洁，但界面功能也简陋，需要自行安装一些插件和皮肤；如果是初次入门者，建议安装整合版 IMG，集成了中文台标、SoftCam 插件、EPG 插件等一些实用插件、使用更加方便。

国内"山水评测室"团队是第一个将 DM800 IMG 引用到国内、进行汉化集成、打包成整合版的团队，早在2009年7月就推出了DM800 G2-410整合版IMG，集成了CCcam2.1.1协议，亚太地区最新节目参数表satellites.xml。编辑了自定义部分频道分类和节目中文名称。编辑了RSS.xml中文网页。使得官方简陋的固件充满活力，让初学者更轻松使用。

9.4.2　频道编辑——DreamBoxEdit软件

对于搜索许多频道，如果不分门别类，换台时会非常不方便，虽然DM800机器自身也提供节目编辑功能，但操作起来太麻烦，而且不能编辑频道中文台标，这时我们就可以使用DreamBox的节目专用编辑软件，如BouquetWizard、DreamBoxEdit、Dreamset、EnigmEdit、openDBedit等。这些专用软件对节目表编辑非常方便，首先将DM800机器节目参数下载到电脑中，再通过编辑软件进行节目名称、频率、符码率、音视频PID等各种参数的编辑修改，完成后，再通过软件上传到DM800机器中。

在这些专用软件中，DreamBoxEdit最为知名，用过DM500的用户都知道这款软件，不过在DM800机器中需要使用较高的版本。现以DreamBoxEdit3.0为例，介绍该款软件的使用方法。

（1）安装软件　首先从网络上下载DreamBoxEdit3.0的汉化版本，安装完成后，首先点击菜单栏中的"选项"按钮，弹出选项设置界面里，按动【网络设置】区域下方的"重置所有默认TCP/IP选项"按钮，将所有的网络设置恢复为默认值，然后在【DreamboxIP地址】项目中填写为你的DM800的IP地址，【密码】项目改为你所设定的密码，其他项目无需变动。

由于DM800机器采用的Enigma2内核，和采用Enigma1内核的DM500机器其用户自定义文件、卫星参数表等文件保存路径是完全不同的，因此我们需要在【Dreambox文件路径】区域内选择"Version 3 settings（7025）"或"New Enigma2 settings"，再按"保存"按钮，这样就完成了设置（图9-26）。

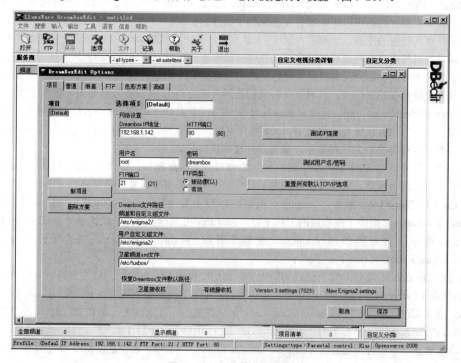

图9-26　网络参数设置

（2）下载节目表　点击菜单栏的FTP功能，在弹出的【FTP传送文件】界面中，点击【FTP配置】区域的"浏览"按钮，弹出【Select Directory】选择目录界面，选择所要存放的路径，并在所选路径的后面起一个文件名，如"\DM800备份节目表"（图9-27）。

点击确定键，这时会弹出一个【Confirm】（确定）对话框，其意为"指定的目录不存在，需要创建吗？"，选择"Yes"，这样软件会自动在所指向的路径中生成一个名为"DM800节目表备份"的文件夹。再点击"从Dreambox机器接收文件"按钮，软件开始从DM800机器中下载节目表，同时【FTP记录】区域内有下载进程显示。下载完成后，如显示"Successful received the files-set from the Dreambox"，表示下载成功（图9-28）。点击 OK 键，出现下载节目表（图 9-29）。

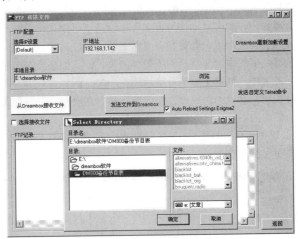

图 9-27　选择目录界面

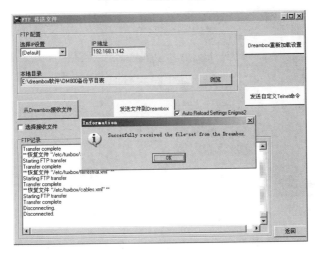

图 9-28　下载节目表成功

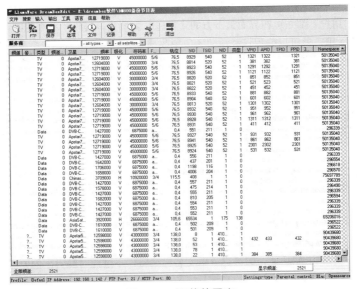

图 9-29　下载节目表

（3）编辑节目表 下载的节目表信息量很大，除了反映频道所属卫星的轨位、转发器的下行频率、极化、符码率和纠错率外，还有节目的 SID、TSID、NID、VPID、APID、TPID 等参数。节目表实际上是一个节目信息的数据库，点击每一个项目列，都会自动按照英文字母以及汉语拼音的英文顺序来排列。在这个数据库中，和我们在收视节目相关的主要是频道、套餐和类型前三项。

为了能够在 DM800 机器众多的中快速地找到所需要的节目，我们必须对节目表进行编辑。编辑节目表时，要考虑到以下几点：①应该把一颗星上的节目尽量放在一起，因为在一颗星里面来回的转台，不用切换开关、极轴天线动作，换台快速；②对于同一类性质的节目放置在一起，以方便选择；③对于陌生的英文台标或太长的台标，可编辑成熟悉的中文台标，以便选择节目时一目了然。

① 编辑中文台标。以编辑 115.5°E 中星 6B 卫星上的"CCTV-HD"节目为例，在节目表找到它，双击鼠标左键，弹出【频道详情】界面（图 9-30）。

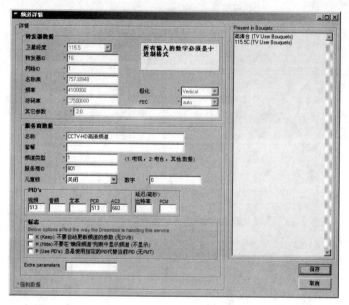

图 9-30　service 细节界面

在【服务商数据】区域的【名称】选项上，将英文台标"CCTV-HD"改为"CCTV-HD 高清频道"，然后按动"保存"按钮，就可将编辑好的中文台标保存到节目表中。不过用户在使用中会发现，上述辛辛苦苦编辑好的中文台标，在机器重新搜索节目后，会自动将它打回原形，这可怎么办？熟悉用 DreamBoxEdit 软件编辑DM500 机器节目表的用户，都知道在界面最下方的【标志】区域里，提供了三个强制选项，在 DM500 机器中，我们只要选择第 1 项，就可以确保该频道的各项参数都不会被自动更新，包括我们编辑好的中文台标。不过在 DM800 机器中，此方法行不通，因为 DreamBoxEdit3.0 软件无法保持所设置项目。解决的方法有两个，可任选一个：a. 搜索节目时，在"扫描前清除节目单"选项，选择"否"；b. 在自定义组中重命名为中文台标。

② 编辑节目 PID。对于一些节目，需要重新编辑 PID 参数，也可进入上面的界面中进行编辑。

③ 编辑自定义组。Dreambox 机器软件设计者的初衷是让用户使用自定义组（User Bouquets）来收看频道，使用自定义组用户可以任意修改名称，任意进行分组，任意进行排序。用户只需将自己喜爱的节目添加到自定义组里就行了。利用 DreamBoxEdit 软件，编辑中文的自定义组非常方便。

首先在【自定义分类】区域的"TV User Bouquets"上点鼠标右键，在弹出的下拉菜单中选择"插入新的自定义分类"，而后我们就会发现多了一个自定义组，再右键点击它在其下拉菜单中选择"重命名自定义组"，如将它重命名为"高清台"。

点击"高清台"，在中间的【电视自定义分类详情】区域为空白，将左边频道列表中的属于该类型喜爱的节目拖拽到该区域中。在该区域里，也可对节目进行中文台标命名，只要按鼠标右键，在弹出的下拉菜单里选择"重命名这个自定义组频道"功能，即可进行中文名称编辑。不过此时编辑出的中文台标是绿色字体，表明它只保存在自定义组中（图 9-31）。

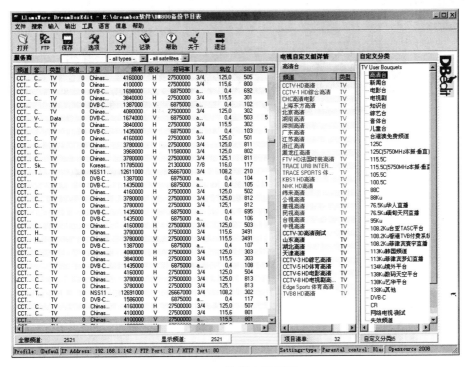

图 9-31　编辑自定义组

只有在自定义组内编辑的中文台标才不会因为机器重新搜索而自动改变台标！

通过上述的方法，结合卫视节目播出内容的不同风格，同样可创建各个卫星节目的新闻台、电影台、电视剧、知识台等分类。然后把相应的节目分别放进这些类型的自定义组里面去。实际上 DreamBoxEdit 软件的编辑功能是非常强大的，如对于其他类型的节目，也可以直接从左边的频道列表中，拖拽到右边自定义区域相应的类别里，通过拖拽操作还可以改变节目或自定义分类节目类型的前后顺序。

（4）上传节目表　编辑完成后，点击【FTP】界面右边的"Send Files to Dreambox"按钮命令上传节目表，在上传节目前，软件提示是否保存所编辑的节目表，点击"Yes"，软件开始上传节目表，同时【FTP 记录】区域内有上传进程显示。上传完成后，如显示"Sending auto reload command succeded."，表示上传成功。

也可以在主界面下，从【文件】→【快速 FTP 上传】上传节目表，上传成功后，机器自动重启 GUI，我们就可以享用编辑好的节目表选台了。

9.4.3　自定义组频道编辑——Web 自定义组编辑器插件

Web 自定义组编辑器是一款可以在 Web 页面里，对 DM800 自定义组进行频道名称、排序、加锁、删除等编辑的插件。使用时，从浏览器地址栏输入"http:// DM800 IP 地址"，进入 Dreambox WebControl 页面中，再从【Extras】→【BouquetEditor】进入 Web 自定义组编辑器页面，也可以直接在浏览器地址栏输入"http:// DM800 IP 地址/bouqueteditor/"进入，如图 9-32 所示。

Web 自定义组编辑器插件可以在 Web 页面里对自定义组进行频道名称、排序、加锁、删除等编辑，编辑后 DM800 的电视屏幕上就会立刻显示出编辑效果，而无需再像 DreamBoxEdit 等频道编辑软件那样，必须通过下载、编辑、上传、重启等繁琐的操作后才能够显示出来。

进行重命名操作时，Web 页面会弹出"此网站将使用脚本窗口向您询问信息。如果信任该网站，请单击此处允许脚本窗口……"提示，表示浏览器已阻止这个插件使用脚本程序，只要单击"临时允许执行脚本的窗口"，再次执行重命名即可。

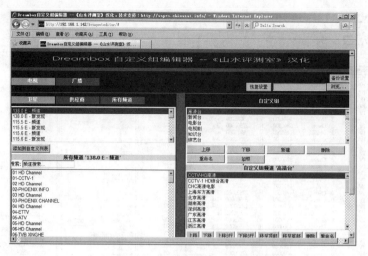

图 9-32　Web 自定义组编辑器页面

　　Web 自定义组编辑器插件备份节目表非常方便，只要点击"备份设置"按钮，机器会自动在/tmp 文件夹下生成一个默认名称为"webbouqueteditor_backup.tar"备份压缩文件，还可以将该文件保存在电脑上，必要时，用来恢复原来的节目表设置。不过由于目前插件的缺陷，无法在 Web 页面上的用"恢复设置"按钮进行恢复，这时可以将备份压缩文件"webbouqueteditor_backup.tar"解压缩后再上传到 DM800 机器中，然后重启 GUI 即可解决。

9.4.4　文件管理——DCC-E2 软件

　　在使用 DM500 机器时，我们已经掌握了 DCC 软件的使用，对于 DM800 来讲，同样可以使用它，不过，如果要安装多系统软件或备份 IMG 的话，最好使用 DCC-E2 软件，它是一款应用于 Enigma2 内核的 Dreambox 系列机 Dreambox Control Center 控制中心软件，兼容 Enigma1 版本。我们采用 v1.50 版本，官方下载网址为 http://www.bernyr.de/dcce2/dcce2_150.zip。

　　（1）安装设置　下载安装完成后，打开软件，首先在【Configuration】配置项目【Network】网络区域内，Language 栏目里选择"English"，然后根据你的连接类型，选择"Router（路由器）"，并且设置好 Dreambox、Router（路由器）的 IP 地址，如果不知道 Dreambox 机器的 IP 地址，有两种方法：

　　① 对于内置 GP3 插件的 IMG，在节目播放状态下，按蓝色键进入蓝色面板，从面【信息】→【硬件】进入，在网络项目上可显示本机器的 IP 地址，如图 9-33 所示。

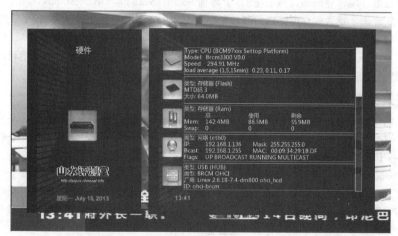

图 9-33　硬件界面

　　② 利用 DCC-E2 软件 IP 地址搜索功能，点击 Dreambox 输入框下的"Search"搜索按钮，在弹出的【Search for IP address DREAMBOX】界面中，再次点击"Search"按钮即可，如图 9-34 所示。

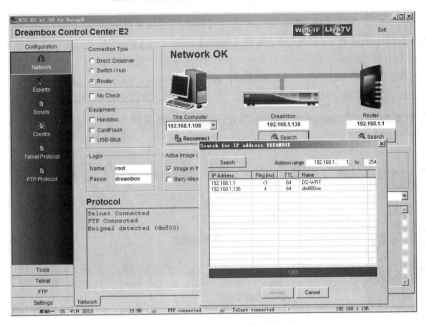

图 9-34　DCC-E2 IP 地址搜索

再点击电脑图标下的"Reconnect"重新连接按钮，此时 This Computer（电脑）到 Dreambox、Router 的连线由红色变成绿色，表示连接成功，同时 DCC 软件最下面显示"FTP connected"、"Telnet connected"和两个绿色方块。

如果显示"绿色 FTP connected"和"红色 Telnet not connected"，一方面可能是防毒软件及防火墙的问题，将它关闭，再重新点击"Reconnect"按钮即可解决；另外一方面可能是你的登录密码不对所致，重新修改登录密码。

（2）文件编辑　在 DCC-E2 软件【FTP】项目【Commander】命令区域内，可以进行文件或文件夹的编辑，只要找到需要编辑的文件，点击鼠标右键，在弹出的编辑菜单中可以进行 View（查看）、Edit （编辑）、Rename（重命名）、Delete（删除）、Attributes（属性）、New Symlink（新建快捷方式）、New Folder（新建文件夹）、Local copy...（本地复制）这些操作，如图 9-35 所示。如果无法进行编辑，请检查电脑的防火墙软件是否阻止了 DCC-E2 软件的执行。

图 9-35　DCC-E2 编辑菜单

点击【Commander】命令区域中间的左右箭头，可以执行相关文件的下载和上传。

（3）查看 FLASH 使用量　在 DCC-E2 软件【Tools】工具项目【Memory Info】内存信息区域内，可以查看机器内部或外置存储器信息（图 9-36），其中 root＋boot 项目可查看机器 FLASH 闪存的使用量。DM800 机器 FLASH 闪存容量是 64MB，在 root＋boot 项目总容量（Total）为 60MB＋3MB＝63MB，大致相当，已使用容量（Used）为 54MB＋2MB＝56MB，大致反映出机器 FLASH 闪存的使用量。

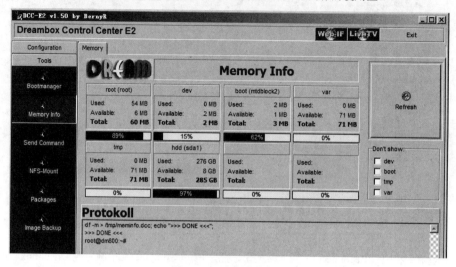

图 9-36　存储器信息

DM800 机器 FLASH 容量是有限的，请不要安装过多的插件，确保 root 项目的使用率不能超过 92％，也就是机器 FLASH 剩余空间不低于 8％，否则机器因运行缓冲空间过小而易死机。

（4）插件安装和卸载　DCC-E2 软件可以提供 IPKG Packages、Telnet 两种方法进行 ipk 插件的安装和卸载，推荐使用 v1.20 版本。

① 从【Tools】工具项目【IPKG Packages】区域内，对标注"*"的插件进行按"向左箭头"的图标可卸载，对于未标注"*"的插件进行按"向右箭头"的图标可安装，如图 9-37 所示。

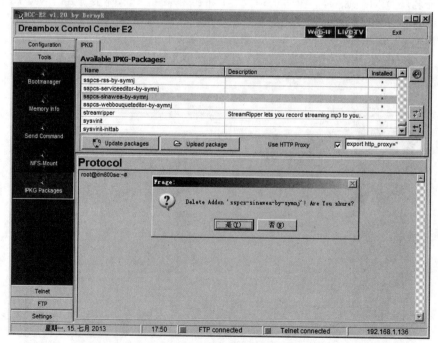

图 9-37　IPKG Packages 界面

② 安装指定 ipk 插件时，首先将这个 ipk 插件上传到 DM800 机器的/tmp 文件夹下，然后从【Telnet】界面输入以下代码：

cd /tmp

ipkg install *.ipk

其中*为插件名称，按回车键机器就会自动安装。安装完后一般有 Configuring.....提示，具体如图 9-38所示。

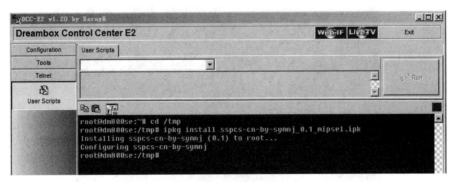

图 9-38　Telnet 界面

对于 Telnet 界面下的 ipkg 命令代码参考表 9-1 所示。

表 9-1　Telnet 界面下的 ipkg 命令代码

操 作 命 令	Telnet 代码	说　　　明
安装	ipkg install *.ipk	
强制安装	ipkg install --force-overwrite *.ipk	*为 ipk 的文件名
卸载	ipkg remove *	
查看已安装软件列表	ipkg list_installed	
来更新软件源	ipkg update	下载最新软件列表到本地
更新所有已安装软件	ipkg upgrade	

9.4.5　系统设置备份和恢复

经常刷机的用户，每次刷写新 IMG 时，都需要进行一番卫星的配置和频道台标的输入，这很是麻烦。其实只要采用 DM800 整合版内置的系统设置功能，就可以轻松快捷地将旧版本 IMG 中用户的系统设置，恢复到新刷写的 IMG 中。

（1）备份系统设置　在主菜单下，从【设置】→【软件管理】（图 9-39），选择【备份系统设置】，按 OK键执行备份。

图 9-39　软件管理

然后将刚才/media/hdd/backup 文件夹中的备份文件"enigma2settingsbackup.tar.gz"下载保存到电脑中。

（2）**恢复系统设置**　待新 IMG 刷写完成后，首先将刚才的备份文件，上传到 DM800 机器的 /media/hdd/backup 文件夹中，如果没有 backup 文件夹，请自行创建。然后选择恢复系统设置，按 OK 键执行恢复，恢复成功后，机器自动重启 GUI，这样原来旧 IMG 的系统配置就轻松地恢复到新 IMG 中，是不是很方便快捷？

（3）**高级选项**　【软件管理】下的【高级选项】界面里还提供的高级恢复、选择备份位置和选择备份文件功能（图 9-40），用户也可以对备份的文件和文件夹进行个性化选择（图 9-41）。

图 9-40　高级选项

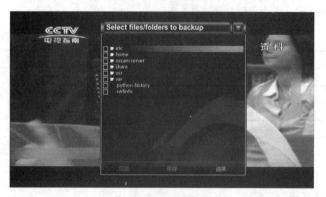

图 9-41　选择备份文件

用户也可以选择所需要恢复的文件，当然这是针对你有多个不同日期的备份文件而设置的，如图 9-42 所示。

图 9-42　选择恢复文件

9.4.6　RJ-45 网口升级

RJ-45 网口配合 Web 页面刷写，刷机速度较快，一般两分钟即可完成。首先将 DM800 机器置于局域网中，局域网中有一个具有 DHCP 功能的有线或无线路由器或者家庭网关，还需要一个台式电脑或笔记本电脑，然后进行如下操作。

① 先将 DM800 关机，按住前面板的待机按钮，然后给机器通电，当屏幕显示 IP 地址和"***stop***"字符时，松开按钮。请注意，这个 IP 地址并不是之先设置的 IP 地址，而是机器通过 DHCP 功能自动获得的。

② 在局域网内的电脑 IE 浏览器里输入机器的 IP 地址，就会出现一个 DM800 机器的 bootloader Web 页面，里面有很多项目和提示（图 9-43）。

图 9-43　bootloader Web 页面

③ 刷机时，选择最下面的"Firmware upgrade"按钮，进入固件升级界面，点击"浏览"按钮，选择需要上传的 IMG（图 9-44）。

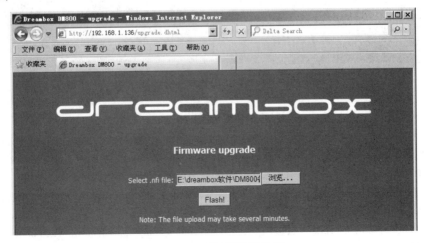

图 9-44　Web 页面刷写界面之一

213

④ 点击"Flash!"按钮，电脑开始上传 IMG，根据局域网的环境对上传速率的影响，上传时间大小不等，大约 30s 左右，Web 页面出现 Flash 刷写进度显示条（图 9-45）。此时，我们可以勾选"Reboot automatically after flashing"的选项框，这样 IMG 刷写完成后，DM800 机器会自动重新启动。

图 9-45　Web 页面刷写界面之二

如果 Flash 刷写进度显示条停止不动，请检查网线是否连接正常，然后重新进入 Web 页面再次刷写，在 Web 页面刷写时，请不要关闭 DM800 电源！大约 2 分钟左右，进度条显示 100%，刷机完成。

如果提示"IMAGE FOR WRONG ARCHITECTURE"，表示 IMG 错误，不是当前刷写机器对应的版本，请重新选择版本。如果刷写时出现如图 9-46 所示的"too much data (or bad sectors) in ……"提示，表示有坏扇区，需要通过 DreamUp 软件来解决，详见下文介绍。

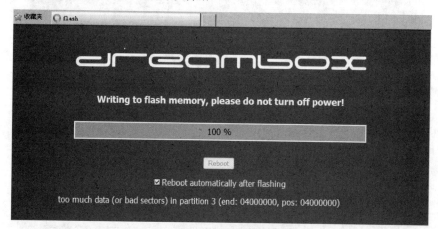

图 9-46　Web 页面刷写错误提示

9.4.7　RS-232 串口升级——DreamUp 软件

对于采用 Web 页面无法刷机，就需要通过 RS-232 串口配合 DreamUp 软件来解决了，对于采用的 Enigma2 内核的 DM800 机器，应使用较新的版本，我们使用 V1.3.3.4 版本。刷写前先用两头均为 DB-9 母头的交叉串口线将 DM800 和电脑连接好，也连接好网线。

（1）RS-232 串口升级操作　① 打开 DreamUp 软件，根据 DM800 机器占用的串口选择正确的串口号，并且选勾【Use Network】（使用网络）功能，点击"connect"连接按钮，这时按钮会显示"Disconnect"，同时界面【Progress】进度区域里的 Status（状态）项目会显示"Connection prepared, now switch on the dreambox！"，其意为"连接已准备好，现在打开机器电源"（图 9-47）。

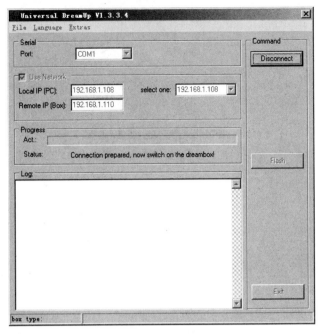

图 9-47　DreamUp 软件界面

②　插上 DM800 机器电源，出现图 9-48 的界面，首先出现"uploading flash-loader...（上传 Flash 下载器）"的进程显示，伴随 Act（过程）项目蓝色的进度条向前走动。这个过程是在串口设置正确的情况下才会出现的，并在【Log】日志区域里会显示 DM800 机器型号等参数，此时机器显示屏满屏显示"Dream Multimedia"。

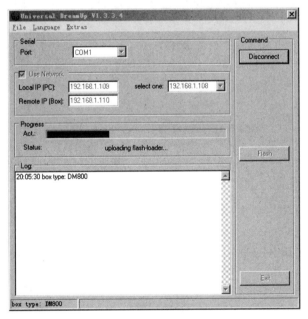

图 9-48　上传 Flash 下载器

如果没有这些显示，说明电脑与 DM800 机器之间没有建立通信，大多数是电脑串口或交叉线有问题。此外，也可能是 DM800 机器未正常启动所致。

③　待上传完成后，会显示"Box is in serial HTTP mode（机器在使用串行 HTTP 模式）"界面（图 9-49），界面的右边【Command】命令区的 Flash 按钮会从灰化中恢复过来，同时机器的 OLED 屏最下面显示"SERIAL MODE"（串行模式），这样就可以给系统安装 IMG 系统文件了。

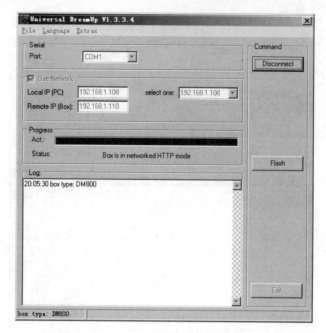

图 9-49　DM800 机器附属设备准备就绪

④ 按"Flash"钮，在电脑里面找到需要升级的 IMG 文件，点击"打开"按钮，这样就进入自动刷写过程。首先，软件对上传的文件进行"Calculating checksum...（核对校验）"，文件没有错误的话，随即进行"Uploading file to box...（上传文件到机器）"这个 IMG 数据上传过程，如图 9-50 所示。

图 9-50　上传文件到机器

界面【Log】日志区域里显示上传进程，最下方显示上传速率和剩余时间。刷机时就会调用网口将电脑中的 IMG 文件快速地上传到 DM800 机器的内存中，上传速率可高达 1000kb/s 以上。如果没有连接网线，或者是网络问题使得软件在 Ping DM800 机器 IP 地址不成功，只能单独用串口模式升级，此时数据传输很慢，数据传输速率在 10kb/s 上下，需 1 小时占用。

⑤ 文件上传成功后，软件进行"box is flashing from its memory...（机器正在刷写存储器）"，如图 9-51 所示。

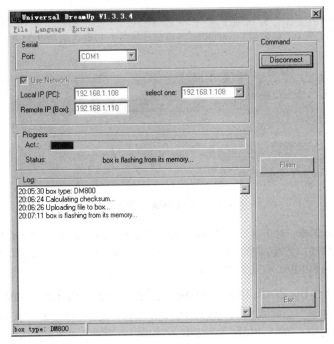

图 9-51　机器正在刷写存储器

⑥ 最后显示刷机成功（图 9-52），按"OK"键确认后，点"Disconnect"键断开连接并退出 DreamUp 软件，拆掉串口线。

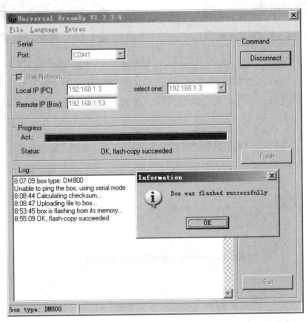

图 9-52　刷机成功

这样就完成了串口刷机的工作，彻底断电后，再重新启动 DM800 机器，即可使用新的系统软件了。

（2）坏扇区解决方法　在刷写时，如果 DreamUp 软件【Log】日志区域里显示类似如下提示：

Log: +++ 006 verify failed, at 0003c000: e0. Block will be marked as bad.

Flashing failed (!!! 005 too much data (or bad sectors) in partition 1 (end: 00040000, pos: 00040000)), box will be unusable now!!

其意是：FLASH 芯片有太多的坏扇区，无法刷写。这时我们在刷写前，先点击 DreamUp 软件菜单栏的【Extras】（附加）功能，勾选"recover bad sectors"（修复坏扇区）功能，如图 9-53 所示，再按照上述方法重新刷写一次就可解决。

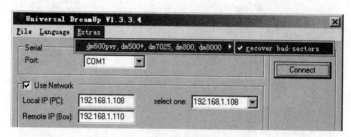

图 9-53　勾选修复坏扇区功能

（3）DreamUp 版本选择　对于抄板 DM800 机器，建议使用 DreamUp V1.3.3.4 版本，使用 V1.3.3.5～V1.3.3.7 版本会出现网络接口无效，刷写很慢。使用 V1.3.3.8～V1.3.3.9 版本无法刷写，屏幕会显示：→ error！look at www.dm7020 com *ERR01:NO CA FONND，如图 9-54 所示。

9.4.8　No ca found by 2nd stage loader 修复——DreamUP_patched 软件

对于抄板 DM800 机器，如果采用的是低版本的 SIM 卡，但刷写了高版本的 IMG，例如只支持 SSL72 SIM1.0 卡的机器，刷写 SSL84 版本的固件，开机后，机器 OLED 屏幕会出现如图 9-55 所示的错误提示画面。

图 9-54　屏幕错误提示

图 9-55　屏幕错误提示

此时采用 DreamUp 软件刷写，会出现如图 9-56 所示的提示："No CA found by 2nd stage loader, please contact support at dream-multimedia！"，其意思是"第二引导驱动发现没有 CA，请联系 dream-multimedia 需求技术支持"，确认后，"Flash"按钮灰化，无法执行操作。此时机器 OLED 屏幕出现 IP 地址，但也无法采用 Web 刷写。

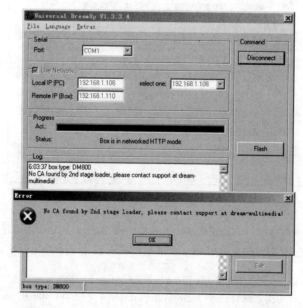

图 9-56　No CA found by 2nd stage loader 错误

遇到这种情况，有两种解决方法：①不选勾【Use Network】（使用网络）功能，只通过串口进行 DreamUp 软件刷写，不过刷机过程很慢，需耐心等待；②使用 DreamUP_patched 软件进行修复。

具体方法如下。

① 运行 DreamUP_patched_by_forhike_and_natas 软件，当同样出现上述错误提示时，先按 OK 按钮关闭错误提示，如图 9-57 所示。

图 9-57 "Flash" 按钮灰化

② 打开 DM800_repair 修复程序，并点击"DREAM"图标，再点击 DreamUP 中的"Flash"按钮，按钮由灰化转为可操作了，选择 IMG 刷写，如图 9-58 所示。

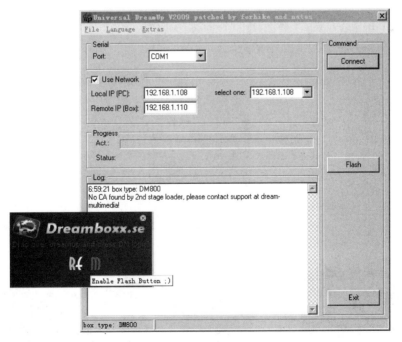

图 9-58 "Flash"按钮可操作

③ 如果此时出现图 9-59 的"file to big!"（文件大）提示时，可根据机器 OLED 屏幕显示的 IP 地址再通过 Web 页面刷写即可解决。

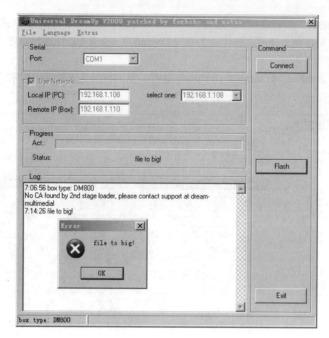

图 9-59　file to big 错误

9.4.9　SIM2 卡 NO CA FOUND 修复——NCF SIM2 v2.5 软件

对于采用 SIM2 卡的抄板 Dreambox 机器，当出现类似图 9-60 的"NO CA FONND"错误提示时，除了采用上面的方法解决外，还可以采用 SIM2 卡专用的 NCF SIM2 v2.5 软件。

具体操作如下。

① 首先用网线、交叉串口线连接好故障机器，然后设置好串口号和 SSL 版本，如图 9-61 所示。如果你之前 DM800 机器采用的 SIM 2.01 卡刷写 ssl75 的 IMG 工作正常，现在刷写了 ssl84b 版本后，出现上述错误，那请在【SIM2 SSL-BT】下拉菜单里选择"DM800-sim2.01-ssl75"。

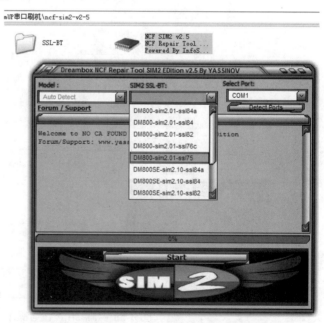

图 9-60　屏幕错误提示　　　　　图 9-61　NCF SIM2 v2.5 软件设置

② 点击"Start"开始按钮，同时打开 DM800 机器电源，NCF SIM2 v2.5 软件开始采用 ssl75 引导驱动修复

"NO CA FONND"，修复成功后会有提示，如图 9-62 所示。

图 9-62 NCF SIM2 v2.5 软件修复成功

③ 此时，机器的 OLED 屏幕出现 IP 地址，再通过 Web 页面刷写即可解决。

9.4.10 Dreambox 工具包——Dreamoem Toolbox 软件

由 sim2 团队发布的 Dreamoem Toolbox 工具包集成了多种常见的 Dreambox 软件（图 9-63），包括 Sunray4、DM800 se、DM800、DM500 串口刷机软件、DCC-E2 文件管理、Dreambox 播放器、DreamBoxEdit 频道编辑、开机画面制作等。

图 9-63 Dreamoem Toolbox 工具包

下面简单介绍其中的几个实用小软件

（1）画面生成和更换——**Dream Logo Generator** Dream Logo Generator 软件可以更换 DM800 机器开机启动画面（bootlogo.mvi）、开机初始化画面（bootlogo_wait.mvi）、开机加载画面（backdrop.mvi）、关机画面

（switchoff.mvi），软件下方设置了上传各个画面对应的按钮。

更换时，先按软件上方的齿轮按钮，打开一幅必须是 1280×720 的 JPG 图片，然后软件自动将它转换符合 M800 机器的 MVI 格式的画面，如图 9-64 所示，再设置好 IP 地址、用户名、密码即可 FTP 上传。

图 9-64　Dream Logo Generator 界面

上传完成后，按"是"按钮重启机器，就可以看自己 DIY 出来的画面了。

（2）截图小软件——**Dream Capture**　Dream Capture 是个 Dreambox 机器的屏幕截图软件，使用很简单，首先设置好网络参数，再按"CONNECT"连接按钮，连接成功后，在【Monitor】监控区域有显示。截图前，可以设置截图的画质（JPEG Quality）、分辨率（Resolution）和宽幅比（Format Aspect Ratio），按照相机图标即可截图，如图 9-65 所示。

图 9-65　Dream Capture 界面

截图为 JPG 格式，保存在和 Dreamoem Toolbox 工具包同一目录下。

该软件缺点是不能按照原码分辨率截图，实际上，我们只要在 IE 浏览器输入" http:// DM800 IP 地址/grab?"，即可获取原码分辨率的画面+OSD 菜单 BMP 位图。如果感觉图片容量太大，可输入"http://DM800 IP

地址/grab?format=jpg"，即可获取 JPG 格式的原码图片。举一反三，将"format="后面的"jpg"更换为其他图片格式的后缀，就能够获得该格式的图片。

（3）**寻星小软件—— Enigma Signal Meter**　Enigma Signal Meter 是一款寻星小软件，如图 9-66 所示，设置好 IP 地址和密码后，按"Connect"连接按钮后，可显示机器里面各个频道的 SNR 百分比、dB 值、BER 误码率、AGC 参数（图 9-67），并且采用英文男声播报 SNR 百分比数值。

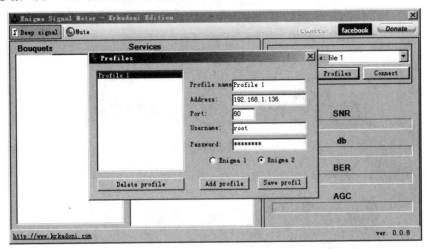

图 9-66　Enigma Signal Mete 设置

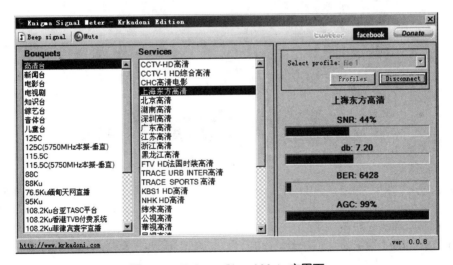

图 9-67　Enigma Signal Mete 主界面

采用该软件配合带 WiFi 功能的笔记本电脑，在室外细调天线时参考，还是很方便的。

9.4.11　Dreambox 系列高清机 BIOS 设置详解

在 Dreambox 系列高清机中，均有一枚 OTP EPROM 芯片 M27W40180K6L，相当于电脑主板的 BIOS 芯片，因此也有和电脑类似的 BIOS 界面，这就是【Dreambox Advanced Setup Utility】高级设置实用程序界面。在进行 Web 刷机准备前，从电脑的【开始】→【运行】，输入"telnet Dreambox 机器 IP 地址"即可进入。在该界面里，可以通过键盘上下左右方向键来操作项目，回车键选择项目。

下面以 DM800 机器为主，详细介绍 BIOS 项目的设置。

（1）**Information（信息）界面**　该界面显示 DM800 机器的基本信息，如图 9-68 所示，有【Product】（产品名称）、【Booloader Version】（引导程序版本）、【Board revision】（版本）、【Serial Number】（序列号）、【MAC Address】（MAC 地址）和【Production Date】（生产日期）六个显示项目。

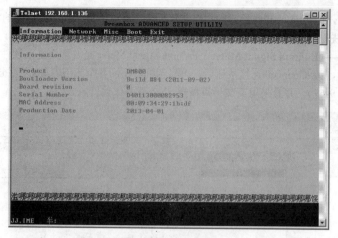

图 9-68　信息界面

（2）**Network（网络）设置**　该界面显示 DM800 机器的网络设置，如图 9-69 所示。

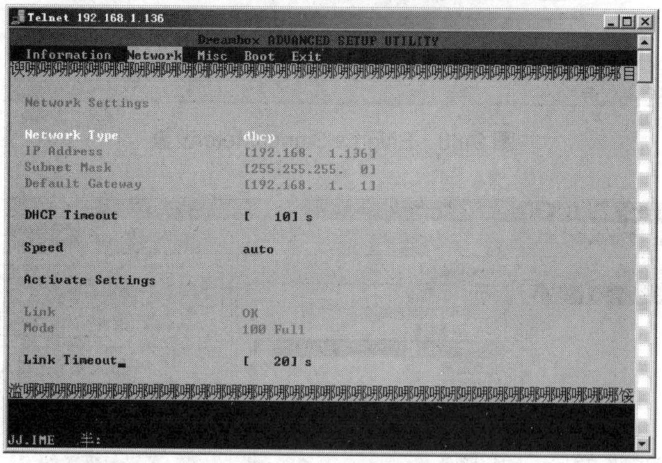

图 9-69　网络界面

【Network Type】（网络类型），有 dhcp、manual（手动）、disabled（禁用）三个选项，例如我们要固定机器为某应该指定的 IP 地址，就选择"manual"，此时，下面灰化的【IP Address】（IP 地址）、【Subnet Mask】（子网掩码）、【Default Gateway】（默认网关）三个选项就变得可以操作了。

【DHCP Timeout】（DHCP 超时），IP 地址分配给客户机的时间，超过设定的秒数，分配给客户机的 IP 地址将被收回。

【Speed】（传输速率），有 auto（自动）、100 full、100 half、10 full、10 half 五个选项，其中 full 表示全双工，half 表示半双工，默认设置为"auto"，也可以设置为"100 full"。

【Activate Settings】（激活设置），执行后，机器自动重启来激活网络设置。下面灰化的【Link】（链接）、【Mode】（传输速率模式）为显示项目。

【Link Timeout】（链接超时），设置超过多少秒后关闭链接。

（3）**Misc（杂项）设置**　该界面显示 DM800 机器的一些杂项设置，如图 9-70 所示。

【Debug】（调试），默认为禁用状态。

【RXVT Terminal Mode】（RXVT 终端模式），RXVT (ouR eXtended Virtual Terminal)是一款 X 窗口系统的终端模拟器，默认为禁用状态。

【no background color】（无背景色），激活时，BIOS 菜单栏的五个界面选项中，只显示当前选项。

针对第一幅 Bootlogo 画面设置有两个选项：【Video Mode】（视频模式），有 auto（自动）、off（关闭）、PAL、NTSC、720p50、1080i50、720p、1080、640×480、800×600、1024×768 这 11 种模式，默认为"auto"，

应根据你的电视机能够显示的视频格式进行设置，否则可能无法显示开机画面，如果选择"off"，DM800 机器运行后会出现错误，DM800 se 机器也无法正常启动。【Color Format】（色彩格式），有 CVBS、S-Video、RGB、YUV 四种选择。

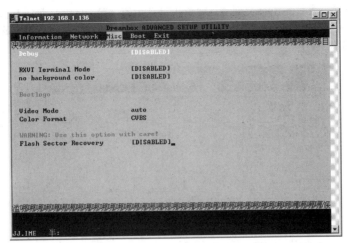

图 9-70　杂项界面

【Flash Sector Recovery】（闪存扇区恢复），默认为禁用状态，当遇到因坏扇区而无法刷写软件时，除了前面介绍的方法外，也可以启用该选项来解决。有时机器无法启动，也可以启用该选项试一试。

（4）**Boot（引导）设置**　该界面显示 DM800 机器的引导顺序（Boot Order）的设置参数，如图 9-71 所示。

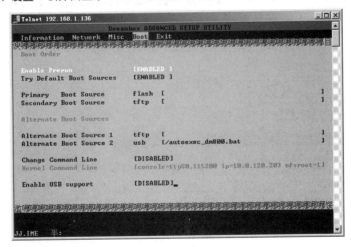

图 9-71　引导界面

【Enable Prerun Mode】（启用预运行模式），默认为启用状态。

【Try Default Boot Sources】（尝试默认开机来源），默认为启用状态。

【Primary Boot Source】（第一引导来源），有 flash、cf、usb、none、stop、tftp 六个选项（以下引导来源都有这六个选项），通过键盘的 PgUp/PgDn 键选择，默认为"flash"，即机器的 FLASH 芯片内部程序作为主系统。

【Secondary Boot Source 】（第二引导来源），默认为"tftp"。

Alternate Boot Sources（备用引导来源）有两个选项：【Alternate Boot Source 1】（备用引导来源 1），默认为"tftp"。【Alternate Boot Source 2】（备用引导来源 2），默认为"usb"，执行"autoexec_dm800.bat"自动批处理文件。

【Change Command Line】（更改命令行），默认为禁用状态，当设置为启用时，灰化的【Kernel Command Line】（内核命令行）可就操作。默认为"console=ttyS0,115200 ip=10.0.120.203 nfsroot=1……"或

225

"console=ttyS0,115200 ip=dhcp root=/dev/nfs rw"。

【Enable USB support】（启用 USB 支持），默认为关闭状态，如需要可启用。

在 Boot 界面中，可以设置各个设备引导顺序，例如我们可以设置 U 盘为第一引导设备，将 U 盘刷写好 IMG，并进行相关设置，然后在 Boot 界面进行如图 9-72 所示的设置，再将 U 盘插入机器中，机器会优先通过 U 盘的 IMG 进入系统，类似 Barry Allen 多系统插件功能，如果没有检测到 U 盘，就按顺序由第二引导来源机器 flash 来进入系统。

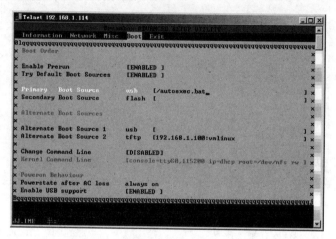

图 9-72　引导界面优先采用 U 盘启动

在 DM800 se、DM8000 机器中，Boot 界面增加了【Powerstate after AC loss】选项，如图 9-73 所示。

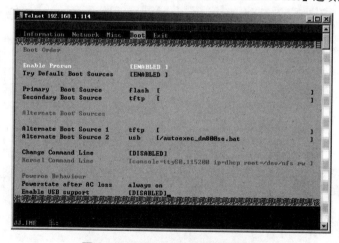

图 9-73　DM800 se 机器引导界面

【Powerstate after AC loss】（电源中断后状态），有 always on（始终开启）、always off（始终关闭）、as before（和之前一样）三个选项，默认为"always on"。其中 always off 表示关闭深度待机这个功能，也就是如果机器一旦深度待机时，BIOS 系统会自动执行将机器重新启动工作，使得机器没有深度待机这个状态。

（5）**Exit（退出）设置**　该界面显示 DM800 机器退出保存的设置，如图 9-74 所示。

【Abort (no save)】[退出（不保存）]，　不保存 BIOS 界面所有的设置，直接退出重启。

【Use Settings Once】（一次使用设置），只保存当前开机设置有效，下次开机会恢复之前状态，也就是说，该选项仅仅为测试选项，如果对 BIOS 设置没有把握，可以使用该选项。

【Save Settings】（保存设置），保存所有的设置。

【Save Settings and Reboot】（保存设置并重新启动），保存所有的设置并重新启动机器。

【Power Down with saving】（掉电保存），断电后，自动保存刚才的设置。执行后，机器处于深度待机状态。

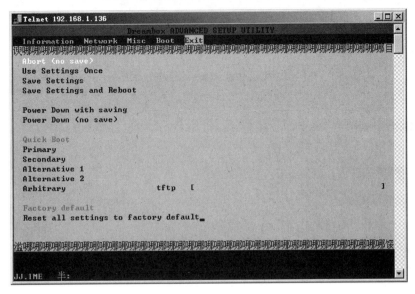

图 9-74 退出界面

【Power Down (no save) 】[掉电（不保存）]，断电后，不保存刚才的设置。执行后，机器处于深度待机状态。

Quick Boot（快速启动）项目有【Primary】（第一引导来源）、【Secondary】（第二引导来源）、【Alternative 1】（备用引导来源 1）、【Alternative 2】（备用引导来源 2）、【Arbitrary】（随机）、【Factory default】（出厂默认）六种，均是针对各自引导方案执行快速重启启动的。

【Reset all settings to factory default】（将所有设置重置到出厂默认设置），执行它，所有的 BIOS 设置均恢复到出厂状态并且机器自动重启。

（6）通过超级终端进入 BIOS 界面

用户在设置中，如果不慎将 BIOS 中的【Network Type】选项给禁用了，那么 Dreambox 机器就无法通过网线连接网络了，也不能通过上述 Telne 方法进入了，这时候可采用串口（DM500 HD、DM800 se 是 mini USB 接口）连接，通过超级终端来进入 BIOS 界面，接线接方法和 RS-232 串口刷写前的方法一样。

以 Windows XP 操作系统为例，超级终端如何设置和进入方法如下：

① 首先点击电脑桌面的【开始】→【程序】→【附件】→【通讯】→【超级终端】，弹出【连接描述】界面，给新建连接起一个名字，譬如"DM800"（图 9-75）。

② 按"确定"按钮，弹出【连接到】界面，在"连接时使用"项目栏选择"COM5"端口（图 9-76），具体串口号可到电脑的设备管理器界面查询。

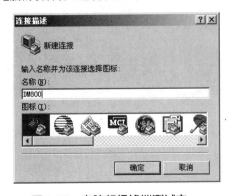

图 9-75 电脑超级终端测试之一

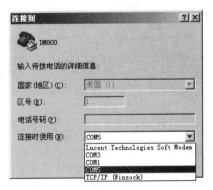

图 9-76 电脑超级终端测试之二

③ DM800 机器串口采用全双工的串行通信接口且为标准的 DB9 接口连接器，其传输参数：115200bps 波特率，8 数据位，无奇偶校验，1 停止位。因此按上述参数对"COM5"端口进行设置（图 9-77）。

④ 设置完成后，就进入 DM800 的超级终端界面，然后打开 DM800 机器电源，同时迅速按住电脑键盘上的"S"键（请注意：输入法必须置于"EN"英文状态下），不一会儿就进入了 DM800 机器超级终端的 BIOS 界面（图 9-78），就可以重新设置了。

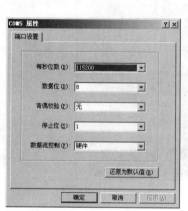

图 9-77　电脑超级终端测试之三

图 9-78　DM800 机器超级终端 BIOS 界面

9.5　硬件打磨

9.5.1　加装 WiFi 功能

购买配套的 Dreambox 高清机 WiFi 模块配件（图 9-79），也可以为 DM800 se、DM800 机器加装 WiFi 功能。

（1）DM800 se 机器加装方法　DM800 se 机器内置了 USB 接口插针，加装方法很简单。

① 拆开机壳和背面板，更换配件中提供的背面板，加装固定好背面板、WiFi 模块。

② 将原来前面板 USB 接口和主板上的 J1000 连接的插针拔下，放置在卡座背面固定好，以避免插卡时阻挡，或者阻碍散热风扇运转。

③ 将提供的数据线连接好 WiFi 模块和 J1000 插针，其中和 WiFi 模块的连接是从电源开关两个引脚的中间插入，线序如图 9-80 所示。

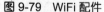

图 9-79　WiFi 配件

图 9-80　DM800 se 机器连接线序

（2）DM800 机器加装方法　DM800 机器没有内置的 USB 接口插针，加装需要动用电烙铁，只适用于具有一定无线电基础的用户操作。

① 拆开 DM800 机壳和背面板，将背面板上的 eSATA 接口拆除，将图 9-81 中的红圈位置的孔用电钻扩大，以便装 WiFi 模块天线接口。

② 剪掉模块一端引线插座，露出 VBUS +5V、DATA-、DATA+、GND 四根线头，按照图 9-82 线序用电烙铁焊接到电路主板背面板 USB 座对应引脚上。线序千万要焊接正确，否则有可能会损坏机器主板或 WiFi

模块。

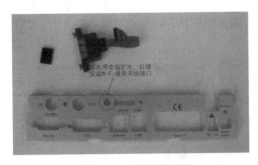

图 9-81　加工背面板

图 9-82　DM800 机器焊接线序

③ 加装固定好背面板、WiFi 模块（图 9-83）所示，安装完成的 DM800 机器如图 9-84 所示。

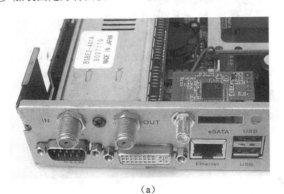

（a）

（b）

图 9-83　固定 WiFi 模块

图 9-84　带有 WiFi 功能的 DM800 机器

小提示：

加装 WiFi 功能后，DM800 背面板的 eSATA 接口以及和焊接相关联的最下方的 USB 接口功能失效。

9.5.2　DM800 机器超级 DIY

DM800 是一款推出较早的机器，在国外论坛上，有不少超级发烧友摒弃 DM800 机壳，只利用其电路部分，打造出各具特色的外观和功能的 DM800 机器。

图 9-85 是更换铝合金面板的 DM800 机器一组图片，前后面板采用厚实的铝合金拉丝面板，金属加工水平非常高，特别是专门为 OLED 显示屏铣出的圆形窗口，以及金属的待机按钮，尽显豪华高贵。机箱两侧还设计了两个风扇，组成一进一出的散热风道，加强散热。

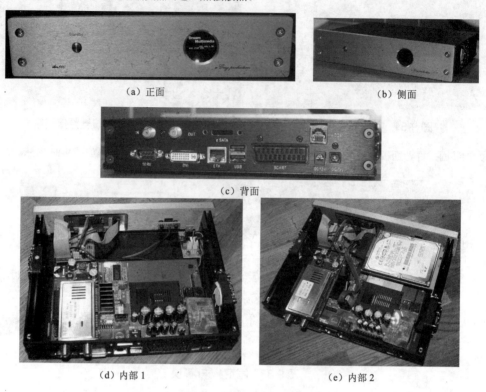

（a）正面　　　　　　　　　　　　　　　　　　　（b）侧面

（c）背面

（d）内部 1　　　　　　　　　　　　　　　（e）内部 2

图 9-85　更换铝合金面板的 DM800 机器

图 9-86 是一款内置五个卡槽的 DM800 机器一组图片，采用更大的外壳，使之可以容纳 3.5 寸硬盘、路由器、五个 CA 读卡器线路板。另外在前面板中间配置一个 LCD 显示屏，原来的 OLED 显示屏置于机壳内。前面板左侧设置了常用的操作按键，使得用户可以直接在机上进行常规的控制操作。

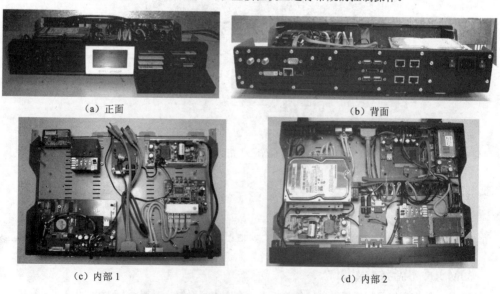

（a）正面　　　　　　　　　　　　　　　　　　　（b）背面

（c）内部 1　　　　　　　　　　　　　　　（d）内部 2

图 9-86　内置五个卡槽的 DM800 机器

图 9-87 是一组堪比 DM8000 的 DM800 机器超级 DIY 图片，从上盖 "dreambox"透明图案透出幽幽蓝光，就看得出这位烧友的创意。该机前面板增加了三个 USB 接口、一个 SD 读卡器、一个 CF 读卡器，背面板增加了了两个 USB 接口、一个 CA 卡槽，使之具备两个 CA 卡槽。还内置了 DVD 光驱、无线路由器整机、专业的开关电源和一个 3.5 寸硬盘。就面板上的 SD 读卡器、CF 读卡器和吸入式光盘出口槽功能来讲，和 DM8000 机器有得一拼。

（a）正面

（b）前面

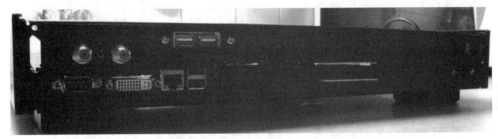
（c）背面

（d）内部 1

（e）内部 2

（f）内部 3

图 9-87　堪比 DM8000 的 DM800 机器

第10章

卫星高清接收机——DM500 HD（博通 BCM7405 方案）

德国 DMM 公司为满足低端用户的需求，于 2009 年 5 月推出的一款售价仅为 299 欧元的 DM500 HD 卫星高清接收机，图 10-1 为在 2009 德国科隆线缆、宽带及卫星技术博览会（ANGA Cable 2009）上，该公司展示的 DM500 HD 样机外观和内部主板结构。

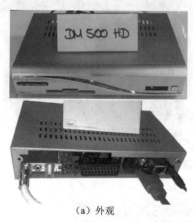
（a）外观

（b）内部主板结构

图 10-1　DM500 HD 样机

经过一年的技术改进，DM500 HD 高清机于 2010 年定型并推向市场，当时在欧洲市场推荐售价为 339 欧元。

10.1　外观功能

DM500 HD 机器体积尺寸和 DM500 标清机完全一样，前面板如图 10-2 所示。左下边是一个裸露的 CA 卡槽，右边是一个待机按钮，上面是一个半透明窗口，显示绿色、红色 LED 两个指示灯的工作状态。

DM500 HD 机器背面板（图 10-3）左边只有一个 DVB-S2/S 的 LNB 输入接口，下面是一个采用 mini-USB B 类型的 SERVICE（服务）接口，通过 mini-USB A－USB A 转接线和电脑连接，用于软件升级，以解决目前笔记本电脑不配备 RS-232 串口，无法刷机的尴尬。在 DM500 HD 机器中已直接采用了 HDMI 接口，还增加了一个直流电源开关。其他的接口功能则和 DM800 一样，只是布局不同，这里不再赘述。

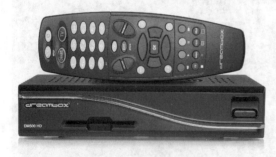
图 10-2　DM500 HD 机器前面板

图 10-3　DM500 HD 机器背面板

DM500 HD 机器所配的遥控器和电源适配器参数和 DM800 的完全一样（图 10-4），只是 DM500 HD 遥控器整体为黑色，没有 DM800 的银色喷漆，避免了遥控器因长时间使用掉漆、磨花的问题。

10.2　电路主板

DM500 HD 机器的内部结构如图 10-5 所示，最引人注目的是 DM500 HD 上盖上有一个散热风扇，通过 4P 插头和主板电路 P1200 插座连接。电路主板背面如图 10-6 所示。

图 10-4　电源适配器和遥控器

图 10-5　DM500 HD 机器内部结构

（a）正面

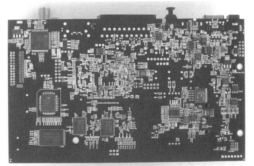

（b）背面

图 10-6　DM500 HD 机器电路主板

10.2.1　主控芯片——BCM7405

电路主板中间覆盖散热片的为 DM500 HD 机器的主控芯片，采用美国 Broadcom（博通）公司 BCM7405 芯片，主频为 400MHz，采用 65nm CMOS 工艺制造，BGA-976P 封装，如图 10-7 所示。

BCM7405 是一款具有 AVC/AVS/MPEG-2/MPEG-4/VC-1 高清视频解码芯片，其性能显著超越以前的工艺，其中包括低功耗、更高的 CPU 和内存性能，以及高集成度。此外，BCM7405 还支持高速 DDR2 及 NAND FLASH 技术。

图 10-8 是 BCM7405 内部功能框图。

BCM7405 内置了一个双核 CMT MIPS32 位 16e 级 CPU，整数处理能力高达 1100 DMIPS（即 1100 百万条指令/秒），高速图形处理（包括视频缩放和运动自适应去隔行），一个数据传输处理器，AVC/AVS/MPEG-2/MPEG-4/VC-1 视频解码器，可编程音频解码器，6 个视频 DAC，1 个音频 DAC，双快速以太网端口（其中

图 10-7　BCM7405 芯片

233

一个集成了 PHY），两个 USB 2.0 接口，1 个 USB 1.1 接口，一个 PCI 2.3/扩展总线，一个高速 400 MHz 的 DDR2-800 内存控制器以及外设控制单元。

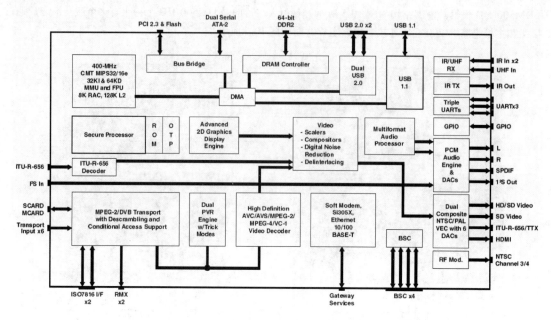

图 10-8　BCM7405 内部功能框图

BCM7405 提供了一个可用于数字机顶盒的最高级别的单芯片系统性能，主要功能特性如下。

① 高清（HD）和标清（SD）同时解码。

② 高性能图形缩放，位图操作和混合。

③ 电脑客户端的应用模式，支持在电视机观看电脑上的内容。

④ 支持待机模式，设备厂商可以非常灵活地配置各种低功耗待机操作模式。

⑤ 集成高级安全的模块，支持实时加密和解密，实现先进的有条件接收和数字版权管理（DRM）。

BCM7405 是一种具有 DVR 功能的高性能、高清晰度的有线、卫星、IPTV 和地面机顶盒单芯片系统解决方案，由 BCM7405 构成一个完整的 DVB 高清接收方案如图 10-9 所示。

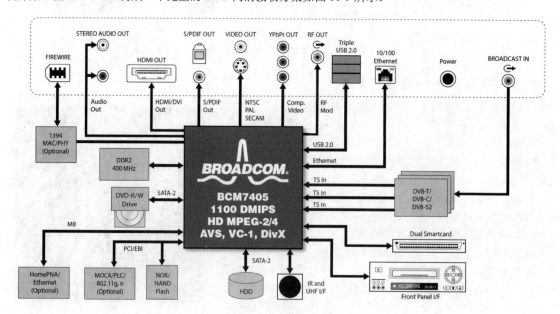

图 10-9　BCM7405 应用方案

BCM7405 性能和 DM8000 采用的 BCM7400 类似，主频均为 400MHz，不过处理能力比 BCM7400 高 100 DMIPS，主频相比 DM800 的 BCM7401 提升了 100MHz 的主频，可以加快高清数据流在的处理速度。BCM7405 支持 AVS Jizhun profile@L2.0/4.0 /6.0 版本标清高清解码，其中高清支持到 720p 和 1080i，支持音频 DTS 转码。此外该芯片还增加了对 DVD-R/W 光驱的支持，并支持 3 个 USB 接口，不过在 DM500 HD 中并未开发这些功能。

BCM7405 和 DM8000 机器采用的 BCM7400、DM800 机器采用的 BCM7401 主要区别如表 10-1 所示，其他性能基本一致。

表 10-1　BCM7400、BCM7401、BCM7405 主要区别一览表

项目	芯片	BCM7400	BCM7401	BCM7405
CPU	主频	400MHz	300MHz	400MHz
	DMIPS	1000	450	1100
	处理器	双线程 MIPS32 位	MIPS32 位 16e	双核 CMT MIPS32 位 16e
音视频处理	通道数	2	1	1
	视频解码	支持 DivX®、MPEG4 ASP 解码	—	支持 AVS Jizhun profile@L2.0/4.0 /6.0 版本标清高清解码，其中高清支持到 720p 和 1080i
	音频解码	—	—	DTS 转码
3D 支持		完整的 3D 图形引擎与 OpenGL®ES1.0 支持	—	—
HDMI/DVI/HDCP 版本		HDMI 1.3a DVI 1.0 HDCP 1.3	HDMI 1.1 DVI 1.0 HDCP 1.1	HDMI 1.3 DVI 1.0 HDCP 1.1
以太网接口（Ethernet）		1	1	2
SATA II 接口		2	1	2
USB 接口		3	2	3
UHF 遥控接收器		2	1	1
智能卡（SmartCard）		3	2	2

10.2.2　存储器

DM500 HD 机器采用 OTP EPROM（U702）＋NAND FLASH（U703）＋4×DDR SDRAM（U100、U101、U103、U104）存储系统方案，如图 10-10 所示。

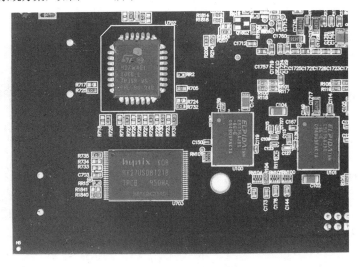

图 10-10　DM500 HD 机器存储器

其中 U702 是意法公司的 OTP（一次性编程）EPROM 芯片 M27W40180K6L，容量为 512KB，相当于电脑主板的 BIOS；U703 是 Hynix（海力士）公司的 NAND FLASH 芯片 HY27US08121B，64M×8bit 结构，容量为 64MB，用于存储接收机的系统软件。这两款芯片和 DM800 所使用的型号一样。

由于 BCM7405 需要 64 位宽的 DDR 内存，故 DM500 HD 机器采用 4 颗 32M×16bit 结构的内存颗粒，主板正面（U103、U104）、背面（U100、U101）各两颗，采用 BGA 封装，型号为日本 ELPIDA（尔必达）公司的 E5116AJBG-8E-E，这是一款 DDR2-800 内存芯片，采用 32M×16bit 结构，存储容量为 64MB，速度 400MHz，四片总容量高达 256MB。相比较 DM800 中使用的 DDR-400 内存芯片，虽然容量一样，但数据存取速度翻倍，更有利于存储高清解码中生成的大量的处理数据，确保 BCM7405 主控芯片高速的高清图像处理能力。

10.2.3　音视频输出接口

DM500 HD 机器的音视频输出可提供数字和模拟两种信号，数字视频接口采用了目前流行的 HDMI 接口，数字音频接口为 S/P DIF 光纤接口。模拟音视频信号可由 SCART 接口提供，可输出 CVBS 复合视频、YPbPr 逐行色差视频和模拟的音频信号。

其中模拟 RGB/YPbPr 接口采用了美国 Fairchild（飞兆）半导体公司的三通道视频滤波驱动芯片 FMS6363（U402），如图 10-11 所示，模拟音频信号是由主板背面的双运放 JRC4580（U400）输出的。

图 10-11　DM500 HD 机器音视频输出接口

10.2.4　eSATA 接口、RJ-45 接口

DM500 HD 机器提供一个 eSATA 接口，用于连接外置串口硬盘；RJ-45 网口，用于和局域网、互联网等外部网络设备的连接。

10.2.5　mini-USB B 接口

mini-USB B 接口仅仅用于串口刷机，在电路主板上有一个型号为 SILABS CP2102（U901）芯片，如图 10-12 所示。

这是美国 Silicon Laboratories 公司生产的 USB 转 UART 专用芯片，CP2102 采用无铅引脚 MLP-28 封装，尺寸仅为 5mm×5mm，占用空间非常小，可使用最少的元件和 PCB 空间将 RS-232 接口设计改成 USB 接口，解决目前电脑没有 RS-232 串口而升级困难的问题，CP2102 典型应用框图如图 10-13 所示。

图 10-12　DM500 HD 机器 mini-USB B 接口芯片

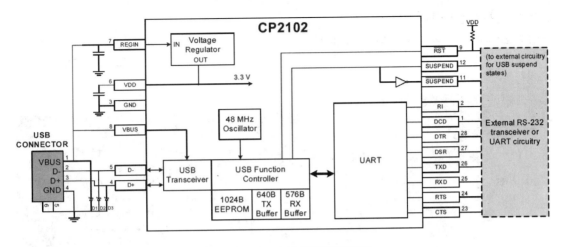

图 10-13　CP2102 典型应用框图

CP2102 内置 USB2.0 全速功能控制器、USB 收发器、晶体振荡器、E²PROM 及异步串行数据总线（UART），支持调制解调器全功能信号，无需任何外部的 USB 器件。其中 E²PROM 存储器用来定制 USB 的 Vendor ID、Product ID、产品描述、电源描述、设备释放号、设备序列号。客户可以在产品生产和测试阶段，通过 USB 读写该 E²PROM。

Silicon Laboratories 公司提供了一个虚拟串口（VCP）驱动程序，它允许基于 CP2102 的产品以串口的形式出现在电脑应用软件中。运行在电脑上的应用软件访问基于 CP2102 的产品如同访问一个标准的硬件串口，能实现所有的 RS-232 信号，包括控制信号和握手信号，而电脑与 CP2102 产品之间实际的数据传送是通过 USB 接口完成的。因此现有的串口应用软件能够用于 USB 与基于 CP2102 的产品之间的数据传送，应用软件不需要做修改。在一些现有的 RS-232 设计中，如果需要改为 USB 设计，可以使用 CP2102 来代替 RS-232 电平变换器。

10.2.6　防抄板器件——SIM 卡和加密芯片

（1）**SIM 卡**　DM500 HD 机器主板左下角为机器加密 SIM 卡，型号为 A8P 卡，该卡是用黑胶封住的（图 10-14），以防止用户擅自拆卸。抄板机器采用 SIM210 卡，如图 10-15 所示。

图 10-14　Security SIM A8P 卡

图 10-15　SIM210 卡

（2）**加密芯片**　和 DM8000 一样，为了进一步防止抄板，增加抄板的成本，在 DM500 HD 机器主板背面中，还有一枚 A3P030（U1201）芯片，用于系统加密（图 10-16）。

这是 Actel 公司 2005 年推出的第三代采用 Flash 架构的 FPGA，属于 ProASIC3/E 系列，采用 VQFP-100P 封装，容量高达 144kB SRAM，具有 288 个用户 I/O，能够实现 3 万到 100 万的门密度。因此该芯片的加密性极较高，解密难度大，无疑解密成本也大大增加。

10.2.7 状态自检指示灯

在 DM500 HD 机器中，DDR2 芯片 U103 的下方，有一排 5 个贴片 LED 发光二极管 D200～D204（图 10-17），用于机器的工作状态的自我检查。当机器刚启动时，这几个 LED 瞬间点亮，正常工作或待机时，D201 和 D204 点亮发红光，如图 10-18 所示。

图 10-16　A3P030 加密芯片

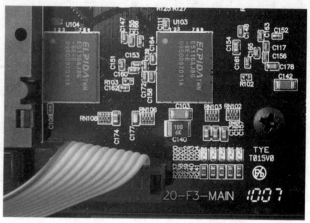

图 10-17　DM500 HD 机器状态自检指示灯

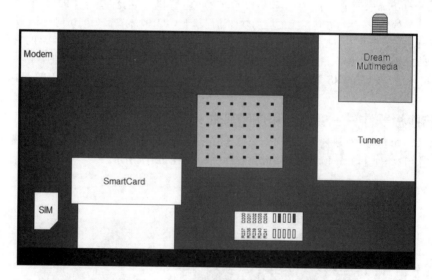

图 10-18　状态自检指示灯工作示意图

遥控器关机时，5 个贴片 LED 熄灭；机器出现故障或死机时，5 个贴片 LED 全亮。根据 5 个贴片 LED 的组合的发光状态，可以反映机器的各种工作状况，再根据厂家提供的故障代码，能够快速地判断机器不正常工作时的故障部位。

10.3　其他电路板

10.3.1　调谐器组件板

DM500 HD 机器的调谐器组件板没有采用 DM800 的接插件结构，而是通过两排 2×13 插针和电路主板焊接在一起的，是不可拔插的（图 10-19）。

组件板前半部被屏蔽罩遮挡，无法看清内部电路，后半部采用博通的 BCM4505 芯片，该芯片内部结构如图 10-20 所示，它集成了 CMOS 调谐器，支持 DVB-S2/S、DIRECTV 以及 8PSK Turbo 解码器。包括有 2 个 8 位 ADC、全数字可变速率 QPSK/8PSK 接收器、高档调制 LDPC/BCH 与 Turbo FEC 解码器以及 DVB-S

兼容的 FEC 解码器。此外还集成所有需要的 RAM，所有的时钟由外接晶振产生。

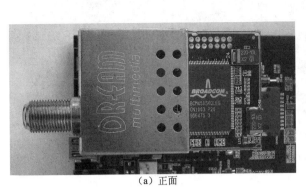 

（a）正面　　　　　　　　　　　　　　（b）侧面

图 10-19　DM500 HD 机器一体化调谐器组件板

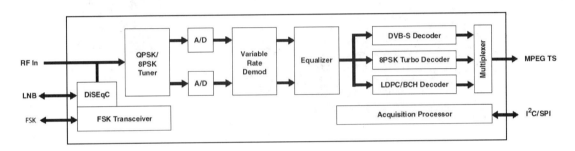

图 10-20　BCM4505 内部结构框图

BCM4505 芯片输入频率范围为 950～2150MHz，支持 DVB-S2/S 调制信号的 1～45MS/s 符码率工作范围。克服了 DM800 机器采用 APLS BSBE2-401A 调谐器符码率超过 30000 kS/s 的 DVB-S2 信号无法接收的现象。

对于 LNB 的控制部分，DM500 HD 机器采用了和 DM800 一样的驱动芯片 LNBH21PD（U1400），只不过 DM500 HD 机器是做在主板上，而 DM800 机器是做在调谐器组件板上。

10.3.2　操作控制板

DM500 HD 机器操作控制板很简单（图 10-21），只有一个按钮、一个一体化红外接收头、一个工作指示的绿色 LED 管（D1600）、一个待机兼作录像闪烁指示的红色 LED 管（D1601）以及几个电阻和电容。

（a）正面　　　　　　　　　　　　　　（b）背面

图 10-21　DM500 HD 机器操作控制板

10.3.3　RJ-11 Modem 电路板

DM500 HD 机器 RJ-11 Modem 电路板（图 10-22），和 DM800 机器的完全一样，可以直接互换。

10.3.4　散热风扇

DM500 HD 机器的散热风扇是安装在上盖板内侧（图 10-23），采用台湾 CHENG HOME 公司的 CHB6012CS 风扇，尺寸：60mm×60mm×15mm，额定工作电压：12V，额定工作电流：0.16A。该风扇采用四根引线，具有 PWM 智能温控、测速功能。

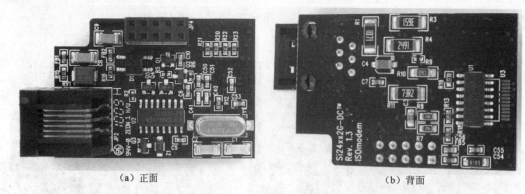

（a）正面 （b）背面

图 10-22　DM500 HD 机器 RJ-11 Modem 电路板

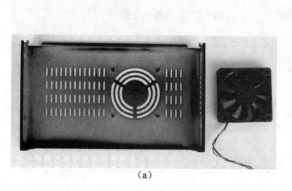 

（a） （b）

图 10-23　散热风扇

10.4　软件使用

10.4.1　硬件信息

以采用 gemini2-500-DM500 HD 官方版本、dtv-glass 皮肤为例，版本信息如图 10-24 所示。

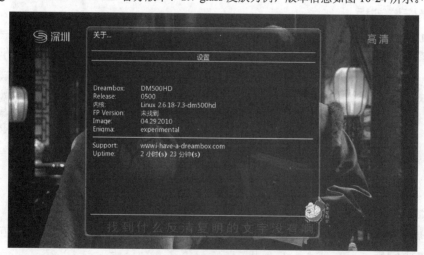

图 10-24　版本信息

对于 DM500 HD 机器的具体硬件信息，可以从主菜单界面下的【信息】→【硬件】中查看，如图 10-25～图 10-27 所示。

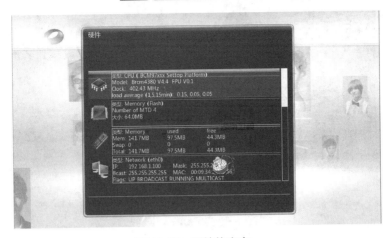

图 10-25　硬件信息之一

图 10-26　硬件信息之二

图 10-27　硬件信息之三

10.4.2　温度和风扇控制

在 gemini2-500-DM500 HD 版本中，内置了温度和风扇控制（Temperature and Fan control）插件。图 10-28 为该插件的设置界面，由于该插件为通用插件，因此对于只有一个散热风扇的 DM500 HD 机器来讲，只能显示"风扇 1"。

图 10-28　风扇控制设置之一

设置很简单，通过左右键调整白色显示条，当白色显示条增长时，对应的风扇工作电压、PWM（Pulse Width Modulation，脉宽调制，即占空比调整）增加，此时可以看到最下面的"Fan 1（风扇 1）"转速 rpm（revolutions per minute，每分钟转数）增大，同时 board（主板）的温度在下降。

当电压的白色显示条缩短不显示时，风扇被关闭，转速显示为"0"，如图 10-29 所示，这种设置可以用于风扇待机状态中。经过我们测试，DM500 HD 的散热风扇可以在 1026～8571r/min 之间作无级调速，极限转速如表 10-2 所示。

图 10-29　风扇控制设置之二

表 10-2　DM500 HD 的散热风扇极限转速测试　　　　　　　　　　　　　单位：r/min

白色显示条	PWM 调节：无	PWM 调节：最小（1 格）	PWM 调节 最大（255 格）
电压调节：无	0	0	0
电压调节：最小（1 格）	1026	1038	3200
电压调节：最大（255 格）	3200	3200	8571

10.4.3　节目搜索和收视

对于采用 BCM4505 调谐器芯片的 DM500 HD 已完美地解决了 DM800 机器采用 APLS BSBE2-401A 不能接收符码率超过 30000 kS/s 的 DVB-S2 信号的问题。以接收亚洲 5 号卫星的 VTC 数码高清平台为例，该系统采用 DVB-S2 信号，符码率高达 43200kS/s，DM500 HD 能够正常地搜索和接收，如图 10-30～图 10-32 所示。

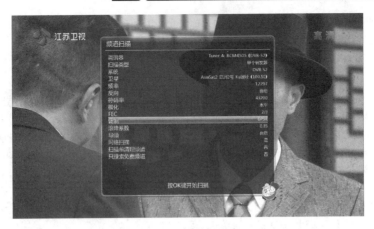

图 10-30　频道扫描之一

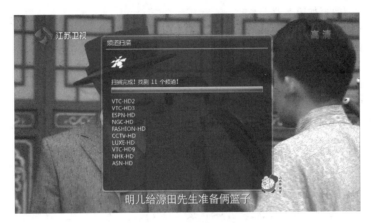

图 10-31　频道扫描之二

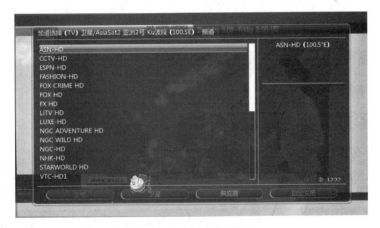

图 10-32　频道选择界面

10.4.4　总评

现在，我们将 2010 年市面上几款代表型的高清机和 DM500 HD 机器作一个简单的功能对比。

（1）门限对比　对于采用 BCM4505 调谐器芯片的 DM500 HD 机器的门限问题，我们和采用国产易尔达 EDS-4B47FF1B 一体化调谐器的 F302+机器、采用韩国 Samsung（三星）DMBU 24511IST 一体化调谐器的长城 318A_S2 机器、采用 GST GS4M18 卫星调谐器+AVL2108（U301）解调器方案的 iCooL 2G 机器以及采用日本 ALPS（阿尔卑斯）BSBE2-401A 一体化调谐器的 DM800 机器一起作对比测试，如图 10-33 所示。

在同等接收条件，接收部分转发器节目，我们发现对接收 DVB-S2 信号，门限从低到高依次为 DM500 HD、iCooL 2G、318A、F302+机器；但对于接收 DVB-S 信号，门限从低到高依次为 DM500 HD、DM800、F302+、318A、iCooL 2G 机器。

（2）开机、待机、换台时间 在未连接硬盘的同等条件下，经测试，DM500 HD 机器在开机启动到正常工作需时间 56～58s 左右，而我们之前测试的 F302+机器为 55～58s 左右，DM800 机器需要 2min 左右，可见，DM500 HD 机器启动速度和 F302+机器相当。

待机再开机，以及在同一个转发器下换台下屏幕出现画面，DM500 HD 机器和 DM800 旗鼓相当。

（3）功耗测试 对于 DM500 HD 机器的功耗，我们和 DM800 打造版机器进行了对比测试。在同等条件下，收看同一个标清频道，测试数据如第 8 章表 8-2。

图 10-33　五款高清接收机

可见，DM500 HD 机器所宣传的待机实现 1W 待机能耗的欧洲环保标准功能是指：在深度待机（即遥控器关机）状态下实现的。而这种状态下是无法进行节目预约录制的。

（4）总结 DM500 HD 机器有如下几个优点。

① 无论是 DVB-S2 信号还是 DVB-S 信号，接收门限在我们评测的几款机器中最低，这主要得益于采用 BCM4505 调谐器整合芯片的卓越性能。另外，BCM4505 芯片驱动支持 SNR 参数的精确显示，dB 值精确到小数点后两位，而 DM800 只能精确到小数点后一位。

② 开机速度较快，这主要得益于新的主控芯片、内存主频有了较大的提升。

③ 工作时机器温升很低，这主要归功于机器内部空间的合理设计以及采用较大尺寸的可调速散热风扇。

不过，也令我们感到遗憾的是 DM500 HD 机器有如下几个大的缺点：

① 没有 USB 接口，不能方便地加载采用 USB 接口的设备，如 U 盘、无线网卡等，不过用户可以添加，详见下文介绍。

② 没有 OLED 显示屏，看惯了 DM800 机器窗口显示，总感到有些不适应。

③ 不能内置硬盘，这是当然的，因为机器型号就是"DM500 HD"，而不像 DM800 的完整型号为"DM800 HD PVR"。

M500 HD 机器是 DMM 公司为满足低端用户的需求而推出的一款产品。当然相比较推出较早 DM800 机器来讲，DM500 HD 机器具有独特的后天优势，主要体现在主控芯片、内存等性能有了极大的提高。不过相对于 DM800 来讲，DM500 HD 机器的接口功能还是显得太少了一些。

10.5　软件升级

10.5.1　软件备份

对于原装的 DM500 HD 机器，其 IMG 固件备份可采用插件备份。以备份 gemini2-500-DM500 HD 版本为例，安装 GP2 IMG 备份插件，该插件可以在硬盘、CF/SD 卡、U 盘或网络挂载上 1：1 备份您的 IMG。安装完成后，从【插件浏览器】界面里运行 GP2 IMG 备份插件（图 10-34）。

备份前，先挂载好硬盘，选择备份位置为保存在硬盘里（图 10-35），设置完成后，开始备份，图 10-36～图

图 10-34　GP2 IMG 备份插件

10-38 为备份进程界面，可以看出，是调用 secondstage-DM500 HD-79.bin 引导驱动的。

图 10-35　选择备份位置

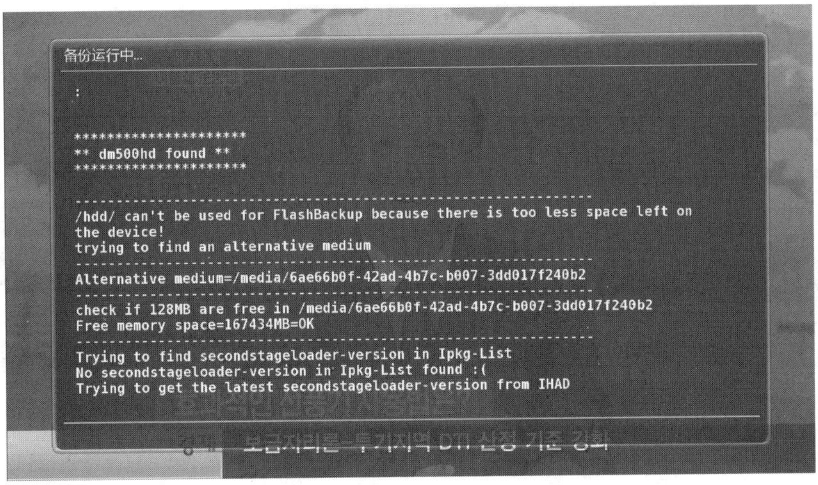

图 10-36　备份运行中之一

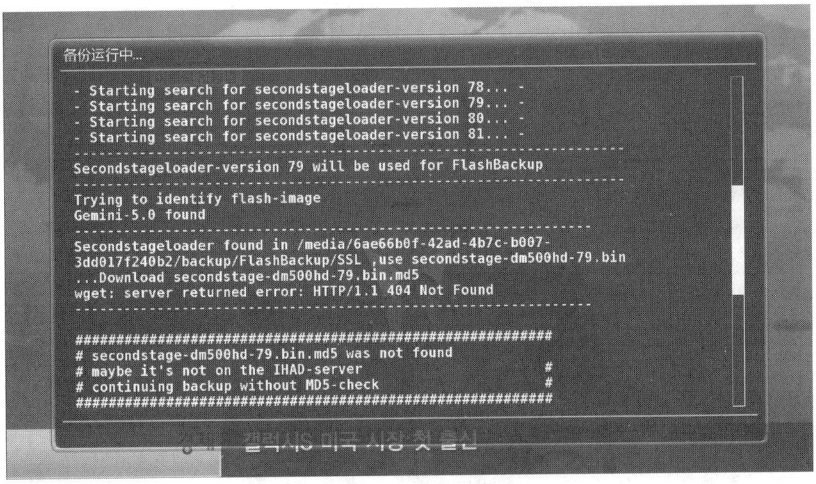

图 10-37　备份运行中之二

图 10-38　备份运行中之三

　　图 10-39 为备份成功界面，这时你可以将备份的文件保存到电脑上，下次就可以使用这个备份 IMG，刷写你的系统了。

10.5.2　RJ-45 网口升级

　　DM500 HD 机器也可以通过 RJ-45 网口配合 Web 页面刷机，和 DM800 方法类似，不过在进行 Web 网刷时，由于没有 DM800 机器的 OLED 屏幕，用户无法识别机器的 IP 地址。此时可以从电视机屏幕上查看机器的网络参数信息，包括其中自动获取的 IP 地址（图 10-40）。

图 10-39　备份成功　　　　　　　　　图 10-40　电视屏幕上查看机器的网络参数信息

　　图 10-41 为 DM500 HD 机器 Web 页面网口刷机界面。

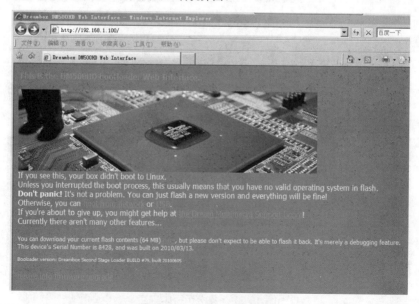

图 10-41　Web 页面刷机

10.5.3　mini-USB 接口升级——DreamUp 软件

初次使用 DM500 HD 机器时，需要刷写第三方 IMG，这样具有更好的可玩性。DM500 HD 刷机可以通过 USB A-mini-USB A 转接线连接电脑和 DM500 HD 机器 mini-USB B 接口（图 10-42）进行刷写。

（1）**安装 VCP 驱动程序**　初次用 mini-USB A－USB A 转接线和电脑连接时，电脑的设备管理器界面下，会出现新设备提示（图 10-43）。这时，我们需要到 Dreambox 的官方网址里下载 VCP 驱动程序"CP210x_VCP"。所谓 VCP 驱动程序，实际上是 USB 转 UART 桥接的虚拟 COM 接口（Virtual COM Port）驱动程序。

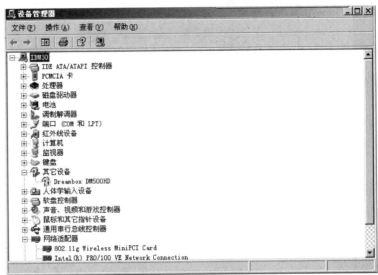

图 10-42　USB A-mini-USB A 转接线　　　　图 10-43　设备管理器

与其他 USB-UART 转接电路的工作原理类似，DM500 HD 机器使用的 CP2102 芯片是通过驱动程序将电脑的 USB 接口虚拟成 COM 接口以达到扩展的目的。也可以说，电脑可以将携有 CP2102 芯片的 DM500 HD 机器看作一个增加的 COM 接口而独立于任何现有的硬件，电脑上的应用软件以访问一个标准硬件 COM 接口的方式来访问基于 CP2102 芯片的 DM500 HD 机器，电脑与 CP2102 间的数据传输是通过 USB 完成的，因此无需修改现有的软件和硬件就可以通过 USB 向基于 CP2101 的器件传输数据。

图 10-44 为 WindowsXP 操作系统下 VCP 驱动程序的默认安装路径。驱动安装成功后，在电脑的设备管理器界面里会出现一个新的类似"COM7"的端口（图 10-45），请记住这个端口号。

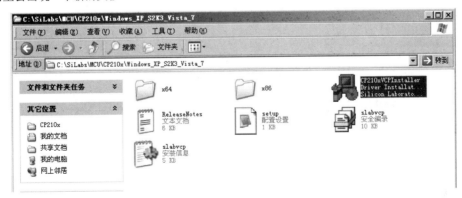

图 10-44　VCP 驱动程序的默认安装路径

（2）**DreamUp 软件刷写**　接下来，就可以使用 DreamUp 软件来刷写 IMG 了，注意 V1.3.3.4 版本 DreamUp 软件无法刷写 DM500 HD 机器，我们使用 V1.3.3.6 版本。刷机时，根据你使用的串口设置好串口号，这里选择"COM7"，至于具体刷机方法参考第 9 章 9.4.7 节，图 10-46 为刷机成功时的界面，采用 USB 接口配合网口刷写也是很快的，几分钟就能够完成。

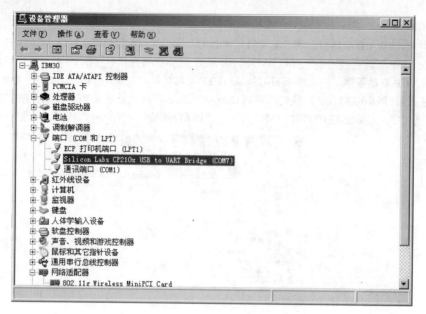

图 10-45　VCP 驱动程序安装成功

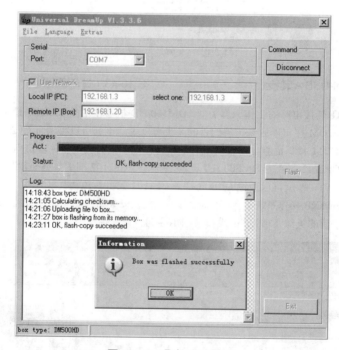

图 10-46　刷机成功界面

10.6　硬件打摩

10.6.1　添加 USB 接口

DM500 HD 机器有 USB 接口电路板配件，如图 10-47 所示。采用美国 Sipex（西伯斯）公司的 SP2526A-2E（U1），这是一款双通道 USB 电源分配开关，使能输入低电平有效，具有两个独立电源开关，最小连续负载电流为 500mA。

由 SP2526A-2E 芯片构成的两个 USB 接口驱动电路，其中一个接口设计在 USB 电路板上，另外一个接口通过延长线固定在背面板上。这两个接口都有效，可以插入 U 盘、USB 无线网卡等外设。

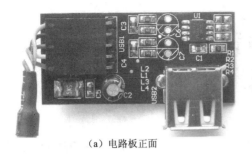 

（a）电路板正面　　　　　　　　　　　（b）电路板背面

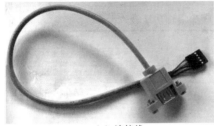 

（c）连接线　　　　　　　　　　　（d）连接线和电路板

图 10-47　USB 接口电路板配件

　　安装很简单，只要将 USB 接口电路板上的 CON1 插座插入主板的 P1000 插针上。再将另外一个 USB 固定在背面板上，DM500 HD 机器背面板已冲好 USB 接口和螺丝安装孔，只要剔除凸出挡板即可（图 10-48），安装 USB 接口完成如图 10-49 所示。

图 10-48　安装 USB 接口电路板

10.6.2　添加 SATA 接口

　　BCM7405 主控芯片可提供两个 SATA 接口，DM500 HD 机器只使用一个，我们还可以为之再添加一个。首先我们了解一下串口硬盘的引脚定义，一般串口硬盘引脚分为数据（DATA）引脚和电源（POWER）引脚两部分，数据部分有 7 个引脚，电源部分有 15 个引脚，引脚标号如图 10-50 所示，引脚定义如表 10-3 所示。

图 10-49　安装 USB 接口完成

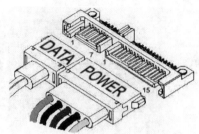

图 10-50　串口硬盘引脚标号

表 10-3　串口硬盘引脚功能表

引　脚		功　能	说　明
数据接口	1	AGND	接地端
	2	TXDP	数据发送正极信号接口
	3	TXDN	数据发送负极信号接口
	4	AGND	接地端
	5	RXDN	数据接收负极信号接口
	6	RXDP	数据接收正极信号接口
	7	AGND	接地
电源接口	1	CHIP-3.3V	直流 3.3V 正极（橙线）
	2	CHIP-3.3V	
	3	CHIP-3.3V	
	4	DGND	直流 5V 负极（黑线）
	5	AGND	
	6	AGND	
	7	5V-HDD	直流 5V 正极（红线）
	8	5V-HDD	
	9	5V-HDD	
	10	AGND	直流 12V 负极（黑线）
	11	Reserve	
	12	DGND	
	13	12V-HDD	直流 12V 正极（黄线）
	14	12V-HDD	
	15	12V-HDD	

添加 SATA 接口时，选一端 7 芯排线，将其第 5、6、2、3 线号焊接到主控芯片上方的四个贴片硬件的上端，第 1、4、7 线号焊接到 J902 的地端，具体线序如图 10-51 所示。

第2个SATA接口

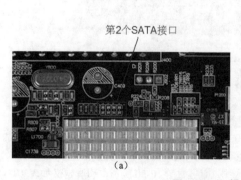

（a）

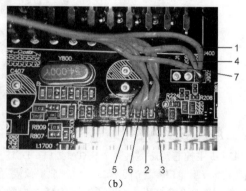

（b）

图 10-51　焊接 SATA 接口线

焊接完成后，可以实际测试一下（图 10-52），看一看线序是否正确，然后再通过 SATA 插座或 eSATA 固定起来。

10.6.3 内置硬盘

DM500 HD 机器内部空间狭小，内置 2.5 寸硬盘非常困难，不过有动手能力的用户内置 1.8 寸硬盘，如 TOSHIBA（东芝）公司的 MK1231GAL，这是一款 120GB 容量、4200rpm 转速、8M 缓存的单碟并口（PATA）硬盘。采用 CE 接口，即 ZIF（Zero Insertion Force，零插力）接口，通过软排线连接。内置时，还要配备一个 CE 转 USB 电路板，如图 10-53 所示。

安装时，将硬盘固定在 DM500 HD 机器的 CA 卡座上部空间内，如图 10-54 所示。

图 10-52 测试第 2 个 SATA 接口

图 10-53 1.8 寸硬盘和转接板

图 10-54 内置 1.8 寸硬盘

10.6.4 打造 DM500 HD 大壳机

国外有烧友利用 Nokia（诺基亚）DBox2 卫星接收机外壳，打造了 DM500 HD 大壳机，如图 10-55 所示。

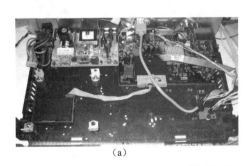

（a）

（b）

图 10-55 内部打造结构

内置了开关电源板，为 3.5 寸硬盘和电路主板提供电源；添加了卡座部分，便于从前面板插卡，在线路上用转接卡连接原来电路主板上座；添加了 LCD 显示屏，采用 Atmega16 单片机作为显示驱动；添加 USB 接口电路板，并且内置 WiFi 无线网卡；添加硬盘支架，可内置 3.5 寸串口（SATA）硬盘。打造完成的 DM500 HD 大壳机外观如图 10-56 所示。

（a）正面

（b）背面

图 10-56 打造完成的 DM500 HD 大壳机

　　随着德国 DMM 公司的低端高清机的 DM500 HD 于 2010 年正式推出，给早在 2008 年推出的中端高清机 DM800 HD PVR（以下简称"DM800"）重新定位就比较尴尬了，因为 DM800 的主芯片、内存以及调谐器等一些性能确实不如 DM500 HD。

　　为了延续 DrDish 最佳 HDTV 接收机的美誉，2010 年 5 月 4～6 日期间，DMM 公司在德国科隆线缆、宽带及卫星技术博览会（ANGA Cable 2010）上，首度展示了 DM800 的第二代（second）产品样机——DM800 HD se，具有黑、红、白三种外观颜色，2010 年第三季度，DM800 HD se（以下简称"DM800 se"）在国外市面上正式销售。

11.1　外观功能

　　DM800 se 机器采用的外包装设计和 DM800 相仿，只是体积大了一些，如图 11-1 所示。图 11-2 为 DM800 se 机器的全套配件，包括一个黑色遥控器、一个 12V 3A 电源适配器和 "8" 字电源线，一根 HDMI 数字音视频连接线、一组 AV 模拟音视频连接线，另外配有一个欧插（SCART）转换 AV 接口座。

图 11-1　DM800 和 DM800 se 机器包装盒对比

图 11-2　DM800 se 机器配件

　　DM800 se 机器依然保持 DM800 一代机器的设计风格，前面板 OLED 显示屏也由第一代的单白色改为彩色显示（图 11-3）左侧仓门（图 11-4）内部配备了两个卡槽，可以同时插两张 CA 卡片，而 DM800 机器只有一个 CA 卡槽。

图 11-3　DM800 se 机器前面板

图 11-4　DM800 se 机器仓门

DM800 se 机器背面板（图 11-5）左上方只有一个 DVB-S2/S 的 LNB 输入接口，采用小活动挡板固定。背面板左下方是一个采用 mini-USB B 类型的 SERVICE（服务）接口，通过 mini-USB A－USB A 转接线和电脑连接，可在网刷无法解决的情况下为机器串刷固件，之所以采用 USB B 类接口，只要是解决目前电脑不配备 RS-232 串口，无法刷机的困扰。

图 11-5　DM800 se 机器背面板

在 DM800 se 机器中已直接采用了 HDMI 接口，还增加了一个直流电源开关。其他的接口功能则和 DM800 一样，只是布局不同。

11.2　电路主板

图 11-6 为 DM800 se 机器的内部硬件结构，由 2.5 寸硬盘支架、散热风扇、DVB-S2 一体化调谐器组件板、电路主板以及操作控制板组成，电路主板如图 11-7 所示。

（a）

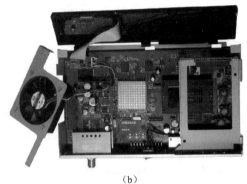

（b）

图 11-6　DM800 se 机器内部结构

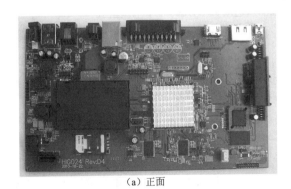

（a）正面

（b）背面

图 11-7　DM800 se 机器电路主板

11.2.1　主控芯片——BCM7405

DM800 se 机器电路主板中间覆盖散热器的为机器的主控芯片，虽然采用和 DM500 HD 机器一样的 BCM7405 主控芯片方案，但实用功能得到了进一步扩展，不但表现在前面板采用彩色的 OLED 屏，背面板上也多了两个 USB 接口，可以方便地连接 USB 接口的存储器、U 盘、键盘、鼠标、红外线控制器、无线网卡等外设，而在 DM500 HD 机器上，BCM7405 芯片的这些功能都被屏蔽掉了。

这也证实了 Dreambox 系列高清机的定位观点：DM500 HD 机器是 DMM 公司为满足低端用户的需求而推出的一款产品。当然相比较推出较早 DM800 机器来讲，DM500 HD 机器具有独特的后天优势，主要体现在主控芯片、内存等性能有了极大的提高。不过相对于 DM800 来讲，DM500 HD 机器的接口功能还是显得太少了一些 。而今，随着 DM800 se 的推出，也牢牢稳住 Dreambox 系列高清机中端产品的定位。

11.2.2 存储器

DM800 se 机器采用 OTP EPROM（U702）＋NAND FLASH（U703）＋4×DDR SDRAM（U100、U101、U103、U104）存储系统方案，如图 11-8 所示。

其中 U702 是意法公司的 OTP（一次性编程）EPROM芯片 M27W40180K6L，容量为 512kB，相当于电脑主板的BIOS，采用插座安装，便于拆卸。U703 是韩国 Hynix（海力士)公司的 NAND FLASH 芯片 HY27US08121B，64M×8bit结构，容量为 64MB，用于存储接收机的系统软件。这两款芯片和 DM800 所使用的型号完全一样。

由于 BCM7405 需要 64 位宽的 DDR 内存，故 DM800 se机器采用 4 颗 32M×16bit 结构的内存颗粒，主板正面(U103、U104)、背面（U100、U101）各两颗，采用 BGA 封装，型号为韩国 Hynix（海力士）公司的 H5PS5162FFAY5C，性能和 DM500 HD 机器使用的 ELPIDA （尔必达）的E5116AJBG-8E-E 一样。

图 11-8　DM800 se 机器存储器

另外，此外，在 DM800 se 机器上，还有一枚 E²PROM 存储芯片 ATMEGA24C64（U8），作为 BCM7405运行的临时数据存储。

11.2.3 音视频输出接口

DM800 se 机器的音视频输出接口电路部分和 DM500 HD 设计完全一样，音视频输出同样可提供数字和模拟两种信号，数字视频接口采用了目前流行的 HDMI 接口（P600），数字音频接口为 S/P DIF 光纤接口（U403）。

模拟音视频信号可由 SCART 接口（J400）提供，可输出 CVBS 复合视频、YPbPr 逐行色差视频和模拟的音频信号。其中模拟 RGB/YPbPr 接口采用了美国 Fairchild（飞兆）半导体公司的三通道视频滤波驱动芯片FMS6363（U402）。采用驱动芯片不但可以在输出模拟信号时提高画质，还可以降低热拔插 SCART 头时对主控芯片内部接口电路的伤害。模拟音频信号是由主板背面的双运放 JRC4580（U400）输出的。

11.2.4 eSATA、USB 存储接口

在 DM800 se 机器中，充分利用了 BCM7405 主控芯片提供的两个 SATA II 接口，一个用于内置串口硬盘，另外一个用于提供一个外部的 eSATA 接口（J1001），连接外置串口硬盘；而 DM800 机器采用 BCM7401 主控芯片只提供的 1 个 SATA II 接口，如果内置串口硬盘，则外部的 eSATA 接口功能失效。

BCM7405 主控芯片可提供的三个 USB2.0 接口，在 DM800 se 机器中只用了其中的两个 USB2.0 接口（USB1），采用 MAX1823（U1000）作为 USB 接口电源控制保护芯片。

11.2.5 RJ-45、RJ-11 网络接口

RJ-45 网口（J1000）用于和局域网、互联网等外部网络设备的连接；RJ-11 接口（MJP2）主要用于 DVB-C接收中的互动服务。在 DM800 se 机器中，抛弃了原来 DM500 HD、DM800 采用的 RJ-11 Modem 电路板，而是将其电路设计到主板上，如图 11-9 所示。

不过采用的电路方案和 RJ-11 Modem 电路板完全一样，均为美国 Silicon Laboratories（芯科实验室）公司于 2003 年推出的 Si2401（MU1）＋Si3010（MU2）双芯片结构的嵌入式 Modem（ISOmodem）方案。

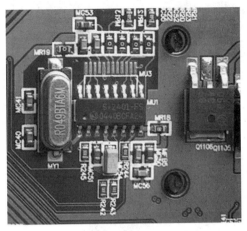

（a）正面　　　　　　　　　　　　　　（b）背面

图 11-9　DM800 se 机器 RJ-11 接口电路

11.2.6　mini-USB B 接口

　　DM800 se 机器 mini-USB B 接口（J900）采用的 USB 转 UART 专用芯片为 SILABS CP2102（U901），和 DM500 HD 机器完全一样，如图 11-10 所示。

（a）正面　　　　　　　　　　　　　　（b）背面

图 11-10　DM800 se 机器 mini-USB B 接口电路

11.2.7　防抄板器件——SIM 卡

　　DM800 se 机器 CA 卡座下方为机器加密 SIM 卡，型号为 A8P 卡（图 11-11），抄板机器主要采用 Sunray（新雷）SIM210 卡，如图 11-12 所示。

（a）正面　　　　　　　（b）背面　　　　　　　（a）正面　　　　　（b）背面

图 11-11　Security SIM A8P 卡　　　　　　　图 11-12　SIM210 卡

11.2.8　供电电路

在 DM800 se 机器中，主要应用了 LTC3850（U1100）、N5212（U1101、U1102、U1103）、L2997（U1106）等新型电源管理芯片，分别为电路提供+5.0V、+3.3V、+1.8V、+5.0V、+3.3V 供电。DM800 se 机器主板正面的 P1100 端子提供了各组电源测试端，如图 11-13 所示。

除了主芯片、主板电源构成的电路外，DM800 se 主板上还有由 TL7702A（U700）构成的自动复位电路，由 CU384A（U900）构成的 OLED 接口电路。

11.2.9　深度待机芯片

在 DM800 se 机器主板中，有一枚 AVR 单片机 Atmega M48PA（U1205），采用 MLFQFN-32P 封装，用于系统深度待机，抄板机器则采用 MLFQFN-28P 封装，实际上仅仅是封装不同，功能完全一样，如图 11-14 所示。

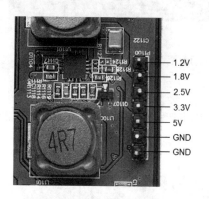

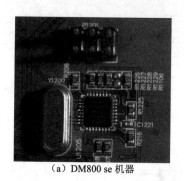

（a）DM800 se 机器　　　　（b）抄板 DM800 se 机器

图 11-13　DM800 se 机器主板供电测试端　　　图 11-14　Atmega M48PA 深度待机芯片

当机器进入深度待机状态中，只有 M48PA 芯片通电，机器其他的设备都停止供电。M48PA 芯片和外围的 8MHz 晶振构成时钟振荡电路，作为机器的系统时钟，用于机器计时，并且控制前面板上的贴片 LED（D1601）点亮，接收处理一体化红外线接收头的信号。

当机器接收到遥控器的开机信号，M48PA 芯片控制 DM800 se 机器开机，然后机器重新上电，开始开机过程。如果机器里设置了定时录像功能，那么 M48PA 芯片自己对时间进行计算，当指定时间到了，就控制机器开机并开始录像。

由于 DM800 se 机器在深度待机时，机器只有 M48PA 及面板上的一体化红外线接收头和贴片 LED 在用电，所以机器在深度待机状态电流非常小，完全符合欧洲环保的 1W 待机能耗标准。

11.2.10　状态自检指示灯

在 DM800 se 机器中 OTP EPROM 芯片的左方，有一排 5 个贴片 LED 发光二极管 D200～D204，用于机器的工作状态的自我检查，如图 11-15 所示。

点亮时，发红光。当机器刚启动时，D200、D201、D203、D204 先点亮，紧接着转为 D200、D201、D203 点亮；当 D200、D202 和 D203 点亮时，OLED 屏幕随即显示，表示机器已处于正常状态。正常工作或待机时，D200、D202 和 D203 始终保持点亮状态。当 D200～D204 都微亮时，表示 M27W401-80K6L（U702）有问题。如果 D200、D201、D203 亮，说明机器已有故障，不能开机，应查一下各组电压是否正常。

图 11-15　状态自检指示灯

11.3　其他电路板

11.3.1　调谐器组件板

除 DM500 HD 机器外，Dreambox 系列高清机调谐器部分均采用了类似电脑的 PCI Express x4 插槽，DM800 se 机器也是这样，不过，DM800 se 机器的调谐器组件板采用了和 DM8000 类似的小挡板结构件。更换 DVB-C、DVB-T 等一体化调谐器组件板时，不需要再像 DM800 机器那样换整个背面板，只要先拆开上盖，再拆下小挡片，调谐器组件板就可沿水平方向抽出，如图 11-16 所示，更换更加方便。

DM800 se 机器调谐器组件板（图 11-17）采用和 DM500 HD 一样的博通 BCM4505 硅调谐器（Silicon Tuner）板载方案，具体性能可参考第 10 章 10.3.1 节，RF 放大部分采用金属屏蔽罩，降低外接杂波信号干扰。在该调谐器板的背面，采用了降压型开关芯片 AP1538（U28）和 ATMEL QT1217-QRG（U3）单片机。

（a）拆下小挡片

（b）拆下调谐器组件板

图 11-16　调谐器组件板拆卸

（a）正面

（b）背面

（c）拆下屏蔽罩

图 11-17　DM800 se 机器调谐器组件板

对于 LNB 的控制部分，DM800 se 机器调谐器组件板采用和 BSBE2-401 DVB-S2/S 一样的驱动芯片 LNBH21PD（U7），只不过前者是做在调谐器板的背面，使得组件板长度更短一些。

小提示：

目前的数字调谐器主要有传统的铁壳调谐器（Can Tuner）和新兴的硅调谐器（Silicon Tuner）两种类型。前者实际上一个电路模块，技术成熟，功耗低；后者则采用先进的硅工艺技术将整个信号调谐部分集成在一个单独的芯片上面。相比传统的铁壳调谐器，硅调谐器体积更小。

11.3.2　操作控制板

DM800 se 机器的操作控制板和 DM800 的差不多（图 11-18），不过 DM800 se 采用彩色 OLED，DM800 采用黑白 OLED。相比较 DM800 se 屏幕显示更丰富一些，如可以在 OLED 屏幕上显示频道 Picon 图标（图 11-19），彩色显示，非常漂亮。

11.3.3　散热风扇

DM800 se 机器的散热风扇是通过支架安装在机器中部，如图 11-20 所示。运转时，不但可以对主控芯片进行散热，还可以对左右两侧的内置硬盘和调谐器组件板进行散热，散热风扇性能参数和 DM500 HD 机器使用的一样。

（a）正面 （b）背面

图 11-18 DM800、DM800 se 机器操作控制板对比

  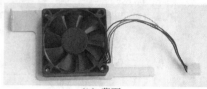

（a）正面 （b）背面

图 11-19 DM800 se 机器显示频道 Picon 图标　　图 11-20 DM800 se 机器散热风扇

11.4 硬件安装

DM800 se 机器内置了硬盘支架，在 DM800 se 机器中，摒弃了 DM800、DM8000 配送硬盘的数据/电源连接线方案，直接通过 2.5 寸硬盘支架上的接插件和主板相应的 P1000 接口连接，这样用户在安装内置硬盘时，非常方便，只要购买一个笔记本电脑上用的串口（SATA）硬盘，就能够成为 HD PVR 机器。安装方法如下。

① 卸下上盖的 5 颗螺钉，向后滑动上盖，然后向上抬起拆下，如图 11-21 所示。

② 卸下背面板硬盘支架上的一颗螺钉，将硬盘支架拆下来，如图 11-22 所示。

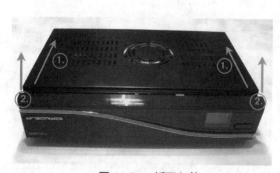 

图 11-21 拆下上盖　　　　　　　　　图 11-22 拆下硬盘支架

③ 将硬盘接口小心地插入硬盘支架的串口插座中，在左侧的硬盘支架上装上两颗固定螺钉，如图 11-23 所示。

④ 将硬盘支架装回机器中，安装两颗固定螺钉固定好硬盘，如图 11-24 所示，再将背面板上的一颗螺钉安装上。

⑤ 装回上盖，就完成了机器内置硬盘的安装。

（a）

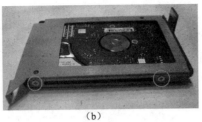
（b）

图 11-23 安装硬盘

图 11-24 固定硬盘支架

11.5 软件使用

11.5.1 调谐器配置

Dreambox 系列高清机不但支持常见的具备 DiSEqC1.0 协议的四切一开关，还具备对 DiSEqC1.1 协议的支持，这样烧友就可以使用该机配合八切一、十切一、十六切一等各种具备 DiSEqC1.1 协议的切换开关来进行多星接收切换。不过，初次使用该机的用户，可能在切换开关的卫星配置上会遇到一些麻烦。我们以"山水评测室"推出的 DM800 se G3-iCVS8#84B 整合版为例，详细介绍正确的设置方法：

首先，从【主菜单】→【设置】→【节目搜索】→【调谐器配置】进行 LNB 的设置（图 11-25），按两次 OK 键进入具体设置界面，所有设置操作都在一个页面中进行，相比 DM500 机器多页面的设置操作简单、快捷了许多。

例如，我们采用一只 DiSEqC 四切一开关配合 DM800 se 实现单机四星方案（图 11-26），以四切一开关第 1 端口接收 125°E 中星 6A 卫星 C 波段卫星信号为例，具体设置方法如图 11-27 所示。

图 11-25 调谐器配置

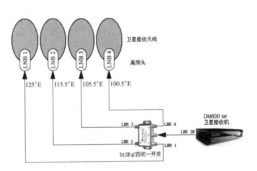
图 11-26 单机四星方案示意图

又如，我们采用一只 DiSEqC 八切一开关配合 DM800 se 实现单机八星方案（图 11-28），以八切一开关第 4 端口接收 115.5°E 中星 6B 卫星 C 波段卫星信号为例，具体设置方法如图 11-29 所示。

图 11-27 接收设置界面

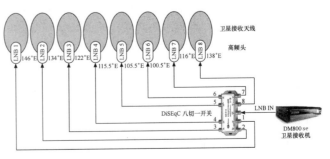
图 11-28 单机八星方案示意图

图 11-29　接收设置界面

【调谐器配置】详解：

① 在【配置模式】上，选择"高级"，可展开具体设置项目。

②【卫星】是选择所需要配置的卫星，这里我们选择"Chinasat6B 中星 6B 卫星 C 波段（115.5E）"。

③【LNB】是该卫星所对应高频头序号，有"LNB1～LNB32"个序号供选择，为了便于记忆，一般可根据 LNB 的切换开关下的顺序排列号进行选择，如我们选择"LNB4"，其意是第 4 个高频头。

④【次序】是卫星配置优先级别设置，有"自动"、"0～64"、"14000～14064"和"19000～19064"四个选项，一般选择"自动"。

⑤ 在【LOF】（Local Oscillator Frequency，本振频率）上，有"通用"、"C 波段"、"用户自定义"和"Unicable"四个选项，其中"通用"对应 9750/10600MHz 双本振频率 Ku 波段高频头；C 波段对应 5150MHz 高频头。

自定义项目可以设置自行设置高频头的本振频率，选择此项时，会在下方同时出现【LOF/L】、【LOF/H】和【转折频率】三个选项，如果是单本振 Ku 波段高频头如 11300MHz 本振频率，可以将 LOF/L、LOF/H 均设置为 11300。转折频率（Threshold）选项默认的"11700"不变。

⑥ 在【极化方式】上，有"双极化"、"18V"和"13V"三个选项，一般选择"双极化"。

⑦ 在【增加电压】上，一般选择"否"。如果遇到因馈线过长、13/18V 极化电压衰减而引起垂直、水平极化切换失灵时，选择"是"，可以提升 1V 的电压。

⑧ 在【22K 模式】上，有"自动"、"打开"和"关闭"三个选项，一般选择"自动"。如果此卫星高频头是接在 DiSEqC 开关的 22kHz 开关下，则根据所接的 0Hz、22kHz 端口选择"关闭"或"打开"。

⑨ 在【DiSEqC 模式】上，有"无"、"1.0"、"1.1"和"1.2"四个选项。如果是采用 DiSEqC 四切一开关，选择"1.0"，此时下方会出现⑩～⑭这 5 个项目；如果是采用 DiSEqC 八切一开关，选择"1.1"，此时最下方又增加⑮、⑯两个项目。

⑩ 在【Toneburst】上，有"无"、"A"和"B"三个选项，一般选择"无"。

⑪ 在【Committed DiSEqC 命令】上，有"无"、"AA"、"AB"、"BA"和"BB"五个选项。对于采用 DiSEqC 四切一开关，其 1、2、3、4 端口下的 LNB 分别对应"AA"、"AB"、"BA"和"BB"选项；如果是采用 DiSEqC 八切一开关，这里选择"无"。

⑫ 在【快速 DiSEqC】上，有"是"、"否"两个选项，一般选择"否"。

⑬ 在【重复序列】上，有"是"、"否"两个选项，一般选择"否"。

⑭【命令顺序】有 committed、uncommitted、toneburst 三种命令选择，分别控制四切一、八切一和 22K 开关。

实际上命令顺序是机器根据 DiSEqC 模式的设置自动给出的，一般不需要手动再设置。如果是 DiSEqC1.0 模式，命令顺序为"committed, toneburst"；如果是 DiSEqC1.1 模式，则命令顺序为"uncommitted, committed, toneburst"。

⑮【uncommitted DiSEqC 命令】是针对 DiSEqC1.1 模式的端口选择，如果卫星 LNB 连接在 DiSEqC 八切一开关第 1 个输出端口下，就选择"输入 1"；在第 2 个端口下，就选择"输入 2"……，依此类推、例如，

我们接收的 115.5°E 中星 6B 卫星在八切一开关第 4 端口下，因此这里选择"输入 4"。

⑯【DiSEqC 重复】是 1.1 版本开关切换信号发送重复次数选项，此选项框内共有"无、一、二、三"四个选项，默认选项为"无"。

如果感觉所用的八切一开关在该端口下的切换不灵，可提高接收机在该端口下的发送切换信号重复次数。如选择"三"，可使得八切一在该端口切换时，收到接收机发送的三次重复切换信号，以确保顺利切换。不过由于重复发出指令等，机器切换速度会慢一些。

⑰【切换脉冲幅度】是 1.1 版本开关切换信号发送重复次数选项，有"340mV"、 "360mV"、"600mV"、"700mV"、"800mV"、"900mV"、"1100mV" 这七个选项，默认为"800mV"。

🔍 **小提示：**

目前的版本存在 BUG，【切换脉冲幅度】这项设置是无法保持的，用户可以通过 FTP 软件编辑位于 /usr/lib/enigma2/python/Components/NimManager.py 这个调谐器管理 py 文件，其中的【切换脉冲幅度】配置代码如下：

```
if slot.isCompatible("DVB-S"):
        nim.toneAmplitude = ConfigSelection([("11", "340mV"), ("10", "360mV"), ("9", "600mV"),
("8", "700mV"), ("7", "800mV"), ("6", "900mV"), ("5", "1100mV")], "7")
```

其中最后的 "7" 代表采用"800mV"切换脉冲幅度，只要将这个 "7" 更改为你需要的脉冲幅度对应代码即可，如我们需要将默认值更改为"1100mV"，只要将 "7" 更改为 "5"，保存退出再在【待机/重启】菜单中重启 GUI 即可。

11.5.2　频道搜索

（1）**自动扫描**　设置完成后，可以选择"自动扫描"搜索节目，首先会出现两个选项菜单，默认均为打开状态（图 11-30），按 OK 键执行搜索，机器根据内部提供的卫星参数表对配置的卫星逐个进行搜索，搜索卫星名称、转发器参数、进度条及节目名称均显示在节目扫描界面上（图 11-31）。如果卫星配置较多，搜索时间也比较长，可能需要三四十分钟。

图 11-30　自动扫描选项

图 11-31　自动扫描进程

（2）**手动扫描**　搜索完成后，就可以收视节目。如果发现有的频道没有搜索下来，可能是下载的参数表中没有该频道的转发器参数，这时应根据该频道的转发器参数，进入手动扫描界面中，将【扫描类型】设为"单个转发器"，再添加转发器参数。

对于采用 DVB-S2 调制的转发器参数，还需要设置【系统】、【FEC】和【调制】选项（图 11-32）。设置完成后，按 OK 键搜索，如果搜索到节目后，机器会将添加的转发器参数自动保存到/etc/enigma2/lamedb 数据库里。

手动扫描提供了多种扫描类型，除了上面的"单个转发器"扫描类型外，还有"单个卫星"、"多星"，在多星扫描中，可以根据需要设置某几颗卫星的扫描（图 11-33）。

图 11-32　手动扫描设置界面之一　　　　图 11-33　手动扫描设置界面之二

（3）盲扫　2011 年 11 月初，国外 Nemesis 团队率先推出了采用 Enigma2.32 内核的 DM800、DM800 se 机器的 IMG，支持采用 BCM4505、BCM4506、ALPS BSBE1-C01A/D01A 调谐器的卫星盲扫功能。我们以 DM800 se G3-ramiMAHERv3.22#84B 整合版为例，操作方法如下。

首先在主菜单下，从【设置】→【频道搜索】→【手动扫描】，在【扫描类型】上选择"盲扫"。并且根据所接收的卫星下行频率范围设置好【起始频率】、【终止频率】和【步长】，单位均为"MHz"。

如果盲扫 C 波段全频带，则【起始频率】、【终止频率】分别设置为 3400、4200；如果盲扫 Ku 波段全频带（需配合双本振 Ku 高频头），则【起始频率】、【终止频率】分别设置为 10700、12750；如果盲扫 Ku 波段窄带，则【起始频率】、【终止频率】分别设置为 12250、12750。

【步长】设置范围为 1～5，步长数值越大，盲扫越快、但精度差，会漏扫一些频点；步长数值越小，盲扫越慢、但精度高，频点盲扫齐全，一般可设置为"2"。

例如，我们需要盲扫 115.5°E 中星 6B 卫星 C 波段所有卫星转发器信号，则设置【起始频率】为"3400"、【终止频率】为"4200"，【步长】设置为"2"，如图 11-34 所示。

接下来，按 OK 键进行盲扫，如图 11-35 所示，界面会显示扫描出的转发器参数、扫描进程的星座图。

图 11-34　盲扫设置　　　　　　　　图 11-35　卫星盲扫

盲扫完成后，系统会自动进行频道扫描。如不需要在盲扫后自动频道扫描，可在盲扫时，按绿色键更改为手动频道扫描。

 小提示：

只有采用 BCM4505、BCM4506 以及 ALPS 品牌的 BSBE1–C01A/D01A 调谐器的 DM800、DM800 se 机器，配合采用 Enigma2.32 内核 IMG，才能实现卫星盲扫功能。

11.5.3　网络设置

DM800 se 机器的网络设置是从【主菜单】→【设置】→【系统】进入【网络配置】界面进行的，如果是外置 USB 无线 WiFi 网卡，该界面会有两个选项，如图 11-36 所示。

（1）**有线网络设置** 【LAN 连接】为有线网络设置选项（图 11-37），只要在【网卡设置】中，启用网卡，并选择"自动分配地址（DHCP）"为"是"即可，机器会自动连接局域网并配置相关参数，如图 11-38 所示。

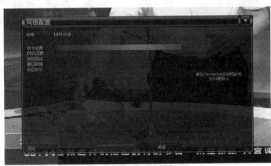

图 11-36　选择网卡　　　　　　　　　　图 11-37　有线网络设置

（2）**无线网络设置** 无线网络设置比较复杂一些，首先进入【扫描无线网络】（图 11-39），选择你所需要连接的无线网络（图 11-40）。

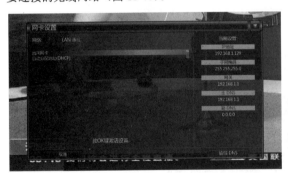

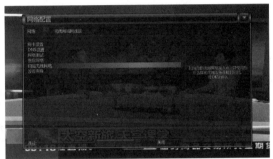

图 11-38　有线网络网卡设置　　　　　　图 11-39　无线局域网设置

按绿色键进行连接，这时系统会自动转到无线局域网网卡设置界面（图 11-41），如使用免费无线网络，直接按 OK 键进行激活，系统会弹出是否激活的提示框，按 OK 键确定，系统出现"是否禁用第二个网卡？"提示，选择"是"，这样就关闭了有线网络连接。

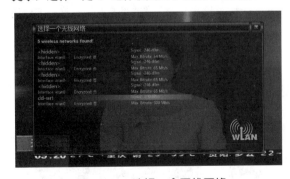

图 11-40　选择一个无线网络　　　　　　图 11-41　无线局域网网卡设置

这时，无线局域网连接就在激活中，激活完成后，系统会有提示，并且会在【无线局域网连接设置】界面中添加一项【显示 WLAN 状态】，同时会自动显示该项目（图 11-42）。

如果再次进入无线局域网网卡设置选项中，可以看到系统已经自动配置好无线局域网连接相关参数（图 11-43）。

对于加密无线 WiFi 的设置，只要设置好密钥类型和密钥即可。以采用 dd-wrt 固件的无线路由器为例：我们设置为 WEP 加密协议，密钥为 10 个 16 进制的"1234567890"，如图 11-44 所示。

图 11-42　显示 WLAN 状态

图 11-43　无线局域网网卡设置

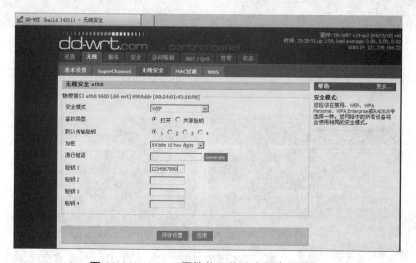

图 11-44　dd-wrt 固件的无线路由器密钥设置

在无线局域网网卡设置选项中（图 11-45），同样选择加密方式为"WEP"，密钥类型为"HEX（即 16 进制）"，用遥控器数字键输入密钥"1234567890"，如果输入错误，可将光标移到错误字符上，按遥控器静音键删除。

（3）网络测试　设置完成后，如果不能连接网络，可以通过【网络测试】选项测试哪个参数设置有问题。按绿色键进行测试，红叉图标表示该参数可能有问题（图 11-46），点击右边的"查看信息"可显示具体的信息。

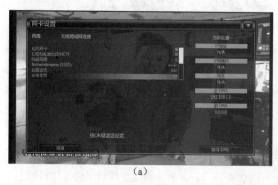

（a）

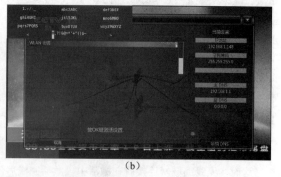

（b）

图 11-45　DM800 se 机器无线路由器密钥设置

如果测试全是绿勾，但还是不能连接网络，只要在网络配置界面中，执行【重启网络】即可。

11.5.4　音视频设置

DM800 se 机器音视频设置界面有众多的选项，可从【设置】→【系统】→【A/V 设置】进入（图 11-47）。

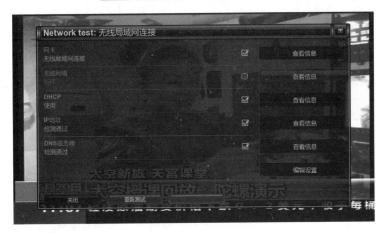

图 11-46　网络测试

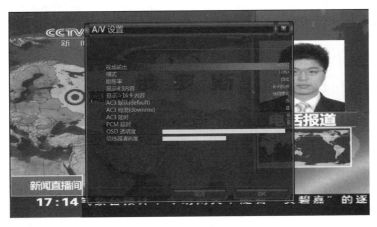

图 11-47　A/V 设置界面

（1）视频设置　【视频输出】：有 HDMI-PC、HDMI、YPbPr、Scart 和四个选项，根据 DM800 se 连接电视机的方式进行选择。如果用 HDMI 转接线连接电视机的 HDMI 接口，选择"HDMI"；用 Scart－YPbPr 转接线连接电视机的逐行色差接口，选择"YPbPr"。

> **小提示：**
>
> 　如果在选择"视频格式"过程中电视黑屏，说明该输出格式电视无法显示，这时会给用户操作带来不便，不过可以观察 DM800 se 前面板上的显示屏信息进行操作。

【模式】对于 HDMI 和 YPbPr 视频输出有 720p、1080i、576p、480p、576i 和 480i 六种图像模式，一般情况下，应选择"1080i"。

【刷新率】对于 HDMI 和 YPbPr 视频输出有 50Hz、自动和 60Hz 三个视频刷新率选项，一般情况下，应选择"自动"。使得电视机自动适应所播放节目的刷新率，如果强制设置在"50Hz"或"60Hz"上，则播放"60Hz"或"50Hz" 刷新率的节目时，易出现画面播放不流畅、易"卡"、字幕抖动等现象，这和标清频道制式强制转换出现的情况是一样的道理。

【显示 4∶3 内容】是针对 4∶3 节目源采提供的画面变换方式选项，有原始大小（Pillarbox）、左右拉伸（Just Scale）、非线性（Nonlinear）、Pan&Scan 四种选项。其中原始大小模式保持画面 4∶3 比例不变，因此屏幕左右部分黑屏；左右拉伸是将 4∶3 画面水平部分强制线性拉伸到 16∶9，画面变形最大；Nonlinear（非线性）模式是保持中间 50％画面不变形，两侧各 25％画面非线性拉伸到 16∶9；Pan&Scan 模式即平移和扫描模式，画面水平部分扩展到边，垂直部分按 4∶3 比例伸展，因此画面的上下部分不能显示。

【显示>16：9 内容】是针对大于 16：9 节目源提供的画面变换方式选项，有信箱模式（Letterbox）、左右拉伸（Just Scale）、Pan&Scan 三种选项。该项目主要是针对播放网络视频设置的，即当视频格式宽高比＞16：9时，将分别进行保持比例不变、垂直拉伸、水平/垂直按比例拉伸画面变换。

DM800 se 机器视频输出和模式、刷新率的关系如表 11-1 所示。

表 11-1　视频输出、模式、刷新率对应关系

视频输出	模式	刷新率	屏幕宽高比	显示模式	色彩格式 （Color Format）
HDMI、YPbPr	720p	50Hz、自动、60Hz	—	【显示 4：3 内容】： Pillarbox、Just Scale、 Nonlinear、Pan&Scan 【显示 ＞ 16：9 内容】：Letterbox、Just Scale、Pan&Scan	—
	1080i	50Hz、自动、60Hz	—		
	576p	50Hz	自动、4：3、16：9、16：10	刷新率设置为"自动"时，没有显示模式选项； 在 4：3 画面宽高比下，只有【显示 16：9 内容】一个选项； 在 16：9、16：9 画面宽高比下，有【显示 4：3 内容】、【显示>16：9 内容】两个选项。	
	480p	60Hz			
	576i	50Hz			
	480i	60Hz			
HDMI-PC	PC	1366×768、1024×768、800×600、640×480	自动、4：3、16：9、16：10		—
SCART	PAL	50Hz	自动、4：3、16：9、16：10		RGB、S-Video、CVBS
	NTSC	60Hz			
	Multi	自动			

（2）音频设置　DM800 se 机器音频输出提供 PCM 和 Dolby 两种数字音频格式，由 S/PDIF 和 HDMI 接口输出。其中 PCM 格式又经内部编码后由 SCART 接口输出模拟音频信号。

【AC3 默认（default）】设置为"是"时，当播放节目有 AC3 音轨，例如 Dolby Digital（杜比数码），机器自动切换到此音轨上。通过光纤接口把杜比数码音频信号输出到 AV 功放或杜比解码器，享受环绕立体声的感受。

【AC3 缩混（downmix）】设置为"否"时，机器对播放含有 AC3 伴音的频道不作音频解码处理，直接将音频码流由 S/P DIF 和 HDMI 输出，此时机器对 AC3 伴音不能缩混输出，只能通过外接功放、音响等设备解码输出声音。

如果功放或音频解码器不支持 AC3 解码，或者只使用 SCART 接口先电视机输出模拟音频信号，应将此选项设置为"是"。此时机器在主芯片内部进行 AC3 音频解码处理，把 AC3 混合成 2.0 声道的 PCM 格式，然后一路通过内部音频 DAC 转换成模拟音频信号，由 SCART 接口输出；另外一路再将 PCM 格式转换为 S/P DIF 格式，通过光纤输出。此时电视机和外接的音响均为 2.0 声道的音频，并且输出音量受 DM800 se 机器控制。

例如，有用户反映接收 115.5°E 的 CCTV-HD 高清频道没有声音，经询问他是采用 SCART 接口模拟音频信号输出到电视机上的，其"AC3 缩混（downmix）"模式设为"关闭"的状态，当然没有输出。只要按遥控器上的黄色键，再按红色键，就可将 AC3 缩混模式打开（图 11-48），正常输出伴音。

11.5.5　PVR 功能

DM800 se 机器可以内置或外置串口硬盘，实现 PVR 功能。

（1）硬盘格式化　使用 PVR 功能时，建议将硬盘格式化符合 DM800 se 机器 Linux 操作系统的 ext3 文件系统。硬盘格式化有机器格式化、配合电脑格式化两种方法，机器格式化具体方法如下。

① 将硬盘连接到机器上，然后从【蓝色面板】（图 11-49）→【设备管理器】（图 11-50）进入。

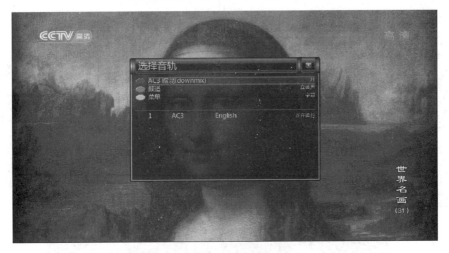

图 11-48 音频选择界面

图 11-49 蓝色面板

图 11-50 设备管理器

② 按蓝色键，选择"初始化"，在【初始化】界面中，将设备标签命名为"hdd"，文件系统选择"ext3"，再按绿色键就开始格式化了，此时屏幕有格式化进程提示，具体如图 11-51 所示。

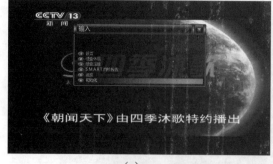
（a）

（b）

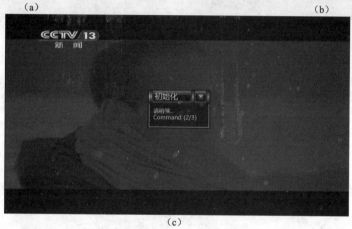
（c）

图 11-51　机器格式化硬盘

③ 当系统自动返回到设备管理器界面，表示格式化完成。

一些 DM800 se 整合版由于制作问题，导致采用机器格式化硬盘时，会出现绿屏现象，无法完成格式化。这时可以配合电脑的 Telnet 界面进行格式化，电脑格式化具体方法如下：

① 在图 11-50 界面中，按红色键移除硬盘。如果不移除硬盘，将无法格式化，Telnet 界面会显示"/dev/sda is apparently in use by the system; will not make a filesystem here!"错误提示。

② 然后在 DCC-E2 的 Telnet 界面里输入"mke2fs -T ext3 /dev/sda"命令，回车后，系统开始格式化，界面显示类似"Writing inode tables: 25/229"，表示正在格式化，如图 11-52 所示。

图 11-52　电脑格式化硬盘

③ 根据硬盘容量的大小，网络环境影响，格式化耗时不等，我们这块 30G 硬盘，在 54M 无线局域网下，格式化耗时 10 分钟。当显示下面代码：

Writing inode tables: done

Creating journal (32768 blocks): done

Writing superblocks and filesystem accounting information: done

This filesystem will be automatically checked every 20 mounts or
180 days, whichever comes first.　Use tune2fs -c or -i to override.
root@DM800 se:~#

表示格式化完成，此时，机器设备管理器界面显示如图 11-53 所示。

图 11-53　硬盘格式化完成

（2）**硬盘挂载**　机器格式化硬盘完成后，会自动挂载硬盘。而采用电脑格式化硬盘后，需要手动挂载。挂载前需要按绿色键，将硬盘设备标签重命名为"hdd"（图 11-54），再按绿色键保存重命名后的标签，最后按红色键挂载硬盘（图 11-55）。

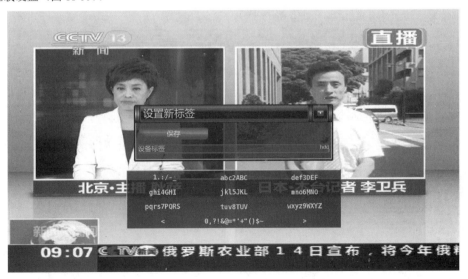

图 11-54　重命名硬盘设备标签

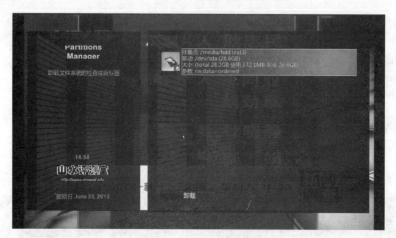

图 11-55　挂载硬盘设备

 小提示：

硬盘驱动标签重命名为"hdd"前，必须已将硬盘成功格式化为"ext3"，否则无法重命名。

（3）创建录制文件夹　挂载好硬盘后，还需要创建一个录制文件，名称为"movie"，可以通过 DCC 软件直接创建，也可以通过遥控器在【蓝色面板】→【文件管理器】创建。后者具体方法如下。

① 通过文件管理器，进入/media/hdd 路径，如图 11-56 所示。

图 11-56　进入/media/hdd 路径

② 按 MENU 菜单键，选择"创建新目录"，如图 11-57 所示。

③ 将新目录命名为"movie"，如图 11-58 所示。

图 11-57　创建操作菜单

图 11-58　创建新目录

④ 按绿色键创建，这样就在 hdd 文件夹下成功创建了一个用于保存录制文件的 movie 文件夹，如图 11-59 所示。

图 11-59　创建成功

（4）节目录制和回放　完成了上述三项设置后，节目就可以轻松地录制了。按遥控器红色键，弹出录制选择菜单，如图 11-60 所示。Dreambox 系列高清机提供了不限时录制、EPG 录制、限时录制三种即时录制操作选项，用户可以根据自身要求选择哪一种录制。

图 11-60　录制选择菜单

系统还提供定时录制功能，这是从主菜单下的【定时器】中添加设置的，如图 11-61 所示。

停止录制时，再次遥控器红色键，弹出录制选择菜单（图 11-62），按 OK 键，弹出【定时器选择】菜单（图 11-63），再按 OK 键，就停止录制了。

图 11-61　定时录制设置

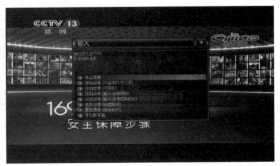

图 11-62　录制选择菜单

回放录制节目时，按遥控器 PVR 键，在弹出的【录制文件】界面中，选择录制的文件进行回放，如图 11-64 所示。

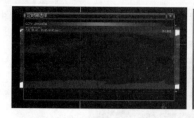  

　　　　　　　　　　　　　　　　　　　　　　　　　　　　（a）　　　　　　　　　　　　　　（b）

图 11-63　定时器选择菜单　　　　　　　　　　图 11-64　录制文件回放

　　（5）电脑访问 DM800 se 硬盘　　如果要在电脑中，回放 DM800 se 机器硬盘里的视频文件，也是很简单的。因为固件系统默认开启 Samba 服务，DM800 se 已经是电脑的一个网络邻居了，只要在电脑的【开始】→【运行】输入"\\192.168.1.113\Harddisk"即可，其中"192.168.1.113"为 DM800 se 机器的 IP 地址，如图 11-65 所示。

　　　　　　　　（a）　　　　　　　　　　　　　　　　　　　　　　（b）

图 11-65　电脑访问 DM800 se 硬盘

　　用户可以对 DM800 se 硬盘里面的文件进行复制、删除等操作，如将录制文件下载到电脑里，也可以将电脑里的文件上传到 DM800 se 硬盘里。这种方法相比较 FTP 软件更加方便，而且完全不会出现文件名乱码的问题。

　　（6）时光平移　　按遥控器播放/暂停键，可进行时光平移的启用和播放，如图 11-66 所示，按 TV 键退出时光平移。

图 11-66　启用时光平移

11.5.6　总评

　　（1）开机、待机、换台时间　　经测试在同等条件下，机器从开机启动到正常工作需要时间，DM800 se 机器为 60～65 s 左右，DM800 机器为 100～110 s 左右；重启 GUI 需时，DM800 se 机器为 20～25 s 左右，DM800 机器为 45～53 s 左右；待机中再恢复开机，以及在同一个转发器下换台下屏幕出画面，DM800 机器和 DM800 se 需时一样，都很快。

由此可见：在开机或重启 GUI，DM800 se 优势确实较大，比 DM800 需时减少 40%～50%，说明主控芯片主频的提高，确实能够缩短开机时间。

（2）功耗测试 对于 DM800 se 机器的功耗，我们和 DM800 机器进行了对比测试。在未安装硬盘的同等条件下，收看同一个标清频道，测试数据如表 11-2。

表 11-2　DM800 se 和 DM800 机器功耗对比测试数据　　　　　　　　　　单位：W

机器状态	DM800 se	DM800
工作	11.9	10.4
待机	6.1	6.4
深度待机	0.18	7.7

测试得知：DM800 se 机器在深度待机（即遥控器关机）状态下可以实现 1W 待机能耗的欧洲环保标准功能，并且在这种状态下可以进行节目预约录制的，这是非常不错的功能，节能又方便。

（3）总结 DM800 se 机器最大的特色如下。

① 首先，由于采用 400MHz 的博通 BCM7405 主控芯片，使得系统运行和开机速度得到了一定的提升，最直观的感觉是机器开机时间缩短了许多。

② 由于主控芯片的频率提高，会带来更高的运行温度，为此，DM800 se 机器设置一个 PWM 测速和调速散热风扇，置于机器中心，和机壳两侧的散热孔构成风道，将机器内部的运行中产生的热量由风扇排出。这个风扇很给力，配合风扇控制插件，可以任意调节风扇运行转速，加上合理的内部空间设计和采用较大尺寸叶片，使得机器内部温度明显降低。

③ 采用 OLED 彩色屏，显示字体和图标更丰富、生动。

④ 采用 HDMI 接口代替 DM800 的 DVI 接口，mini-USB B 接口代替 DM800 的 RS-232 串口，同时增加了 12V 电源开关，这些改进使得 DM800 se 机器更具人性化，用户操作更加方便。

⑤ 主控芯片支持 DTS 音频格式硬解码。

⑥ 几乎无功耗的待机模式，并支持此状态下的节目预约录制的，这个更给力！

不过，DM800 se 机器有一些缺点：如 BCM4501 调谐器没有 LNB OUT 环路输出接口，不过这个接口对大多数用户来讲，一般都用不上，也就无所谓了。

11.6　电脑文件播放

电脑文件播放就是通过 DM800 se 机器播放电脑里面的多媒体文件，下面介绍几个常用的电脑文件播放方案。

11.6.1　网络硬盘挂载播放

DM800 se 机器可以通过局域网挂接网络硬盘，实现对节目的录制和回放，还可以播放电脑中的多媒体文件。我们以挂接电脑上的网络硬盘为例，具体介绍其设置方法。

（1）网络硬盘挂载

① 设置共享文件夹。

首先确保你所使用的电脑和 DM800 se 机器同处在一个局域网中，在电脑容量较大分区中建立一个文件夹。如我们在 F 盘新建或重命名一个名为"video"的文件夹，并右键点击其属性，勾选"在网络上共享这个文件夹"和"允许网络用户更改我的文件"这两个选项（图 11-67）。设置共享的目的就是让 DM800 se 机器能够正常访问和读写这个文件夹，录制的视频文件也保存在这个文件夹里。

② LAN 接口挂载设置。

采用 LAN 接口挂接网络硬盘和 USB 接口挂接移动硬盘的方法是完全不同的，需要从【自动加载编辑】中设置好挂接参数，使得

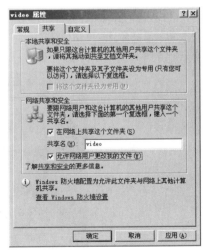

图 11-67　video 属性

共享文件夹和 DM800 se 机器产生映射关系。

　　具体方法如下：从【蓝色面板】→【设置】→【自动挂载编辑】，再按绿色键添加挂载点，进入挂载点参数界面（图 11-68）进行编辑。

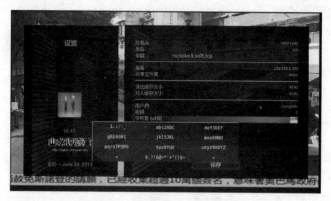

图 11-68　挂载点参数编辑界面

　　在该界面中，【挂载点】为挂载点名称，可以随便起一个。我们是采用笔记本电脑硬盘挂载的，网络便于记忆，这里设置为"IBMT400"。

　　【类型】为硬盘的文件系统格式类型，有 "cifs"、"nfs" 两个选项，其中"cifs"是 Windows 系统的文件系统，"nfs"是 Linux 系统的文件系统，这里我们选择"cifs"项目。

　　【参数】默认为"rw（读写）、nolock（非锁定）、soft、tcp（网络协议）"，这里无需设置。

　　【服务】为网络硬盘的 IP 地址，也就是这台电脑的 IP 地址，根据自身的参数来设置。

　　【共享文件夹】为电脑或网络硬盘里面的共享文件夹名称，这里输入我们在上面创建的"video"。

　　【读出缓存大小】、【写入缓存大小】为读写缓存大小设置，有"关"、"4096"、"8192"、"16384"、"32768"、"65536"、"131072"七个选项，这里我们保持默认"8192"选项。

　　【用户名】、【密码】是你电脑上用户的登录名、登录密码。如果没有电脑上设置密码，这两项可以分别设置为"eyeryone"、"0"。如果不设置，会挂载不稳定，这也是不少用户挂载失败的原因。

　　【字符集（utf8）】请设置为"utf8"，这样显示中文文件名时不会出现乱码。

　　设置完成后，按 OK 键保存并退出。如果嫌设置麻烦，也可以直接通过 FTP 功能在/etc/auto.network 文件里写入如下代码：

```
# generated by gemini
IBMT400
-fstype=cifs,rw,nolock,soft,tcp,rsize=8192,wsize=8192,user=everyone,pass=0,iocharset=utf8://192.168.1.200/video
```

　　如果需要在一台电脑里设置多个文件夹共享挂载，或者几台电脑（或网络硬盘）设置多个文件夹共享挂载，可按照上述方法再次设置，图 11-69 为我们在两台电脑上的挂载点。

图 11-69　自动挂载编辑界面

（2）**网络硬盘录制**　网络硬盘也可以录制节目，录制方法和内置硬盘无区别。录制前，首先在网络硬盘共享文件夹下里面创建一个 movie 子文件夹，然后在 DM800 se 机器上，从主菜单【设置】→【系统】→【录制路径】（图 11-70），将【即时录制路径】指向为挂载点下 movie 子文件夹，如图 11-71 所示。

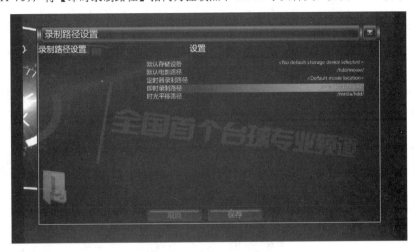

图 11-70　默认录制路径

为了方便录制节目的回放，还可以将【电影路径】指向为挂载点下 movie 子文件夹，设置完成如图 11-72所示。

图 11-71　选择即时录制路径

图 11-72　设置录制路径

（3）**网络硬盘播放**　网络硬盘播放有两种播放方式，一是通过【蓝色面板】→【文件管理器】播放，如图 11-73 所示。另外是使用主菜单下的【媒体播放器】播放，如图 11-74 所示。

图 11-73　文件管理器播放

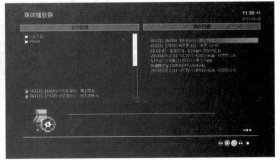

图 11-74　媒体播放器播放

11.6.2　电脑文件转码播放——VLC 视频播放器

VLC 视频播放器插件可以配合局域网上的电脑，通过 DM800 se 机器在电视上播放经过电脑转码的多种视频格式的文件。

（1）**安装设置** 首先，在电脑端需要安装 VLC media player 播放软件，建议安装 V1.03 版本，安装时一定要勾选完全安装选项。安装完成后，需要开启流服务器，有如下两种方法，可任选其中的一种。

第一种：右键点击电脑桌面上的 VLC 快捷图标，然后选择属性，在其【快捷方式】选项的【目标】字段最后面空一格添加一段代码：--intf wxwin --extraintf=http，如图 11-75 所示。

第二种：在电脑上启动 VLC media player 播放软件，从【视图】→【添加界面】，勾选 Web，如图 11-76 所示。

 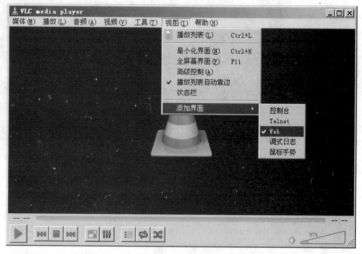

图 11-75　编辑 VLC media player 属性　　　　图 11-76　开启 VLC media player 流服务器

接下来安装 VLC 视频播放器插件汉化版，安装完成后自动重启 GUI，就可以从【插件浏览器】中看到已安装成功，如图 11-77 所示。

图 11-77　插件浏览器界面

（2）**使用** 使用 VLC 视频播放器插件前，需要打开局域网上的电脑，并且点击电脑桌面上的 VLC 快捷图标（针对第 1 种开启流服务器），这时 VLC 软件将在电脑后台处于待命状态，再启动 VLC 视频播放器（图 11-78），按遥控器上的绿色键，编辑默认的"Server 1"VLC 服务器，其中【服务器地址】为安装 VLC media player 播放软件所在电脑的 IP 地址，其他的设置可参考图 11-79 所示。

图 11-78　VLC 视频播放器

图 11-79　编辑 VLC 服务器

　　设置完成后，按绿色键保存并返回到主界面，再按 OK 键就可以打开 "Server 1" 服务器，根据电脑的分区路径，寻找里面的各种视频文件进行播放，具体如图 11-80 所示。

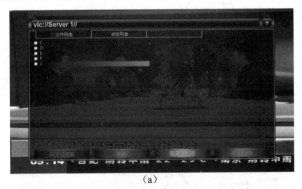

（a）

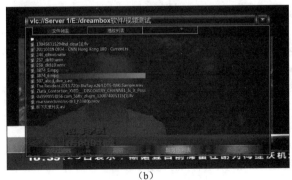

（b）

图 11-80　播放电脑文件

小提示：

DM800 se 机器中安装 VLC 视频播放器插件，再配合局域网电脑上的 VLC media player 播放软件，可以在电视上播放经过电脑转码的 avi、wmv 等多种视频格式的文件，不受 DM800 se 机器只能播放采用 flv、mp4、mpg、ts、mkv 格式封装的有限的 MPEG-1/2、H.264 文件限制。理论上只要是 VLC media player 能够播放的，DM800 se 机器都可以看。VLC media player 负责解码，然后转换成 DM800 se 机器可以识别的格式，由 DM800 se 机器播放。

至于画质清晰度如何，完全取决于节目源本身的清晰度，以及编辑 VLC 服务器时根据节目源的清晰度、电脑的硬件配置、网络的传输性能所进行的合理选项配置。

11.7　频道电脑播放

作为具有多媒体功能的 Dreambox 系列机器，都具备在电脑中播放机器内置频道的功能，下面介绍几个常用的频道电脑播放方案。

11.7.1　Dreambox WebControl 网页播放

Dreambox 系列机器都有一个 Dreambox WebControl 页面，配合电脑中的 VLC media player 软件，可以播放 Dreambox 机器上的内置频道。

首先下载 VLC media player 软件，前面已经介绍过，这里不再重复。不过在安装 VLC media player 软件时，需要注意在"Start Menu Shortcut"和"ActiveX plugin"前打"√"，其中"Start Menu Shortcut"是开始菜单的快捷方式；"ActiveX plugin"是浏览器插件，用于直接在网页打开 VLC media player 软件。

（1）**WebTV 网页播放**　只要机器工作时，在电脑浏览器地址栏输入机器的 IP 地址即可进入。网页中的 WebTV 选项就是频道电脑播放。不过目前 IE 浏览器无法进行 WebTV 网页播放，建议采用 Mozilla Firefox（火狐）浏览器，如图 11-81 所示。

图 11-81　Dreambox WebControl 控制页面

点击页面右上角的"WebTV"按钮，可进入网页频道播放页面，页面下方是卫星名称和频道名称，可通过下拉菜单选择需要播放的卫星和频道，进行换台操作，换台前，需勾选"Zap"，否则无法换台，如图 11-82 所示。

图 11-82　WebTV 频道播放界面

换台时，如果是换到同一转发器下的频道，DM800 se 机器上正在播放的频道不会改变；如果更换到不同转发器的频道上，则 DM800 se 机器上正在播放的频道会同步更换。也就是说，在 DM800 se 机器和电脑上，可以同时播放同一转发器下的两个不同频道，包括这两个均是加密频道。

（2）**下载 m3u 文件播放**　通过网页收看节目，不能对画面进行缩放控制，不便于边收看边做别的工作，这个缺点可以通过"下载播放"的方法来克服。点击 Web 界面中每个频道右侧的小电视图标，出现【文件下载】的对话框，如图 11-83 所示。

图 11-83　文件下载对话框

点击"保存"按钮，保存这个 stream.m3u 文件，m3u 其实是一个播放列表文件，也是文本文件，我们用记事本打开查看，内容如下：

#EXTM3U

#EXTVLCOPT--http-reconnect=true

http://192.168.1.129:8001/1:0:1:1F6:5:888:4E20000:0:0:0::CCTV-5 体育频道

用 VLC media player 软件播放，界面如图 11-84 所示。

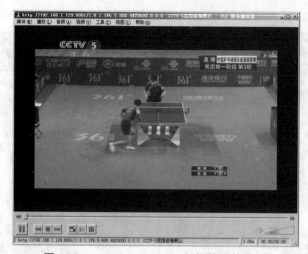

图 11-84　VLC media player 软件播放界面

11.7.2　DCC LiveTV 软件播放

DCC LiveTV 软件是 DCC-E2 软件下的一个电视直播功能，它是调用 VLC media player 软件来播放的，和 WebTV 网页播放有一点类似。我们采用 DCC-E2 v1.20+VLC 1.0.3 方案，DCC-E2 v1.20 软件内置的 DCC LiveTV 程序版本为 v1.00。

播放时，建议从 DCC-E2 主界面的"LIveTV"图标点击进入，再按遥控器 OK 键可在弹出的【Channels】频道表进行播放，如图 11-85、图 11-86 所示。

图 11-85　选择频道

图 11-86　DCC LiveTV 软件播放界面

🔍 **小提示：**

DCC-E2 软件各种版本内置的 DCC LiveTV 程序版本是不同的，DCC LiveTV 版本和 VLC media player 版本存在着匹配问题，如果不匹配则无法正常播放。例如上述采用 DCC-E2 v1.20 软件内置的 DCC LiveTV v1.00 版本，经测试和 VLC v0.9.8～v1.0.5 之间版本匹配播放；采用 DCC-E2 v150 软件内置的 DCC LiveTV 版本为 v1.03，可和 VLC v2.0.4 匹配播放。

11.7.3　DreamStream Enigma 2 软件播放

DreamStream Enigma 2 播放软件是一款用于 Enigma 2 内核的 Dreambox 高清机的播放控制软件，正如大家在使用 DM500 机器的 DreamStream Enigma 1 那样，它是针对用 Enigma 1 内核的 Dreambox 标清机的播放控制软件。

（1）**安装设置**　DreamStream Enigma 2 可以从 http://www.dream-multimedia-tv.de/dreamstream/index.php? subcat=8 官网下载，默认安装在 C 盘里。然后下载《山水评测室》的汉化包，将其放到 C:\Program Files\DreamStream-E2\lng 文件夹下。启动软件后，从【Preferences】→【Configuration】→【Language selection】中选择 "ZH"，再重启即可。我们采用的是 v0.4.0-B14a 版本，版本信息如图 11-87 所示。

当机器 IP 地址设置错误时，再次启动该软件时，会出现图 11-88 的错误提示，此时可以根据提示，进入 "C:\Documents and Settings\sym\.dreamstream" 文件夹，更正 dreamstream.cfg 配置文件中的 IP 地址（图 11-89）。

图 11-87　DreamStream Enigma 2 软件版本信息

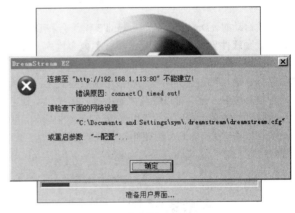

图 11-88　错误提示

图 11-89　更正 dreamstream.cfg 配置文件

（2）使用　DreamStream Enigma 2 播放软件的特点是功能强大，它不但通过自身界面就可实现换台、开关机功能操作（图 11-90），而且不依赖 VLC media player 软件就可实现解码播放，还可以进行即时录制节目，实时截图等操作。

图 11-90　DreamStream Enigma 2 播放界面

每次启动时，DreamStream Enigma 2 软件会和 DM800 se 机器通信，自动将 DM800 se 机器内的频道表快速地下载到软件界面右边的【播放模式】内容栏内，并且播放 DM800 se 机器正在播放的节目。

DreamStream Enigma 2 软件播放中，画面大小模式可以通过鼠标的左右键控制。在主界面播放画面上，单击鼠标右键，可在主界面模式和最小播放模式之间转换；双击鼠标左键，可在主界面模式和全屏播放模式之间转换。按 Esc 键，可以将最大最小播放模式切换到主界面模式。

按工具栏的放大镜图标，可以查看该频道的码流信息（图 11-91）。从【设置】→【流资源】→【Dreambox 信息】可以查看 Dreambox 软硬件和调谐器参数信息，如图 11-92 所示。

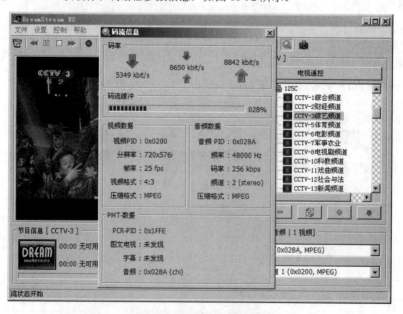

图 11-91　频道码流信息

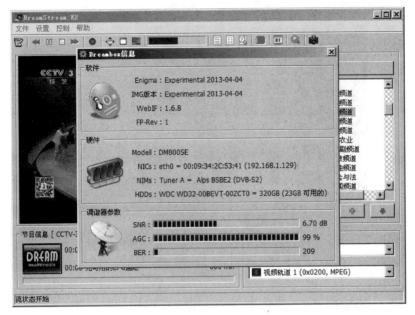

图 11-92　Dreambox 信息

点击工具栏的红色图标，可以进行节目的录制，点击照相机图标，可以对画面实时截图，录制文件和截图文件均保存在默认类似"C:\Documents and Settings\sym\.dreamstream"文件夹下。

DreamStream Enigma 2 软件支持多台 Dreambox 在同一局域网中的使用控制，如果有多台 Dreambox 系列高清机，可以使用【网络设置】的"＋"按钮，分别对这些机器进行 IP 添加设置（图 11-93）。使用时，只要在【设置】中切换流资源即可（图 11-94）。

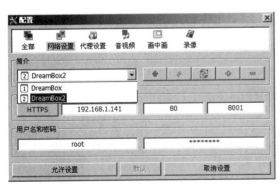

图 11-93　网络设置

图 11-94　流资源选择

11.7.4　DVB Viewer 软件播放

DVB Viewer 软件作用主要是通过 DVB-S/C/T 接收卡，在电脑上收看数字电视节目，这里我们应用其虚拟的单播网络设备串流功能，来实现在电脑上播放 DM800 se 机器上的频道。此时的 DM800 se 机器就如同电脑中安装的 DVB 接收卡的功能一样，仅仅是提供 TS 码流，所有的解码功能都是通过电脑的软件来实现的。

采用 DVB Viewer 软件播放比较复杂一些，主要是软件本身安装和设置问题。

（1）**DVB Viewer 添加单播网络设备**　我们安装 DVB Viewer Pro V4.9.0.0 版本，从【设定】选项中进入【硬件设定】界面，在【调谐器种类】选择"卫星"，【状态】选择"首选"，然后点下面的"+"按钮，在弹出的【Virtual Devices】（虚拟设备）界面的【Unicast】（单播）添加一个设备（图 11-95）。

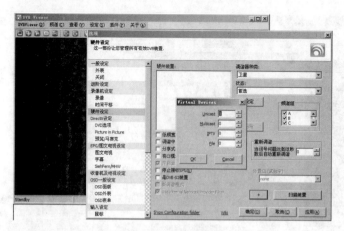

图 11-95　添加硬件

① 按 OK 按钮后，在【硬件装置】区域内就出现了一个"Unicast Network Device"（单播网络设备）选项，如图 11-96 所示。

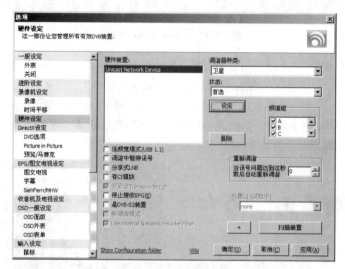

图 11-96　添加单播网络设备

② 按设定按钮，在弹出的【网络设定】界面中，设置设备的名称、IP 地址和端口，其中【DVB 服务器】和【DVB Unicast】的地址均填入 DM800 se 机器的 IP 地址。DVB 服务器端口填写"554"，DVB Unicast 端口填写"2345"，如图 11-97 所示。

（2）导入频道表　接下来，需要将 DM800 se 机器上的频道表导入到 DVB Viewer 软件中，这就需要 DM800 se 机器开启串流服务以及执行 dump_lamedb 程序。首选确定 DM800 se 机器固件已安装 dvbsu-em2 插件，否则需要先自行安装，我们采用的 DM800 se G3-iCVS8#84B 整合版已内置这一插件，具体导入方法如下。

① 在 DCC 的 Telnet 界面里输入"/etc/init.d/dvbsu start"命令，如图 11-98 所示，表示已成功开启串流服务。

② 从网上下载 dump_lamedb.exe 程序并执行，程序会自动搜索运行中的 dvbsu 设备的 IP 地址，搜索到后自动下载转换，完成后生成一个 dump_lamedb 文件，我们选择"另存为..."，在编码栏选择"ANSI"保存即可，如图 11-99 所示。

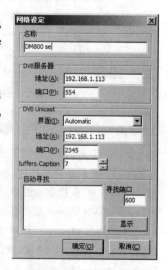

图 11-97　网络设定

图 11-98　已成功开启串流服务

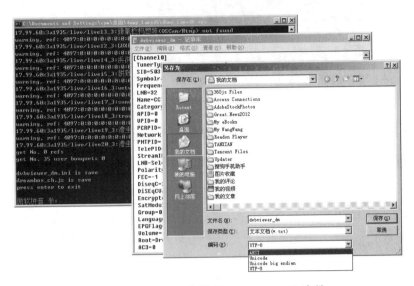

图 11-99　从机器中导出 dump_lamedb 文件

③ 打开 DVB Viewer 软件，从【频道】→【频道编辑器】进入，在 弹出的【频道列表编辑器】界面中，点击左下角的导入频道列表图标，选择刚才保存的 dump_lamedb 文件，即可导入，如图 11-100 所示。

图 11-100　导入 dump_lamedb 文件到 DVB Viewer 中

（3）使用　DVB Viewer 软件使用很简单，只要从【频道】→【频道列表】中展开各个自定义组，点击其中的频道台标即可观看，可以点击台标任意换台，非常方便（图 11-101）。

图 11-101　DVB Viewer 软件播放界面

使用 DVB Viewer 播放时，必须先开启串流服务，在 Telnet 界面各个命令代码如表 11-3 所示。

表 11-3　串流服务开关命令代码

串流服务命令	代　　码
手动开启	/etc/init.d/dvbsu start
手动关闭	/etc/init.d/dvbsu stop
添加开机自启动	update-rc.d dvbsu defaults
删除开机自启动	update-rc.d dvbsu remove

DVB Viewer 播放时，如果出现节目无法播放，有声音没画面，或者有画面没声音的状况，可以进入【DirectX 设定】界面中，调整一下音视频解码器（图 11-102），各种解码组合可以随意搭配，只要能够正常使用即可。如果无解码器可选，可以从网上下载终极解码、完美解码之类的音视频解码软件安装，安装完成就有此选项了。

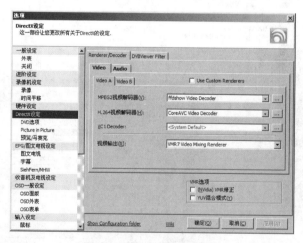

图 11-102　DirectX 设定

DVB Viewer 软件功能很强大，如可以录制节目、时光平移、屏幕截图等，具体待用户自己研究了。

11.7.5　XBMC 软件播放

XBMC（XBOX Media Center）原是 XBOX 游戏机的媒体中心软件，对于 XBOX 玩家来说，如果没有安装这个软件，那么玩 XBOX 缺少了一半的乐趣，甚至毫不夸张地说，XBMC 才是很多玩家购买 XBOX 的真正目的。作为一个优秀的开源软件，现今的 XBMC 可以运行在 Linux、OSX、Windows 等系统下，也成为 HTPC（Home Theater Personal Computer，家庭影院电脑）的最佳伴侣。

（1）安装设置　我们安装的是 XBMC 12 版本，安装完成后是英文界面，需要设置一下。

①　打开主界面从【System】（系统）→【Appearance】（外观）界面，在【International】（国际）选项里，将【Language】（语言）设置为"Chinese（Simple）" 简体中文，如图 11-103 所示。

图 11-103　设置界面语言

②　在【Skin】（皮肤）选项里，将【Fonts】（字体）设置为"Arial based"基于宋体，如图 11-104 所示，这样就可以显示中文界面了，如图 11-105 所示。

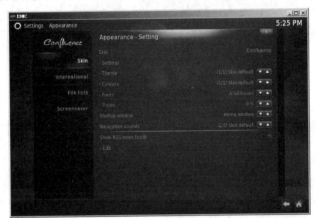

图 11-104　设置显示字体

图 11-105　XBMC 主界面

（2）使用 使用 XBMC 软件前需要进行文件添加，具体方法如下：

① 从【视频】→【文件】→【添加视频...】进入，首先输入 DM800 se 机器的目录路径，格式为 "tuxbox://用户名:密码@机器 IP 地址:80"，我们输入 "tuxbox://root:dreambox@192.168.1.113:80"，输入好后，按虚拟键盘上的"完成"按钮，如图 11-106 所示。

图 11-106 输入视频路径

② 接下来，XBMC 提示给目录命名，可以随便起一个名称，如"DM800 se"，如图 11-107 所示。

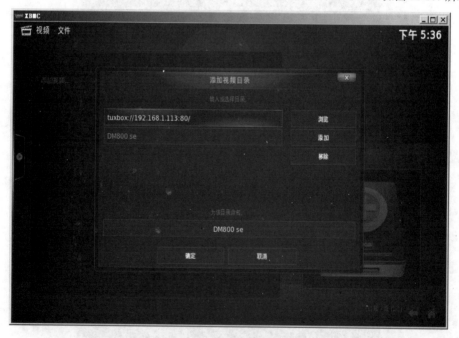

图 11-107 目录命名

③ 当目录命名完成后，XBMC 就会在【视频】的【文件】下生成一个 DM800 se 目录，并自动下载 DM800 se 机器自定义组中的频道台标，如图 11-108、图 11-109 所示。

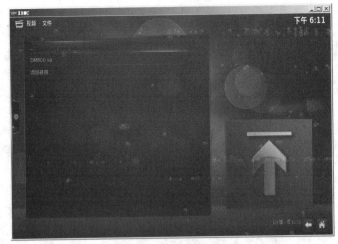

图 11-108　DM800 se 目录

图 11-109　DM800 se 自定义组

④ 选择一个自定义组，点击打开，就可以看到各个频道台标了（图 11-110），点击一个频道台标，就可以观看这个频道了，如图 11-111 所示。

图 11-110　DM800 se 自定义组台标

图 11-111　XBMC 播放界面

（3）注意事项

① XBMC 软件在 Windows 操作系统下，鼠标移动速度变慢，用起来有点飘。

② 如果感觉采用鼠标输入目录路径麻烦，也可以直接进入类似"C:\Documents and Settings\sym\Application Data\XBMC\userdata"文件夹（针对 WinXP 操作系统，其他 Win 操作系统路径略有不同）中，编辑 sources.xml 文件，在<video> </video> 字段中间加入以下代码：

```
<default pathversion="1" />
  <source>
  <name>DM800 se</name>
  <path pathversion="1">tuxbox://root:dreambox@192.168.1.113:80/</path>
  <path pathversion="1">DM800 se</path>
</source>
```

保存后退出即可。

③ 使用 XBMC 软件在电脑上播放 Dreambox 高清机内置频道，只能在同一个转发器下换台，不同转发器下是不能换台的，机器会有播放失败提示（图 11-112），具体可参考类似"C:\Documents and Settings\sym\Application Data"下的 XBMC 日志文件。解决方法只能是先通过遥控器换台后，再用 XBMC 软件点击播放。

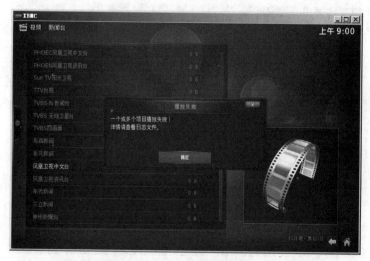

图 11-112　播放失败提示

11.7.6 DreamDroid 安卓软件播放

在安卓手机或平板电脑上，也可以播放 Dreambox 高清机的内置频道，DreamDroid 就是这款安卓系统下的播放软件。

（1）安装设置 我们安装的是 DreamDroidfor 0.9.6.8 的汉化版，安装前建议先安装 Vplayer 或 mxplayer 播放软件，因为 DreamDroid 仅仅是一个串流软件，实际播放时是通过 Vplayer 等软件播放的。安装完成后，点击 DreamDroid 进入（图 11-113）。

进入 DreamDroid 主界面（图 11-114），点击【简介】（Profiles），进入 Dreambox 机器设置界面，默认的配置是 dm8000，长按它，在弹出的界面里选择编辑，如图 11-115 所示，文件可命名为"DM800 se"，主机端口填写 DM800 se 机器的 IP 地址，其他的无需设置，然后点击保存按钮。

图 11-113 安卓主菜单

图 11-114 DreamDroid 主界面

出现图 11-116 界面，表示设置成功。

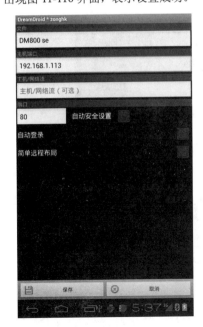

图 11-115 简介界面

图 11-116 连接成功

（2）使用　DreamDroid 主界面显示软件的主要功能，在【菜单】（Main）界面里有八个选项。

【服务】（Services）为频道列表选项，按照电视、广播、Bouquets（自定义组）、供应商分类。建议选择第一项"Bouquets（TV）"电视自定义组进入（图 11-117），可以看到自定义组中的具体分类（图 11-118）。

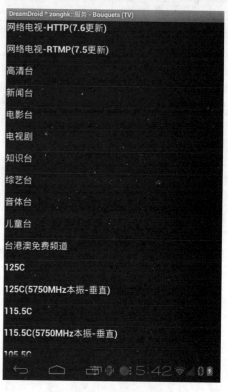

图 11-117　频道列表

图 11-118　自定义组分类

进入一个分类，选择一个频道台标，长按它就可以换台，再轻点一下该频道台标，弹出【选择一个动作】（Pick an action）界面，显示当前事件（Current event）、浏览器电子节目指南（Browse EPG）、结束（Zap，应该翻译为"换台"）、串流（Stream）四个选项，如图 11-119 所示。

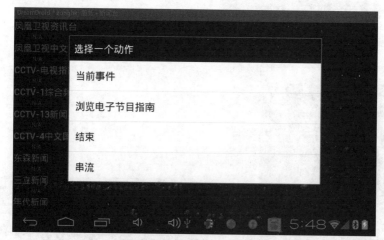

图 11-119　选择一个动作

点击"串流"选项，系统弹出【选择要使用的应用程序】界面，选择之前安装的"VPlayer"播放程序，并且勾选设为默认选项（图 11-120）。如果默认播放器设置错了，可返回到安卓主菜单下，从【设置】→【应用程序】找到这个播放器，点击清除默认设置即可重新设置。

经过片刻缓冲，VPlayer 程序就播放 DreamDroid 串流过来的频道节目了，如图 11-121 所示。

图 11-120 选择要使用的应用程序

图 11-121 DreamDroid 播放界面

【电影】（Movies）：可以播放或下载 Dreambox 机器内置硬盘已录制的节目，此时 Dreambox 机器仍然可以播放 DVB 电视节目，互不影响。

【时间】（Timer）：查看和编辑 Dreambox 机器中定时器中的任务。

【虚拟遥控】（Virtual Remote）：虚拟遥控器界面布局和 Dreambox 实体遥控器基本差不多（图 11-122），由于是 WiFi 无线网络 Web 页面控制，不受实体遥控器红外线发射角度的影响，没有方向限制，操作更灵敏。

【当前服务】（Current）：节目信息，会显示频道名称、供应商、下个节目、当前串流等。

【电子节目指南】（EPG-Search）：EPG 搜索。

【电源控制】（Power Control）：和 Dreambox 机器里的关机菜单一样，可以执行待机、重启插件、重启和关机（深度待机）。

【检查连接】（Check connectivity）：重新连接 Dreambox 机器用的。

在【更多】（Extras）界面里（图 11-123），有【睡眠时间设置】（Sleep Timer）、【截图】（Screenshot）、【设备信息】（Device Information）和【发送消息】（Send Message）选项，和 Dreambox WebControl 页面上功能完全一样。

图 11-122 虚拟遥控器界面

图 11-123 更多界面

11.8 软件升级

11.8.1 RJ-45 网口升级

DM800 se 机器网页刷写方法和 DM800 的完全一样，详见第 9 章 9.4.6 节，图 11-124 为刷机进入页面。

图 11-124 DM800 se 机器网页刷写

11.8.2 mini-USB 接口升级——DreamUp 软件

当网口刷写失败时，在 DM800 上是采用 RS-232 串口刷写来恢复。在 DM800 se 机器上则是通过一根 mini-USB A－USB A 转接线电脑和机器上的 SERVICE 接口连接，刷写时需要先安装 VCP 驱动程序，然后再通过 DreamUp 软件刷写，具体方法可详见第 10 章 10.5.3 节。

一些用户刷写某些不完全的 DM800 se 整合版本而未进行二次刷写驱动，从而导致机器 OLED 屏幕出现 "NO CA......" 类型的提示，这时就需要采用这种刷写模式来解决。但在实际刷写中，用户往往不能成功刷写，主要是以下因素所导致的。

（1）未安装 VCP 驱动 VCP 驱动程序,实际上是 USB 转 UART 桥接的虚拟 COM 接口（Virtual COM Port）驱动程序。不安装该程序,电脑是无法识别 DM800 se 这个外部设备的,这样在 DreamUP 软件中无法选择 Serial（串口）区域中的 Port（端口）号，当然不能正常刷写。

（2）未使用 SUNRAY-FlashUP 串口刷机软件 一些用户进行 DM800 se 机器串口刷写时，发现软件界面始终显示出现 "upload completed,waiting for acknowledge..."，其意是 "上传完成后，等待确认"，这样 "Flash" 按键就灰化，无法继续操作（图 11-125）；同时机器 OLED 屏幕最下方会出现 "NO CA FOUND" 提示，以及乱码（或黑屏）现象，如图 11-126 所示。

这是由于用户采用的官方发布的 DreamUP 软件所致！国内的 DM800 se 为抄板产品，其 SIM 卡是仿真的 SIM2.10 卡，采用官方 DreamUp 版本在 RS-232 刷机时的第一个步骤采用的 "uploading flash-loader...（上传 Flash 下载器）"，这个文件和抄板机器的是不一样的，导致会出现上述无法刷写问题，因此抄板 DM800 se 机器不能使用官方发布的 DreamUP 串口刷机软件，只能使用破解的 SUNRAY-FlashUP，这样才能正常刷机（图 11-127）。

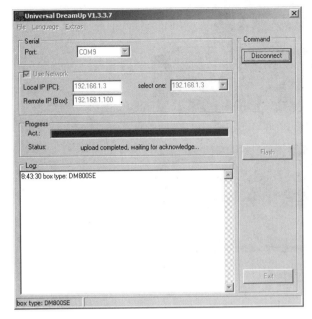

图 11-125　DreamUp 软件无法刷写

图 11-126　机器 OLED 屏幕会出现乱码

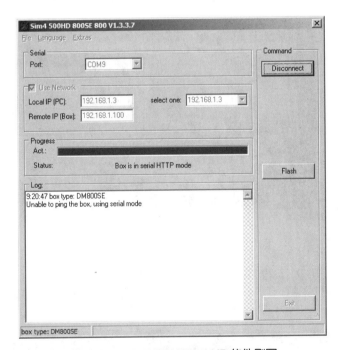

图 11-127　SUNRAY-FlashUP 软件刷写

11.9　漫谈 Dreambox 系列高清机

　　DMM 公司推出的 Dreambox 系列高清机目前包括 DM800 HD PVR、DM8000 HD PVR、DM500 HD、DM800 HD se、DM7020 HD 五款型号，默认操作系统均为 Enigma2。前面四款我们已经详细介绍过了，现在简单介绍一下 DM7020 HD 这款机器。

11.9.1　DM7020 HD 机器简介

　　DM7020 HD 是 DMM 公司于 2011 年推出的一款具有双调谐器插槽的高清接收机，采用和 DM500 HD、DM800 HD se 机器一样的 BCM7405 方案。外观如图 11-128 所示，内部结构如图 11-129 所示。

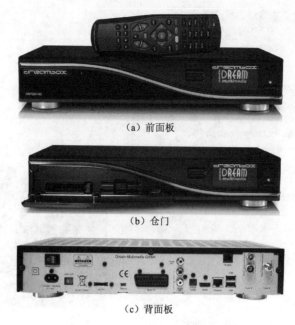

（a）前面板

（b）仓门

（c）背面板

图 11-128　DM7020 HD 机器外观

图 11-129　DM7020 HD 机器内部结构

　　和 DM8000 机器一样，DM7020 HD 机器同样内置了 110V/230V 电源，可以内置 3.5 寸串口硬盘，插入 CI 模块。DM7020 HD 机器内部有 A、B 两个调谐器插槽，可插入 DVB-S2 调谐器组件板——BCM4505，DVB-C/T 调谐器组件板——CXD1981，如图 11-130 所示，由于具有双调谐器，可以实现画中画功能。

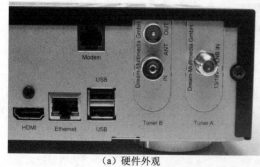

（a）硬件外观

（b）软件信息

图 11-130　DM7020 HD 机器调谐器

实际上，DM7020 HD 机器可以看作 DM8000 机器的精简版，去除了两个板载 DVB-S2 调谐器、DVD 光驱、CF/SD 读卡器、WiFi 模块、两个 CI 插槽、一个 SCART 接口等。不过，相比较 DM8000 机器也有了改进，如将 DVI 接口更改为 HDMI 接口、将 RS-232 串口更改为 mini-USB 接口。特别是 DM7020 HD 机器 RAM 内存容量增加到 512MB，是 DM8000 机器的两倍；FLASH 闪存容量增加到 1GB，是 DM8000 机器的八倍、DM800 se 机器的 16 倍之多，可以安装更多的插件而不必担心 FLASH 剩余空间紧张的问题。

11.9.2 Dreambox 系列高清机参数简介

Dreambox 系列高清机已形成了由低到高的多类型、多品种的完整系列，表 11-4 为 DMM 公司 Dreambox 系列高清机参数表。

表 11-4　Dreambox 系列高清机参数一览表

项目 / 机型		DM800 HD PVR	DM8000 HD PVR	DM500 HD v2	DM800 HD se v2	DM7020 HD v2
生产	现状	停产	停产	生产	生产	生产
	周期	2008～2012 年	2009～2012 年	2013 年～	2013 年～	2013 年～
CPU	型号	BCM7401	BCM7400	BCM7405	BCM7405	BCM7405
	主频	300MHz	400MHz	400MHz	400MHz	400MHz
	类型			MIPS		
RAM 容量		256MB	256MB	512MB	512MB	512MB
FLASH	容量	64MB	128MB	1024MB	1024MB	1024 MB
	类型			NAND		
DVB 调谐器		1 个调谐器插槽	2 个板载 DVB-S2 ＋2 个调谐器插槽	1 个板载 DVB-S2	1 个调谐器插槽	2 个调谐器插槽
LNB 环路输出		√	×	×	×	×
CA 接口	CI 插槽	0	4	0	0	2
	CA 插槽	1	2	1	2	2
存储器接口	CF/SD 卡	×	√	×	×	×
	USB 2.0	2	3	×	2	3
	eSATA	√				
内置硬盘	规格	2.5 寸	3.5 寸+DVD	×	2.5 寸	3.5 寸
	类型	SATA（串行）	SATA（串行）	×	SATA（串行）	SATA（串行）
RJ-11 Modem 接口		√	√	√	√	√
Service 接口		RS-232	RS-232	mini-USB	mini-USB	mini-USB
RJ-45 网口				100M		
音视频接口	HDMI 接口	DVI 转	DVI 转	√	√	√
	S/P DIF 接口	√	光纤、同轴各 1 个	√	√	√
	YPrPb 接口	√	√	×	√	×
	SCART 接口	1	2	1	1	1
OLED 显示屏		白色	黄色	×	彩色	白色
电源支持		外置+12V	内置 110V/230V	外置+12V	外置+12V	内置 110V/230V
体积尺寸（W×D×H, mm）		195×140×40	430×280×90	195×130×40	225×145×52	372×232×75

DM800 HD se SR4 是国内新雷（SUNRAY）厂家于 2011 年 10 月推出的一款卫星、有线、地面三合一高清机，厂家宣是称 DM800 HD se 的 SR4 版本——SunRay4，又称"新雷 4"，以下简称"SR4"。同年 12 月底，又推出了内置了 300M WiFi 模块的 SR4-WiFi 版本，可以连接周围的无线局域网络。

12.1 外观功能

SR4 机器先后采用橙色美女头像和蓝色大海图案两种外包装（图 12-1），显得分外生动活泼，加上硕大的"Sunray"印刷字体，更突显了这是 DM800 HD se 的 SR4 版本。

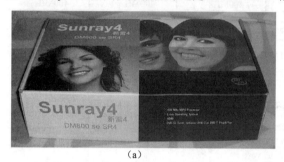
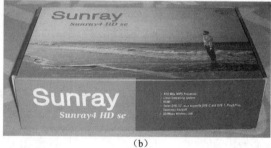

（a）　　　　　　　　　　　　　　　　　　　　（b）

图 12-1　SR4 机器外包装

SR4 机器有黑色和白色两种外观颜色供选择（图 12-2），仓门盖贴有"SunRay"铭牌。白色机器上盖采用白色钢琴烤漆工艺，光洁度高，整体显得高贵典雅；黑色机器的上盖采用黑色的磨砂喷漆工艺，经典大方。所配的遥控器颜色也与其外观颜色相呼应，如白色的外壳配白色的遥控器，以满足不同用户个性化的需求。SR4 机器的配件和 DM800 se 机器完全一样。

图 12-2　SR4 机器外观

和 DM800 se 机器不同的是，SR4 机器在仓门内部还增加了一个 USB 接口（图 12-3），这样 SR4 机器一共就有了三个 USB2.0 接口，不过当机器采用内置的 WiFi 模块时，该接口失效，正如 DM800 机器内置硬盘时，外部的 eSATA 接口失效道理类似。

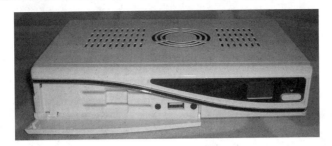

图 12-3　SR4 机器仓门

SR4 机器背面板左上方为一个活动挡板，固定着三合一调谐器组件板。三个输入接口功能从左到右依次为有线（DVB-C）、地面（DTMB 或 DVB-T）、卫星（DVB-S2/S）。根据内置高频头接收地面信号调制方式的不同，SR4 机器分为国内版和海外版，如图 12-4 所示。

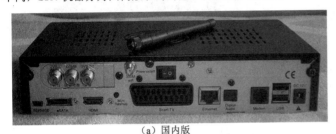
（a）国内版

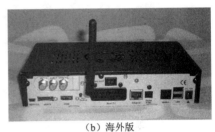
（b）海外版

图 12-4　SR4 机器背面板

目前，国内版采用 SR4F 三合一调谐器组件板，接收 DMB-TH 国标地面信号，海外版采用 SR4TF 三合一调谐器组件板，接收 DVB-T 欧标地面信号，卫星和有线电视的接收功能完全一样。

在电源开关左边有一个 SMA 接口座，用于连接 WiFi 天线。SR4 机器背面板的其他功能和 DM800 HD se 机器一样，不过在 HDMI 和 Scart TV 接口之间增加了一个"Mini flashup"微动按钮，用于免串口刷机时操作。

12.2　硬件特点

SR4 机器是基于 DM800 se 机器上的一款机器，硬件方案完全系统，只是部分电路上有所取舍，下面来介绍 SR4 机器不同于 DM800 se 机器的硬件特点。

12.2.1　电路主板特点

（1）增加 Mini flashup 微动按钮　电路主板正面的 Mini flashup 微动按钮（EP1）和背面的贴片三极管（Q6）、贴片电阻（R192）构成一个电子开关电路（图 12-5），用于刷机时的电路复位。

（a）正面

（b）背面

图 12-5　Mini flashup 微动按钮

（2）**RJ-11 Modem 接口为虚设** SR4 机器电路主板元件配置也是有所取舍的，如在 DM800 se 机器上 Si2401（MU1）＋Si3010（MU2）双芯片结构的嵌入式 Modem（ISOmodem）方案构成的 RJ-11 Modem 接口（J1000）电路，而在 SR4 机器电路主板上，这些元件未贴片，如图 12-6、图 12-7 所示。

（a）DM800 se 机器

（b）SR4 机器

图 12-6　Modem 电路正面板

（a）DM800 se 机器

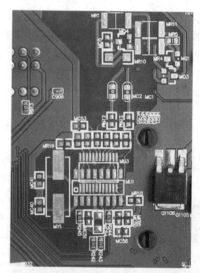

（b）SR4 机器

图 12-7　Modem 电路背面板

Modem 接口主要用于 DVB-C 接收中的互动服务，如用户点播、浏览短信和购物等业务，由于上传的数据量非常少，因此回传通道使用普通电话线就可以了。对于没有安装 ADSL 宽带的用户也可以利用这个 Modem 连接电话线，安装 modem 插件拨号上网。

不过，由于 Modem 是 56kbps 的窄带网速，并且在国内费用较高，实际上用处不大，因此 SR4 机器空置这一功能。

（3）**USB 接口芯片** SR4 机器 USB 接口采用 AP2146A（U11）作为 USB 电源控制保护芯片（图 12-8），相比较原来 DM800 se 机器采用的 MAX1823（U1000），进一步提高了 USB 接口+5V 电源输出功率。

 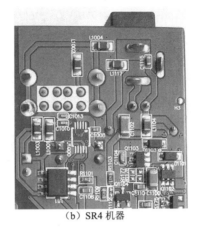

（a）DM800 se 机器　　　　　　　　　　（b）SR4 机器

图 12-8　USB 接口电路

12.2.2　前面板 USB 接口

SR4 机器前面板提供一个 USB 接口，使得置于机柜中的 SR4 机器拔插和挂载 USB 外设更加方便。该接口是通过一个通用的 USB 固定座一端固定在前面板上（图 12-9），另一端通过接插件和主板的 J1000 插针连接，完成第三个 USB 接口功能。实际上，在 DM800 se 机器电路主板上也有这个 J1000 插针，只是没有通过插座引到前面板上，有 DIY 能力的烧友也可以照此加装。

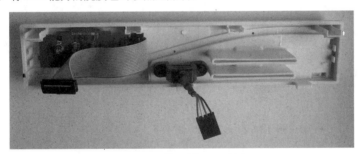

图 12-9　前面板 USB 接口

12.2.3　WiFi 模块

在 SR4 机器中，WiFi 模块是通过一根四芯连接线和主板上的 J1000 插针连接（图 12-10），而早先的 SR4 机器中，该插针是和前面板 USB 接口连接的。也就是说，在 SR4 机器中，前面板 USB 接口和背面板的 WiFi 模块这两种功能只能二选一。

图 12-10　SR4 机器 WiFi 模块

WiFi 模块采用 Realtek RTL8191SU 构成 300M 无线局域网卡解决方案，如图 12-11 所示。模块设计很小巧，并且充分地利用了 SMA 接口座巧妙地解决整个模块安装固定的问题。

图 12-11　WiFi 模块电路板

12.2.4　DVB-C/S2、DMB-TH 三合一调谐器组件板

SR4 机器最大特色是：内置的一体化调谐器组件板上搭载了新雷厂家和国内知名的 DVB Tuner 专业制造商——广州易尔（EARDA）公司合作推出的 DVB-S2/C、DMB-TH（DVB-T）三合一的一体化调谐器（以下简称"三合一头"）SR4F、SR4TF，如图 12-12 所示。

（a）正面

（b）背面

图 12-12　SR4F、SR4TF 三合一调谐器

有了这个三合一头，配合内置地面、有线电视参数的 satellites.xml 的整合版 IMG，就可以实现卫星、有线、无线三种不同传播途径的数字电视的无缝接收。

（1）三合一头的内部结构　图 12-13 为 SR4F 三合一头内部结构分析图，采用了大大小小的 5 个集成块，出于商业技术保密，所有的集成块型号都被打磨掉了，我们认为 DVB-C、DMB-TH 解调器型号为高拓讯达的 ATBM8859，DVB-S2/S 解调器为意法的 STV0903，三合一头接收 DVB-S2 门限很低，也主要得益于这款性能优异的芯片。

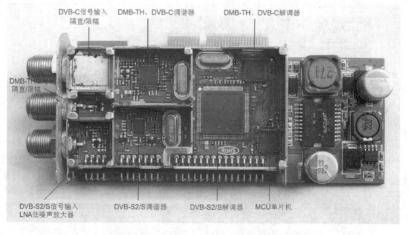

图 12-13　SR4F 三合一头内部结构

ATBM8859 是北高拓讯达（AltoBeam）于 2011 年第二季度发布的一款支持中国地面数字电视广播（CTTB）的标准（DBM-TH 或称 DTMB），同时支持 DVB-C 标准的复合解调芯片，采用 55nm CMOS 工艺制程，QFN-48P 封装（图 12-14），电路工作原理框图如图 12-15 所示。

图 12-14 ATBM8859 芯片

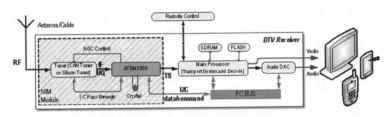

图 12-15 ATBM8859 电路工作原理框图

2008 年 9 月，意法公司推出了基于 STV6110A 调谐器＋STV0903 解调器的机顶盒前端解决方案（图 12-16），其中的 STV0903 是一款性能优秀的 DVB-S2/S 卫星解调芯片（图 12-17），具有高速前向纠错功能，不仅能够解调 DVB-S 的 QPSK，还能解调 DVB-S2 的 QPSK、8PSK 和 16APSK。系统可通过 I²C 总线对 STV0903 控制，可通过 JTAG 接口向芯片写入新数据，STV0903 芯片支持硬件盲扫功能，采用 90nm CMOS 工艺制程，LQFP-128P 封装，功耗为 1.2W，解调器内部结构如图 12-18 所示。

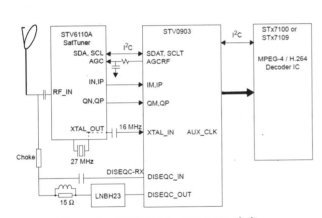

图 12-16 STV6110A＋STV0903 方案

图 12-17 STV0903 芯片

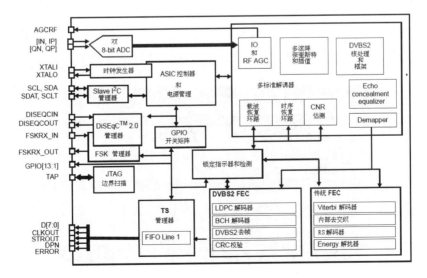

图 12-18 STV0903 内部功能框图

（2）三合一头的切换基本原理　在三合一头的开发设计中，始终贯承和 Dreambox 高清机驱动兼容的宗旨，也就是利用原来 IMG 中的 ALPS BSBE2（DVB-S2）官方驱动，因此需要软件和硬件的相互配合才能实现，三合一头的电路工作原理框图如图 12-19 所示。

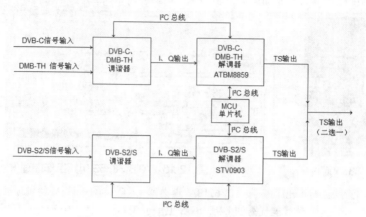

图 12-19　三合一头的电路工作原理框图

首先，在硬件方案设计上，DVB-S2/S 解调器和 DVB-C、DMB-TH 解调器的两种 TS 数据输出接口采用并联方式，在任何情况下只能允许一个解调芯片（假设为"A"）的 TS 数据输出有效，另一个解调芯片（假设为"B"）的 TS 数据输出被禁止，接口呈高阻状态。只有当单片机（MCU）收到切换模式指令，才执行 B 解调芯片 TS 数据输出，同时 A 解调芯片接口呈高阻状态。

单片机收到的切换模式指令则主要依赖于 IMG 软件，修改的 satellites.xml 卫星参数表。设计者巧妙地将 DMB-TH、DVB-C 接收模式的参数拉入到卫星参数表 satellites.xml 下，为了能够融合在卫星参数表的频率覆盖范围内，人为地将其实际接收频率＋1000MHz，并且将 satellites.xml 中的 inversion="0"映射为 DVB-C 模式，inversion="1"映射为 DMB-TH 模式，而本身 DVB-S2/S 模式 system="0"是不变的。最后通过设计者对三合一头中的 MCU 编程，解决上述一系列问题。

12.3　软件使用

SR4 机器的使用操作和 DM800、DM800 se 基本一样，只是在接收有线电视和 PLS 码解码的卫星信号时，需要特定的操作。同样以"山水评测室"推出的 DM800 se G3-iCVS8#84B 整合版为例，下面介绍正确的软件使用方法。

12.3.1　有线/地面电视搜索

SR4 机器可以接收数字有线/地面电视，但方法和以往采用 DVB-C/T 调谐器组件板的 DM800 机器不同。

（1）设置　以南京地区的数字有线电视为例，在【卫星】项目里选择"DVB -C 数字有线电视（6875）"，其中"6875"为南京数字有线电视的符码率，实际上，全国大多数数字有线电视系统都采用此符码率。当然，如果你当地的符码率为"6900"，就要选择"数字有线电视（DVB -C/6900）"。然后将【LOF】、【LOF/L】、【LOF/H】三项本振频率设置依次为：用户自定义、00000、00000，这样才能确保下面的节目正常搜索（图 12-20）。

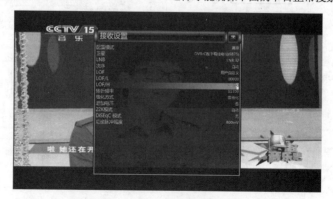

图 12-20　DVB -C 数字有线电视设置

按照同样的方法进行数字地面电视的接收设置，整合版内置了"DMB-TH 数字地面电视（深港澳）"、"DMB-TH 数字地面电视（其他城市）"两个地面电视参数表，用户可以根据所在地选择其中的一种（图 12-21）。

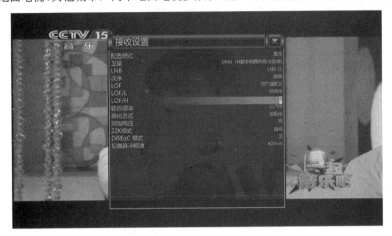

图 12-21　数字地面电视设置

（2）全频搜索　接下来进行数字有线电视节目搜索，初次搜索时，建议选择"手动扫描"，然后在其扫描节目中，将【扫描类型】为："单个卫星"，也就是对内置 satellites.xml 卫星节目参数表里标准的数字有线电视参数进行全部频率扫描，如图 12-22 所示。

图 12-22　全频搜索设置

由于设置频点在 187～858MHz 范围内，按照 8MHz 的步长逐个扫描，因此耗时较长，图 12-23 为扫描完成的界面，界面会显示搜索到的电视和广播频道总数。

图 12-23　全频搜索完成界面

如果熟悉 satellites.xml 参数表编辑的话，可以编辑符合你当地的有线电视的 satellites.xml 参数表，删除内置的标准数字有线电视参数中一些本地没有的频点，这样搜索起来就快速了很多。南京地区的数字有线电视的频点整理如表 12-1 所示。

表 12-1　南京地区数字有线电视的频点分布表

频道号	中心频率/MHz	频道号	中心频率/MHz
Z-24	355	Z-39	578
Z-25	363	Z-40	586
Z-26	371	Z-41	594
Z-27	379	Z-42	602
Z-28	387	DS-25	610
Z-29	395	DS-26	618
Z-30	403	DS-27	626
Z-31	411	DS-28	634
Z-32	419	DS-29	642
Z-34	435	DS-30	650
Z-35	443	DS-31	658
Z-36	451	DS-32	666
Z-37	474	DS-34	682
DS-22	546	DS-35	690
DS-23	554	DS-36	698
DS-24	562	DS-37	706
Z-38	570		

（3）单频搜索　如果发现一些频点漏扫，还可以采取"单个转发器"扫描类型进行单频搜索，搜索时注意以下几点。

① 在【频率】项目上输入时，实际接收频率加 1000MHz 作为中频频率参数。由于一般数字有线电视的接收频率范围 54～860MHz，因此输入有线电视的频率参数为 1054～1860 MHz。

② 在【反向】项目上，选择设置为"关闭"。

③ 在【FEC】项目上，此时变为 QAM 模式选择。对应选项关系如下：1/2＝16QAM、2/3＝32QAM、3/4＝64QAM、5/6＝128QAM、7/8＝256QAM，其他数值均为 64QAM。

例如，扫描某数字有线电视频点接收参数为：371MHz 6875MSps 64QAM，输入设置如图 12-24 所示。

图 12-24　有线单频搜索设置

小提示：

采取"单个转发器"扫描有线电视时，请务必将【反向】项设置"关闭"；采取"单个转发器"扫描地面电视时，请务必将【反向】项设置"打开"，这样才能保证成功地搜索到节目。

【反向】项设置"关闭"，对应将 satellites.xml 中的 inversion="0"，即 DVB-C 模式，工作模式切换 DVB-C 端口接收数字有线电视信号；【反向】项设置"关闭"，对应将 satellites.xml 中的 inversion="1"，即 DMB-TH（或 DV-T）模式，切换 DMB-TH（或 DV-T）端口接收数字地面电视信号；而本身 DVB-S2/S 设置和原来的设置一样，保持不变，即【反向】项设置"自动"，对应将 satellites.xml 中的 system="0" 模式，切换 DVB-S2/S 端口接收卫星信号。

12.3.2 有线电视收视

扫描完成后，从频道选择界面中按绿色键，就可以在 DVB-C 数字有线电视频道表中，观看免费的频道了（图 12-25），对于数字有线电视中付费频道的收视，则需要满足一定的条件。

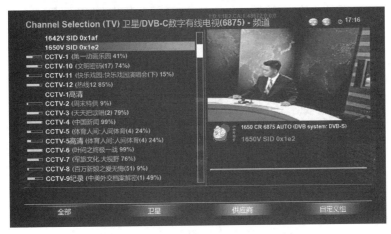

图 12-25　DVB-C 数字有线电视频道表

（1）付费频道收视条件　对于采用 SR4 机器收视数字有线电视的加密频道，需要满足：① 机卡不捆绑；② 有效收视卡；③ 主流 CA 系统。

① 机卡不捆绑。机卡配对方案的"机"是指数字电视接收机，也就是我们常说的机顶盒，"卡"则是指含有数字电视 CA（Conditional Access，条件接收）系统的收视卡，机卡配对方案是指机顶盒与智能卡必须一一对应才能完成信号的授权接收和解密收视。

简单地说，每个机顶盒和卡都有机号和卡号，如 A 卡只能插入 A 机中、B 卡只能插入 B 机中，才能正常收视；如果将 A 卡插入 B 机中，或者 B 卡插入 A 机中，都将无法收视；即便 A 卡、A 机、B 卡、B 机都是经过有线电视运营商合法授权的也不行，这就是"机卡配对"，也称为"机卡捆绑"。反之，就是"机卡不捆绑"。

② 有效收视卡。客户购买了当地数字有线电视公司的智能收视卡，并申请开卡之后，就成为有效的收视卡，这样用户与有线电视公司之间就建立起一种非常紧密的客户/服务关系，并且可享受有线电视运营商要对客户提供长达一年的收视服务。

③ 主流 CA 系统。包括 SR4 在内的所有 DM800 系列机器通过内置的 CCcam 协议（SoftCAM），可插卡收视法国电信（Viaccess）、爱迪德（Irdeto）、耐瑞唯信（Nagravision）、恩迪斯（Nds/Videoguard）、康奈斯（Conax）等主流加密系统的解密，另外永新视博 2.2 版本、数码视讯等国内 CA 系统也可以通过 OSCam 协议配置支持读卡。

（2）付费频道插卡收视　观看数字有线电视中的付费频道，首先了解清楚付费频道所属的套餐，以南京广电网络的数字有线电视为例，我们使用的 B 套餐的收视卡（图 12-26）只能收视其中的付费标清频道。

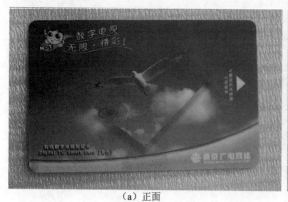

（a）正面　　　　　　　　　　　　　　　　　　　　　（b）背面

图 12-26　收视卡

拨开 SR4 机器左侧仓门，将授权后的有线电视收视卡芯片触点朝下，按卡片上标识的箭头方向插入机器两个卡槽的任意一个中，插到位，如图 12-27 所示。

收视卡的芯片触点朝下
插入机器上面的卡槽中

图 12-27　插入收视卡

再从【蓝色面板】→【设置 Camd】中选择"OSCam1.20"协议，按红色键重启即可收视有线电视的付费频道了（图 12-28）。南京地区采用永新视博 CA 系统，因此节目信息条显示"TF"图标，是 TsingHua TongFang（清华同方，永新视博的前身）缩写词，白底色表示加密节目已解密了。最下方的为 ECM 信息，可以看到"form：local"，表示 ECM 来自于本地，即内置的卡片收视。

图 12-28　有线电视付费频道收视

（3）有线电视收视相关问答

【问题 1】符合上述三个收视条件，但 OSCam 协议不能读卡。

采用 OSCam 协议，协议配置文件保存在/etc/tuxbox/config/oscam.server 文件中，如果不能读卡，请检查 oscam.server 文件内有无如下读卡代码：

```
[reader]
label = reader0
protocol = internal
device = /dev/sci0
group = 1


[reader]
label = reader1
protocol = internal
device = /dev/sci1
group = 1
```

其中设备（device）/dev/sci0 对应上面 CA 卡槽，/dev/sci1 对应下面 CA 卡槽，采用 CCcam 协议读卡时，可从【蓝色面板】→【信息】→【硬件】中查看卡片简单 CA 信息，如图 12-29 所示。

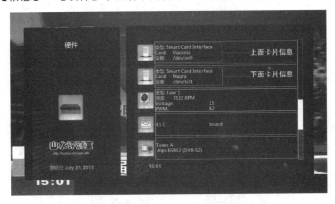

图 12-29　CA 读卡器信息

【问题 2】原来插卡看数字有线加密电视正常，一个月后，就无法收看了，请问是什么原因？

这个现象一般是用户当地的数字有线电视采用每月授权方案，SR4 机器是通用机器，可能无法进行类似有线电视运营商派发的专用机顶盒的月授权操作。解决方法是将收视卡插入原有的有线电视机顶盒中再次进行授权，授权成功后，再插回 SR4 机器中收视。

【问题 3】采用全频扫描出很多频道，但实际收视发现少了不少频道，这是什么原因？

搜索的一些频道是广播频道，被 SR4 机器自动分类到 Radio 中；另外一些频道携带数据信息，在 SR4 机器频道表中无法显示，可采用 DreamBoxEdit 频道编辑软件将所搜索的有线电视频道类型是 "data" 找出来，更改为 "电视"，编辑完成后，再上传到机器中即可显示。

【问题 4】换台时，屏幕提示 "在 PAT 中找不到 SID"，请问是什么问题？

这个提示表示节目分配表（PAT）中没有找到有效的服务标识符（SID），也就是该频道参数已更新，机器内置的频道参数不符合实际的频道参数要求，因此无法识别。解决的方法是：重新输入正确的频点参数再次扫描，并且将 "扫描前选择清理频道" 选择为 "是"。

12.3.3　地面电视收视

（1）国标 DMB-TH 数字地面电视　DMB-TH 是我国的地面电视信道传输标准（简称 "国标"），SR4 机器国内版可以接收国标数字地面电视，频道全部是免费的，搜索完成后，可以直接收视，不过一些采用 AVS 编码的频道，SR4 机器目前无法收视。

这是由于这些频道的视频编码方式和常规频道不一样，我们常规的卫星高清接收机可以支持 ISO/IEC

JTC1 制定的 MPEG 系列、ITU 针对多媒体通信制定的 H.264 系列视频编码标准，即支持 MPEG-1/2、MPEG-4（H.264）视频格式。对于 DM800 se 系列（包括 DM800 se、SR4）机器的主控芯片 BCM7405 硬件本身是支持 AVS 编码的，不过，由于 DM800 se 机器开发者是德国 DMM 公司现行的硬件驱动不支持我国的 AVS 视频编码，只能期待今后有技术的团队在 gstreamer-0.10 驱动包里增加支持 AVS 的 libgstavs.so 驱动以及 AVS+的 libgstavsplus.so 驱动。

目前市售的卫星高清接收机中，只有 F3 二代机器支持 AVS 标清解码，而对于高清部分，厂家还期待获取相关部分的 AVS+源代码后再作后续处理。

（2）欧标 DVB-T 数字地面电视　DVB-T 是欧盟的地面电视信道传输标准（简称"欧标"），SR4 机器海外版可以接收欧标数字地面电视，如我国台湾地区也是采用欧标的，国内福建沿海地区可以接收到台湾 DVB-T 数字地面电视信号，主要接收范围包括厦门、福州、龙海、漳浦、漳州、泉州、晋江、石狮、惠安沿海地区、南安溪美以南等地区，可以收视 10～15 个免费频道。

12.3.4　卫星电视搜索

（1）单频搜索　SR4 机器的卫星接收和 Dreambox 系列高清机完全一样，进行卫星单频搜索时，DVB-S2/S 配置和原来的配置一样，没有变动。只是在【反向】项目上，选择设置为"自动"。另外鉴于三合一头本身采用的解调器电路方案特点，使得手动扫描时不必再区分【系统】项目上"DVB-S"或"DVB-S2"调制方式，也就是任意设置均可以。不过，为了参数输入简便，建议用户选择"DVB-S"。

例如：100.5°E 卫星上的 FTV HD 频道接收参数为：DVB-S2-8PSK 3794MHz H 4640MSps 3/5，输入设置如图 12-30 所示。

图 12-30　卫星单频搜索设置

（2）PLS 码卫星信号搜索　SR4 机器支持 PLS 码的卫星信号的接收，不过需要特定的搜索方法。2012 年 11 月初，88°E ST-2（中新 2 号）卫星的中华电信（Chungwa Telecom）系统采用了 11633 H 30000 5/6 DVB-S2-QPSK 和 11669 H 30000 5/6 DVB-S2-QPSK 这两组 11G 频段转发器传送，包括公视、华视、中视、民视、台视这五个高清频道，除公视高清外，其他四个频道均开锁播出。

这吸引了信号覆盖区域内的高清发烧友的兴趣，不过早先除了中华电信 SDQ2-7110-CHT 共碟共星高清专用机能够接收外，没有一台高清机可以接收。这是因为虽然这两组转发器采用 DVB-S2 调制方式，但加入了 PLS（Physical Layer Signalling，物理层信令）和 ISI（Input StreamIdentifier，输入流标识符）这两个调制代码，使得普通卫星高清机一体化调谐器（Tuner）中的解调器无法解调出这种信号，当然就无法解码接收。

F3 厂家于同年 11 月 11 日，率先在其 F3 二代系列高清机系统软件里加入破解了 PLS 码，以及针对 ISI 码采用一个转发器下行频率输入−10、0、+10（MHz）三个修正频率并分别进行搜索的方案初步解决这个问题。新雷厂家也紧跟其后，通过将破解了 PLS 码加入到一体化调谐器的 MCU 中，推出 SR4E/SR4T 的升级版 SR4F/SR4TF 三合一头的 SR4 机器来解决这个问题。

SR4 机器对卫星 11G 频段两个转发器搜索方案和上述 F3 二代系列高清机是不同的，它是通过设置 FEC（Forward Error Correction，前向纠错）对应 ISI 标识符搜索的。在三合一头 MCU 中，FEC 对应 ISI 输入流标识符如表 12-2 所示。

表 12-2　FEC 对应 ISI 标识符一览表

Fec_inner（satellites.xml 代码）	FEC（QPSK）	ISI 输入流标识符
1	1/2	34
2	2/3	36
3	3/4	38
7	3/5	40
8	4/5	50
4	5/6	48
5	7/8	—
6	8/9	52
9	9/10	—

目前，88°E 卫星 11G 频段每个转发器有三个 ISI 标识符，其中 11633MHz 转发器 ISI 标识符为 38（3/4）、48（5/6）、52（8/9）；11669MHz 转发器 ISI 标识符为 36（2/3）、40（3/5）、50（4/5）。

搜索 11G 频段转发器时，具体方法如下：

① 将【系统】设置为"DVB-S2"；

② 将【调制】设置为"QSPK"；

③ 将【导频】（Pilot）设置为"打开"。

其他设置和原来一样，只是每个频点需要输入三次 FEC，再进行搜索，例如搜索 11633MHz 这组频点，先搜索 ISI 标识符为 38 对应的 FEC＝3/4 一次（图 12-31），再分别搜索 ISI 标识符为 48、52 对应的 FEC＝5/6、8/9 各一次。

图 12-31　搜索 PLS 码卫星信号

小提示：

对于 PLS 码的破解写入，如果遇到系统更换 PLS 码，厂家每次更换单片机（MCU）是比较麻烦的，目前已经可以从软件平台上解决这个问题了。

12.3.5　遥控器学习功能

SR4 机器所配的遥控器有 Sunray4 的标志，如图 12-32 所示，这是一款具有学习功能的遥控器。不但可以遥控 SR4 机器，而且在 TV 状态下，可以学习其他遥控器按键功能，解决了 Dreambox 系列遥控器通过输入代码来设置按键功能的繁琐操作。

学习操作步骤如下。

① 选择"TV"模式，按住 Sunray4 遥控器上的"SHIFT"键不放，大约 3 s 后 TV 指示灯长亮，进入"学习模式"。

② 按一次 Sunray4 遥控器上所要学习的按键，此时指示灯慢闪，表示进入"学习模式"等待接收学习信号状态。

③ 将 Sunray4 遥控器的接收管对准被学习遥控器的发射管，之间保持 2～3cm 距离。将被学习遥控器所要学习的按键按一次，此时 Sunray4 遥控器指示灯由慢闪变为快闪 3 次后长亮，表示此按键学习成功。

④ 学习其他按键只需重复以上②、③步。

⑤ 学习完成后，按"SHIFT"键保存并退出学习状态。

注意事项：

① Sunray4 遥控器进入学习状态后，间隔 15s 无学习信号输入，遥控器指示灯自动熄灭，离开"学习模式"并自动保存。

② 同一按键以最后学习的码值为准。

③ 能够学习的按键有：待机、数字键 0～9、音量+、音量-、BOUQUET+、BOUQUET-键。

④ 操作按键"DVB"和"TV"进行模式转换。

12.3.6 总评

（1）**门限对比** 对于采用三合一头的 SR4 机器的门限问题，我们和采用 BSBE2-801A 的 DVB-S2/S 调谐器组件板（简称"801 头"）、采用 NuTune（纽腾）CU1216 的 DVB-C 调谐器组件板（简称"NuTune 头"）的 DM800 se 机器一起作出对比测试。经测试发现，三合一头接收 DVB-S2、DVB-S 信号的门限和 801 头旗鼓相当，均可以接收 DVB-S2 高符码率的信号，接收 DVB-C 数字有线电视信号略逊于 NuTune 头，对于 DMB-TH 信号，由于本地接收条件限制，未作测试。

图 12-32　Sunray4 遥控器

（2）**USB 接口测试** SR4 机器具有三个 USB 接口，我们将 54M 的 USB 无线网卡、USB 读卡器、U 盘一起插上，从【蓝色面板】→【信息】→【硬件】界面中（图 12-33），可以看到三个 USB 设备得到正确的识别，并且能够正常地工作。

图 12-33　USB 接口信息

（3）**时耗、功耗测试** 在同等条件下，SR4 机器和 DM800 se 机器进行时耗对比测试：在开机启动到正常工作需要时间、重启 GUI 需时、待机中再恢复开机，以及在同一个转发器下换台下屏幕出画面，两者几乎一样，因为本身上就是基于一样的软硬件，只是调谐器组件板不同而已。SR4 机器在有线电视和卫星电视之间换台的时耗，和卫星电视同一个转发器下之间换台时耗基本一致，均在 1s 之内。

对于 SR4 机器的功耗，我们和 DM800 se 机器进行了对比测试，两者相差不大。时耗、功耗的具体测试数据详见第 11 章 11.5.6 节。

（4）**总结** SR4 机器的主要优点如下。

① 由于 SR4 机器本身就是 DM800 se 的升级版本，因此主要的硬件性能、软件功能都得到延续和继承。

② SR4 机器搭载的三合一头的开发，不但成功地解决了 DM800 se 机器需要换头接收数字有线电视

DVB-C 信号的问题，也使得深圳、香港、澳门等一些数字地面电视信号丰富的地区的用户能够轻松接收免费的国标 DMB-TH 信号。

③ 三合一头的三个 F 头设计也较为合理，在铁壳调谐器（Can Tuner）两个标准距离的 F 头中间的空位，硬是添加出一个 F 头用于接收地面波（设计新颖怪诞，烧友们昵称"三怪头"），由于中间的 F 头并不常用，这样方便了绝大多数用户同时使用两侧的有线、卫星 F 头连接。如果同时使用三个 F 头也没有问题，只要先将馈线连接到中间的 F 头，再连接两侧的 F 头即可。

当然，由于三合一头的免驱动设计原理，注定 SR4 机器不支持 DVB-S2/S、DVB-C、DMB-TH 信号的硬件盲扫功能，另外三合一头仅仅是在卫星、有线、地面三个传输系统选出一个系统接收，只是单一信号的接收通道，因此无法实现类似 DM8000、DM7020HD 机器双通道信号接收的画中画功能。

12.4　网络电视播放

Dreambox 机器的网络电视插件是国外发烧友开发的功劳，也和国内"山水评测室"团队第一时间汉化推广分不开的。早在 2011 年 1 月，"山水评测室"就根据国外发烧友的 nktvplayer 插件推出汉化插件 49——俄罗斯网络电视，如图 12-34 所示。

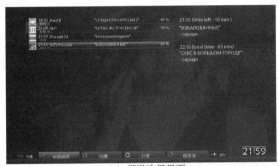

（a）频道选择界面

（b）频道播放界面

图 12-34　俄罗斯网络电视插件

紧接着又推出基于国外 nStreamPlayer 的汉化插件——网络流播放器，也就是网络电视插件的前身。2011年 9 月，正式推出网络电视插件，同年 12 月，"山水评测室"在业内率先第一个制作内置 300 多个国内频道的网络电视 05 版本，自此也推动了一些烧友直接或间接地为 DM800 系列机器提供网络电视源地址服务。

2012 年 3 月，推出支持 RTMP 协议的网络电视 06 版，同年 6 月，推出了具有频道混编功能的网络电视08 版，截止到 2013 年 7 月，"山水评测室"团队将网络电视插件修正到 12 版。

2012 年 12 月，"山水评测室"团队基于国外 GreekStreamTV 插件，又推出了支持 m3u8 格式的超级网络电视，目前已修正到 06 版，下面详细介绍一些这些插件的功能使用。

12.4.1　网络电视

网络电视插件可从主界面或插件浏览器下启用，如图 12-35 所示。

（a）主界面

（b）插件浏览器

图 12-35　启用网络电视插件

网络电视播放界面如图 12-36 所示，在播放过程中，按遥控器左右键可换台，按上键或下键进入菜单选项，按绿色键进入分类界面（图 12-37），可快速选择喜爱的频道后按 OK 键播放。

图 12-36　网络电视播放界面

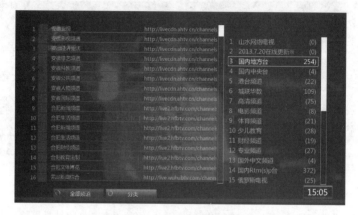

图 12-37　网络电视分类界面

网络电视播放时，机器 OLED 屏幕可显示正在播放的频道名称，退出网络电视插件时，按 EXIT 键，在退出界面（图 12-38）确认后方可退出。

图 12-38　网络电视退出界面

用户也可以自行添加网络流频道，只要将符合 SR4 机器解码格式的有效网络电视源网址填写到 /usr/lib/enigma2/python/Plugins/Extensions/nStreamPlayer/web_streams.xml 文件中即可，添加文件代码如下：

```
<group>
    <name>分类名称</name>
```

```
<channel>
    <name>频道名称</name>
    <piconname>频道图标（默认"dummy.png"）</piconname>
    <stream_url>网络电视源网址</stream_url>
    <ts_stream />
    <buffer_kb>缓存（默认"512"）</buffer_kb>
</channel>
</group>
```

 注意：

格式要符合文档要求，否则插件运行时会出现绿屏现象，此时，在 /hdd 文件夹下的 enigma2_crash_×××.log 故障日志里会显示代码错误行号。

12.4.2 频道混编网络电视

2011 年 12 月，DMM 公司发布的官方 IMG——DMM 3.2.0，支持 DVB 频道和 IPTV 频道混合编排，也就是我们所说的频道混编功能。从网络电视插件 08 版起，增加了频道混编网络电视节目表下载，混编自定义组分为 HTTP 协议和 RTMP 协议两类，如图 12-39 所示。

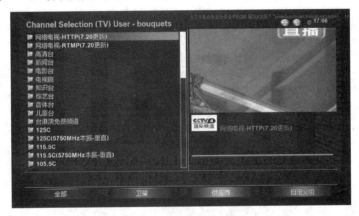

图 12-39　启用频道混编网络电视

（1）使用　频道混编下的网络电视的观看方法和普通电视的操作一样（图 12-40），只是在节目信息条上不会显示 AGC、SNR、BER 等接收参数，因为不是经过 NIM 前端解调过来的 TS 流，当然不会解析与之相关的参数，但可以显示节目的视频分辨率和帧率，音频伴音格式，并且有"IPTV"字符提示，如图 12-41 所示。

图 12-40　HTTP 网络电视自定义组

图 12-41　HTTP 网络电视播放界面

　　对于标注"OSCam/Rtmp"的网络电视频道（图 12-42），需要启用 OSCam/Rtmp 双协议才能解码，具体方法如下：按蓝色键，从【蓝色面板】→【设置 Camd】选择"OSCam/Rtmp"双协议，按绿色键保存并退出，这样就可以播放了（图 12-43）。如果还是黑屏，只要再次进入【设置 Camd】中，按红色键重启并退出即可解决。

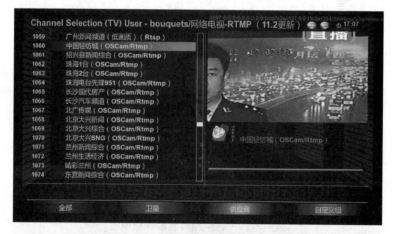

图 12-42　RTMP 网络电视自定义组

图 12-43　RTMP 网络电视播放界面

小提示：

由于 OSCam/Rtmp 双协议是加载 rtmpgw 命令的，会占用机器的 CPU 资源（这从节目信息条上的 CPU 参数可以看出），如果长时间不观看标注"OSCam/Rtmp"的网络电视频道时，建议选择"OSCam/Rtmp"之外的其他单个协议。

（2）电脑端添加网络电视频道 对于频道混编下的网络电视节目表，用户可以自己编辑添加，用 DCC 的 FTP 功能下载/etc/enigma2/userbouquet.favourites.tv 文件（其他自定义组也可以），再用文本编辑器如 Notepad++、EditPlus、EmEditor 等打开编辑，例如安徽卫视的网络电视源地址为：http://livecdn.ahtv.cn/channels/1501/500.flv，则编辑格式参考如下：

#SERVICE 4097:0:0:0:0:0:0:0:0:0:0:http%3a//livecdn.ahtv.cn/channels/1501/500.flv:安徽卫视

其中 IPTV 地址中的":"均要替换为"%3a"这种 URL 编码，以区分后面频道名称前面的":"，编辑完成后，保存为无 BOM 的 UTF-8 格式。对于采用 RTMP 协议的网络电视，如果按照上述方法添加后，无法播放，可以在 IP 地址开头加上"http://127.0.0.1:1234/?r="这段代码试一试，例如：

#SERVICE 4097:0:0:0:0:0:0:0:0:0:0:http%3a//127.0.0.1%3a1234/?r=rtmp%3a//vod.0561rtv.com%3a1935/live/live2:淮北公共频道(OSCam/Rtmp)

（3）遥控器添加网络电视频道——网络电视助手插件 用户可以在 DM800 se 机器上安装网络电视助手插件，该插件可以直接通过遥控器手动添加混编的网络电视频道，无需在电脑端操作，例如我们得到俄罗斯 3D 高清频道网络电视源网址为"http://89.208.33.168:8200"，添加方法如下。

① 首先在自定义组界面中，按菜单键，在【频道列表菜单】（图 12-44）创建一个自定义组，例如命名为"CS"。

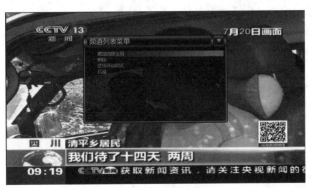

图 12-44 频道列表菜单

② 从插件浏览器中启用网络电视助手插件，选择刚才创建的 CS 自定义组"cs_tv_"（图 12-45），按 OK 键进入【虚拟键盘】界面，按遥控器输入频道名称"3D"，再按 OK 键确定输入（图 12-46）。

图 12-45 选择所要添加的自定义组

图 12-46　输入网络电视频道名称

③ 输入完成后，按绿色键，进入【网址协议选择】界面（图 12-47），选择所添加频道的协议，再按 OK 键，再次进入【虚拟键盘】界面，按遥控器输入网络电视源网址（图 12-48），其中的 ":" 直接输入，无需转换为 "%3a"。

图 12-47　选择频道协议

图 12-48　输入网络电视源网址

④ 输入完成，按绿色键保存。这样就可以进入到刚才添加的 CS 自定义组中，观看手动添加的网络电视频道了，如图 12-49、图 12-50 所示。

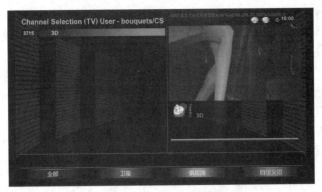

图 12-49　CS 自定义组

图 12-50　观看添加的网络电视频道

小提示：

　　网络电视助手使用遥控器直接添加输入，不需要通过电脑连接机器。不过手动输入字符比较麻烦，因此仅仅是网络电视频道添加的一个应急补充。

12.4.3　超级网络电视

　　超级网络电视插件可从主界面或插件浏览器下启用，图 12-51 为超级网络电视 06 版插件的主界面，有【超级网络电视】、【手动更新节目表】、【安装相关补丁】和【关于】这四个选项。其中【手动更新节目表】用于手动连接 SSPCS 服务器，下载最新的 superiptv.xml 文件替换机器中旧的网络电视频道表（图 12-52），【安装相关补丁】是初次安装插件时用的，正常使用后，请不要执行此选项。

图 12-51　超级网络电视主界面

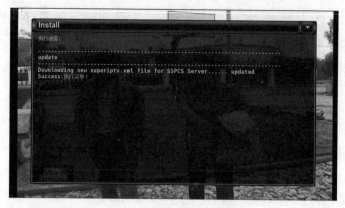

图 12-52　手动更新节目表

【超级网络电视】是插件的主选项，按 OK 键进入频道选择界面（图 12-53），按住遥控器左右键，可以快速前后翻页，按住上下键，可以快速上下移动光标，再按 OK 键，播放光标停留处的频道。播放频道时，频道选择界面最下方有播放等待提示。

图 12-53　频道选择界面

部分 m3u8 格式的频道有第二层选择画质菜单（图 12-54），用户可以结合自身的网络带宽选择适当的画质选项，以便流畅地观看。

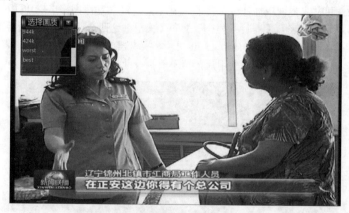

图 12-54　选择画质菜单

超级网络电视播放界面如图 12-55 所示，在播放过程中，按 OK 键，节目信息条会显示播放持续时间、网络电视源的 IP 地址。按播放/暂停键可以暂停播放，再按一次可在之前停止的地方恢复播放，即网络电视的时光平移功能。

图 12-55　超级网络电视播放界面

换台时，需要先按 EXIT 键退出后再在频道表上选择，此时屏幕自动播放之前观看的电视频道，超级网络电视频道表仅停留在屏幕左侧，不影响电视频道画面的主体观看效果。

小提示：

超级网络电视插件的最大特色是支持 m3u8 格式的网络电视源的频道播放，m3u8 是一种视频列表格式，它是一个包含 UTF-8 编码文字的 m3u 播放列表，m3u 则是一个播放列表文件，我们在第 11 章 11.7.1 节 Dreambox WebControl 网页下载播放时，已介绍过这个文件了。m3u8 格式的特点是可以提供多码率选择，客户端可以根据网络带宽，选择一个适合自己码率的文件进行播放，保证视频流播放顺畅。

12.4.4　网络电视插件使用注意事项

网络电视插件播放时，需要一定的缓冲才能播放，根据网络的环境，缓冲时间大小不等。网络电视播放不流畅、易卡，这和用户使用的网络环境如带宽等有关系，另外一些频道本身是境外的服务器，国内访问会受端口限制。

观看一些网络电视有画面，但没有伴音，而将这些网络电视源地址复制到电脑上观看，则声音正常，这是因为 SR4 机器内置的音频解码驱动不支持这些网络电视音频的解码。

对于网络电视源 IP 地址的获取，有很多采集软件，推荐"酷抓 6"软件，它可以在线抓取正在播放的网络电视源 IP 地址。不过，不是所有的网络电视源都能够被 DM800 se、SR4 机器的网络电视插件播放的。目前 SR4 机器只支持采用 http、rtsp、rtmp、mms 传输协议的 flv、mpg、mp4、ts 等视频格式的网络流媒体播放，对于其他的如 asf、asx、rm、wmv 等格式不支持。这也是用户无法使用 mms 网络电视源的原因，因为采用 mms 传输协议的网络流媒体电视绝大多数是采用 wmv 格式编码，而 DM800 se、SR4 机器的主控芯片是不支持这种格式硬解码的。

最后，我们将网络电视、频道混编网络电视、超级网络电视的具体功能特点归纳如表 12-3 所示。

表 12-3　网络电视、频道混编网络电视、超级网络电视功能特点一览表

插件名称	内置功能	操作路径	优　点	缺　点	升级功能
网络电视 13 版	网络电视	MENU 键或绿色键→主菜单或插件浏览器	① 直接换台 ② 观看 RTMP 协议无需重启协议 ③ 节目分类细致，有频道数量统计	无法直接换台看 DVB 频道，需要退出该插件，才能看卫星频道	开机自动升级或设置 Camd 中重启
	频道混编网络电视	频道上下键→蓝色键→自定义组→网络电视	① 直接换台 ② DVB、网络电视频道无缝切换 ③ 按 OK 键可显示网络电视分辨率和帧率、音频伴音格式	观看标注 (OSCam/Rtmp) 频道，需要在设置 Camd 中重启该协议。不看该协议频道，建议关闭这种协议，否则 CPU 占用率过高	

续表

插件名称	内置功能	操作路径	优　　点	缺　　点	升级功能
超级网络 电视07版	超级网络 电视	MENU 键或绿色 键→ 主菜单或插件浏 览器	① 可以观看 m3u8 网络电视 ② 具有时光平移功能，播放中可以暂停 ③ 观看 RTMP 协议无需重启协议 ④ 频道自动排列，便于查找 ⑤ 停止观看期间，频道表显示屏幕左侧，并自动播放之前的卫星电视	① 无法直接换台，需要退出后，再选择下一个频道 ② 无法直接换台看DVB频道，需要退出该插件，才能看 DVB 频道	手动更新节目表

12.5　网络视频下载

作为 Linux 操作系统的 Dreambox 系列高清机，具有 BT/PT 网络视频下载功能是必需的，这种下载功能很实用，在机器工作或待机状态下均可下载网络视频文件，内置笔记本硬盘的 SR4 机器在待机时下载只有 9W 左右的功耗，既节能又方便。

12.5.1　BT 下载——eTorrent 插件

BT（BitTorrent，比特流）是一种架构于 TCP/IP 协议之上的一个 P2P 文件传输协议。整个 BT 发布体系包括：发布资源信息的 Torrent 文件（即种子文件，简称"种子"），作为 BT 客户软件的 Tracker 服务器，遍布各地的 BT 软件用户（通常称作 Peer）。发布者只需使用 BT 软件为自己的发布资源制作 Torrent 文件，将 Torrent 提供给人下载，并保证自己的 BT 软件正常工作，就能轻松完成发布。

下载者需要先得到相应的 Torrent 文件，然后用 BT 软件打开 Torrent 文件，软件就会根据在 Torrent 文件中提供的数据分块、校验信息和 Tracker 服务器地址等内容跟其他运行着 BT 软件的计算机取得联系，并完成传输。

目前在电脑端支持 BT 的软件有 Azureus、Bitcomet、uTorrent 等。在 Dreambox 机器 GP3 版本中也有这样的一款软件，这就是 eTtorrent 插件，用户可以从【蓝色面板】→【扩展插件】→【Gemini Plugins】中下载安装"geminictorrent"，然后从蓝色面板启用该插件（图 12-56）。

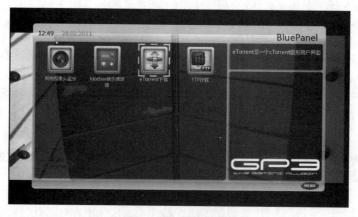

图 12-56　蓝色面板

（1）eTtorrent 设置　首先进入 eTtorrent 插件主界面（图 12-57），再按蓝色键进入设置界面（图 12-58），根据自身的需要设置好缓存大小，最大下载、上传带宽等参数。

其中【缓存大小】是指分配的内存大小，最大可设置为"16MB"，BT 下载时，eTtorrent 插件先将下载下来的数据保存在内存中，当积累达到设置的缓存大小后，再从内存里转储到硬盘里，这样可以减少对硬盘读写，降低硬盘的发热量，延长硬盘的使用寿命。【最大下载、上传带宽】设置为"关"，即对流速无限制，其他的项目可参考图中进行设置。

图 12-57　eTtorrent 插件主界面

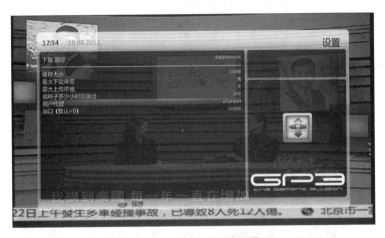

图 12-58　eTtorrent 设置界面

　　（2）添加 **Torrent 文件**　　首先在电脑端将 Torrent 文件（即种子）用 FTP 上传到机器的/hdd/torrent 文件夹下，再按遥控器绿色键在机器中找到它并加载（图 12-59），这样 Torrent 文件就自动加载到 eTtorrent 主界面区域中，并执行后台 BT 下载任务，此时退回到电视播放状态下不影响 BT 下载。

图 12-59　添加 Torrent 文件

　　用户还可以从【Gemini Plugins】中下载安装 "geminietorrentwebif" GP Torrent Web 页面插件，这样就可以直接电脑端的 Dreambox WebControl 的 eTtorrent 网页界面下，进行种子的添加和下载（图 12-60）。

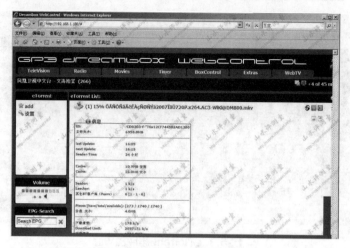

图 12-60　eTtorrent 网页界面

（3）下载监控　图 12-61 为经过一段时间下载后，eTtorrent 主界面显示的 BT 参数信息，和电脑端采用 BT 软件的界面项目参数大体类似。图中 Peers 显示的是其他的 BT 客户端数量，大家知道，在传统的 BT 下载中，用户只能够从 Peers 下载文件，并在下载的同时提供上传服务，以加速下载。如果 Peers 比较少甚至没有的话，那是无法完成下载的。

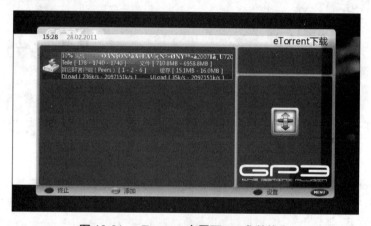

图 12-61　eTtorrent 主界面 BT 参数信息

在下载中，还可以按 MENU 菜单键，进入相关设置操作界面（图 12-62），如可以对上传或下载的速度进行限制，可以查看下载过程中的具体信息（图 12-63）。

图 12-62　下载菜单界面

(a)　　　　　　　　　　　　(b)

图 12-63　下载详细信息

（4）**下载完成**　当执行进度显示 100%时，下载完成，机器自动执行上传任务（图 12-64），并且在设置的 24h 内完成做种，关闭上传。

图 12-64　下载完成

12.5.2　PT 下载——Transmission 插件

大家对 BT 软件都很熟悉，但 PT（PrivateTracker）软件可能很多人都不太了解，主要是 PT 网站大多数是封闭运行的，并且限制了人数。其实 PT 就是 BT 的升级版，只是其 Tracker 并不对所有人开放，因此称其为私有（Private）Tracker，只有通过 PT 网站注册会员来得到 BT 种子，才能进行 BT 下载。

在 PT 网站里，要求会员达到一定的分享率（即上传量/下载量），因此会员在下载资源后，一般不会轻易撤种，而是保留资源等待其他人下载，以增加自己的上传量。所以 PT 提供的种子其资源有效存续期都比较长，下载速度也快。

SR4 机器也有这种 PT 下载软件——Transmission 插件，这是一款用于 Dreambox 机器上 BitTorrent 客户端插件。

（1）**Transmission 插件使用**　以 Transmission 插件 1.93 汉化版本为例，从插件浏览器中启用，在 Transmission 插件设置界面中，有【启动 transmission 进程】、【停止 transmission 进程】、【重启 transmission 进程】、【启用 transmission 自动进程】、【禁用 transmission 自动进程】和【关于 Transmission 插件】六个选项（图 12-65）。

其中【启用 transmission 自动进程】是指：运行这个项目后，Transmission 会随系统一并启动。在这里，我们选择【启动 transmission 进程】，启动该插件下载执行程序，屏幕会显示执行端口号，如图 12-66 所示。

图 12-65　Transmission 插件主界面

图 12-66　启动 transmission 进程

在 IE 浏览器页面地址栏输入"http://192.168.1.100:9091/"，其中"192.168.1.100"是 SR4 机器的 IP 地址，应根据自己机器的地址输入。初次进入 Web 页面时需要输入密码，默认用户名为"root"，密码为"dreambox"。按 Web 页面左上角的"打开"按钮，添加种子（图 12-67），再按"上传"加载按钮，这样就可以进行 PT 下载了，实际上种子是保存在/hdd/transmission/config/torrents 文件夹下。

图 12-67　添加种子

下载时，Web 页面会显示下载进程（图 12-68），点击界面右边的"i"图标可以显示下载文件的详细信息（图 12-69）。下载完成后，可以从/hdd/transmission/download 中选择下载的视频文件进行播放。

图 12-68　显示下载进程

图 12-69　显示下载文件详细信息

　　Transmission 插件的 Web 页面还可以进行一系列的快捷设置，如点击 Web 页面左下角的齿轮图标，可设置 transmission 的下载保存目录和对网络进行限速（图 12-70），另外还可以添加计划任务，分时间段进行限速。Web 页面最下方中间的乌龟图标可以快速启用或停止计划任务。

图 12-70　网速设置

　　（2）电脑端管理——Transmission Remote GUI 软件　除了 Transmission 插件的 Web 页面可以进行下载控制外，还可以从网上下载一个与其配套的 PC 端下载管理软件－Transmission Remote GUI，可从 http://code.google.com/p/transmisson-remote-gui/downloads/list 下载用于 Windows 系统下的版本，我们使用的是 3.0.1 版本（图 12-71）。这个软件比起 Transmission 插件自带的 Web 页面来，操作更加方便。并且在 SR4 机

器断电恢复后，不需要像 Transmission 插件的 Web 页面重新添加种子，可以自动保存种子并进行连接。

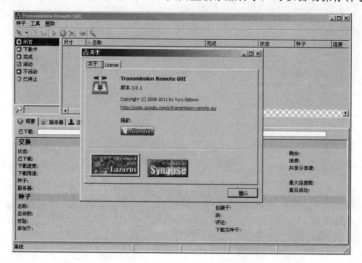

图 12-71　Transmission Remote GUI 版本信息

使用 Transmission Remote GUI 时，首先从【Tools】→【Options】选择界面语言为"中文"，重启软件后再进行【连接选项】设置（图 12-72）。接下来就可以添加种子和下载文件了，如图 12-73、图 12-74 所示。

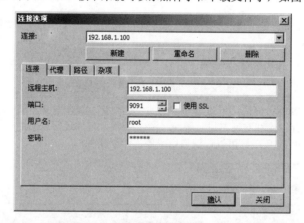

图 12-72　连接选项

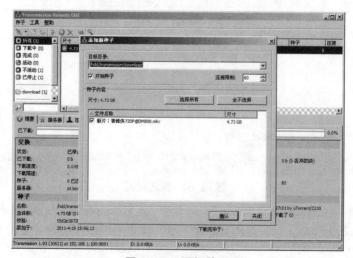

图 12-73　添加种子

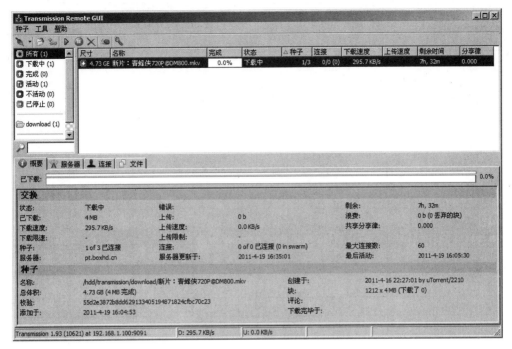

图 12-74　下载文件

小提示：

① 使用 Transmission 插件，首先必须确保在启用前，硬盘已成功地挂载到机器上，这可通过录制或播放硬盘文件来检查。否则插件启用时，会自动在机器内部 Flash 中创建一个存放下载文件的文件夹，这样，不到几分钟，机器的剩余空间将被占满，导致机器死机。遇此情况也不要懊恼，可以通过 DCC-E2 的 FTP 功能，删除/hdd 下的 transmission 文件夹即可释放所占用的空间。

② 遇到断电时，需要重复上述的操作，才能正常下载，其中采用 Transmission 插件时，必须在 Web 页面重新上传种子才能继续下载，因此种子需保存好。另外，重新下载时，需要经过一段费时较长的校验后才能下载。

12.6　软件升级

12.6.1　编辑 satellites.xml 卫星参数表

如果机器的卫星参数表里面没有内置你所接收的卫星和转发器参数，这时可以编辑位于/etc/tuxbox 文件夹下 satellites.xml 卫星参数表文件，satellites.xml 文件格式如下：

\<sat name="AsiaSat3S 亚洲 3S Ku 波段(105.5E)" flags="1" position="1055"\>

\<transponder frequency="3646000" symbol_rate="6111000" polarization="1" fec_inner="3" system="0" modulation="1" /\>

　\<transponder frequency="3664000" symbol_rate="6282000" polarization="1" fec_inner="3" system="1" modulation="2" /\>

……

\</sat\>

satellites.xml 文件是由卫星参数行和转发器参数行组成，每一颗卫星 C 或 Ku 波段由一行卫星参数和若干行转发器参数组成，每行项目含义和代码如表 12-4 所示。依据这些文件格式和代码，自行添加卫星和转发器参数即可。

表 12-4　satellites.xml 文件项目含义代码查询表

卫星参数行			转发器参数行									代码
sat name=	flags=	position=	transponder frequency=	symbol_rate=	polarization=	fec_inner=	system=	modulation=	rolloff=	pilot=	inversion=	
卫星名称	扫描标志	轨位,用于极轴定位	转发器下行频率/kHz	符码率/(kS/s)	极化	前向纠错(FEC)	调制方式	解调方式	滚降系数	导频	反向	代码
					水平（H）	自动	DVB-S	自动	0.35（DVB-S/DVB-S2）	关	关	0
	网络扫描				垂直（V）	1/2	DVB-S2	QPSK	0.25（DVB-S2）	开	开	1
	BAT扫描				左旋（L）	2/3		8PSK	0.20（DVB-S2）	未知	未知	2
					右旋（R）	3/4						3
	ONIT扫描					5/6						4
						7/8						5
						8/9						6
						3/5						7
	跳过已知网络的NIT扫描					4/5						8
						9/10						9
						无						15

小提示：

通过手动添加转发器参数扫描到的频道参数只保存在/etc/enigma2/lamedb 数据库中，不会更改 satellites.xml 卫星参数表文件，satellites.xml 只能通过手动编辑才能添加参数。

12.6.2　Mini flashup 刷机

SR4 机器可以使用和抄板 DM800 se 机器一样的 Clone IMG，只是内置的 satellites.xml 文件添加了地面、有线电视参数而已。SR4 机器的刷机方法和 DM800 se 完全一样，可以提供 RJ-45 网口或 mini-USB 接口升级。不过 SR4 机器还提供了非常方便、具有特色的 Mini flashup 按钮免 USB 串口刷机功能，不管用户刷写任何版本的 IMG，机器被刷死，屏幕显示"No CA Found…"或变成"砖头"，绝大多数可以轻松完美恢复。

采用 Mini flashup 按钮刷机时，早期的 SR4 机器需要拆开上盖和三合一头，将电路主板里面的 P12 跳线插上（图 12-75），激活免 USB 串口刷机功能。

对于跳线是否插上，还有一个简单的判断方法，开机时，OLED 屏幕显示的第一个画面，如图 12-76 所示就表示跳线已插上，免 USB 串刷功能已启用。实际上，插上跳线是选择 BIOS 芯片 M27W401-70-4C（U702）内置的两个 BOOT 程序其中之一的 sunraybox 引导程序，通过跳线选择启动 FLASH 块地址。

采用 Mini flashup 按钮刷机具体方法如下：插上机器的网线，按住 Mini falshup 按钮不放（图 12-77），再打开机器电源开关，此时，机器的 OLED 屏幕显示 IP 地址和"***stop***"字符，如图 12-78 所示。

图 12-75　激活免 USB 串口刷机功能

图 12-76　开机 OLED 屏幕第一个画面

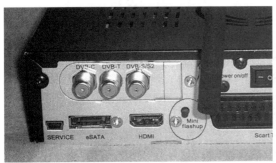

图 12-77　Mini falshup 按钮

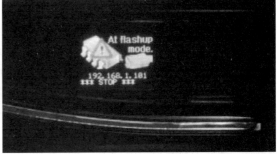

图 12-78　Mini flashup 刷机 OLED 屏幕显示画面

接下来的操作一般与 Web 刷写操作一样（详见第 9 章 9.4.6 节），只是 Web 页面显示的题头不一样，免 USB 串刷显示的是"sunraybox"和"DM800SE Mini-FlashUp in Box #84（2011-09-01）"，如图 12-79 所示，而一般 Web 刷写显示的是"dreambox"和"DM800SE second stage loader #84（2011-09-01）"。

图 12-79　bootloader Web 页面

12.6.3　NO CA or image 2nd failed 修复

由于厂家 BIOS 程序出错，大概 2013 年 1～6 月出厂的部分 SR4 机器无法采用 Mini flashup 按钮刷机，

OLED 屏幕会显示如图 12-80 所示的"NO CA or image 2nd failed"错误提示。

解决方法只有更换内置正确程序的 BIOS 芯片，由于这些批次的机器取消了 BIOS 插座，M27W401-70-4C（U702）芯片是直接焊在电路主板上的，需要动用热风枪更换（图 12-81），才能解决。

图 12-80　屏幕错误提示

图 12-81　更换 BIOS 芯片

12.7　硬件打摩

12.7.1　安装微型 LCD 显示屏

SR4 机器前面板中间部分为空闲区域，可以为其加装一个 LCD 显示屏，我们选用了一块带模拟视频输入接口的微型 1.8 英寸 LCD 彩色显示屏（图 12-82），带有图像对比度调节按钮，供电为直流 9～12V。

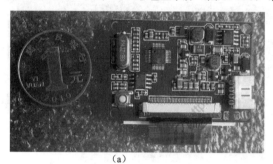

(a)

(b)

图 12-82　1.8 寸 LCD 彩色显示屏

用工具在 SR4 前面板中间开一个窗口，用于安装显示屏，显示屏可用热熔胶固定。由于空间限制，SR4 机器的操作控制板需要改造一下，将原来平行于电路板的插针拆下，改为垂直于电路板，如图 12-83 所示。

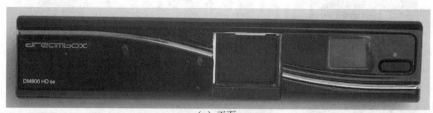

(a) 正面

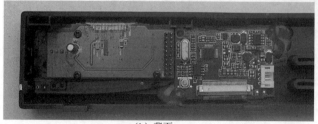

(b) 背面

(c) 接线

图 12-83　安装 LCD 显示屏

12.7.2 安装微型扬声器

选择一个 2 英寸的微型扬声器通过锡焊固定在散热风扇的金属支架上（图 12-84），再在前面板左侧仓门内部安装两个微型船型开关，作为音频、视频的电源开关（图 12-85），采用一个意法的 TDA2822 小功率放大器集成块搭焊一个简单音频小功放电路（图 12-86）。

（a）背面

（b）正面

图 12-84　固定扬声器

图 12-85　加装两个开关

组装完成如图 12-87 所示，使用时，拨开仓门，打开音视频电源开关，再合上仓门，一台正在播放电视画面的 SR4 机器就成功打造出炉了（图 12-88）。由于安装了两个开关，收听、收视可以任意选择。

图 12-86　搭焊音频放大器

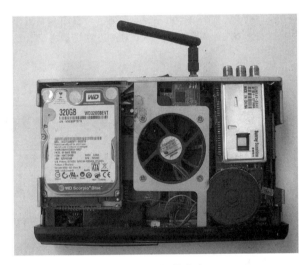

图 12-87　组装成功

（a）打开仓门

（b）关闭仓门

图 12-88　带有小电视功能的 SR4 机器

12.8　漫谈 Dreambox 系列调谐器组件板

Dreambox 系列高清机（除 DM500 HD 外）采用拔插式调谐器组件板这种模块化设计，用户可以方便地更换不同的调谐器组件板，完成不同传播途径的数字高清电视接收。

目前，市面上的 Dreambox 系列调谐器组件板很多，我们主要以国内市场上推出时间的前后顺序，来谈谈各种量产调谐器组件板的功能特点。首先说明一下，一个调谐器组件板主要是由一体化调谐器（Tuner）＋PCB 电路板及其元件构成，对于调谐器组件板的型号我们以 Tuner 型号来命名。

12.8.1　BSBE1-C01A/D01A 卫星调谐器组件板

ALPS（阿尔卑斯）品牌的 BSBE1-C01A、BSBE1-D01A 调谐器组件板为德国 DMM 公司早期开发的产品（图 12-89），主要应用在 DM600、DM7025 标清接收机上，只能接收采用 DVB-S 调制方式的卫星信号。

（a）正面　　　　　　　　　　　　　　　（b）背面

图 12-89　BSBE1- C01A/D01A 调谐器组件板

12.8.2　BSBE1-702A 卫星调谐器组件板

BSBE1-702A 是一款只接收 DVB-S 卫星调制信号的调谐器组件板，市面上有两种类型，一个是德国 DMM 公司的产品，如图 12-90 所示。另外一个是国内新雷厂家推出的板载方案（图 12-91），采用和 DM500-S 机器中 BSBE1-702A 调谐器一样的 STB6000 调谐器＋STX0288 QPSK 解调器方案，只是没有采用铁壳屏蔽罩，使得成本更低。

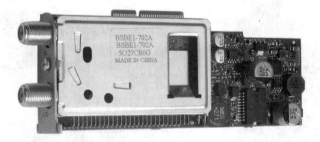

图 12-90　BSBE1-702A 调谐器组件板（原厂）

（a）正面　　　　　　　　　　　　　　　（b）背面

图 12-91　BSBE1-702A 调谐器组件板（新雷）

12.8.3　BSBE2-401A 卫星调谐器组件板

BSBE2-401A 卫星调谐器组件板为德国 DMM 公司官方开发的产品（第 9 章图 9-22），主要应用在早期的 DM800 高清接收机上，能够接收采用 DVB-S 和 DVB-S2 调制方式的卫星信号，不过接收 DVB-S2 信号的符码率低于 30000kS/s。

BSBE2-401A 调谐器采用美国 CONEXAN（科胜讯）公司的 CX24118 调谐器＋CX24116 解调器方案（图 12-92），其中 CX24118 为直接变频 RF 调谐芯片，支持 8PSK 先进解调和解码规范，CX24116 则是基于 DVB-S2 传输标准的解调器和 FEC 解码器。

图 12-92 BSBE2-401A 调谐器内部结构

一些用户发现，部分 DM800 机器在接收 DVB-S2 调制的高清频道时，也会出现"调谐失败"的问题。为此一些生产厂家对 BSBE2-401A 卫星调谐器组件板进行了部分改动（如图 12-93），即取消了三端可调式 LDO 稳压芯片 LMS1587CS-ADJ（U4）的+1.3V 输出端 1000μF/6V（C1）电容，改在其+3.3V 输入端加装 1000μF/16V 电容。

图 12-93 改动的 BSBE2-401A 调谐器背面板

12.8.4 CU1216L 有线调谐器组件板

DVB-C 调谐器组件板是只用于接收 DVB-C 数字有线电视，组件板上配置的 Can Tuner 有 PHILIPS（飞利浦）、NXP（恩智浦）、NuTune（纽腾）这三种品牌，Can Tuner 型号均为 CU1216L，我们分别简称 P、N、Nu 头，如图 12-94 所示。

从对比中可以看出，Nu 头在电路上和 P 头完全一样，理论上讲，其电气性能也应该完全一样。而 N 头则稍有区别（图 12-95）。主要表现在一体化调谐器内部右上角没有体积稍大的贴片电容，而是在 PCB 背面采用一只普通封装的电容。

图 12-94 CU1216 调谐器组件板

图 12-95 Nu、N、P 头内部电路对比

335

　　德国 DMM 公司提供的 DVB-C 调谐器组件板早期都采用 P 头,国内市面上早期大多数为 NXP
Semiconductors(恩智浦半导体)的调谐器(图 12-96),型号为 CU1216L/AGIGH-3,标签产地为印度尼西亚
(Indonesia),恩智浦半导体是由飞利浦(Philips)创建的独立半导体公司,用在 DM800 机器上还需要 DVB-C
专用的背面板。

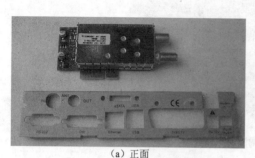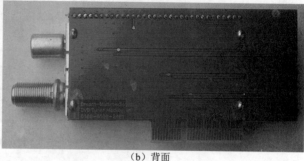

(a)正面　　　　　　　　　　　　　　　　　　　　(b)背面

图 12-96　NXP　CU1216 调谐器组件板

　　目前销售的 DVB-C 调谐器组件板多为 Nu 头(图 12-97),NuTune 公司是原 NXP 和 Thomas(托马斯)
调谐器部门合组而成立的公司,其产品包括 DVB-C/T 以及各种规格的数字、模拟电视机高频头,主要应用
在液晶电视及机顶盒上。

图 12-97　NuTune CU1216L 调谐器组件板

12.8.5　TU1216L 地面调谐器组件板

　　TU1216 调谐器组件板用于接收欧标 DVB-T 地面数字信号(图 12-98),采用该标准主要集中在欧洲并遍
及世界各地,例如我国台湾地区的数字地面电视就采用这个标准,在国内福建厦门等地区可以接收到台湾地
区的数字地面电视信号。

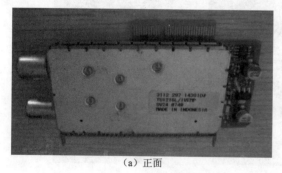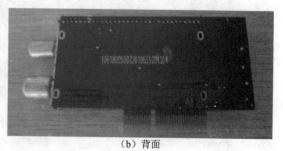

(a)正面　　　　　　　　　　　　　　　　　　　　(b)背面

图 12-98　NXP TU1216L 调谐器组件板

12.8.6 CXD1981 有线/地面调谐器组件板

CXD1981 调谐器组件板是德国 DMM 公司推出的一种混合调谐器（图 12-99），采用 LG 公司的 CXD1981 一体化调谐器，可用于 DVB-C 有线电视或 DVB-T 地面电视接收，但只能设置其中的一个模式接收。

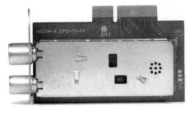

（a）正面 　　　　　　　　（b）背面 　　　　　　　　（c）侧面

图 12-99　CXD1981 调谐器组件板

12.8.7 BSBE2-801A 卫星调谐器组件板

BSBE2-801A 卫星调谐器组件板虽然可以接收 DVB-S2 信号，但接收 DVB-S2 信号的符码率≤30000kS/s。2010 年 10 月，国内新雷厂家推出的 BSBE2-801A 卫星调谐器组件板解决了这个问题（图 12-100），可以接收符码率≤45000kS/s 的 DVB-S2 信号，因此又俗称为"S2 高码率头"或"801 头"，该头接收 DVB-S2 信号门限很低。

（a）正面

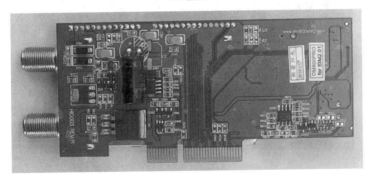

（b）背面

图 12-100　BSBE2-801A 调谐器组件板

801 头的 Can Tuner 型号为"ALPS BSBE2-801A"，仅仅是借用的一个贴牌，ALPS 官方推出的产品中是没有这种型号的，实际上是易尔达（EARDA）厂家的 EDS-10640FFIRA DVB-S2 调谐器。由于厂家商业技术保密的原因，801 头内部芯片型号已被打磨掉（图 12-101），其中的 DVB-S2/S 解调器我们认为是意法的 STV0903 芯片。

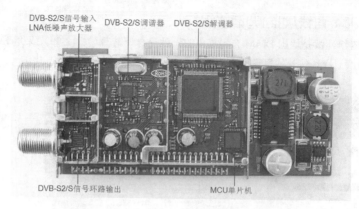

DVB-S2/S信号输入
LNA低噪声放大器　　DVB-S2/S调谐器　　DVB-S2/S解调器

DVB-S2/S信号环路输出　　　　　　　　　　MCU单片机

图 12-101　BSBE2-801A 调谐器内部结构

早期推出的 801 头无法使用在部分 DM800、DM800 se 机器上，2012 年之后推出的新版 801 头解决了这个问题，通过改善了自身供电功耗，避免 DM800、DM800 se 机器启动时因瞬间供电不足而导致机器反复重启的现象，不过仍然未解决在 DM8000 机器中的使用问题。

12.8.8　BCM4505 卫星调谐器组件板

BCM4505 卫星调谐器组件板（以下称"4505 头"）为德国 DMM 公司官方开发的产品（第 11 章图 11-17），支持硬件盲扫功能，主要使用在 DM800 se、DM7020 HD 机器上，不过只有一个 LNB IN 接口，不支持环路输出。

DM8000 机器内置的 BCM4501 调谐器芯片无法解决接收 DVB-S2 符码率大于 35000kS/s 的信号，而采用4505 头可以解决这个问题，如图 12-102 所示。

图 12-102　采用 4505 头的 DM8000 机器

12.8.9　SR4×三合一调谐器组件板

SR4×三合一调谐器组件板是新雷厂家和国内知名的 DVB Tuner 专业制造商广州易尔达（EARDA）公司合作开发的一款可以接收卫星（DVB-S2/S）、有线（DVB-C）、地面（DMB-TH 或 DVB-T）三合一调谐器组件板。自从 2011 年 10 月推出的第 1 款三合一调谐器组件板——SR4A 以来，产品一直不断地更新改进中，目前三合一头国内版最新型号为 SR4F，海外版最新型号为 SR4TF。

（1）SR4A　2011 年 10 月，新雷厂家在 SR4 测试版机器上搭载了 SR4A 三合一调谐器组件板（以下简称"三合一头"），如图 12-103 所示。

（a）正面

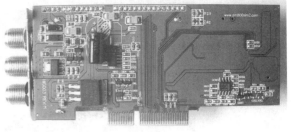

（b）背面

图 12-103　SR4A 调谐器组件板

三合一头的 PCB 板和 801 头的完全一样，只是所配的 Can Tuner 不同，SR4A 调谐器内部结构如图 12-104 所示，可以看出屏蔽腔体两者虽然一样，但是腔体内的电路方案设计有了很大的不同。

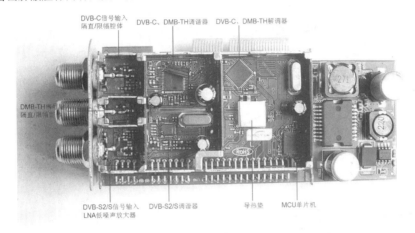

（a）正面

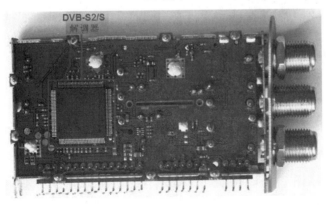

（b）背面

图 12-104　SR4A 调谐器内部结构

主要表现在去掉了 801 头的 DVB-S2/S 信号环路输出接口，增加了 DVB-C、DMB-TH 两个信号输入接口，以及 DVB-C、DMB-TH 的调谐器和 ATBM8859 解调器。由于正面板布局有限，DVB-S2/S 解调器 STV0903 设计在调谐器背面板上，正面 PCB 相应位置设置了一块导热垫和金属屏蔽盖上的小舌片接触，用于解调器散热。

（2）**SR4B**　2011 年 11 月，正式量产销售的 SR4 机器国内版，搭载了 SR4A 的改进版——SR4B，如图 12-105 所示，PCB 板未变化。

图 12-105　SR4B 调谐器组件板

（3）SR4C　2011 年 12 月，销售的 SR4 机器国内版内置的三合一头为"SR4C"，如图 12-106 所示。

（a）正面

采用贴片电解电容

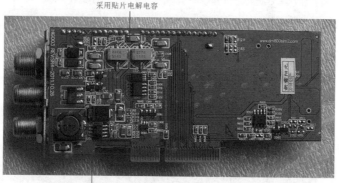

采用电源管理芯片构成，解决三合
一头在DM800机器中的兼容性问题

（b）背面

图 12-106　SR4C 调谐器组件板

在 SR4C 头中，对 PCB 板进行了一些电路改进，PCB 标识为"RV4：SR4-2011.10.26"，图中标记处采用贴片电解电容，而 SR4A/B 头此处采用普通电解电容。另外，在 SR4C 头电路板的左下部分采用 LSP3131（U28）电源管理芯片构成的 1.3V 开关型降压稳压电路，而 SR4A/B 头则是采用传统的三端可调式稳压电源芯片 LMS1587CS-ADJ（U4）构成的串联式线性稳压电路，相比之下，前者转换效率更高一些。

通过这些电路方案改进，SR4C 头基本上解决了之前 SR4A/B 头在 DM800、DM800 HD se 机器中出现的兼容性问题。

（4）SR4D　一些烧友在使用 SR4 机器接收数字有线电视时，发现节目有马赛克现象，而使用当地广电部门配发的数字有线电视机顶盒则没有这种问题。烧友使用还发现：如果 SR4 机器的 DVB-C 输入口接到有线机顶盒天线输出口，则马赛克现象消失了。

原来是有线电视网络的 5～65MHz 频道的信号干扰所导致的 SR4 机器马赛克现象，而数字有线电视机顶盒的调谐器部分已预置了高通滤波器，将这部分的干扰信号滤除了，因此就没有这种问题。

为什么有线电视网络中会有 5～65MHz 频道的信号干扰呢？大家知道，目前国内的有线电视网络采用光纤/同轴混合网（HFC，Hybrid Fiber Coax），也就是由光纤作干线、同轴电缆作分配网，构成光纤同轴混合网。它充分发挥了光纤和电缆所具有的优良特性，有机地结合而完成了有线电视信号的高质量传输与分配。

在 HFC 网采用频分复用技术，将 5～1000MHz 的频段分割为上行和下行通道。5～65MHz 为上行通道，87～1000MHz 为下行通道，65～87MHz 为隔离带。

上行通道为非广播业务，主要传输包括状态监控信号、视频点播信号以及数据通信业务等。下行通道将 87～550MHz 为普通广播电视业务，该频段全部用于模拟电视广播时，除调频广播业务外，可安排约 54 个频道的模拟电视节目。550～750MHz 为下行数字通信信道，用于传输数字广播电视、VOD 数字视频以及数字电话下行信号和数据。

知道原因问题就好解决了，SR4 机器的用户如果在实际使用中遇到这种问题，只要购买一个有线电视专用的高通滤波器串接上即可。高通滤波器（HPF，High Pass Filter），顾名思义，就是让高频信号通过，阻止低频信号通过。

2012 年 2 月，销售的 SR4 机器已赠送了这个高通滤波器配件，允许通过频率为 87～1000MHz，插入损耗≤1.0dB。使用时，只要先将高通滤波器一端旋入外侧的 DVB-C 接口中，再将有线电视线接到高通滤波器另一端即可，具体如图 12-107 所示。

图 12-107　带高通滤波器的 SR4 机器

2012 年 3 月，量产销售的 SR4 机器国内版内置的三合一头为 "SR4D"（图 12-108），在调谐器内部已设计了高通滤波器，至此就不再配送上述的 DVB-C 高通滤波器了。

图 12-108　SR4D 调谐器组件板

SR4D 和之前的 SR4C 头对比如图 12-109 所示，主要是在 DVB-C 信号隔直/限幅的腔体中内置了高通滤波器，解决了部分地区数字有线电视网络中 5～65MHz 低频信号干扰的问题。

DVB-C信号隔直/限幅腔体
内置高通滤波器

DVB-C信号隔直/限幅腔体
未内置高通滤波器

图 12-109　SR4D、SR4C 头改进对比

（5）**SR4E**　2012 年 4 月，量产销售的 SR4 机器国内版内置的三合一头为"SR4E"（图 12-110），和之前的 SR4D 头对比如图 12-111 所示，主要是在内部 DVB-C 信号隔直/限幅腔体中内置的高通滤波器电路进行了再次改进，以及 DMB-TH 信号隔直/限幅腔体中也增加阻抗匹配。

图 12-110　SR4E 调谐器组件板

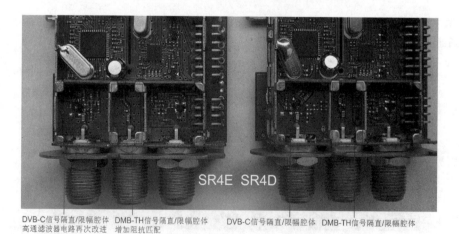

DVB-C信号隔直/限幅腔体　DMB-TH信号隔直/限幅腔体
高通滤波器电路再次改进　增加阻抗匹配

DVB-C信号隔直/限幅腔体　DMB-TH信号隔直/限幅腔体

图 12-111　SR4E、SR4D 头改进对比

（6）**SR4T**　相对于 SR4 机器国内版内置三合一头的不断改进型，海外版机器内置的三合一头型号从推出时，一直为"SR4T"，即 DVB-S2/C/T 三合一调谐器组件板（图 12-112）。

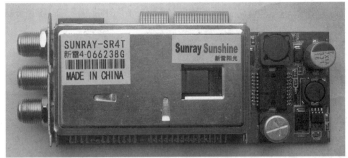

（a）正面

（b）背面

图 12-112　SR4T 调谐器组件板

和国内版三合一头的直观区别是：对 DVB-C 信号隔直/限幅腔体增加屏蔽片，并且将背面的 DVB-S2/S 解调器 STV0903 设计到调谐器正面，PCB 标识为"EDU-9113J A2.6 2011.11.25"（图 12-113）。

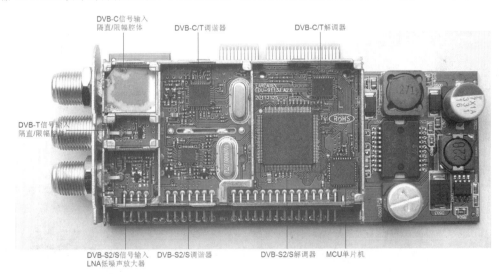

图 12-113　SR4T 调谐器内部结构

（7）SR4F、SR4TF　2012 年 11 月，新雷厂家升级了 SR4E 头解调器腔体中的单片机（MCU），内置了破解的 PLS 码，将此三合一头命名为"SR4F"，可以接收 88°E 卫星 Ku 波段 11GHz 段 PLS 码信号。与此同时，海外版的 SR4T 头也更换了内置 PLS 码的 MCU，并命名为"SR4TF"。

2012 年 12 月 10 日之后，SR4F 调谐器组件板上的 Can Tuner 进行了再次技改，终结了在 SR4A～SR4E 方案上的延续，改为基于 SR4T Tuner 基础上的改进方案（图 12-13）。

SR4F 头和 SR4TF 头的区别是：前者为国内版，地面信号部分接收 DMB-TH 国标地面信号，后者是海外版，接收 DVB-T 欧标的地面信号。从外观上看，除了 Can Tuner 盖板的铭牌标记不同（图 12-114），侧面的厂家型号标记也有区别，SR4F 头 Tuner 型号为易尔达厂家的"EDU-9133JF3IRA 02502"，SR4F 头则为"EDU-9133JF3IRA 02442"，而 PCB 电路板上的电路完全一样。

（a）正面　　　　　　　　　　　　　　　　　（b）侧面

图 12-114　SR4F、SR4TF 调谐器组件板

SR4F 和 SR4TF 头 Tuner 内部如图 12-115 所示，可以看出：两者区别主要是解调器腔体的地面信号接收部分电路不同，SR4F 解调器腔体里为接收国标 DMB-TH 地面信号和 DVB-C 解调器芯片 ATBM8859，以及运行时的 41MHz 晶振。而 SR4T 解调器腔体里是没有晶振的，其 DVB-T 时钟是和 DVB-C 的 16MHz 晶振共用。

12.8.10　X2F 卫星调谐器组件板

2013 年 1 月，新雷推出了 X2F 卫星调谐器组件板（图 12-116），也是之前 X2D 的升级版，该头可以接收 PLS 码的 88°E 11G 频段的转发器信号。

图 12-115　SR4F、SR4TF 调谐器内部结构　　　　　图 12-116　X2F 调谐器组件板

X2F 头 Tuner 型号为易尔达厂家的"11060FN4RB 03024"，X2F 头内部结构和三合一头对比如图 12-117 所示，同样出于商业技术保密，所有的集成块型号都被打磨掉了。不过，和三合一头内部的 DVB-S2/S 调谐

器、解调器、MCU 封装方式完全一样，芯片型号也应该是一样的。

图 12-117　X2F 头、三合一头内部结构对比

X2F 头除 Tuner 自身供电外，其他外围 LNB 控制方案和 4505 头的完全一致，如图 12-118 中的框内所示。

（a）正面

（b）背面

图 12-118　X2F、4505 头电路对比

由于 X2F 头 Tuner 内置的 MCU 模拟了 4505 头驱动，因此可以仿用 4505 头驱动，也就是说：可以直接和内置 4505 头的 DM800se 机器互换，而无需担心系统软件不兼容的问题。在系统软件界面里，显示的也是"BCM4505"型号，因此可以进入盲扫界面。不过毕竟是仿 4505 头硬件驱动，不能执行真正 4505 头的硬件盲扫功能，盲扫界面是无法显示扫描参数和扫描进程的，也就是说 X2F 头是不支持盲扫的，而 4505 头则是盲扫正常（图 12-119）。

（a）X2F 头

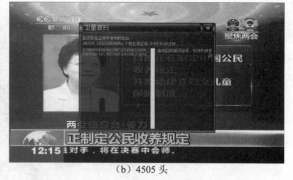
（b）4505 头

图 12-119　盲扫界面

　　X2F 头可以兼容绝大多数的有 DM800、DM800 se 机器。部分机器如果在接收高清频道时，画面有马赛克现象，排除接收信号质量低的问题外，是这些机器的主板供电不足所致。有动手能力的烧友，可以采用如下方法解决：找到 X2F 头背面的 C27（470μF/16V）、C28（220μF/16V）两个电解电容（图 12-120），拆下它们，换为容量大一倍电容，即 C27 增大到 680～1000μF，C28 增大到 470μF。

图 12-120　更换电容

　　X2F 头可以应用在 DM800 机器上，但实际安装时，发现背面板上的电感（L3）阻碍 X2F 头的插入，除非将主控芯片散热片上风扇拆除才能解决。

12.8.11　关于调谐器组件板的相关问题

　　（1）DVB-S2 信号搜索　对于新雷推出的 801 头、三合一头、X2F 头均是将一部分硬件驱动编译在调谐器内部的 MCU 芯片中，仿真 DMM 官方驱动，以使得能够兼容到 Dreambox 机器中。由于这部分驱动不在系统软件（即 IMG）中，因此，系统软件频道搜索设置一些相应的选项就可以忽略了，如搜索 DVB-S2 信号，并不需要在频道扫描中选择"DVB-S2"就可以进行搜索，而采用官方的调谐器是一定要区分和设置 DVB-S、DVB-S2 调制系统的，否则不能搜索到节目。

　　（2）卫星信号门限　一台 Dreambox 高清机的卫星接收信号门限主要取决于搭载的调谐器组件板，对于接收 DVB-S 调制信号，我们测试门限从低到高依次为：4505 头、SR4F 头（801 头）、X2F 头；对于接收 DVB-S2 调制信号，门限从低到高依次为：SR4F 头（801 头）、X2F 头、4505 头。

　　其中 SR4F 头和 801 头的门限几乎没有区别，SR4F 头、X2F 头可以接收 PLS 码的 88°E 11G 频段的转发器信号，但不具备盲扫功能；而 4505 头具备盲扫功能，但不能接收 PLS 码信号。

　　（3）信息条参数显示　不同的调谐器组件板所使用的驱动是不同的，801 头、三合一头均是仿用 alps_bsbe2.ko 驱动，X2F 头是仿用 bcm4506.ko 驱动。

　　不同驱动的使用，表现在节目信息条上所显示的卫星接收信号状态参数也是有区别的，如对于显示 SNR 的 dB 值来讲：801 头是 0.5dB 步进显示、X2F 头是 0.48dB 步进显示、三合一头是 0.1dB 的步进显示，而采用 4505 头是 0.01dB 步进显示的，相比较 4505 头的显示更精确。不过采用 4505 头，信息条无法显示 BER 数值，AGC 数值显示也不太准确。

（4）调谐器组件板和机型　一台机器搭载不同的调谐器组件板，可以形成不同的机型，例如，新雷厂家将搭载 SR4F 三合一头的 SR4 机器称为 SR4 国内版，搭载 SR4TF 三合一头的 SR4 机器称为 SR4 海外版，将搭载三合一头的 DM800 机器称为 SR3 机器。

又如，新雷厂家将早期搭载 801 头的 DM800 机器称为 DM800 PRO 机器，PRO 其意为"professional（专业）"的缩写词（图 12-121），机器底部贴有的"DM800 PRO"封签，以区别内置 BSBE2-401A 卫星调谐器组件板的 DM800 机器。

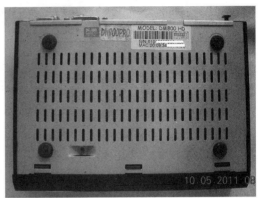

（a）内部　　　　　　　　　　　　　　　　　（b）底部

图 12-121　采用 801 头的 DM800 PRO 机器

用户选购和使用时，需要搞清楚机器实际方案系列，目前 DM800 系列机器包括 DM800 PRO、SR3 两种机型，DM800 se 系列有 DM800 se 和 SR4 两种机型。也就是说 DM800 PRO、SR3 机器是使用 DM800 系列固件，DM800 se、SR4 机器是使用 DM800 se 系列固件，两者不能混淆。

最后，我们将上面介绍的各种调谐器组件板接收功能整理、归纳如表 12-5 所示，供烧友选购时参考。

表 12-5　Dreambox 系列调谐器组件板功能一览表

功能 \ 型号	BSBE1-C01A/D01A	BSBE1-702A	BSBE2-401A	CU1216L	TU1216	CXD1981	BSBE2-801A	BCM4505	SR4A	SR4B	SR4C	SR4D	SR4E	SR4F	SR4T	SR4TF	X2F
接收卫星信号 DVB-S	√	√	√				√	√	√	√	√	√	√	√	√	√	√
接收卫星信号 DVB-S2			≤30000 kS/s				√	√	√	√	√	√	√	√（PLS 码）	√	√（PLS 码）	√（PLS 码）
接收有线信号				√		√			√	√	√	√	√	√	√	√	
接收地面信号 DVB-T					√	√									√	√	
接收地面信号 DMB-TH									√	√	√	√	√	√			
信号盲扫	√			√	√	√		√									
环路输出	√	√	√														
Tuner 封装方式 板载		新雷						√									
Tuner 封装方式 铁壳	√	官方		√	√	√			√	√	√	√	√	√	√	√	√
开发商 官方	√	√	√	√	√	√		√									
开发商 第三方（主要指新雷）			√				√		√	√	√	√	√	√	√	√	√

（SR4× 包括 SR4A、SR4B、SR4C、SR4D、SR4E、SR4F、SR4T、SR4TF）

12.9 Dreambox 高清机系统软件目录结构

12.9.1 NAND FLASH 芯片分区

以 DM800 se 系列机器（包括 SR4 机器）为例，NAND FLASH 芯片型号为 HY27U518S2CTR（注：2011年前期采用 HY27US08121B）（U703），如图 12-122 所示。这是韩国 Hynix（海力士）公司的 NAND FLASH 芯片，采用 64M×8bit 结构，容量为 64MB，用于存储机器的系统软件。

图 12-122　NAND FLASH 芯片

HY27U518S2CTR 芯片划分为三个区：第 1 分区（partition 1）为引导装载程序（loader）、第 2 分区（partition 2）为内核启动系统（boot）、第 3 分区（partition 3）为根文件系统（root），分配容量分别为：0.25MB、3.75MB、60MB。

FLASH 分区地址信息可以在机器系统启动过程中，通过超级终端通讯获取：

[4294669.867000]　　　　　　numchips=1, size=4000000

[4294669.868000] Creating 4 MTD partitions on "bcm7xxx-nand.0":

[4294669.869000] 0x0000000000000000-0x0000000004000000 : "complete"

[4294669.873000]　　　　　　　　　　0x0000000000000000-0x0000000000040000　　　　　　　　　　　　　　　　:
"loader"　………………………………………partition 1

[4294669.874000]　　　　　　0x0000000000040000-0x0000000000400000　　　　　　　:　　　　"boot partition"　………………………………partition 2

[4294669.875000]　　　　　　0x0000000000400000-0x0000000004000000　　　　　　　:　　　　"root partition"　………………………………partition 3

一个 DM800 se 机器的系统软件（IMG）是由第二引导系统（secondstage，main.bin.gz）、启动（boot.jffs2）、根系统（root.jffs2）三个部分共同组成。启动和根系统文件采用 jffs2 格式，这是在 FLASH 芯片上使用非常广泛的读写文件系统，在嵌入式系统中被普遍的应用。图 12-123 所示的是"山水评测室"制作的 DM800 se G3-iCVS8#84B 打造版软件的内部包，对应于上述的三个分区。

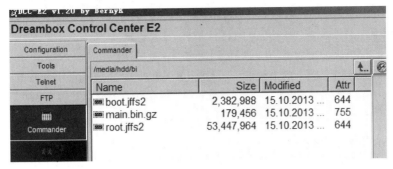

图 12-123　DM800 se G3-iCVS8#84B 打造版软件内部包

12.9.2　软件系统目录结构

（1）第 1 分区：引导系统（loader）

第 1 分区是存储 main.bin.gz 文件，main.bin.gz 为 DM800 se 机器的 secondstage.bin 文件，目前 DM800 se 系列机器 secondstage 版本为 SSL（Second Stage Loader）84B，这个容量是固定的。SSL 用于启动系统，可以初始化硬件设备、建立内存空间映射图，从而将系统的软硬件环境带到一个合适状态，以便为最终调用操作系统内核准备好正确的环境。

> 🔍 **小提示：**
>
> 　　在 DM800 se 机器这个 Linux 嵌入式系统中，系统在上电或复位时通常都从地址 0x00000000 处开始执行，而在这个地址处就是安排系统的 SSL 程序。在 Dreambox 高清机中，SSL 还有两个重要作用：① 提供 Web 网页刷写界面；② 用于正版机器验证，如果是抄板机器，那就得使用对应修改的 SSL。

（2）第 2 分区：启动系统（boot）

第 2 分区是存储 boot.jffs2 文件，boot.jffs2 文件则是打包/boot 文件夹下的文件，boot 文件夹存放的是启动 Linux 时使用的一些核心文件，主要包括 autoexec.bat、bootlogo.jpg、bootlogo.elf、vmlinux.gz 四个文件，如图 12-124 所示。

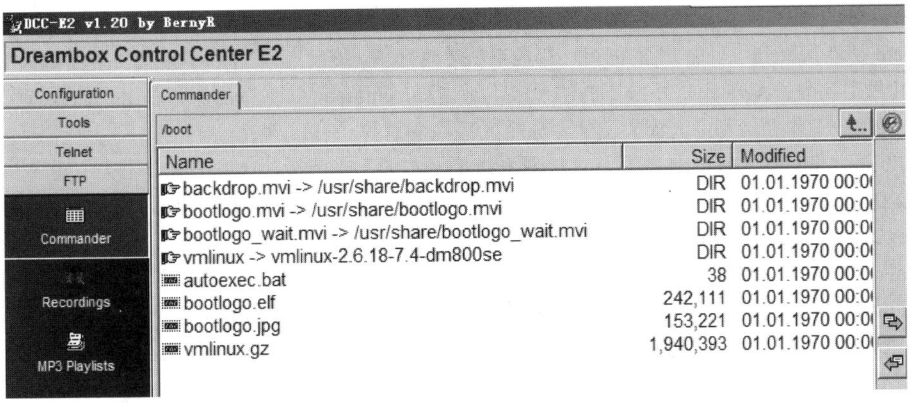

图 12-124　/boot 文件夹

其中 autoexec.bat 是自动运行的批处理文件，bootlogo.jpg 是开机启动画面，bootlogo.elf 则是开机启动画面的执行连接文件，vmlinux.gz 是系统内核 vmlinux 的压缩镜像文件。

vm 是"Virtual Memory（虚拟内存）"的缩写，Linux 能够使用格式磁盘空间作为虚拟内存，因此得名"vmlinux"。在 Linux 系统中，vmlinux 是一个包含 Lnux Kernel 的静态链接的可执行文件，一般来说，核心的位置会放在系统 root 目录下，但当 bootloader 必须使用 BIOS 驱动程序时，就可以创建一个扇区用来存放 bootloader 与核心相关的开机文件，这个扇区通常会挂载到系统的/boot 上。

 小提示：

　　/boot 文件夹默认是无法写入的，例如，如果用户需要更改 bootlogo.jpg 开机画面，需要在 Telnet 界面里输入 "mount –rw /boot –o remount" 命令，表示将 boot 文件系统重新 mount 为可读写，这样，用户可以自由更换了。

（3）第 3 分区：根系统（root）

第 3 分区是存储 root.jffs2 文件，root.jffs2 文件则是打包除/boot 文件夹的其他所有文件，如图 12-125 所示。

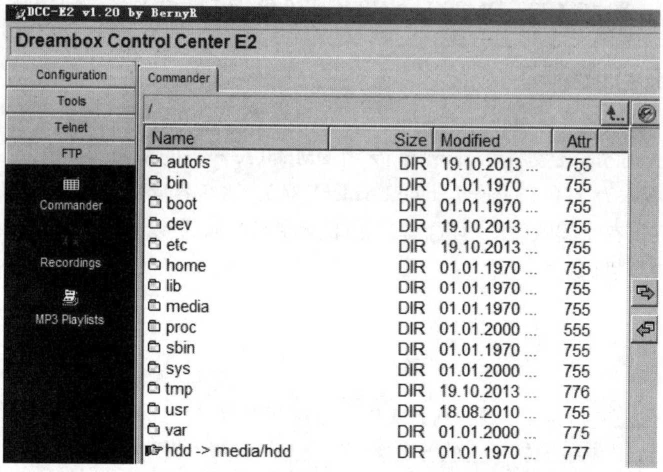

图 12-125　DM800 se G3-iCVS8#84B 软件系统目录

/autofs：自动挂载文件夹。

/bin：bin 是 "binary（二进制）" 的缩写，这是一个基本工具目录，存放着用户最经常使用的可执命令，例如：cp、ls、tar、mv、cat 等。

/dev：dev 是 "device（设备）" 的缩写，这是一个所有 Linux 外部设备的目录，其作用类似 DOS 系统下的.sys 和 Windows 系统下的.vxd 文件。

/etc：etc 是 "etcetera（附加）" 的缩写，存放系统管理所需要的配置文件和子目录，里面绝大部分都是文本文件，其作用相当于 Windows 系统下的注册表。其中/etc/enigma2 文件里面保存着用户的系统配置。

/home：用户工作目录和个人配置文件，如个人环境变量等。

/lib：lib 是 "library（库）" 的缩写，存放着系统最基本的动态链接共享库，其作用类似于 Windows 系统下的.dll 文件，几乎所有的应用程序都须要用到这些共享库。在 Dreambox 机器中，比较重要的目录为/lib/modules/2.6.18-7.4-dm800se，存放各种与机器相关的设备模块驱动。

/media：挂载硬盘、U 盘等媒体存储系统。在 Dreambox 机器中，当挂载硬盘时，节目录制文件就保存在/media/hdd/movie 文件夹下。

/proc：proc 是 "processes（进程）" 的缩写，这是一个虚拟的目录，目录的数据都放在内存中，如系统核心、外部设备、网络状态。由于数据都存放于内存中，所以不占用 FLASH 空间。/proc 是系统内存的映射，显示内存中有关系统进程的实时信息，我们可以通过读写/proc 相关文件，可以实现一些功能，例如：执行 "cat/proc/cpuinfo" 命令，可以查看当前 CPU 信息。

/sbin：s 是 "Super User（超级用户）" 的缩写，也就是说这里存放的是系统管理员使用的系统程序和管理目录，例如：mkfs.ext3 等。有些命令存放在/usr/sbin、/usr/local/sbin 下。与/bin 不同的是，这几个目录是给系统管理员 root 使用的命令，一般用户只能 "查看"，而不能设置和使用。

/sys：sys 是 "system（系统）" 的缩写，存放有关系统内核以及驱动的实时信息，例如：/sys/bus 为总线对象信息，/sys/class 为类对象信息，/sys/devices 为设备对象信息。

/tmp：tmp 是 "temporary（临时）" 的缩写，是用来存放一些临时文件，系统重新启动后会自动删除。通常会将基于内存的文件系统挂在/tmp 上，例如：tmpmfs。

/usr：usr 是"Unix System Resources（Unix 系统资源）"的缩写，存放大多数用户的应用程序，这是最庞大的目录，我们要用到的应用程序和文件几乎都存放在这个目录下，其作用相当于 Windows 系统下的 Program Files 文件夹，/usr 包含的子目录如图 12-126 所示。

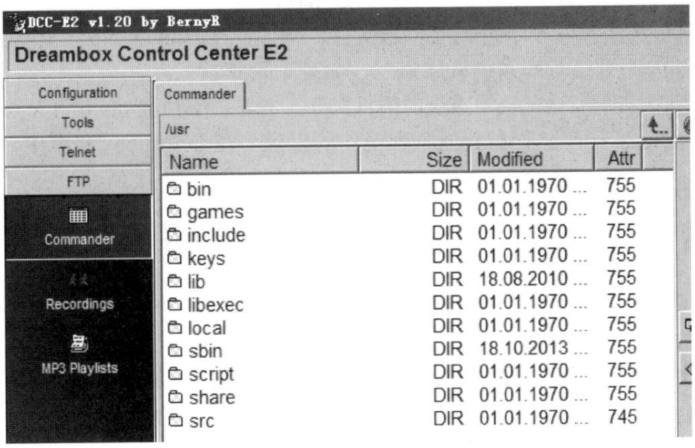

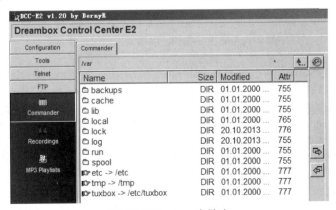

图 12-126　/usr 文件夹

/usr/bin：存放非必需的普通用户可执行文件，相当于 Windows 系统下的.exe 文件，有些命令存放在/bin 或/usr/local/bin 中。

/usr/games：存放游戏程序的文件夹。在 Dreambox 机器中，该文件夹为空。

/usr/include：Linux 系统下开发和编译应用程序需要的头文件。在 Dreambox 机器中，该文件夹为空。

/usr/keys：Dreambox 机器的免卡 key 文件夹，存放 constant.cw、SoftCam.Key 免卡文件，还包括 Mgcamd 协议的一些配置文件。

/usr/lib：应用程序的共享动态链接库部分，是一些.so 的文件，Linux 系统下各个应用程序的库文件都是可共享的，所以都存放在这个文件夹中。在 Dreambox 机器中，应用最多的 Plugins（插件）文件夹就位于/usr/lib/enigma2/python 文件夹下。

/usr/libexec：存放系统实用或后台程序。

/usr/local：存放本地执行文件、库文件等，例如：软件升级包。

/usr/sbin：存放根文件系统的系统管理命令，例如：多数服务程序、后台程序、系统工具（由用户执行）等。

/usr/script：Dreambox 机器的用户脚本文件夹，例如：CCcam、Mgcamd、OSCam 协议的脚本。

/usr/share：存放共享数据的文件夹，包括应用程序需要的字体（fonts）、皮肤（skin）、图片等资源共享文件。

/usr/src：存放本地源码文件，Linux 系统开放的源代码就存在这个目录。在 Dreambox 机器中，该文件夹为空。

/var：var 是"variable（变量）"的缩写，存放系统正常运行时要改变的文件，每个系统是特定的，即不通过网络与其他计算机共享，其中包含的子目录如图 12-127 所示。

图 12-127　/var 文件夹

/var/backups：备份文件夹。在 Dreambox 机器中，该文件夹为空。

/var/cache：缓存文件夹。

/var/lib：系统正常运行时要改变的文件。

/var/local：安装的程序的可变数据，即系统管理员安装的程序。

/var/lock：锁定文件，许多程序遵循在/var/lock 中产生一个锁定文件的约定，以支持正在使用某个特定的设备或文件，其他程序注意到这个锁定文件，将不试图使用这个设备或文件。

/var/log：系统日志文件，各种程序的 Log 日志文件，例如：/var/log/wtmp 为所有到系统的登录和注销日志，/var/log/messages 存放所有核心和系统程序信息。

/var/run：保存到下次引导前有效的关于系统的信息文件，例如：/var/run/utmp 包含当前登录的用户的信息。

/var/spool：mail、news、打印队列和其他队列工作的目录。在 Dreambox 机器中，该文件夹为空。

12.9.3　DM800 se 程序启动加载步骤

对于 DM800 se 机器的启动到正常工作，从机器前面板 OLED 屏幕以及电视屏幕来看，程序加载经历了如下六个步骤：

① 加电时，首先 OLED 屏幕显示 "BOOT #84B"，表示系统加载 SSL84b，读取/boot/secondstage.conf 配置文件。

② 当没有检测到 boot/secondstage.conf 和/cf/autorun.bat 文件后，开始加载/flash/bootlogo.elf，此时可以看到电视屏幕的 bootlogo.jpg 启动画面。

③ 接下来，加载/flash/vmlinux.gz 到内存。

④ 当完成后，进入 booting 阶段，OLED 屏幕开始显示黄色进度条，电视屏幕显示系统 bootlogo.mvi 开机画面。此时，在内核的支持下各种模块，服务等被加载运行，并且挂载 root 分区。

⑤ 当 OLED 屏幕显示的黄色进度条执行到一半时，电视屏幕显示系统 backdrop.mvi 背景画面，表示挂载 root 分区成功，系统开始执行/sbin/init...等程序，此时，用户可以通过 DCC-E2 的 FTP 功能访问 DM800 se 机器内部文件。

⑥ 当 OLED 屏幕显示黄色进度条执行完成，机器开始正常工作。

12.10　Dreambox 高清机 NAND FLASH 芯片坏块处理

Dreambox 高清机采用 NAND FLASH 芯片存储系统固件，也是目前多媒体高清机顶盒常用的一种 FLASH 芯片，它和另外一款常用的 NOR FLASH 芯片相比较，优点在于写和擦除操作的速率快，NOR FLASH 的优点是具有随机存取和对字节执行写操作的能力，支持直接代码执行（XiP）。

在耐用性上，NAND FLASH 芯片每个块的最大擦写次数是 100 万次，NOR FLASH 芯片擦写次数是 10 万次。不过 NAND FLASH 相比较 NOR FLASH 芯片更受位交换以及坏块的困扰，因此必须使用 EDC/ECC 系统以确保可靠性。

12.10.1　NAND FLASH 坏块处理机制

大家都知道，机械硬盘会产生坏道，FLASH 芯片也会这样，一般我们称此为 "坏块（Bad Block）"。在 NAND FLASH 中，一个块中含有 1 个或多个位是坏的，就称其为坏块。

产生坏块的原因有两种：

① 出厂时就有的坏块，称作 Factory masked bad block（厂屏蔽坏块）或 Initial bad/invalid block（初始坏/无效块），NAND FLASH 器件中的坏块是随机分布的。以前做过消除坏块的努力，但发现成品率太低，代价太高，成本不划算。

② 使用过程中产生的坏块，称作 Worn-out bad block（破旧的坏块）。由于使用过程时间长了，在擦除块时出错，说明此块坏了，在程序运行过程中发现，并且标记成坏块。

正常的块写入读出都是正常的，而坏块的读写是无法保证的。在 Linux 系统中，对于 NAND FLASH 有坏块管理（BBM，Bad Block Managment）机制，通过一个对应的坏块表（BBT，Bad Block Table）来记录好块，坏块的信息，以及坏块是出厂就有的，还是后来使用产生的。

在 Linux 内核 MTD（Memory Technology Device，内存技术设备）架构和 Uboot 中的 NAND FLASH 驱动，在加载完驱动后，都会主动扫描坏块，建立必要的 BBT，以备后面坏块管理所使用。下面是 DM800 se 机器在系统启动过程中，通过超级终端获取的一段进程信息，可以看出执行 BBT 和 ECC 管理。

[4294669.853000] BrcmNAND mfg ad 76 Hynix HY27US08121A （dream）　64MB

[4294669.854000]

[4294669.854000] Found NAND: ACC=17ff1010, cfg=04042300, flashId=ad76ad76, tim16

[4294669.855000] BrcmNAND version = 0x0302 64MB @00000000

[4294669.856000] B4: NandSelect=40000002, nandConfig=04042300, chipSelect=-1

[4294669.856000] brcmnand_probe: CS-1: dev_id=ad76ad76

[4294669.857000] After: NandSelect=40000002, nandConfig=04042300

[4294669.858000] Found NAND chip on Chip Select -1, chipSize=64MB, usable size=x

[4294669.859000] brcmnand_scan: B4 nand_select = 40000002

[4294669.859000] brcmnand_scan: After nand_select = 40000002

[4294669.860000] page_shift=9, bbt_erase_shift=14, chip_shift=26, phys_erase_sh4

[4294669.861000] Brcm NAND controller version = 3.2 NAND flash size 64MB @1c0000

[4294669.862000] mtd->oobsize=16, mtd->eccOobSize=16

[4294669.862000] brcmnand_scan: mtd->oobsize=16

[4294669.863000] brcmnand_scan: oobavail=12, eccsize=512, writesize=512

[4294669.864000] brcmnand_scan, eccsize=512, writesize=512, eccsteps=1, eccleve3

[4294669.865000] brcmnand_default_bbt: bbt_td = bbt_main_descr

[4294669.867000] brcmnandCET: Status -> Deferred

12.10.2　DM800 se NAND FLASH 芯片坏块检测

对于 DM800 se 机器 NAND FLASH 芯片坏块检查，可以安装 FLASH 芯片检查插件检查出坏块、空块、填充块等数量。在 FLASH 芯片检查插件主界面，提供了 mtd0 整片、mtd1（secondstage loader）、mtd2（boot）、mtd3（root）四项检查内容（图 12-128）。

图 12-128　FLASH 芯片检查插件主界面

检查前，首先了解各个字符代码的注释：每一个坏块用一个"B"表示，每一个空块用一个"."表示，每一个部分使用块用一个"-"表示，每一个全部使用块用一个"="表示，具体如图 12-129 所示。

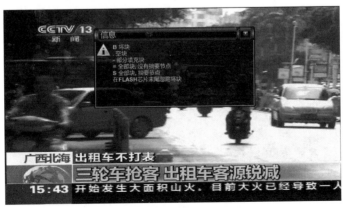

图 12-129　字符代码的注释

下面，我们对采用 DM800 se G3-iCVS8#84B 打造版 IMG 的 NAND FLASH 芯片进行检查。

（1）mtd0 整片检查　执行 mtd0 检查整片，如图 12-130 所示。

图 12-130　检查整片

从图中可以看出：

① 一个典型的 NAND FLASH 都是由 4096 块（Block）组成，HY27U518S2CTR 芯片每块大小是 16384bytes（即 16kB），容量合计：16384×4096＝67108864（bytes），也就是 67108864÷1024÷1024＝64（MB）

② 每个块里面包含 32 页（page），每页大小是 512bytes。每一个页对应还有一块区域，叫做空闲区域（Spare Area）/冗余区域（Redundant Area），在 Linux 系统中，一般叫做 OOB（Out Of Band），这个区域是最初基于 NAND FLASH 的硬件特性：数据在读写时相对容易错误，所以为了保证数据的正确性，必须要有对应的检测和纠错机制，此机制被叫做 EDC（Error Detection Code）/ECC（Error Code Correction，或 Error Checking and Correcting），所以设计了多余的区域，用于放置数据的校验值，HY27U518S2CTR 芯片每页分配 16bytes 的 OOB。

> **小提示：**
>
> 　　空闲区域并非真的"空闲"，它在物理上与其他页并没有区别。ECC、耗损均衡（Wear Leveling）、其他软件开销等很多额外的功能要依托于这部分空间来实现。换一句话说：对于一个页，0～511 bytes 为主存储区，即通常所说的用户可设定地址区，用来存储数据；512～527 共 16 bytes 为扩展存储区，用来存储页的信息。扩展区的 16 字节用于描述主存储区的 512 字节。而对于坏块，也仅仅是将这 16 字节的第 6 字节设置为不等于 0xff，来标示坏块。

（2）mtd1 引导系统检查　执行 mtd1 检查，如图 12-131 所示。可以看出分配了 16 个块给第二引导系统（secondstage），分配容量为 16×16＝256（kB），即 0.25MB，其中未使用 5 个块，已全部使用 11 个块，容量为 16×11＝176（kB），和制作的 main.bin.gz（即 secondstage84b.bin）容量 176456÷024=175.25（kB）完全符合。

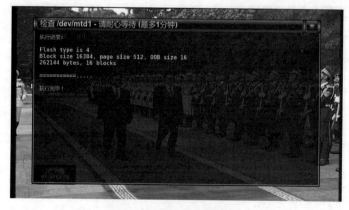

图 12-131　检查引导系统

（3）**mtd2 启动系统检查**　执行 mtd2 检查，如图 12-132 所示。可以看出分配了 240 个块给启动系统（boot），分配容量容量为 240×16＝3840kB，即 3.75MB，其中已全部使用 145 个块，已部分使用 1 个块，容量为 16×145.5＝2328（kB），和制作的 boot.jffs2 容量 2382988÷024=2327.1（kB）完全符合。

图 12-132　检查启动系统

（4）**mtd3 根系统检查**　执行 mtd3 检查，如图 12-133 所示。可以看出分配了 3840 个块给根系统（root），分配容量为 3840×16＝61440（kB），即 60MB，具体固件使用容量不再分析了。

图 12-133　检查根系统

（5）**坏块检查**　以一台故障的 DM800 se 机器为例，用户反映不能安装某些插件，运行不稳定。我们刷写同样的 56MB 容量的 DM800 se G3-iCVS8#84B 打造版固件，经过 DCC-E2 的【Memory Info】选项检查，故障机[图 12-134（a）]的和全新正常机器[图 12-134（b）]的 ROOT 占用率分别为 92％、89％。

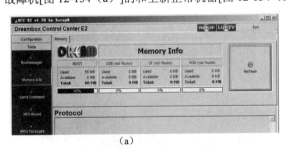
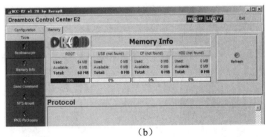

（a）　　　　　　　　　　　　　　　　　　　（b）

图 12-134　ROOT 占用率

具体检查对比如图 12-135～图 12-140 所示，其中（a）图为故障机界面，（b）图为正常机界面，可见故障机有很多坏块，而和正常机器没有一个坏块（注：FLASH 芯片末尾坏块是无需作统计的）。

355

图 12-135　检查整片之一

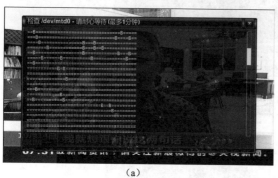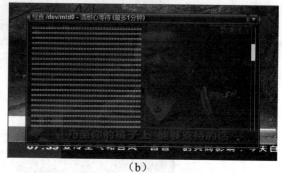

图 12-136　检查整片之二

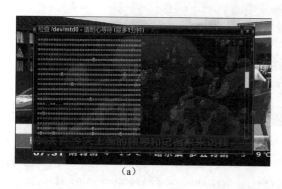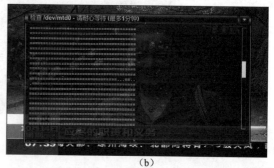

图 12-137　检查整片之三

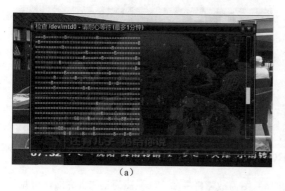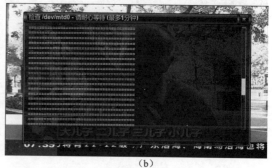

图 12-138　检查整片之四

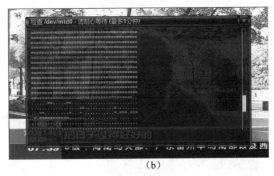

图 12-139 检查整片之五

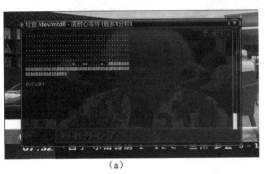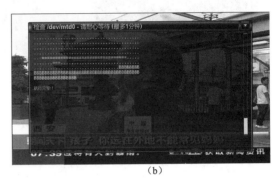

（a）　　　　　　　　　　　　　　　（b）

图 12-140 检查整片之六

图中的第 257 块到第 4096 块分配给根系统（root），经统计，故障机一共显示 8+31+10+44+14=107 坏块，占用容量为 107×16÷1024=1.7（MB），坏块占用率为 1.7÷60=2.8%，因此故障机 FLASH 的 root 占用率=89%（固件空间占用率）+2.8%（坏块空间占用率），即显示已占用 92%。

12.10.3 DM800 se NAND FLASH 芯片更换

对于 Dreambox 高清机来讲，NAND FLASH 芯片产生坏块的原因有多种，主要有以下一些因素：① NAND FLASH 芯片质量差，寿命短，一些机器甚至采用二手的旧芯片；② 不正确的机器操作，如不正确的开关机，频繁地刷写有问题的固件，导致 NAND FLASH 芯片一些扇区或块的过分磨损、出现坏块；③ 芯片自然老化、接近生命周期规定的读写次数。

对于 NAND FLASH 芯片出现少量的坏块，用户不必担心，因为 DM800 机器驱动在读写 NAND FLASH 芯片时，通常检测坏块，同时还在 NAND 驱动中加入坏块管理的功能，使得机器完全能够正常工作。

不过 NAND FLASH 芯片过多的坏块，除了由此引发的数据丢失而工作不正常外，还会导致剩余容量减小，机器不能正常安装一些稍大容量的插件。一般机器运行时，ROOT 占用率不能超过 93%，即 FLASH 芯片剩余容量不低于 4MB，否则，机器运行可能不稳定，易死机。对于 FLASH 芯片剩余容量，可以在【蓝色面板】下进入山水插件服务器，从下载页面左上角查看，如图 12-141 所示。

图 12-141 山水插件服务器下载页面

坏块过多的 NAND FLASH 芯片建议更换，找到机器主板的 NAND FLASH 芯片（U703），用热风枪将它拆下（图 12-142），更换一片全新的、带有 DM800 se 机器底层驱动的 NAND FLASH 芯片，更换完成后，需要重新刷写 IMG。

(a)　　　　　　　　　　　　　　　(b)

图 12-142　更换芯片

12.11　漫谈 SR4 后续改进机型

目前，在市面上可以看到新雷厂家生产的 SR4 机器有两种后续机型：新版 SR4 和 SR4v2，现在简单介绍一下。

12.11.1　新版 SR4 机器

2013 年 10 月，新雷厂家对销售有两年多的 SR4 机器（以下简称"原版 SR4"）进行了硬件改版（以下简称"新版 SR4"）。和原版 SR4 相比较，主要是前面板仓门内的 USB 接口使用有效。

新版 SR4 在背面板上改进如下：①背面板原来的两个 USB 接口缩减成一个；②将原版背面板欧插上方的 WiFi 无线 SMA 接口更改到 USB 接口上方（图 12-143）。

图 12-143　新版 SR4 机器背面板

新版电路板（HIG024 Rev:D11 2013-09-23）和原版电路主板（HIG024 Rev:D6 2011-07-29）上的改动如下：

（1）电源管理器电路方案更改　LT3850（U1100）更改为 A1021A1（U56）＋A1021A1（U57），N5212（U1101）更改为 A1021A1（U58），N5212（U1102）更改为 A1021A1（U59），N5212（U1103）更改为 A1021A1（U60）。同时，去除了电路正版背面 4858NG（Q1106、Q1108、Q1109、Q1111、Q1115）、4906NG（Q1105）六个元件。

（2）元件位置更改　电路正版背面 AP2146A（U12）更改到电路正版正面对应位置，电路正版背面 F400、C401 更改到电路正版正面对应位置。

（3）AVR 单片机更改　在电路主板中，AVR 单片机 Atmega M48PA（U1205）由采用 MLFQFN-28P 封装的芯片，更改为 MLFQFN-32P 封装的芯片，实际上仅仅是封装不同，功能完全一样。

（4）内置硬盘转接板接口更改　电路主板接口（P1000）有插槽式改为插针式，同时硬盘支架转接板接口也进行了相应的更改。

（5）**WiFi 无线模块更改** 将原版背面板欧插上方的 WiFi 无线接口更改到 USB 接口上方，取消了无线网卡模块板，直接板载到原电路主板卡座上方的空闲区域（图 12-144），电路仍采用 Realtek RTL8191SU 芯片构成 300M 无线局域网卡解决方案。

在 WiFi 无线网卡电路上设计了三对插针，默认右边两个插针已插入短接片，这样才能使得内置的无线网卡电路工作，如果拔下这两个短接片，无线网卡电路将关闭。

（6）**USB 接口更改** 由于内置到电路主板上的 WiFi 无线网卡电路占用了一个 USB 接口，因此新版背面板原来的两个 USB 接口就缩减成一个了，而原版前面版由于 WiFi 无线网卡占用的 USB 接口得以恢复。

对于 SR4 机器，无论是新版，还是原版，可用的 USB 接口始终是两个，只不过新版是一前一后各一个，原版是后面两个。如果不使用内置 WiFi 无线网卡模块，原版的前面板 USB 接口可恢复有效，但新版由于硬件已板载定型，则是无法恢复的。

（7）**添加 HDMI 接口保护电路** 新版在 HDMI 接口电路上添加了三个 TVS（瞬态抑制二极管）阵列贴片 D600～D602，作为简单的 ESD 静电保护（图 12-145）。

图 12-144 新版 SR4 板载 WiFi 无线网卡　　图 12-145 新版 SR4 HDMI 接口保护电路

ESD 静电保护仅仅是用户万一忘记而带电拔插 HDMI 线的一种电路上的保护措施，保护不是万能的，不带电拔插 HDMI 线是最好的防范方法。

12.11.2 SR4v2 机器

2014 年 4 月，新雷厂家在新版 SR4 基础上推出了 SR4v2 机器，主要是对电路主板上的存储器进行了扩容以及 SIM 卡升级。SR4v2 机器外观和新版 SR4 没有区别，只是取消了背面板的 RJ-11 接口（图 12-146），实际上在原版和新版 SR4 机器上这个接口都没有用处，因为并没有内置该电路的贴片。

（1）**存储器扩容** 闪存采用韩国 SAMSUNG（三星）公司的 NAND FLASH 芯片 K9K8G08U0A-PCB0（U703），1G×8bit 结构，容量为 1GB。这样无疑可使得用户安装更多的插件、皮肤及其他扩展，从而增加了 SR4v2 机器的应用功能。

内存采用三星的 DDR2-800 芯片 K4T1G164QF-BCE7，64M×16bit 结构，容量为 128MB、速度 400MHz、BGA 封装，主板正面（U103、U104）、背面（U100、U101）各两颗一共四片，总容量高达 512MB，使得系统运行会更快一些。

（2）**SIM 卡升级** SIM 卡由原来 SR4 机器的 SIM210 升级为 SIM220 版本（图 12-147），目前可支持 SSL88A 驱动。

图 12-146 SR4v2 机器背面板　　　　　　图 12-147 SIM220 卡

SR4v2 机器采用的 IMG 版本和 DM800 se 系列是不同的，也互不兼容。它是基于 OE2.0 软件版本的 IMG，如《山水评测室》推出了 DM800sev2 GP3.2-iCVS-OE2.0#88A 整合版，适用于支持欧洲的 HbbTV 标准和画中画功能。

第13章 卫星、有线二合一高清接收机——AzBox Premium HD+（西格玛 SMP8634LF 方案）

《《《《《《《《《《《《《《《《《《《《《《《《

2010 年，国内市面上出现了 AzBox 系列高清机。2011 年下半年， AzBox Premium HD+机器卫星、有线二合一高清接收机上市，对之前版本的一些缺陷进行了改善，这是一款采用 SigmaDesigns（西格玛）公司的 SMP8634LF 芯片方案高清机。

13.1 外观功能

AzBox Premium HD+机器前面板（图 13-1）中间区域上方是三个发光二极管指示灯，下方是 VFD 显示屏；右侧区域是十字型按键，具有音量-/+、频道-/+、确定功能，配合前面板中间顶部的电源、菜单、退出、主页这四个按钮可在没有遥控器的情况下，对主机进行常规的操作。

图 13-1　AzBox Premium HD+机器前面板

AzBox Premium HD+机器前面板左侧区域是一个仓门，内置一个 CA 卡槽，两个 CI 卡槽，以及一个 USB 接口（图 13-2）。

AzBox Premium HD+机器背面板（图 13-3）左上角是一个直流电源开关，下方是 12V/24V 专用电源输入接口，开关右边是一个内置散热风扇；中间区域是一系列音视频接口，依次是一个数字 HDMI 接口、一个 RJ-45 网口和 USB 接口合为一体的接口、一个 0/12V 中频控制接口、一个数字光纤 S/P DIF 音频接口、一组模拟 YPbPr 逐行色差高清接口、一组模拟 AV 标清接口、一个 SCART 模拟音视频接口；右边是两个活动调谐器组件板，机器默认配置左边的 DVB-S2/S 的 LNB 输入、输出接口，右边是 DVB-C 的 RF 输入、输出接口。

图 13-2　AzBox Premium HD+机器仓门

图 13-3　AzBox Premium HD+机器背面板

AzBox Premium HD+机器提供了内置 3.5 寸串口（SATA）硬盘的功能，加装很简单：只要拆下上盖右方区域的 5 颗螺丝，取下盖板和硬盘支架，就可以安装内置硬盘（图 13-4）。这种设计免去了用户安装硬盘需要拆机器上盖的麻烦，也避免了普通用户误触主板电路，给厂家保修带来了方便。

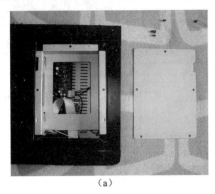 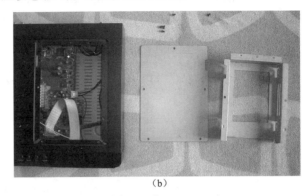

（a） （b）

图 13-4 AzBox Premium HD+机器内置硬盘

AzBox Premium HD+机器上盖的散热孔很少、两侧也没有散热孔，为了便于散热，除了在背面板上安装风扇强制散热外，还在底壳上布满了散热槽，有利于机器热量及时的散发，降低机器工作温度。

AzBox Premium HD+机器配件中包含一个电源适配器和一个遥控器，其中电源适配器输出 12V/3.4A、24/0.8A 两组直流电源，因此采用了专门的、类似 S 端子的四芯输出插头（图 13-5）。

13.2 电路主板

拆下 AzBox Premium HD+机器上盖板的五颗螺钉，就可以观看其内部电路板布局（图 13-6），图 13-7 为电路板、外壳拆解图。

图 13-5 AzBox Premium HD+机器遥控器和电源适配器 图 13-6 AzBox Premium HD+机器内部电路板布局

 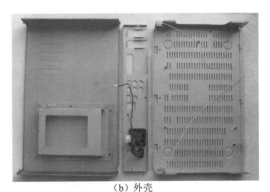

（a）电路板 （b）外壳

图 13-7 AzBox Premium HD+机器拆解图

13.2.1　主控芯片—— SMP8634LF

贴有散热片为 AzBox Premium HD+机器的主控芯片，采用美国西格玛设计公司（Sigma Designs）的 2008 年 1 月份推出的 SMP8634LF 芯片，这是一款基于 H.264、VC-1（又称 WMV9，新一代蓝光播放机采用的编码标准之一）、MPEG-2 方式的高清影像解码芯片。在早期的主流的高清播放机上，常常看到这款芯片的身影。

SMP8634LF 芯片外观如图 13-8 所示，功能框图如图 13-9 所示，典型方案应用如图 13-10 所示。

图 13-8　SMP8634LF 芯片

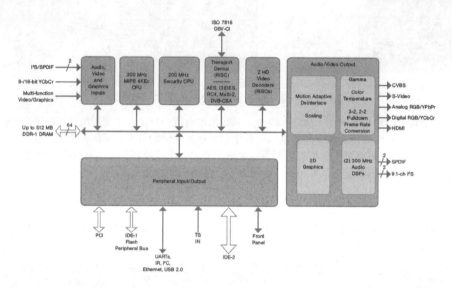

图 13-9　SMP8634LF 功能框图

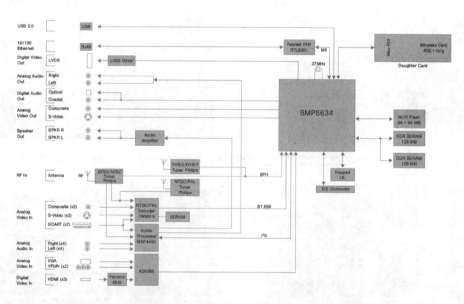

图 13-10　SMP8634LF 典型方案

SMP8634LF 芯片主要功能特性如下。

① 内置双核 CPU，一个是 300MHz 的 MIPS CPU，采用 RISC 的精简指令计算结构更简单有效，还有一个 200MHz 的 CPU 作为辅助之用。

② 内存带宽为 64 位，最大容量支持到 512MB。

③ 内置两个高清视频解码芯片，支持两路全高清 1080p 视频硬解码，支持的编码格式：H.264、VC-1、MPEG1/2/4、Divx/Xvid。换句话说，除了 RM、RMVB 格式外的几乎所有格式都支持。

④ 音频解码芯片采用 300MHz DSP，支持 SPDIF 和 9.1 多声道输出。

⑤ 集成 100M 以太网卡 MAC，IDE 光驱、SATA 硬盘接口，USB 2.0 两个高速接口。

⑥ 支持 HDMI、VGA、YPbPr、CVBS、S-Video 视频输出。

13.2.2 存储器

AzBox Premium HD+机器采用 NOR FLASH＋DDR SDRAM 存储方案（图 13-11），NOR FLASH 是最常见 FLASH 存储器，用于存储接收机的系统引导软件。AzBox Premium HD+机器的 NOR FLASH 和 iCooL 2G 机器一样，采用美国 Spansion（飞索半导体）公司的 S29GL064N90TF104（U14）、16M×8bit 结构，容量为 16MB。

由于 SMP8634LF 需要 64 位宽的 DDR 内存，故 AzBox Premium HD+机器采用 4 颗 32M×16bit 结构的内存颗粒（U10～U17），型号为韩国三星公司的 K4H511638J-LCCC，这是一款 DDR-400 内存芯片，采用 32M×16bit 结构，存储容量为 64MB，速度 200MHz，四片总容量高达 256MB，DDR SDRAM 用于系统内存和视频内存，系统内存和视频内存各占 128MB。

图 13-11　AzBox Premium HD+机器存储器

13.2.3 数字 HDMI 接口

AzBox Premium HD+机器的 HDMI 接口采用了美国晶像（Silicon Image）公司 SiI19134CTU（U31）驱动芯片（图 13-12），内部功能框图如图 13-13 所示。符合 HDMI1.3 标准，高带宽数字内容保护（HDCP）1.2 标准和数字视频接口（DVI）1.0 标准，最高能支持 1080/24p/60p、Deep Color（深色）30/36bit 和 xvYCC 广色域，而之前的 AzBox Premium HD 机器则采用 SiI9030 芯片，仅为 HDMI 1.0、DVI 1.0、HDCP 1.1 标准。

图 13-12　AzBox Premium HD+机器 HDMI 接口

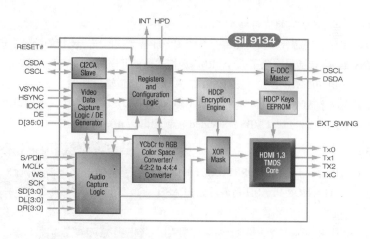

图 13-13　Sil19134CTU 功能框图

🔍 **小知识：Deep Color 深色**

对流经 HDMI 接口的信号色深予以增强的视频信号。使用非深色兼容播放器时，1 个像素能够表现的色彩数为每分量视频信号 8bit（Y、PB/CB、PR/CR）（24 bit/16777216 色）。而使用深色兼容播放器时，1 个像素能够表现更多比特，例如，每分量视频信号 12 比特（Y、PB/CB、PR/CR）（36bit）。比特数越多，越能够更加细致地表现色深的层次，连续色彩变化将显得更加平滑。

13.2.4　模拟 YPbPr、SCART、CVBS 接口

AzBox Premium HD+机器的 YPbPr 接口、SCART 接口、CVBS 接口中的模拟视频信号是直接从主控芯片相应的端口输出的，没有另外配置视频滤波驱动芯片。

13.2.5　音频输出接口

AzBox Premium HD+机器的音频输出接口部分有模拟和数字两种（图 13-14），模拟音频输出接口有 L、R 一组，它是由欧胜微（Wolfson）音频 DAC 芯片——WM8521（U23）数模转换处理后，再由德州仪器（TI）音频线路驱动芯片——DRV601（U37/U38）芯片组成的音频放大电路，对左、右两路模拟音频信号分别进行放大后输出。

DRV601 采用 QFN 4mm×4mm 超薄封装，工作电压为 1.8～4.5V；在 3.3V 下，每通道能够输出 2Vrms 电压。

数字音频输出接口只有光纤一种，是直接由主控芯片 SMP8634LF 相应端口输出的，声音数据在主芯片内部不作任何处理，只是将接收到的数据转换成 S/P DIF 格式后通过光纤输出，所有声音解码都是由外接数字音频解码器来处理。

图 13-14　AzBox Premium HD+机器音频输出接口

13.2.6　RJ-45 网络接口

AzBox Premium HD+机器的 RJ-45 网络接口驱动电路采用 Realtek 瑞昱 RTL8201（U19）以太网控制芯片，为主板提供了 1 个 10/100Mbps 有线网络接口。

13.2.7　USB 接口

AzBox Premium HD+机器提供了两个 USB2.0 接口，一个位于前面板左侧仓门内，通过连接线和主板左

下角的插针连接；一个在背面板和 RJ-45 网口共为一体。USB2.0 接口驱动芯片采用台湾威盛（VIA）公司的 VT6212L（U33），这是一个四端口 USB2.0 控制芯片，能支持高达 480Mbps 的传输速度。用于连接 U 盘或移动硬盘，进行软件升级或数字节目录制存储。

13.2.8　CA、CI 接口

AzBox Premium HD+机器内置两个 CI 模块接口，其中的两个 CI 模块插槽直接固定在主板上，如图 13-15 所示。

CI 模块接口芯片采用韩国 I&C Technology 公司的 STARC12WIN-V1.1 通用双调谐器接口（Twin Tuner Common Interface）切换控制芯片（图 13-16），可以同时读取两个 CAM 模块。换句话说，同时接收两个调谐器上的加密频道，用于 PIP（画中画）显示，或者看一个频道，录制另外一个不同频点下的频道。

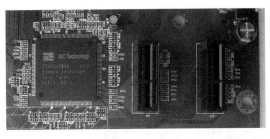

图 13-15　AzBox Premium HD+机器 CI 模块接口　　图 13-16　AzBox Premium HD+机器调谐器板插槽

CA 读卡器卡槽则是一块单独的小电路板。机器内置一个 CA 读卡器，采用飞利浦的通用读卡器的控制线路芯片——TDA8024T（U25），用在智能卡和主芯片通信的接口上，在主控芯片 SMP8634LF 的控制下，可完成智能卡的电源保护和读卡功能。

13.3　其他电路板

AzBox Premium HD+机器在主板上设置了无线网卡、IDE DOM 卡、电源开关小板，用于实现功能的扩展。

13.3.1　mini-PCI 无线网卡

在 AzBox Premium HD+机器主板上，采用了和笔记本电脑上一样的 mini-PCI 接口（图 13-17），用于插入 WiFi mini-PCI 模块。标配的模块如图 13-18 所示。采用台湾雷凌（Ralink）公司的 RT2661T 芯片，最大传输速率为 54 Mbps。无线网卡上有两个天线接口，连接两根内置天线，天线的另外一端固定在机器前面板内侧（图 13-19）。工作时，有效覆盖范围为 100m。

图 13-17　AzBox Premium HD+机器 mini-PCI 接口

13.3.2　SATA 接口

AzBox Premium HD+机器的 SATA 接口在主板 J21 位置，供电接口在 J3 位置，通过配送的串口硬盘的数据/电源连接线，连接到串口硬盘。

由于主控芯片 SMP8634LF 只支持 IDE/PATA，不支持 SATA 接口，为了适用于目前主流 SATA 串口硬盘，在主板的右下侧设计了由 88SA8052（U9）构成的 SATA 到 IDE/PATA 桥接控制电路（图 13-20），其中 88SA8052

是 Marvell（迈威，现更名为美满）公司的一款 SATA 3 Gb/s 转换 PATA 133MB/s 传输速率的芯片。

（a）正面

（b）背面

图 13-18　AzBox Premium HD+机器 mini-PCI 无线网卡

图 13-19　AzBox Premium HD+机器 WiFi 天线

图 13-20　AzBox Premium HD+机器 SATA 接口

13.3.3 IDE DOM 卡

AzBox Premium HD+机器的 NOR FLASH 只有 16MB，显然是不能储存系统程序的，这就涉及该机特有的 IDE 接口（J8）和 IDE DOM 卡，如图 13-21 所示。其中主控芯片采用 Hyperstone（海派世通）F3-LCT05（U1），FLASH 芯片采用三星的 K9F2G08U0M（U2），容量为 256MB。用于储存机器的系统程序（IMG）和应用程序（Plugins）。

（a）正面　　　　　　　　　　　　　　　　（b）背面

图 13-21　AzBox Premium HD+机器 IDE DOM 卡

国外有烧友采用 IDE CF 转接卡替代 IDE DOM 卡，来扩展 FLASH 容量（图 13-22），以便安装更多的插件。

（a）IDE CF 转接卡　　　　　　　　　　　（b）安装 IDE CF

图 13-22　安装 IDE CF

小知识：DOM

DOM（Disk On Module：磁盘模块）是一种高效能、嵌入式的闪存盘（即电子硬盘）。采用 IDE 接口，由主控芯片、FLASH 芯片、PCB 板等部件组成，可用于取代传统的 IDE HDD 硬盘，广泛应用在笔记本电脑、工业电脑、机顶盒以及其他嵌入式闪存存储领域中。

13.3.4 电源开关小板

AzBox Premium HD+机器的电源开关小板线路很简单，如图 13-23 所示，仅仅用于 12V/24V 专用电源输入接口的连接和开关的通断。

13.3.5 调谐器组件板

AzBox Premium HD+机器内置了 DVB-S2/S、DVB-C 两个调谐器组件板。DVB-S2/S 调谐器组件板（图 13-24）采用 SP2636 一体化 DVB-S2 调谐器，其中解调器采用 CONEXAN（科胜讯）公司的 CX24116 芯片，

和 DM800 机器采用 BSBE-401A 一样的芯片。DVB-S2 调谐器组件板上背面采用有一款意法公司的卫星 LNB 专用控制芯片 LNBP20A，用于 13/18V 极化切换和 LNB 保护控制。

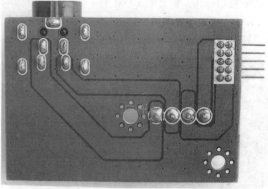

（a）正面　　　　　　　　　　　　　　　　（b）背面

图 13-23　AzBox Premium HD+机器电源开关小板

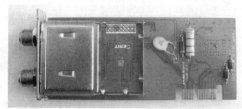

（a）正面　　　　　　　　　　　　　　　　（b）背面

图 13-24　DVB-S2 调谐器组件板

DVB-C 调谐器组件板（图 13-25）采用三星的 DNQS44CPP101A 一体化 DVB-C 调谐器，内置 MXL201RF 调谐器＋TDA10024 解调器方案。

（a）正面　　　　　　　　　　　　　　　　（b）背面

图 13-25　DVB-C 调谐器组件板

13.3.6　操作控制板

图 13-26 为 AzBox Premium HD+机器前面板结构，操作控制板（图 13-27）采用了 11 位 5×7 点阵 VFD 屏显示字符。点阵 VFD 驱动控制芯片采用台湾普诚（Princeton）的 PT6302LQ-005（U4），单片机控制采用 AT89S52（U1）。VFD 屏的 24V 驱动电源由升压变压器（TRANS1）产生。

图 13-26　AzBox Premium HD+机器前面板结构

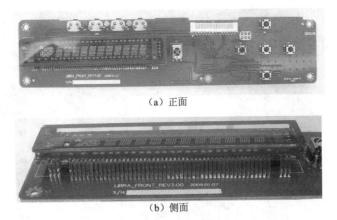

（a）正面

（b）侧面

图 13-27　AzBox Premium HD+机器操作控制板

13.4　软件使用

我们这台 AzBox Premium HD+机器采用如图 13-28 所示的版本，其中 IMG 为 Spaze 团队的 Quantum Edition 2.1.0 版本，默认皮肤为 navySpazeTeam。

图 13-28　版本信息

该版本虽然是移植了 Dreambox 高清机的 Enigma2 内核，但由于硬件功能的不同，在软件界面上也增加了新的功能。

13.4.1　视频选项

在主界面（图 13-29）中增加了【画面比例】功能（图 13-30）。另外，在【AV 设置】中也增加了很多的视频设置选项，如图 13-31 所示。

图 13-29　主界面

图 13-30　画面比例

（a）

（b）

图 13-31　AV 设置

13.4.2　快速扫描

AzBox Premium HD+机器内置了 DVB-C、DVB-S2/S 两个调谐器组件板，在【选择调谐器】界面中，也如实呈现出这两个硬件选项（图 13-32），其设置和搜索方法和 DM800 系列机器完全一样。

图 13-32　选择调谐器界面

不过 AzBox Premium HD+机器在【频道搜索】界面里（图 13-33），增加了一个【快速扫描】选项（图 13-34），只针对卫星信号有效，它是对内置卫星供应商列表进行搜索。

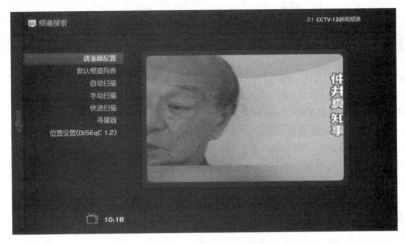

图 13-33　频道搜索界面

图 13-34　快速扫描界面

AzBox Premium HD+机器可以接收符码率超过 30000 kS/s 的 DVB-S2 信号的问题。不过受接收条件限制，我们仅测试采用 DVB-S2 调制，33500kS/s 符码率的艺华的高清平台可以搜索到频道台标（图 13-35）。

图 13-35　频道扫描界面

🔍 小提示：

① AzBox Premium HD+机器对 DVB-S2 信号的搜索无需辨别 DVB-S2 系统，因为调谐器组件板兼容 DVB-S、DVB-S2 调制信号，只需输入频率、符码率和极化参数即可，这和采用 801 头、SR4x 三合一头、X2F 头的 DM800 系列、DM800 se 系列机器是一样的。

② AzBox Premium HD+机器的 Web 页面截图和 Dreambox 系列机器一样，可以采用 grab（抓取）语法：http://192.168.1.100/grab?format=jpg（其中 "192.168.1.100" 是你机器的 IP 地址），即可获取 JPG 格式的原码图片。不过当节目不能显示播放画面时，是无法采用上述方法截图的，这一点和 Dreambox 系列机器有区别，因此我们也无法截取上述扫描完成显示搜索到频道的图片。

13.4.3 播放界面

Spaze IMG 节目信息条界面如图 13-36 所示，显示参数很简单；频道选择界面如图 13-37 所示，左边是频道列表，右边是 EPG 显示。

图 13-36　节目信息条界面

图 13-37　频道选择界面

按遥控器主页键，呈现 AzBox Premium HD+机器特色 Spaze 菜单（图 13-38），各个功能图标位于界面最下方，通过遥控器左右键选择，图标左右同步移动。

图 13-38　Spaze 菜单

13.4.4 节目录制和回放

AzBox Premium HD+机器在节目播放中，按录制键录制节目时，前面板的左边的 LED 指示灯会红光，同时节目信息条会有红色文字和 REC 录制 Logo 提示（图 13-39）。

图 13-39 录制节目信息条

由于 AzBox Premium HD+机器具有 DVB-S 和 DVB-C 双调谐器，因此我们在录制卫星电视节目的同时，还可以观看有线电视节目，不会出现 DM800 系列、DM800 se 系列机器"没有空闲的调谐器"提示。

对于录制节目的回放，AzBox Premium HD+机器遥控器上没有像 DM800 系列直接的 PVR 键，操作比较繁琐，具体方法如下：

需按遥控器菜单键，从【Movies】进入，也可按主页键，在 Spaze 菜单下选择【电影】进入。按上下左右键选择节目，按 OK 键后，再按返回键才能播放（图 13-40）。按停止键停止播放，再按返回键退出到电视播放状态中。

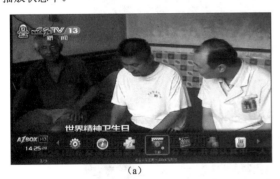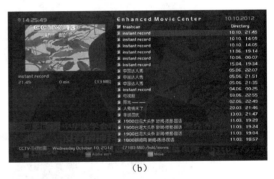

(a)　　　　　　　　　　　　　　　　　(b)

图 13-40 录制节目回放操作

13.4.5 视频播放

对于网络视频的播放，从主菜单的【媒体中心】进入【我的视频】中选择播放。退回时，需按红色键后，再按返回键退出到电视播放状态中。

AzBox Premium HD+机器采用西格玛的 SMP8634LF 芯片，和 DM800 se 系列机器中采用博通 BCM7405 在视频方面的主要区别：①最大可支持 1080p 视频分辨率格式；②支持 mov、wmv 格式的多媒体播放。

西格玛 SMP8634LF 方案对音视频格式的具体支持如表 13-1 所示。

表 13-1 西格玛 SMP8634LF 方案音视频格式支持一览表

多媒体格式	具体格式
视频封装格式 （Video Containers）	MPEG1/2/4 （M1V、M2V、M4V）、 MPEG1/2 PS （M2P、MPG）、MPEG2 Transport Stream （TS、TP、TRP、M2T、M2TS、MTS）、VOB、AVI、ASF、WMV、IFO、ISO、Matroska （MKV）、MOV （H.264）、MP4、RMP4

续表

多媒体格式	具体格式
视频解码格式 （Video Codecs）	XVID SD/HD、MPEG-1、MPEG-2：MP HL、MPEG-4.2：ASP L5、720p、1-point GMC、WMV9：MP HL、H.264：BPL3、H.264：MPL4.0、H.264：HPL4.0、H.264：HPL4.1、VC-1：MPHL、VC-1：APL3
音频封装格式 （Audio Containers）	AAC、M4A、MPEG audio （MP1、MP2、MP3、MPA）、WAV、WMA、FLAC、OGG
音频解码格式 （Audio Codecs）	AAC、AAC+、Dolby Digital、DTS、WMA、WMA Pro、MP1、MP2、MP3、LPCM、FLAC、Vorbis、DTS （Audio Passthrough）、Dolby Digital （Audio Passthrough）
图片播放格式	JPEG、BMP、GIF
字幕文件格式	SMI、SSA、SRT、SUB、TXT
视频分辨率	576i 、480i、576p、480p、720p、1080i、1080p

经我们测试，相比较 DM800 se 系列机器，AzBox Premium HD+机器能够播放大部分的 mov、wmv 视频格式（图 13-41、图 13-42），但播放 flv 视频格式时易死机，屏幕出现两个运转的齿轮 Logo，需断电重启才能再次工作。

图 13-41 播放 mov 视频格式

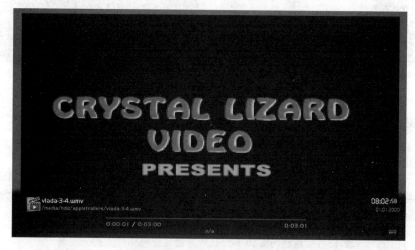

图 13-42 播放 wmv 视频格式

AzBox Premium HD+机器具备对 DTS 音频格式的硬解码，支持其音频播放（图 13-43），这和采用 BCM7405 方案的 DM500 HD、DM800 se 系列机器是一样的。

图 13-43　播放 DTS 音频格式的视频

13.4.6　显示屏和指示灯

AzBox Premium HD+机器采用的 VFD 显示屏，在开机或重启时，会显示进度百分比数值；在电视播放时，可以以 11 位 5×7 点阵方式流动显示频道名称。不过，不支持中文字库显示，中文频道名称显示为乱码。

AzBox Premium HD+机器前面板上设置了红、蓝、绿三个 LED 指示灯。可赋予"唤醒、待机、正在录制、高清频道、从不、打开电源"六种功能之一，具体可在【系统】的【Spaze LED 管理器】中自定义（图 13-44），默认功能如图 13-45 所示。

图 13-44　系统界面

图 13-45　Spaze LED 管理器

13.4.7 遥控器设置

AzBox Premium HD+机器具有电视操作功能,使用前,需要设置一下:同时按住 TV/AUX 键(左上角第一个键)和 OK 键 3s,此时 TV POWER 键会亮起,将遥控器对准正在工作中的电视机,按方向键△或▽,持续点按,直到电视关机,再按 OK 键存储,这样设置好了。设置成功的遥控器可控制电视机的音量+/-、频道+/-、静音和开关机。

国内配置的遥控器上没有按键功能注释,可参考官方遥控器外观,如图 13-46 所示。

13.4.8 总评

(1)**门限对比** 对于 AzBox Premium HD+机器的门限,我们和 DM800 se SR4 进行对比测试:对于接收 DVB-S 调制信号,AzBox Premium HD+机器门限高于 DM800 se SR4 机器不多;而对于接收 DVB-S2 调制信号,AzBox Premium HD+机器门限明显高于 DM800 se SR4 机器。

(2)**开机、待机、换台时间** 在同等条件下,经我们测试:机器在开机启动到正常工作需要时间,DM800 se SR4 为 60~65s 左右,AzBox Premium HD+机器为 100s 左右;重启 GUI 需时,DM800 se 机器为 20~25s 左右,AzBox Premium HD+机器为 40s 左右;待机中再恢复开机,以及在同一个转发器下换台下屏幕出画面,AzBox Premium HD+机器大于 1s,换台瞬间前幅画面冻结,而 DM800 se SR4 在 1s 之内,换台瞬间画面为黑屏。

由此可见:AzBox Premium HD+机器的耗时大于 DM800 se SR4 机器,大概和 DM800 机器相当。

(3)**功耗测试** 对于 AzBox Premium HD+机器的功耗,我们和 DM800 se SR4 机器进行了对比测试。在未安装硬盘的同等条件下,收看同一个标清频道,测试数据如表 13-2。

图 13-46 AzBox Premium HD+机器遥控器外观

表 13-2 DM800 se SR4 和 AzBox Premium HD+机器功耗对比测试数据 单位:W

机器状态	DM800 se SR4	AzBox Premium HD+机器
工作	16	22
待机	11	16
深度待机	0.7	17

测试得知:AzBox Premium HD+机器相比较 DM800 se SR4 机器功耗较大,特别是在深度待机(即遥控器关机)状态下,不如 DM800 se SR4 机器低于 1W 待机环保节能标准。

(4)**总结** 如果拿 AzBox Premium HD+机器和目前流行的 DM800 se SR4 机器相比较,AzBox Premium HD+机器最大优点如下。

① 具有两个调谐器插槽,可以任意搭配 DVB-C+DVB-S、DVB-C+DVB-C、DVB-S+DVB-S,实现录制一路,播放另一路的功能。

② 具有一个 CI 卡槽,可以插入 CI 模块,适用于国内更多的有线电视 CA 系统读卡。

③ 内置 3.5 寸硬盘支架,可以选择性价比更高的 3.5 寸台机串口硬盘。

④ 主控芯片支持 1080p 视频硬解码,并支持 mov、wmv 格式。

但缺陷也是很明显的,上面评测已对比过,主要有:

① 开机、待机、换台时间不如 DM800 se SR4 机器快,待机功耗大。

② 接收 DVB-S2 信号的门限高于 DM800 se SR4 机器。

③ VFD 显示屏远不如彩色 OLED 显示内容丰富。

此外,还有 AzBox Premium HD+机器在国内使用者较少,中文固件和插件远不如 DM800 se SR4 机器来得多。

13.5　软件升级

13.5.1　FTP 软件——ACC 和 MaZ

AzBox Premium HD+机器的 FTP 软件有 ACC 和 MaZ 两种，感觉 MaZ3.2.0.0 FTP 软件界面风格类似 DM800 的 DCC 软件，界面明快，更加好用一些。如图 13-47 所示，登陆方式和 DCC 差不多：输入机器 IP 地址，用户名：root，密码：azbox，点"连接"按键，"FTP"和"Telnet"都显示绿色，表示可用。

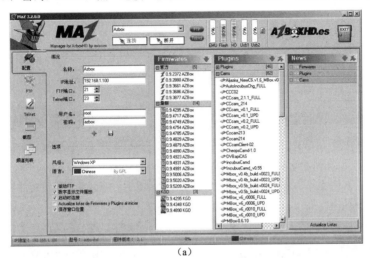

（a）

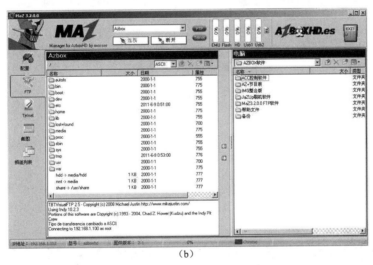

（b）

图 13-47　MaZ3.2.0.0 FTP 软件

13.5.2　刷机软件——JaZUp 和 AZUP

AzBox Premium HD+机器根据固件的不同，刷机方式也不同。官方 AzBox 固件直接采用 USB 接口刷机，相当的方便快捷。但 AzBox E2 固件刷机就需要第三方软件来完成。

AzBox E2 固件刷机软件常见有 JaZUp 和 AZUP 两种。以 JaZUp 软件为例，刷写方法分两种，介绍如下。

（1）官方版本刷写 AzBox E2 固件

① 输入 AZbox 正确的 IP 地址，如图 13-48 所示。

② 然后点击"刷 E2"菜单，选中你要刷的 E2 系统文件之后点打开，如图 13-49 所示。

③ 官版系统默认开启了硬件加速功能，JaZUp 软件强制关闭硬件加速，当进程到 100％时，机器自动重启，硬件加速已经关闭。

图 13-48　JaZUp 软件刷机之一

图 13-49　JaZUp 软件刷机之二

④ 再点击"刷 E2"菜单，选择你要刷的 E2 系统文件，JaZUp 软件将关闭机器所有的进程，使机器重启进入救援（紧急）模式，如图 13-50 所示。在救援模式下，机器 VFD 显示屏会显示机器的 IP 地址。

⑤ 再次点击"刷 E2"菜单，选择你要刷的 E2 系统文件，此时，正式的刷机进程才真正开始了，具体如图 13-51～图 13-53 所示。

图 13-50　JaZUp 软件刷机之三

图 13-51　JaZUp 软件刷机之四

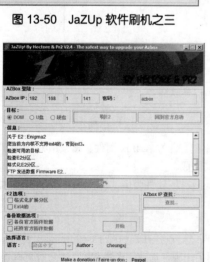

图 13-52　JaZUp 软件刷机之五

图 13-53　JaZUp 软件刷机之六

⑥ 等待刷机进程到 100% 时（图 13-54）结束，机器会自动重启进入 E2 系统，至此刷机工作完成。

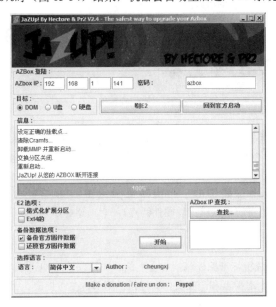

图 13-54　JaZUp 软件刷机之七

如果"Ext4"前面打勾，那么刷机到一半就会出错，出错之后请重新刷机，如果连接不上，请重启 JaZUp 软件。

小提示：

AzBox E2 固件是以 e2 为后缀名的文件，解包后，里面就是一个 kernel 和一个 image2 两个文件，其中 kernel 是内核文件，image2 是一个系统镜像。kernel 文件是要写入机器的 FLASH 芯片的，image2 可以写入机器自身的 DOM 卡，也可以写入 USB 存储器、硬盘里。

如果内核文件损坏，机器就是完全无法启动，救援模式都无法进入的，只有通过 JTAG 等方式来将程序写入芯片，非常麻烦的，一般用户可能无法操作。如果系统镜像损坏，最多就是不能进系统，可以用救援模式进行刷机挽救。

例如：你刷 E2 固件之后启动不了，面板提示诸如"=S"等各种错误，只要你插上网线，开机的时候先按住面板的 VOL+ 按键，强制进入救援模式，就可以重新刷机了。

（2）AzBox E2 固件刷回官方版本　从 E2 刷回官方版本，方法如下。

① 先把官版固件更名为 patch.bin，复制到 FAT32 格式的 U 盘中，注意：U 盘中不要有其他的任何文件。

② 将 U 盘插入机器的 USB 接口上。

③ 然后按住 VOL+ 按键打开机器的电源开关，强制进入 AZbox 的救援模式。

④ 此时机器前面板 VFD 显示屏会显示 IP 地址，运行 JaZUp，输入这个 IP 地址，点"回到官方启动"。

⑤ 选择 JaZUp 程序目录下"Back_To_Official"文件夹下面的文件，之后机器自动重启。

⑥ 此时，可以看到电视屏幕上的菜单选项，先按遥控器数字键"4"，选择"Format application Area and then（程序格式化）"。

⑦ 再按遥控器数字键"1"，选择"Upgrade USB　（USB 升级）"。

⑧ 升级完成之后提示移除 USB，这时拔掉 USB，机器自动重启，就进入官版系统了。

从 2011 年开始，国内市面上正式推出了航天数字传媒有限公司（DBSTAR）的"卫星影院"技术，它是通过专用的卫星高清播放机以 30Mbps 高速接收卫星信号，并将每天更新的高清影视内容储存在卫星高清播放机的内置硬盘中，本地存储的方式让用户可以随时进行流畅点播。

2012 年 6 月，航天数字传媒推出了中国华录为"卫星影院"定制的第三代卫星高清播放机——DBL121S-SY，本章我们将解析该机器软硬件特点。

14.1　外观功能

DBL121S-SY 卫星高清播放机标准配件包括一台主机、一个 12V3A 电源适配器、一根 HDMI 数字音视频接口线、一根普通 AV 线、一个遥控器和一袋文件（包括说明书、参考指南、保修证书各一份）。另外还有一个 1TB 的希捷 3.5 寸串口硬盘，内包防静电塑料袋，外包防震气柱气泡袋，避免在运输过程中因静电、震动等因素而导致硬盘受损。

为 DBL121S-SY 机器的前面板（图 14-1）分为左、右两个功能区域，左边区域是操作按钮，从左到右依次为：待机、▲、▼、◀、▶、OK（确认）和 BACK（返回）这七个按键。紧靠 BACK 键是一个遥控器信号接收窗口，右边区域为一个仓门，内置一个 CA 卡槽（图 14-2），用于插入"卫星影院"专用的收视卡。

图 14-1　DBL121S-SY 机器前面板

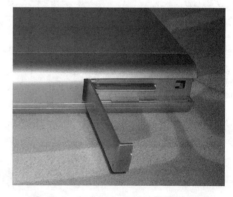

图 14-2　DBL121S-SY 机器仓门

图 14-3　DBL121S-SY 机器 USB 接口

仓盖的右侧设计了一个 USB 接口（图 14-3），用于外接 U 盘、移动硬盘等存储器。

DBL121S-SY 机器的背面板（图 14-4）具有一个 LNB IN 输入、一组 RJ-45 网口和一个 USB 共用接口；数字音视频接口有一个 HDMI、一个 S/P DIF 光纤和一个同轴；模拟音视频接口有一组 AV 接口、一组 YPbPr 接口。由于采用外置电源适配器，还配有一个 12V 直流电源输入接口。

DBL121S-SY 机器需要安装硬盘才能工作，但安装方式与之前的抽屉式硬盘盒不同，需要拆下底板上的金属盖板，再用附送的四颗螺丝将硬盘固定在盖板上，固定时注意，硬盘标签朝上，具体方向如图 14-5 所示，这样硬盘可处于内置空间的中间，四周有空间，利于空气对流散热。

图 14-4 DBL121S-SY 机器背面板

(a)

(b)

图 14-5 DBL121S-SY 机器安装内置硬盘

14.2 电路主板

DBL121S-SY 机身颜色选用金属银色，质感较强，同时也突出了产品本身的科技感。材料选择上除了操控面板以外，机身采用全金属结构，进一步提升了散热性能，也降低电磁干扰，并且更加结实耐用。拆开机壳，内部结构如图 14-6 所示，全机由电路主板、CA 卡座板、操作控制板和硬盘四大块组成。

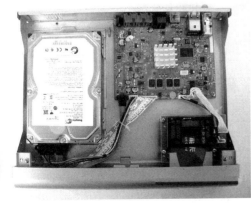

（a）内部结构

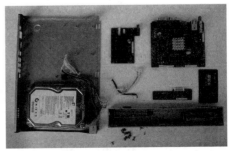

（b）拆解

图 14-6 DBL121S-SY 机器内部结构

图 14-7　SMP8671 芯片

14.2.1　主控芯片——SMP8671

DBL121S-SY 机器主控芯片覆盖了散热器，无法看到型号。从厂方提供的资料得知是采用美国西格玛设计公司（Sigma Designs）的 SMP8671 芯片（U7），该芯片采用 BGA-480P 封装（图 14-7）。

SMP8671 是一款基于 H.264、VC-1、WMV9、MPEG-2、AVS、RMVB（v9/v10）方式的高清影像解码芯片，CPU 主频 700MHz，整数处理能力高达 1543 DMIPS（Host CPU + IPU：1008 + 535，即 1543 百万条指令/秒）；支持两路 TS 流解码，具有两个 USB2.0（OTG）接口。SMP8671 是 SMP8670 的无 Rovi ACP 版本，主要应用在无需版权保护的高清播放机、IPTV 等产品上。

SMP867× 系列芯片技术参数如表 14-1 所示，内部功能框图如图 14-8 所示。

表 14-1　SMP867×系列芯片技术参数一览表

	SMP8670	SMP8672	SMP8674
DMIPS	1543（Host CPU + IPU：1008 + 535）	2210（Host CPU + IPU：1600 + 610）	1543（Host CPU + IPU：1008 + 535）
Host CPU	24Kf	74Kf	24Kf
L2 缓存	256KB		
CPU/DSP 时钟速率（Clock Rates）	700/350MHz	800/400MHz	700/350MHz
2D/3D 图形	2D	3D	2D
H.264 HP 支持	L4.1	L4.2	L4.2
H.264 MVC 支持		√	
音频 DSP	1	2	2
Nagravision CA 支持		√	√
以太网（Ethernet）	10/100/1000×2	10/100/1000×2	10/100×1
USB 2.0	OTG×2		
SDIO	2	2	1
传输流输入（Transport Stream Inputs）	2 SSI	1 SPI、2 SSI	1 SPI、2 SSI
传输流输出（Transport Stream Outputs）	1 SSI		
DRAM 支持	32-bit 512 MB（DDR2-700）	16-bit 512 MB（DDR3-1600）	16-bit 512 MB（DDR3-1400）
NAND Flash 支持	SLC/MLC	SLC/MLC/eMMC	SLC/MLC/eMMC
NOR Flash 支持	SPI		
数字 RGB/YCbCr 视频输出		√	
外设总线（Peripheral Bus）	√	√	
无 Rovi ACP 版本	SMP8671	SMP8673	SMP8675

14.2.2　存储器

DBL121S-SY 机器采用 NAND FLASH＋DDR SDRAM 存储方案，其中 NAND FLASH 采用韩国 SAMSUNG（三星）公司的 K9F1G08U0C-PCB0（U14），这是一款 SLC（Single Level Cell：单层式储存）型 NAND FLASH，容量为 128MB，SLC 具有读写速度快，寿命长、功耗低的特点。

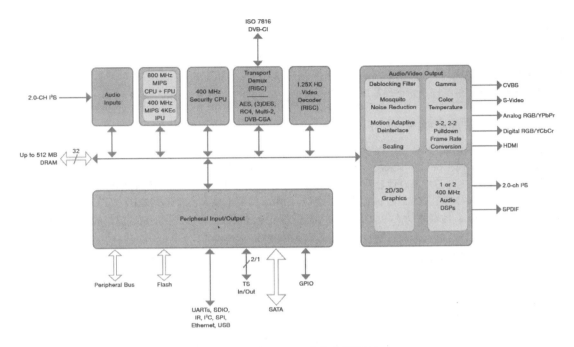

图 14-8　SMP867×内部功能框图

DDR SDRAM 采用四片台湾 NANYA（南亚）的 NT5TU128M8GE-AC（U10/11、U16/17），如图 14-9 所示，采用 BGA 封装，单片容量为 128MB，总容量为 512MB，用于系统运行中的数据存储内存。

14.2.3　时钟电路

DBL121S-SY 机器需要在实时时钟监控下进行节目的下载和删除管理，因此电路主板采用了 NXP（恩智浦，原飞利浦）的 8563T（U116）时钟/日历芯片，这是一种低功耗 CMOS 时钟芯片，提供一个可编程输出、终端输出和掉电检测器，配合焊接在主板上的 3V 纽扣电池（B1）可以确保内部时钟实时准确，不停走。

14.2.4　数字音视频输出接口

DBL121S-SY 机器的音视频输出可提供数字和模拟两种信号，数字视频接口采用 HDMI 接口（J27），数字音频接口为 S/P DIF 光纤（Optical）和同轴（Coaxial）两种接口（J13），其中 HDMI 接口没有采用专用的 HDMI ESD 保护芯片，而是采用 D38、D39 简单的 ESD（静电保护器）元件（图 14-10）。

图 14-9　DBL121S-SY 机器存储器

图 14-10　HDMI 接口

数字高清接收机
完全精通手册

小提示：

用户在使用该机时，千万不要热插拔 HDMI 连接线，应在关闭接收机后再连接 HDMI 线与电视，否则容易导致机器硬件损坏，如出现花屏等现象。

14.2.5　模拟音视频输出接口

DBL121S-SY 机器提供了一组 AV 接口（J25）、一组 YPbPr 接口（J25）和两组 SCART 模拟音视频接口（SCART1），不过，视频接口并未采用常规的视频滤波驱动芯片（LCVF）。

由于 SMP8671 主控芯片未内置音频 DAC，因此电路主板上采用了一枚日本 AKM 公司的双声道音频 D/A 转换芯片——AKM4420ET（U22）。该芯片支持字长为 24bit 的数据输入和高达 192kHz 采样率，并且可以通过 5V 电源实现 2Vrms 线路驱动，因此 DBL121S-SY 机器设计方案就省略了常规的双运放构成音频前置电路，改由 AKM4420 直接为 LR 左右声道接口提供模拟音频信号。

14.2.6　RJ-45 网络接口

DBL121S-SY 机器提供了一个 RJ-45 网络接口（J63），接口驱动电路采用 Realtek 瑞昱 RTL8201CP（U98）以太网控制芯片，为主板提供了 1 个 10/100Mbps 有线网络接口。

14.2.7　调谐器部分

DBL121S-SY 机器早先是接收 ABS-S 卫星调制信号，现在接收 DVB-S2 卫星调制信号，采用 Can Tuner（铁壳调谐器）＋板载解调器方案，如图 14-11 所示。

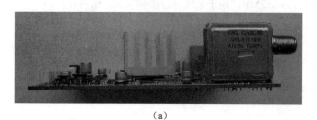
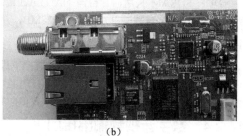

（a）　　　　　　　　　　　　　　　　（b）

图 14-11　DBL121S-SY 机器调谐器

图 14-12　DBL121S-SY 机器 LNB 供电

其中 ABS-S 调谐器型号为 GST GAIL-50，板载解调器芯片型号为 M88DS3103（U21），这是 2011 年澜起科技推出的业内首颗采用 QFN-48P 封装的 DVB-S2 解调芯片，支持 QPSK、8PSK、16APSK 和 32APSK 的解调方式，可以接收来自调谐器的基带差分或单端 I/Q 信号，经数字解调和 FEC 解码，输出符合 MPEG 标准的数据流。M88DS3103 支持 1～45Mbps 的符号率和 1/4～9/10 的编码率；它集成了盲扫、信号衰落探测、时钟和载波恢复、信号质量监测、同频干扰抑制等功能，并集成了控制命令接口和 DiSEqC™ 2.X 接口，可通过两线串行总线接口进行配置。

对于 LNB 供电部分，采用了美国 MPS（芯源）公司的 MP8126（U119）芯片，如图 14-12 所示。

这是一款 LNB 专用电源控制芯片，输入电压 8～14V，可输出 13/18V、550mA 电源。不过在 DBL121S-SY 机器中，MP8126 电路设计非常巧妙：不仅通过 L72 一组为 LNB 输出极化电源，还设计了 L71 一组为硬盘输出固定的 12V 工作电压。并且在待机中，这两组电源都能够断断，从而大大地降低了功耗。

14.2.8　USB 接口

DBL121S-SY 机器充分利用了 SMP8671 主控芯片提供的两个 USB2.0（OTG）接口功能，一个 USB 接口是设计背面板上，和 RJ-45 网络接口共为一体；另外一个是通过接插件（J16-J3）和卡座板相连接，USB 接口安装在前面板右侧。

由于主控芯片内置了接口模块，因此 USB 接口没有外置驱动芯片，是直接和主控芯片连接的，来实现外接 U 盘、移动硬盘的插入使用。

14.2.9　供电部分

DBL121S-SY 机器和之前的一、二代机器一样，采用外置的 12V 直流电源适配器，最大的优点是降低由于内置开关电源板带来的工作温升、电磁干扰，以及铁壳机的市电安全问题。

不过由于各个电路部分有不同的供电电压要求，因此内置了多个电源管理芯片，其中电源管理芯片 RT8251（U1）、G5693（U15）、G5693（U25）分别提供 5.0V、1.0V、1.8V 电压；超低压差稳压芯片（ULDR: Ultra Low Dropout Regulator）RT9018（U56）提供 1.0V 电压；低压差稳压芯片 1114（U4）、（Z2）分别提供 3.3V、2.5V 电压。此外，主板上有一个未安装 FAN 插座，可添加一些元件为散热风扇 12V 提供直流电压。

D BL121S-SY 机器没有提供 RS-232 串口，主要是考虑可以采用 USB 或 OTA（空中升级）方式更新系统软件。但在电路主板上也有一个三芯插座（J8），提供 RXD、GND、TXD 三个引脚，配合专用的串口和刷机软件也可以为系统升级，不过这些技术需要厂家提供才能进行。

14.3　其他电路板

14.3.1　CA 卡座板

DBL121S-SY 机器的 CA 卡座板仅仅是一个 IS07816 通用标准的卡座接口（图 14-13），通过排线（J1）和主板的 J77 插座连接。由于 SMP8671 主控芯片不提供 CA 驱动支持，因此在电路主板上设计了一个 NXP 的 TDA8024T（U32）用读卡器的控制线路芯片（图 14-14），用于智能卡的读卡、控制以及供电保护。

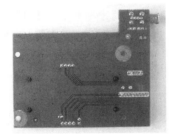

（a）正面　　　　　　　　　　（b）背面

图 14-13　DBL121S-SY 机器 CA 卡座板　　　　图 14-14　DBL121S-SY 机器 CA 读卡部分电路

14.3.2　操作控制板

由于没有数码管显示，DBL121S-SY 机器的操作控制板设计很简单（图 14-15），只有几个微动按钮、一个红外线一体化接收头、一个贴片 LED 等元件，键盘管理芯片 EM78P153SNJ（U87）已设计在电路主板上（图 14-16），这是台湾义隆（ELAN）高速 COMS 8 位单片机，用于按键的扫描/译码管理。

图 14-15　DBL121S-SY 机器操作控制板

14.4　遥控器电路板

　　DBL121S-SY 机器所配的遥控器在设计时，抛弃了一般不常用的 0～9 数字键，而是将其设计在软件界面的数字键盘上，使得遥控器键位简洁、布局合理，操作更简洁。按键手感也不错，操作力度适中，用户易于上手。

　　拆开遥控器外壳，内部如图 14-17 所示，其中电路板上遥控器芯片采用韩国 ETA 的 ADAM22P20G（U1），按键采用薄膜开关＋碳膜导电按键的混合方式，对于频繁使用的"上下左右"和 OK 键采用薄膜开关，按键弹性更好，使用寿命更长。

图 14-16　DBL121S-SY 机器键盘管理芯片

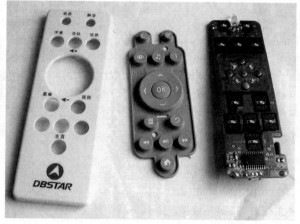

图 14-17　DBL121S-SY 机器遥控器拆解图

　　DBL121S-SY 遥控器具有按键夜光功能，在漆黑的环境播放操作非常方便，但不是常见的按键自动点亮，而是在电路板上安装了 SW-18015D（RW1）型振动开关（图 14-18），并且在按键周围设计了多颗蓝色贴片 LED 发光二极管，只要受震动后就自动发出蓝色背光（注：电源键为红色背光）。没有振动时，会延迟 5s 自动关闭，这种设计非常人性化。

（a）背面

（b）正面

图 14-18　DBL121S-SY 机器遥控器电路板

🔍 小知识：振动开关

　　振动开关也叫震动开关、弹簧开关、震动传感器、摇晃开关，是在感应震动力并产生触发动作，并使电路启动工作的电子开关。振动开关因采用弹簧线的粗细不同、开关长度、弹簧本身参数等，会有不同的灵敏度。

14.5　软件使用

使用 DBL121S-SY 机器前，需要将 DBSTAR 智能收视卡（图 14-19）插入到机器中，然后再打开机器。

（a）正面

（b）背面

图 14-19　DBSTAR 智能收视卡

14.5.1　系统版本和账户信息

打开机器，从【系统设置】→【关于】（图 14-20），可以看到该机器的软硬件版本信息（图 14-21），这台机器采用 1.2 版本。另外，还显示插入的智能卡号，这个卡号和智能卡背面显示的卡号是一致的。如果没有插卡，卡号显示栏为空白。

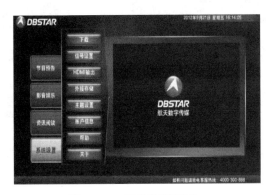

图 14-20　系统设置界面

图 14-21　关于界面

关于智能卡的账户信息，可以从【系统设置】→【账户信息】中查看，包括基本信息（图 14-22）、订购业务（图 14-23）和邮件信息（图 14-24）。其中的订购业务可以查看你所付费订购业务的有效期。

图 14-22　账户信息之基本信息

图 14-23　账户信息之订购业务

14.5.2　帮助信息和信号设置

DBL121S-SY 机器【系统设置】中【帮助】是一份直观又简单的电子说明书，这是我们在评测高清机以来，第一次看到的透过电视屏幕的这种用户帮助界面。用户初次使用该机器时，建议仔细看一下【如何设置信号】（图 14-25）、【如何下载并观看】（图 14-26）、【注意事项】（图 14-27）、【卫星信息】（图 14-28）这四个项目。

图 14-24　账户信息之邮件信息

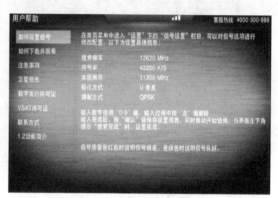

图 14-25　用户帮助之如何设置信号

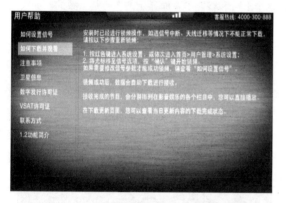

图 14-26　用户帮助之如何下载并观看

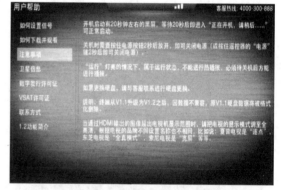

图 14-27　用户帮助之注意事项

在【帮助】界面里还提供了【数字发行许可证】（图 14-29）、【VSAT 许可证】（图 14-30）照片，表明用户采用 DBL121S-SY 收看 DBSTAR 卫星影院是合法的。此外还有【联系方式】（图 14-31）、【1.2 版本简介】（图 14-32），以备用户查询。

图 14-28　用户帮助之卫星信息

图 14-29　用户帮助之数字发行许可证

图 14-30　用户帮助之 VSAT 许可证　　　　图 14-31　用户帮助之联系方式

小知识：卫星数字发行和 VSAT

（1）什么是卫星数字发行？

卫星数字发行是将合法出版的数字出版物，如音像、图书报刊、游戏、软件、实用信息等，将这些数字内容经过加密处理后通过卫星投递到用户接收终端产品。用户可以通过电脑、电视屏幕等设备浏览和应用。

（2）什么是 VSAT？

VSAT（Very Small Aperture Terminal：甚小口径卫星终端站）是指卫星小数据站（小站）或个人地球站（PES），这里的"小"指的是 VSAT 卫星通信系统中小站设备的天线口径小，通常为 1.2～2.4m。VSAT 卫星通信的特点是：①覆盖范围大，通信成本与距离无关；②具有一点对多点的通信能力；③可非对称传输，易于与地面固定通信网相融合；④灵活性好；⑤直接面向用户；⑥VSAT 系统容量大。

14.5.3　信号设置

使用 DBL121S-SY 机器前，需要安装和调整好室外的天线，即需要将附送的 0.45m 偏馈天线、11300MHz 高频头安装固定好，并且对准 125°E 中星 6A 卫星，由于采用的参数是 DVB-S2-QPSK，一般寻星仪可能无法指示，建议采用该卫星上的 12695 V 14400 这组数据转发器对星。

另外也可以直接用 DBL121S-SY 机器的"对星模式"配合电视机屏幕显示进行搜索。从【信号设置】中进入，进入时需要输入密码，初始密码为"1234"。虽然【信号设置】中配备的遥控器没有数字键，不过可以按遥控器 OK 键，软件界面会出现数字小键盘，按遥控器上下左右方向键选择数字输入（图 14-33）。

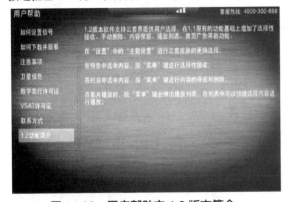
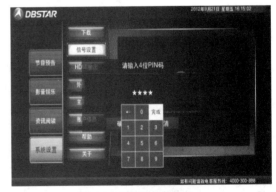

图 14-32　用户帮助之 1.2 版本简介　　　　图 14-33　信号设置之一

在【信号设置】中，已内置好转发器参数，无需更改，只要选择"对星模式"，调整天线指向，一旦信号锁定时，信号质量栏会有绿色指示条显示，同时，界面上方会有信号的 LOGO 标记"▬▬▬"。这时，继续精调天线，使得信号质量 dB 值最大即可（图 14-34）。对星完成后，就可以执行"搜索"，可以搜索到两个广播包，如图 14-35、图 14-36 所示。

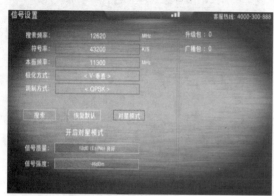

图 14-34　信号设置之二　　　　　　　　　　　　图 14-35　信号设置之三

如果接收参数变更，可以进行参数修改，如图 14-37 所示，同样是通过数字小键盘输入符码率、本振频率等参数。

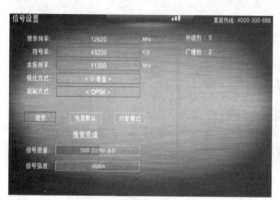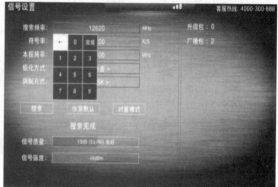

图 14-36　信号设置之四　　　　　　　　　　　　图 14-37　信号设置之五

 小提示：

（1）关于对星模式

当没有连接馈线或天线没有指向卫星时，"对星模式"下的信息条显示是不同的。如果馈线没有连接，信号强度栏没有绿色条显示（图 14-38）；如果天线指向不正确，信号质量没有数值显示（图 14-39）或者显示数值很低。

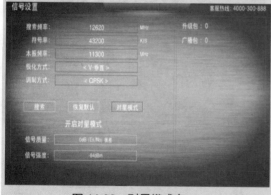

图 14-38　对星模式之一　　　　　　　　　　　　图 14-39　对星模式之二

（2）关于转发器参数

DBSTAR 的卫星影院的 12620 V 43200 1/2 转发器是采用 DVB-S2-QPSK 调制，如采用 DM800se 机器也可以接收到信号，并搜索到 sp01、tw01 两个频道（图 14-40），不过是无法播放的，在频道信息显示供应商为 "iPanel"（图 14-41），也就是图 14-21【关于】界面信息中所显示的中间件名称。

图 14-40　转发器参数显示之一

图 14-41　转发器参数显示之二

14.5.4　影片下载

安装调整好天线后，DBL121S-SY 机器就可以自动下载影片了，在【系统设置】中【下载】状态界面里会显示下载影片名、下载速度、下载进度、容量大小，如图 14-42 所示。

经我们测试，最大下载速度可在 18Mb/s 左右，换算字节为 2MB/s，即相当于有线 20M 宽带。

DBL121S-SY 机器 1.2 版本提供了下载选择功能，默认状态下为全部接收数据。如需选择下载，按主页键，在节目预告里，选择不需要选择的节目，按 OK 键，选择"禁止接收"并确认即可，具体如图 14-43~图 14-45 所示。

图 14-42　下载状态界面

图 14-43　节目预告界面之一

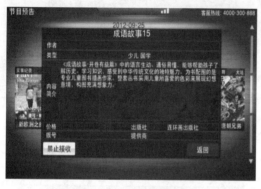

图 14-44　节目预告界面之二

图 14-45　节目预告界面之三

目前 DBSTAR "卫星影院"节目的推送时刻表是：星期一到星期五每天上午 10 点开始推送，每天大概 50GB，每小时推送 13GB，大概四个小时完成，然后再重复进行，一天循环多次，晚上停止推送。

不过鉴于大家平时的习惯，建议 DBSTAR 公司将第二天的节目提前到早一天的晚上 22 点就开始，因为晚上大家一般不会切断电源，这样到第二天早晨基本都可以下载完成，就可以切断电源放心去上班了。

另外，建议 DBSTAR 公司，能否考虑在【系统设置】中【下载】状态界面中添加禁止下载和影片删除功能？

14.5.5　其他设置

1.2 版本在【系统设置】中还提供了一些个性化的设置，如在【主题设置】提供了简约、黑色、炫彩三款

各具特色的皮肤（图 14-46），撰写本文的截图所用的均为简约皮肤。

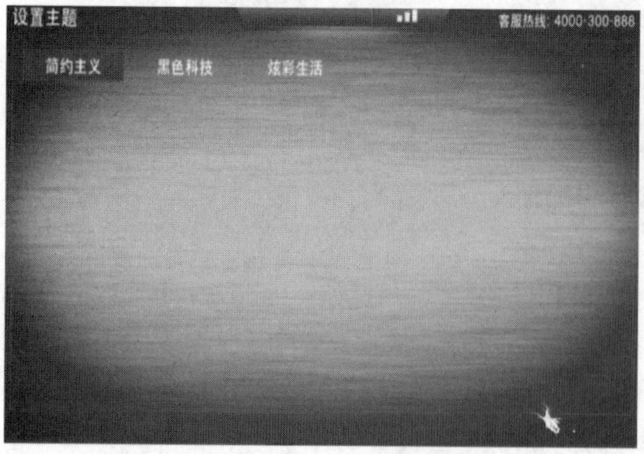

在【HDMI 输出】提供了视频和音频设置（图 14-47），其中视频输出设置对 HDMI 和 YPbPr 接口有效。音频输出设置仅对个 HDMI、S/P DIF 光纤和同轴接口这些数字接口有效。如下载的影片为 5.1 声道，可以将音频输出设置为"源码"，这样配合高清投影机、次世代功放就可以欣赏到真正数码影院的环绕音响效果。

14.5.6　节目播放

对于已下载好的影片，可以从主界面下的【影音娱乐】中播放，目前的 1.2 版本的系统软件对下载的影片进行【电影】、【电视剧】、【纪录片】和【综合】四个分

图 14-46　设置主题界面

类，如图 14-48 所示。

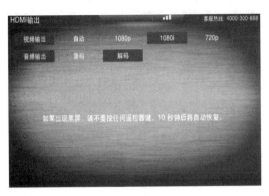

图 14-47 HDMI 输出界面

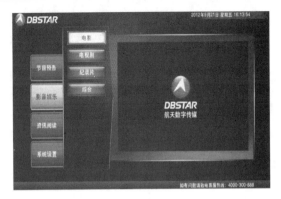

图 14-48 影音娱乐之电影

如进入【电影】分类，选择一个需要观看的影片（图 14-49），按遥控器信息键，可以查看该影片的内容简介、音视频信息，以及影片保存有效期（图 14-50）。

图 14-49 电影目录

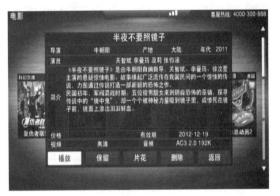

图 14-50 电影内容信息

节目播放具有断点记忆功能，播放前，会出现一个提示界面：是记忆播放，还是从头播放？如图 14-51 所示。

在播放过程中（图 14-52），用户可以使用遥控器进行暂停、快进/快退（最大 32 倍速）操作；对于有字幕支持的影片，可以按字幕键加载字幕；对于有多种音轨的影片，可以按音轨键选择。

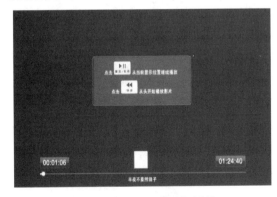

图 14-51 节目断点记忆播放

图 14-52 节目播放控制

在播放过程中，按信息键可以显示节目播放进程（图 14-53），按菜单键可以快捷选择其他分类的影片（图 14-54）。

对于【电视剧】分类的影片（图 14-55），有每一集的影片选择（图 14-56），在 1.2 版本中，还增加了自动播放下一集的功能。

图 14-53　节目播放进程显示

图 14-54　节目播放菜单显示

图 14-55　影音娱乐之电视剧

图 14-56　电视剧集数选择

图 14-57、图 14-58 为【纪录片】、【综合】分类界面，播放功能和上述一样。

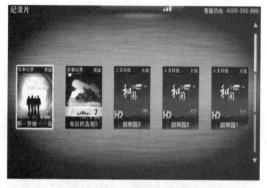

图 14-57　影音娱乐之纪录片

图 14-58　影音娱乐之综合

14.5.7　节目删除和保留

对于已观看过的影片，用户如果不需要保留，可以执行删除功能，以腾出硬盘空间保存其他影片。卫星影院推送节目时，是采用先进先出的删除机制，机器在每天开机检测到新播发单后，如发现硬盘已经没有空间供下载，会先删除最早下载的影片。

用户如果需要保留某部影片，可执行保留操作，此时影片图片右上角有一个"留"的 LOGO，不过该影片最多只能保留三个月，因为目前 1.2 版本设置的影片在线有效期为三个月，也就是从下载日期算起，三个月内有效。到期后，机器会检测到下线播发单，自动删除硬盘内有效期已到的影片。用户在开机时，如果界面出现提示"正在为您整理视频磁盘，请稍候"，表明机器正在检查下线的影片，并将其删除掉。

建议：能否为用户提供永久保留功能？这种功能和影片版权并不冲突，因为这种永久保留功能也是建立在收视卡有效的条件下，基于"卫星影院"的版权保护，收视卡失效后，是无法通过 key 解码硬盘内的视频文件的。

14.5.8 资讯阅读

1.2 版本提供了资讯阅读功能，包括【图书】、【杂志】和【报纸】三个分类，如图 14-59 所示。

【图书】分类如图 14-60 所示，可以阅读成语故事，并且具有有声朗读和自动翻页功能；按 OK 键可以设置手动翻页和语言选择（图 14-61），下次播放时，还具有记忆选择功能（图 14-62）。

图 14-59　资讯阅读界面

图 14-60　图书目录

图 14-61　图书内容显示之一

图 14-62　图书内容显示之二

进入【杂志】分类如图 14-63 所示，可以看一些杂志的电子版，如图 14-64～图 14-66 所示。

图 14-63　杂志目录

图 14-64　杂志内容显示之一

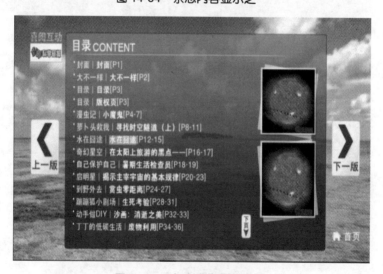

图 14-65　杂志内容显示之二

图 14-66 杂志内容显示之三

进入【报纸】分类如图 14-67 所示，可以阅读国内各个地区一些报纸的电子版（图 14-68）。

图 14-67 报纸目录

图 14-68 报纸内容显示

14.5.9 U 盘播放

DBL121S-SY 机器具有两个 USB 接口，不但可以进行 U 盘软件升级，也支持外置存储器播放。从【系统设置】中【外接存储】进入，有【视频】、【图片】、【音乐】和【全部】四个分类，如图 14-69 所示。

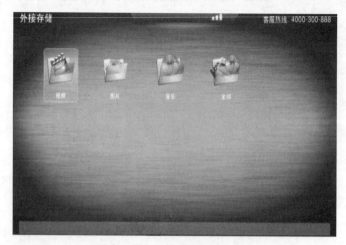

图 14-69　外接存储界面之一

如选择【视频】分类进入（图 14-70），机器默认起始盘符为"G"，如有多个分区或 U 盘，依此 H、I、J……
向后排序。我们将 DM800se 机器录制 ts 节目和从网络下载的一些 mkv 视频放在 DBL121S-SY 机器上播放，
基本正常，如图 14-71～图 14-74 所示。

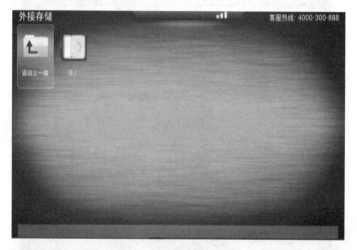

图 14-70　外接存储界面之二

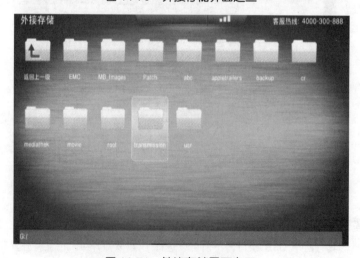

图 14-71　外接存储界面之三

图 14-72　外接存储界面之四

图 14-73　外置存储器播放画面之一

图 14-74　外置存储器播放画面之二

　　经测试，DBL121S-SY 机器视频播放可以支持 mpg、mp4、mkv、ts 格式的大部分视频、支持部分的 avi、mov、wmv 格式，不支持 flv、mpeg、ram、rm、rmvb 等格式（图 14-75），对含有 DTS 音频的文件播放时，音频不能解码。

图 14-75 存储界面

　　另外，外置存储器视频播放时读取数据时间长，虽然 DBL121S-SY 机器的主控芯片 SMP8671 性能强大，但就视频播放测试看来，目前的 1.2 版本软件对视频格式支持的一些方面还不如 DM800se 高清接收机，更不能和现今市面上主流网络高清播放机相比较。当然，DBL121S-SY 机器是主要功能是卫星下载播放机，U 盘播放仅仅是一个附带功能，不能过于苛求。

14.5.10　硬盘更换

　　DBL121S-SY 机器销售套餐中有 500GBB、1TB、2TB 容量硬盘选择，如果你选择了 500GB 硬盘容量，发觉容量小，可以自行更换大容量硬盘。1.2 版本软件支持硬盘自动格式化，格式化很简单，安装好硬盘后再开机，出现图 14-76 界面时，按 OK 键，机器开始自动格式化，格式化完成后（图 14-77），机器自动重启。

图 14-76　硬盘更换显示界面

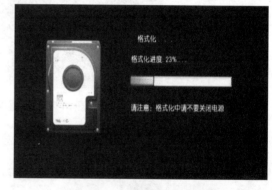

图 14-77　硬盘格式化界面

　　DBL121S-SY 机器 1.2 版本软件在格式化硬盘时，是将硬盘分为 D、E、F 三个分区，文件系统为 Linux 下的 ext3 系统。其中 D 盘为图文（Teletext）盘，划定容量为 27.91GB；F 盘命名为收藏（Favorite）盘，划定容量为 30.01GB；E 盘为媒体（Media）盘，剩余的容量都划给它。

　　1.2 版本软件对机器硬盘要求的容量最低为 500GB，低于此容量的将无法格式化，也就无法正常工作。建议：能否降低硬盘容量要求门槛，使得用户手边过去的一些 160GB、250GB 容量的老硬盘也能够使用。

14.5.11　硬盘内容分析

　　DBL121S-SY 机器是将卫星上的节目自动下载到硬盘里，然后供用户播放的。不同的文件有不同的保存路径。其中资讯阅读（包括图书、杂志、报纸）文件保存在/Teletext /ocwebs/ webs 文件夹下，影音娱乐文件保存在/Media/videos/pushvod 文件夹下，断点记忆播放保存在/Favorite/bookmark。

　　鉴于版权保护的需要，保存在硬盘里的视频文件是无法在机外播放的。经分析，实际上一个视频文件是一个文件包，视频文件是受 key 文件控制的，而 key 文件是由收视卡决定的，因此是无法在机外播放的。

　　例如下载的《摩托日记》对应一个第 11391 号文件夹，里面有多个子文件夹和文件，具体隶属关系以及作用，分析如表 14-2 所示。

表 14-2 《摩托日记》文件包结构

文件夹	子 文 件 夹	文件名	内　　　　　容	作　　用
11391	PPVP201209 1214153 0000161	KEY key	——	影片加密保护
		PNG PPVP201209 1214153 0000161 010002.jpg		Jpeg 图片，用于影片选择界面显示
		PPJS PPVP201209 1214153 0000161.js	var data = {"METADATA":{"中文名称":"摩托日记","英文名称":"The Motorcycle Diaries","STB 片名":"摩托日记","导演":"沃尔特·塞勒斯","演员":"盖尔·加西亚·贝纳尔 罗德里格·德拉·赛纳","类型":"青春励志"," 语言":"西班牙语","年代":"2002","字幕":"外挂","字幕语言":"汉语","清晰度":"高清","产地":"美国", "大小":"11.2","片长":"126","码率":"12M","音频":"AC3 5.1 448K","质级":"","星级":"5","版权期始":"2012-09-24","版权期终":"2012-12-23","提供商":"","热播":"是","保留":"否","打折":"否", "简介":"1952 年 1 月，23 岁的格瓦拉还只是一个主攻麻风学的医学院研究生。在按捺不住的疯狂青春驱使下， 他毅然告别了父母和女友，与好友匆匆忙忙地抱着帐篷被褥上路了。地图上那条跨越美洲的美丽曲线正在向他们招手致意。", "评论":"作为一部传记电影，导演并不打算以煽情的口吻刻画切·格瓦拉投身革命的军事生涯。反而用青春热情的笔触，遵循他当年足迹，邀请观众上路，一同体验一场极不平凡的浪漫热情旅行。","荐语":"","加密":"是"}, "PROGFILE":{"H264":"PRVN201209101259120001840001001.ts","PPJS":"PPVP20120912141530000161.js","WGZM":["PPVP20120912141530000161010003.chs_srt"],"PNG":["PPVP20120912141530000161010002.jpg"],"KEY":"key"},"PORTALINFO":["高清电影"], "APP":{"PROGPACKAGEID":"PPVP20120912141530000161","SUMFILESIZE":"12132277508"}, "PRODUCTINFO": [{"VALIDDATE":"2011-07-01 00:00:00","INVALIDDATE":"2099-01-01 00:00:00","casystem":[{"systemid":"1","cdcadesc":[{"securityflag":"","KEYID":"101"}]}], "rightdesc":[{"EXPIREDDATE":"2012-09-12 15:37:28"}]}]};	JScript Script 文件，用于影片信息显示
		WGZM PPVP201209 1214153 0000161 010003.chs_srt	1 00:00:15,641 --> 00:00:19,269 "这个故事没有英雄事迹"2 00:00:19,353 --> 00:00:23,899 "它述说两个志同道合的朋友" ……	中文字幕文件，播放时，显示字幕，如果影片没有字幕文件，就没有该文件夹
	PRVN201209 10125912000 184001001	PRVN201209 10125912000 184001001.ts		采用 key 加密的 HDTV／TS 影片

而对于资讯阅读文件，由于没有 key，则可以挂载在电脑上浏览或播放。又如我们下载的《成语故事 20》对应一个第 11571 号文件夹，具体隶属关系以及作用如表 14-3 所示。

表 14-3 《成语故事 20》文件包结构

文件夹	子 文 件 夹	文件名		内　　容	作用
11571	PPRP20120913104549000375	PNG	PPRP20120913 10454900037 5 010002		Jpeg 图片，用于影片选择界面显示
		PPJS	PPRP20120913 104549000375	var data = {"METADATA":{"中文名称":"成语故事 20","英文名称":"","作":"","类型":"少儿 国学", "星级":"5", "版号":"","出版日期":"","出版社":"连环画出版社","版权期始":"2012-09-27","版权期终":"2041-08-01", "名称":"","集数":"","分集数":"","提供商":"","热播":"否","保留":"是","打折":"否", "简介":"《成语故事-开卷有益篇》中的语言生动、通俗易懂，能够帮助孩子了解历史、学习知识， 感受到中华传统文化的独特魅力。为书配图 14-的是专业儿童图书插画作家。 整套丛书采用儿童所喜爱的色彩来展现幻想意境，构图 14-充满想象力。", "评论":"阅读成语故事，了解历史、通达事理、学习知识、积累优美的语言素材。","荐语":"","加密":"否"}, "PROGFILE":{"PPJS":"PPRP20120913104549000375.js","PNG": ["PPRP20120913104549000375010002.jpg"], "RMZIP":"PRRN20120913093723000331001001/"},"PORTALINFO":["电子图书"], "APP":{"PROGPACKAGEID":"PPRP20120913104549000375", "SUMFILESIZE":"11728110"}, "PRODUCTINFO":[{"VALIDDATE":"2011-07-01 00:00:00","INVALIDDATE": "2099-01-01 00:00:00", "casystem":[{"systemid":"1","cdcadesc":[{"securityflag":"","KEYID":"100"}]}], "rightdesc":[{"EXPIREDDATE":"2012-09-13 10:48:57"}]}]};	JScript Script 文件，用于影片信息显示
	PRRN20120913 09372300033100100 01	aud	0059～0067		mp3 音频文件，对应于同名
		pic	0059～0067		Jpeg 图片，显示成语故事内容，参考图 14-78

图 14-78　图书内容显示

14.5.12　开关机及功耗

　　DBL121S-SY 机器采用 Lnux 系统，和 DM800 开机类似，会依次显示图 14-79～图 14-81 三幅开机画面，然后投入正常工作中，大概占时 66s。

图 14-79　开机启动画面　　　　　　　　　　图 14-80　开机加载画面

图 14-81　开机准备画面

　　DBL121S-SY 机器采用软关机操作，当用户短按遥控器或机器面板上的电源键，如果机器还在下载状态，机器进入预备待机模式，如果已下载完毕，或无数据下载，机器会自动进入深度待机模式。当用户长按电源键，会直接进入深度待机模式，强制切断电源。这种方式对正在读写数据的硬盘有损害，不建议这种操作。如确实需要，可以先拔下馈线，使得硬盘无数据下载而自动终止读写，然后再进行深度待机。

DBL121S-SY 机器在运行时，功耗约 14W，深度待机时功耗降至 2W。深度待机时，遥控器窗口的绿色指示是熄灭的。这个绿色指示灯是采用贴片 LED 二极管安装在控制操作板上的，显示效果不好，也不美观。建议选用 3mm 的圆型 LED，另外通过前面板小孔显示绿色指示灯。

另外，DBL121S-SY 机器的人机对话很不友好，没有显示屏也没有数码管，厂家能否考虑一下：至少添几个 LED 指示灯，建议添加硬盘读写指示灯、信号锁定指示灯和待机指示灯。

14.5.13 总评

简单地说：DBL121S-SY 机器就是一台具有卫星下载和硬盘播放功能的高清机，和常见的网络高清播放机相比较，在下载和节目内容等方面主要区别如表 14-4。

表 14-4 DBL121S-SY 卫星高清播放机和普通网络高清播放机区别

项　目		DBL121S-SY 卫星高清播放机	普通网络高清播放机
下载	连接媒介	卫星网络	有线宽带
	存储媒介	内置 500G/1T/2T 硬盘	选购或自配
	速度	2MB/s，相当于有线电视 20M 带宽*	自身的网络带宽和网络拥堵状况
	稳定性	稳定	决定于提供下载的网站
节目	内容	影片、电视剧、纪录片、演唱会、图片、电子杂志、电子报、有声读物	视频、图片等
	可选性	自动	手动，自己网络搜索
	硬盘整理	自动	自己删除
	版权许可证	有	无
	有效期	有	无
适用环境		全国绝大部分地区，只要能够接收到 125Ku 波段卫星信号都可使用	需要有互联网络的地方

注：*表示卫星传输不存在拥堵或者高峰情况，只要接收的信号稳定，无论在全国有多少位用户，无论什么时间点，大家的下载速度都是一样的，并且非常稳定。

由此可以看出，DBL121S-SY 相比较普通网络高清播放机更适用于没有宽带，或者是网速低的用户，也适用于没有时间和精力从网络下载高清的普通高清用户。

另外，在 DBL121S-SY 机器上，已预置了 RJ-45 LAN 网络接口，据悉航天数字传媒公司正在研发最新的 2.0 "卫星影院" 系统，届时可以通过 LAN 网络接口实现像互动点播等更多基于卫星的精彩服务。

最后提示一下，DBL121S-SY 机器还有一个好处是：机器内含公司的证书和说明，所接收 "卫星影院" 系统是官方推出的正规的卫星数字发行业务，其节目推送位于北京上地的地球站，每天超过 50GB 的高清节目推送，用户购买可具有合法的接收卫星性质。

在 2010 年度，采用晶晨 AML8626-H 方案的硬盘高清播放机有天敏炫影 550、美如画 K3、汤姆逊（TMSON）RCA 610、佳的美 Mbox700、MB708、旭霆 Baru E3、网影 HD360、蓝钜 G5、海信（Hisense）MP501H、MP502H、灿凌 HD8 等型号，本章介绍 Inplay（影派）SD101 这款机器。

15.1 外观功能

SD101 机器全套配件包括播放器主机、5V 电源适配器、遥控器、色差线、AV 线、HDMI 线、RJ-45 网线、USB A-mini-USB A 转接线，还有一本中文说明书，如图 15-1 所示。

图 15-1 SD101 机器配件

SD101 机器外壳采用流线型椭圆造型设计，有黑白两款颜色，如图 15-2 所示。上盖板中间设计一个LOGO，机器工作时，会发出柔和的蓝色背光，显得很雅致。前面板为黑色的、半透明的有机玻璃所覆盖，里面有遥控接收窗和电源指示灯，接口主要分布在机身右侧和后面板。右侧面设计了一个 SD/MMC 读卡器插槽、一个 USB 接口和一个琴键式电源工作开关。

（a）白色

（b）黑色

图 15-2 SD101 机器外观

图 15-3 为 SD101 机器背面板接口，也是用户所关心的部位。可以看出，SD101 机器不但具有 HDMI 高清数字视频接口、COAXIAL 数字同轴音频接口，还有 YPbPr 高清模拟视频接口，R/L 模拟音频接口，同时 Y/CVBS 是一个多功能接口，可以通过遥控器的复合视频键切换。

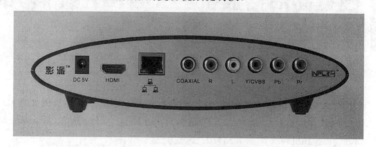

图 15-3　SD101 机器背面板

SD101 机器最强大的功能是：不但能够播放硬盘里的高清视频文件，还能够通过遥控器自动搜索和下载网络上的高清视频，宛如一台 BT 机，这都归功于在硬件上增加了 RJ-45 网络接口电路。

SD101 机器底板上有一个活动的仓盖（图 15-4），拆下两颗螺钉，就可以安装 2.5 寸笔记本串口硬盘，安装非常简单，具体如图 15-5 所示。

图 15-4　SD101 机器底板

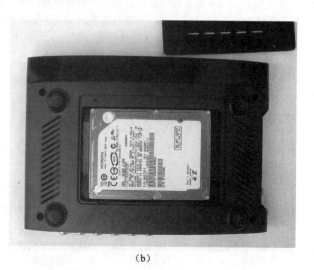

（a）　　　　　　　　　　　　　　　　　　（b）

图 15-5　SD101 机器安装内置硬盘

在 SD101 机器上没有任何可操作的按键，一切操作均通过附带的遥控器来执行（图 15-6）。

15.2 硬件分析

SD101 机器内部结构如图 15-7 所示，其中上盖板蓝色背光板供电通过 2P 插座和电路主板连接。电路主板如图 15-8 所示，我们可以看到所有接口和开关都集成在这块 PCB 板上。

图 15-6 SD101 机器遥控器

图 15-7 SD101 机器内部结构

图 15-8 SD101 机器电路主板

15.2.1 主控芯片——AML8626-H

SD101 机器的主控芯片上覆盖散热片，型号为 Amlogic（晶晨）半导体公司 AML8626-H（U5），如图 15-9 所示，采用 LQFP-256P 封装。

图 15-9　AML8626-H 芯片

晶晨半导体是一家领先的无晶圆片上系统（SoC）半导体公司，为高清多媒体、3D 游戏和互联网消费电子产品提供开放的平台解决方案，其产品包括：平板电脑、数字电视、机顶盒、数码相框和多媒体互联网设备。AML8626-H 是晶晨公司于 2009 年推出的基于 32 位 RISC 处理器新一代高清多媒体音视频解码芯片，集成 10M/100M 网络接口，高速 USB 接口以及 SD/MMC/MS 卡等接口，可以轻松解 MPEG-1、MPEG-2、MPEG-4、RM/RMVB 编码格式的各种文件，包括 AVI、DIVX、XVID、MPEG、MOV、VOB、M-JPEG 等，其中 RM/RMVB 解码能力达到 720P 高清分辨率。

图 15-10 是 AML8626-H 芯片内部功能框图。

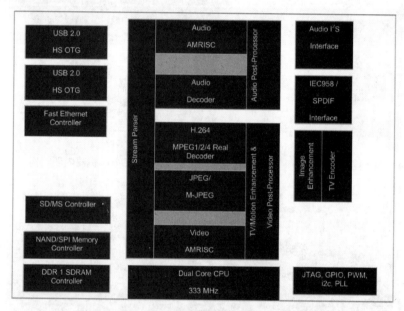

图 15-10　AML8626-H 芯片内部功能框图

AML8626-H 芯片内置一个双核的 32bit ARC 750D，333MHz，最大工作频率 700MHz，带 DSP 扩展指令集，用于系统和应用程序，控制音视频解码模块，本身不参与解码。ARC750D 跟类似的 ARM1136、MIPS32 24Kc CPU 相比，拥有更小的面积和更低的功耗、指令更精简。ARC 方案应用的相对较少，但重量级芯片和终端厂家采用的较多，如 Intel、HP、Toshiba、Sony、Sandisk、Amlogic、Broadcom、Motorala、Zoran 等。

视频处理模块包括前端的音视频分析器、用于视频的 24bit AMRISC CPU 多格式硬件解码器、JPEG/M-JPEG 解码器、视频后处理模块。音视频分析器在 AMRISC CPU 的控制下，对输入音视频流进行分离，解密，进行分析后为视频解码和音频解码模块分配大小合适的缓存空间。这一步是可编程的，因此提供了对各种封装的支持。硬件解码器在 AMRISC 的控制下，对视频流进行 VLD、IQ、IDCT、运动估算、反帧内帧间预测，重构和宏块存储工作。同时配置了一个独立的 RV 环路滤波器，用于消除低码率 RealVideo 的色块。生成的图像被送到视频后处理器，跟 OSD 画面结合，并进行缩放。JPEG 模块用于解码 JPEG 图像，同时支持 M-JPEG 视频。由于具有一个流式处理的前端接口，因此理论上 JPEG 图片的大小是不受限制的。这个模块同时支持图像的缩放和旋转。

音频处理模块包括 24bit 音频 AMRISC CPU 音频解码器、音频 AMRISC CPU 增加了用于音频处理的 DSP

指令集，同时内部带有 RAM 和 ROM，用于存储微代码。通过编程可以支持多种音频解码，并实现 DSP 效果，如 EQ，虚拟环绕声，多声道混缩为两声道，以及 Dolby Prologic II、Dolby Prologic IIx 和 Dolby Digital EX 效果，支持 SPDIF 输出。

剩下的包括 NAND 控制器，SD/MS 读卡器，2 个 USB 2.0 OTG 控制器，1 个快速以太网控制器。这些都是由双核 ARC750D 主 CPU 来控制的。主 CPU ARC750D 带 MMU，因此可以支持 Liunx 等高级操作系统。方案默认操作系统为 AVOS，是一种实时操作系统（RTOS，Real Time Operating System）。

AML8626-H 是 AML8626 改良版，增加了对 DTS 音频和 1080P 画面的支持，支持 APE 格式的音乐播放。另外，还有采用 AML8626-L 方案的机器，如英菲克 I7H、I8H、迪优美特 K3 等。AML8626-L 是 AML8626-H 的简化版，内存由 128MB 减少到 64MB，解码能力弱一些，不支持网络，有 USB 和读卡器，FLASH 动画不支持 SWF 格式。和 AML8626-H 一样不支持 VC-1 视频编码格式，其他视频、音频方面一样，但遇到高码率的 1080P 有些吃力。

图 15-11 为 SD101 机器的电路原理框图。

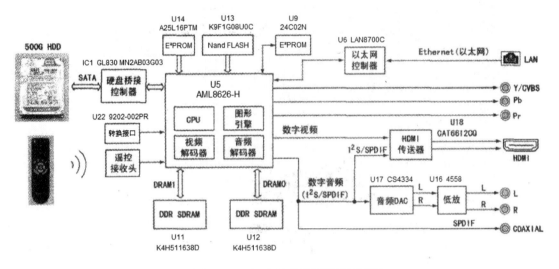

图 15-11　SD101 机器电路原理框图

在 SD101 机器中，AML8626-H 与 9202-002PR（U22）构成系统控制的主体电路，也是该播放机的控制中心。其中 9202-002PR 为转换接口芯片，主要用于接收红外遥控信号和电源开/关机控制。AML8626-H 内置 CPU 主要用于各种接口的信号检测、播放、选曲、信号输出方式（复合视频/分量视频/HDMI 高清输出等）切换、字幕、音量、静音等的控制。

15.2.2　存储器

SD101 机器采用 SPI E²PROM（U14）＋E²PROM（U9）＋NAND FLASH（U13）＋2×DDR SDRAM（U11、U12）存储系统方案，如图 15-12 所示。

高清播放器通常采用两片 FLASH，一片用于存储整机的控制程序以及厂家设置的主界面等信息，这片 FLASH 的容量一般较小，如该机使用的 A25L16PTM（U14），这是台湾 AMIC（联笙）公司的串行闪存与 85MHz SPI 总线接口内存，其存储容量为 2MB；另一片用于存储各类播放软件，由于硬盘播放器的播放软件种类多，且多为大容量的，故需容量大的

图 15-12　SD101 机器存储器

FLASH 来存储，如该机中所使用的 K9F1G08U0C-PCBO（U13），这是一枚韩国三星公司的 128MB NAND FLASH。在 SD101 机器中，还采用可一片 E²PROM 芯片 24C02N（U9），容量为 2kB，用于用户设置的保存。

两枚 DDR400 SDRAM 内存颗粒（U11、U12）在主板背面，靠近串口硬盘接口附近，型号为 K4H511638D-UCCC，采用 32M×16bit 结构，存储容量为 64MB，速度 200MHz，用于装载生成的视频图像。

15.2.3 数字 HDMI 接口

SD101 机器的数字 HDMI 接口采用 CAT6612CQ（U18）驱动芯片，如图 15-13 所示。

图 15-13 SD101 机器 HDMI 接口

这是台湾晶瀚科技（Chip Advanced Technology，CAT）推出的一款 HDMI 单通道高清视频传输芯片，采用 LQFP-80P 封装，在视频方面，支持 HDMI 1.2，HDCP 1.1 的向后兼容 DVI 接口和 1.0 规范。在音频方面，支持 2 通道、192kHz 取样频率和 24bit 的 I2S 数字音频接口、S/PDIF 接口，

15.2.4 模拟音视频输出接口

SD101 机器 YPbPr 接口没有采用视频滤波驱动芯片（LCVF），直接有主控芯片 AML8626-H 相关端口输出。由于主控芯片未内置音频 DAC，因此电路主板上采用了 CS4334（U17）音频 DAC 芯片（图 15-14），将数字音频信号转换为 L/R 模拟音频信号，再经过 4558（U16）双运放构成音频前置电路放大后，为 AV 接口提供模拟音频信号。

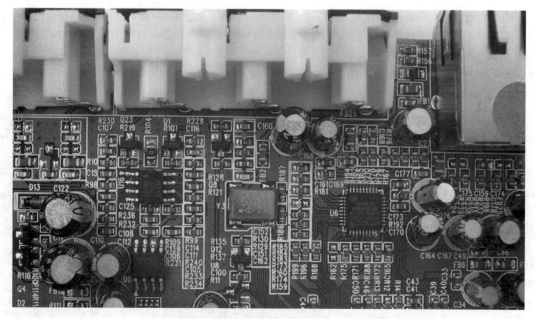

图 15-14 SD101 机器模拟音视频输出接口

15.2.5　RJ-45 网络接口

网络接口采用美国 SMSC（Standard Microsystems Corp，标准微系统公司，音译"史恩希"）公司的 LAN8700C-AEZG（U6）芯片，这是一款 10/100 M 以太网驱动卡，采用 QFN-36P 封装，用于网络数据的收发控制。

15.2.6　SATA-USB 转换电路

SD101 机器支持内置 2.5 寸串口（SATA）硬盘，由于 AML8626-H 芯片不支持 SATA 硬盘，因此设置了 SATA-USB 转换电路，利用 USB 接口来挂载 SATA 硬盘。不过这样两个 USB 接口只能提供一个供外部使用了。

在 SD101 机器中，SATA-USB 转换电路采用 GL830 MN2AB03G03（IC1）芯片，这是台湾 GenesysLogic（创惟）公司于 2007 年推出的 GL830 系列的低功耗的 USB2.0 到 SATA 桥接控制器中的低端产品，采用 LQFP-48P 封装（图 15-15），也是目前最常见的解决方案。

GL830 系列还有采用 LQFP-64P、LQFP-128P 两种封装版本，前者针对中高阶应用市场，提供 SATA 及 eSATA 接口、热插拔（Hot Plug）等功能；

图 15-15　SD101 机器 SATA-USB 转换电路

后者针对高端应用市场，提供 PATA/SATA 接口、可编程 AP 及热插拔等诸多功能。

GL830 系列 USB2.0 到 SATA 桥接控制器内部框图如图 15-16 所示，产品通过 USB-IF（USB Implementers Forum）认证，符合 SATA 版本 2.6 规格，支持外部 eSATA 接口，传输速率支持 3.0Gbps 规格。其中的 LQFP-48P 封装版本支持多项电源管理功能，内含 5V 到 3.3V 及 3.3V 到 1.8V 两组电源整流器，客户无须外挂低压差稳压器（LDO），可将系统 BOM 成本降至最低。

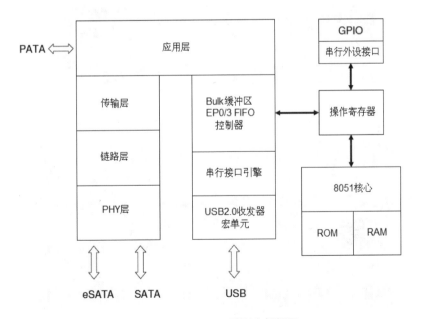

图 15-16　GL830 系列内部框图

15.2.7　控制小板

SD101 机的控制小板很简单（图 15-17）：只有一个一体化红外线接收头（IR），一个发光为红色的 LED1，用于指示硬盘读写状态；一个双色发光三极管 LED2，播放器工作时呈绿色，待机时呈红色。

图 15-17　控制小板

15.3　软件使用

我们这台 SD101 机器采用图 15-18 的版本。主菜单分为【电影】、【图片】、【音乐】、【文本】、【FLASH】、【网络】、【文件】和【设置】八大项目（图 15-19），通过左右键可以选择进入，其中【电影】、【图片】、【音乐】、【网络】和【设置】在遥控器上设置相应的按键，可快速进入。

图 15-18　版本信息

图 15-19　主菜单

15.3.1　系统设置

初次使用时，需要在【设置】项目里进行显示、语言、图片、电影、音乐、文档、网络等设置，其中【网络设置】一般选择"设置-以太网-自动获取"，用户只要接上网线，待该界面出现"连接成功"提示，就能下载第三方内容供应商的资源了。

在【网络设置】选项中，还提供了网络拨号设置，支持 PPPoE 的拨号上网功能，可以自主拨号，脱离电脑单独工作。此外，还支持 WiFi 设置，不过目前仅支持 Ralink RT3070 芯片的 802.11n 150Mbps 无线网卡。

15.3.2 文件播放

SD101 机器可以播放内置硬盘上的媒体文件、也可以播放外接 USB 移动硬盘、存储卡的文件、还可以通过无线或者有线的方式通过 uPnP 播放局域网内电脑上的文件。文件播放很简单，只要选择相应的文件夹下的文件，按 OK 键即可播放（图 15-20、图 15-21）。

图 15-20　电影文件夹

图 15-21　网络下载文件夹

小提示：

各个项目只能播放符合自身格式的文件，如在【电影】项目里，只能显示和播放视频文件，对于不符合该要求的文件则不显示文件名称。不过【文件】项目则没有这种限制，可以任意播放电影、图片、音乐和文本文件。

15.3.3 视频播放

对于视频播放，SD101 机器提供了快进、快退（图 15-22）和选时播放功能（图 15-23），其中选时功能通过数字键能够精准定位影片的某一精彩片段。不过目前的版本只能通过上下键进行时间选择，建议新版本里增加数字键输入功能。实际上在节目选择上也出现类似的情况，只能通过上下键进行相邻节目的选择，对于节目多时，这种方法很麻烦，建议添加左右键的翻页功能。

图 15-22　快进快退播放

图 15-23　选时播放

SD101 机器还提供了断点播放功能，就是在你上次断开的那个点再开始播放，不过事先需要在【设置】→【电影设置】中将"恢复播放"设置为"开"。在播放视频文件时，按遥控器上的信息键，可在屏幕的上方显示该节目的文件大小、视频格式、音频格式等一些信息（图 15-24）。

图 15-24　节目信息

SD101 机器支持外挂 ass、smi、srt、ssa、sub、sub+idx 格式的字幕文件，并可在播放中随时调整。对于有字幕支持的视频文件，按遥控器上的字幕键，可以进行字幕编码、时间平移、字体颜色、字体大小和字幕位置设置，如图 15-25 所示。

图 15-25　字幕设置

当然先需要在【电影设置】中将"字幕"设置为"开"（图 15-26）。

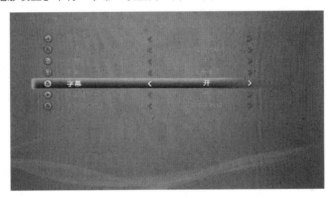

图 15-26　电影设置

AML8626-H 芯片支持 H.264、MKV、AVI、TS、M2TS、MPEG、VOB、MOV、RM、RMVB 十大格式的视频文件，以及 APE、FLAC、MP3、WMA 和 DTS 五大格式的音频文件，可输出 1080P 全高清格式，具体如表 15-1 所示。

表 15-1　AML8626-H 格式支持一览表

类　型	音频解码	视频解码	后　缀　名	最　　小	最　　大	最大码率
图片		JPG	.jpg		22000×14667	20 Mpps
		BMP	.bmp		8000×8000	
		PNG	.png		8000×8000	
		GIF	.gif		6300×4728	
		TIFF	.tif		8000×8000	
音频	MP3		.mp3	8 KHz	48 KHz	320 Kbps
	WMA		.wma	8 KHz	48 KHz	320 Kbps
	WAV		.wav	8 KHz	48 KHz	800 Kbps
	Real Audio		.rm	8 KHz	48 KHz	256 Kbps
	OGG		.ogg	8 KHz	48 KHz	256 Kbps
	AAC		.aac	8 KHz	48 KHz	256 Kbps
	AAC		.m4a	8 KHz	48 KHz	256 Kbps
	FLAC		.flac	8 KHz	48 KHz	1200 Kbps
	APE		.ape	8 KHz	48 KHz	256 Kbps

类　　型	音频解码	视频解码	后　缀　名	最　　小	最　　大	最 大 码 率
视频中的音频	PCM		—	8 KHz	96 KHz	
	DTS		—	8 KHz	48 KHz	
	AC3		—	8 KHz	48 KHz	
	RA		—	8 KHz	48 KHz	
	AMR		—	8 KHz	48 KHz	
视频		MPEG-1	.dat		1920×1080	80 Mbps
		MPEG-1	.mpg		1920×1080	80 Mbps
		MPEG-1	.mpeg		1920×1080	80 Mbps
		MPEG-2	.mpg		1920×1080	80 Mbps
		MPEG-2	.mpeg		1920×1080	80 Mbps
		MPEG-2	.vob		1920×1080	80 Mbps
		MPEG-4	.avi(divx3)		1920×1080	50 Mbps
		MPEG-4	.avi(divx4)		1920×1080	50 Mbps
		MPEG-4	.avi(divx5)		1920×1080	50 Mbps
		MPEG-4	.avi(divx6)		1920×1080	50 Mbps
		MPEG-4	xvid		1920×1080	50 Mbps
		MPEG-4	.mp4		1920×1080	50 Mbps
		MPEG-4	.mov		1920×1080	50 Mbps
		MPEG-4	.mkv		1920×1080	50 Mbps
		H.264	.mkv		1920×1080	50 Mbps
		H.264	.ts		1920×1080	50 Mbps
		H.264	.m2ts		1920×1080	50 Mbps
		H.264	.avi		1920×1080	50 Mbps
		H.264	.mov		1920×1080	50 Mbps
		H.264	.mp4		1920×1080	50 Mbps
		Real video	.rm		1280×720	40 Mbps
		Real video	.rmvb		1280×720	40 Mbps
		Flash	.swf			
字幕	SMI		.smi			
	ASS		.ass			
	SSA		.ssa			
	SRT		.srt			
	SUB		.sub			
	SUB+IDX		.SUB+.IDX			
电子书	TXT					

可以看出 AML8626-H 解码芯片最高能够处理 1920×1080 格式的 80Mbps 的 MPEG-1/2、50Mbps 的 MPEG-4/H.264 码流，以及 1280×720 格式的 40Mbps 的 RM/RMVB 码流。对于图片文件，可支持 JPG、BMP、PNG、GIF 和 TIFF 五种格式。

15.3.4　网络下载

AML8626-H 方案内嵌迅雷的下载客户端软件，支持迅雷 IMP（Internet Media Player，互联网媒体播放器）方案，通过连接互联网，下载网络视频并进行播放。操作很简单，通过【网络】→【网络下载】→【影视排行】，进行查找选择下载（图 15-27～图 15-31）。

图 15-27　网络下载

图 15-28　影视排行之一

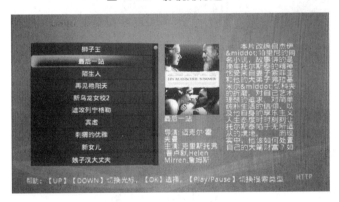

图 15-29　影视排行之二

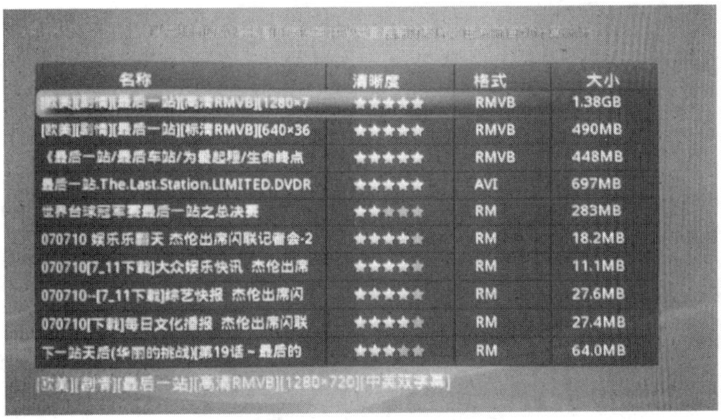

名称	清晰度	格式	大小
[欧美][剧情][最后一站][高清RMVB][1280×7	★★★★★	RMVB	1.38GB
[欧美][剧情][最后一站][标清RMVB][640×36	★★★★★	RMVB	490MB
《最后一站/最后车站/为爱起程/生命终点	★★★★★	RMVB	448MB
最后一站.The.Last.Station.LIMITED.DVDR	★★★★★	AVI	697MB
世界台球冠军赛最后一站之总决赛	★★★★☆	RM	283MB
070710 娱乐乐翻天 杰伦出席闪记者会-2	★★★★☆	RM	18.2MB
070710[7_11下载]大众娱乐快讯 杰伦出席	★★★★☆	RM	11.1MB
070710--[7_11下载]综艺快报 杰伦出席闪	★★★★☆	RM	27.6MB
070710[下载]每日文化播报 杰伦出席闪联	★★★★☆	RM	27.4MB
下一站天后[华阁的挑战][第19话～最后的	★★★☆☆	RM	64.0MB
[欧美][剧情][最后一站][高清RMVB][1280×720][中英双字幕]			

图 15-30　搜索同名视频文件

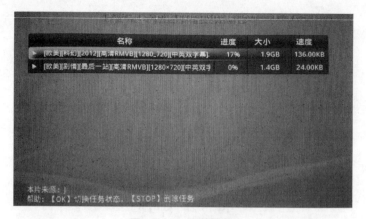

图 15-31 下载管理

对于【影视排行】里没有的影片，还可以从【热门搜索】中直接输入影片名称查找和执行下载（图 15-32）。网络下载是在后台自动运行的，用户同时可以播放其他已经下载好的媒体文件。

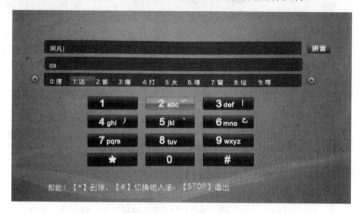

图 15-32 热门搜索

AML8626-H 方案内嵌的迅雷下载软件充分利用迅雷下载的速度和品质，同时利用迅雷的后台运营来保证 IMP 的影片更新速度和迅雷网站更新速度一致，省略了用电脑进行网络下载繁琐的步骤和过程，网络下载操作变得非常简单，不熟悉电脑操作的老人和儿童也能够轻松使用此功能。

15.3.5 其他功能

在 SD101 机器的【网络】项目里，还提供【UPNP】、【天气预报】、【网络收音机】功能，以及【Picasa】、【Flickr】功能（注：这两项功能目前未开发）。图 15-33 为从网络上查看当地的天气预报。

图 15-33 天气预报

SD101 机器的 USB 接口可连接数码摄像机、数码相机、移动硬盘、U 盘等数码外设，将其存储的视频、音频、图片等多媒体文件通过高清播放器进行播放。使用该功能时，可以直接通过遥控器上的设备键来切换的，不过 SD101 机器只支持常用的 FAT/FAT32、NTFS 文件系统。

在待机状态下，通过 USB 接口连接到电脑，可实现 OTG（On-The-Go，即插即用）功能，即在没有主机（Host）的情况下，实现和电脑之间的数据传输。

15.3.6 总评

SD101 机器最突出的优点是，网络下载功能优秀，同时功耗也很低。大家知道：采用迅雷、快车、BitComet、电骡、风行等 P2P 下载软件进行网络下载，对机器的 CPU 及内存的性能要求至为重要。一些用户采用带有下载功能的硬盘盒，或者是用老配置的电脑下载文件，却发现正常电脑下载两小时就能完的任务，这些机器要下载一天，本来是想省电的，结果更费电。

采用 AML8626-H 解码芯片方案的 SD101 机器就很好地解决这个问题，由于 AML8626-H 解码芯片采用双 CPU 设计，32 位内存带宽，使得视频处理能力更强，功耗大大降低，产生的热量较小。同时相对于 SMP8635、SMP8654、RTD1073、RTD1283 等芯片，网络性能最强，在后台高速下载时，基本不影响用户的高清视频播放操作。

我们这台 SD101 机器内置 2.5 寸日立 500GB 硬盘，经测试在 IMP 下载时的功耗只有 6W 左右，是一款名副其实的绿色电子产品，完全可以胜任 BT 下载机的功能。另外，从 SD101 机器迅雷 IMP 下载的速度看，和我们现在采用的电脑迅雷下载速度基本一致。

不过由于 AML8626-H 芯片方案推出时间较晚，在软件上或多或少的存在一些不尽如人意的问题。如我们在前面文章中所指出的一些 BUG，以及播放部分高码流 H.264 视频文件死机的问题，希望在新固件中有所改善。

另外，我们对 SD101 机器也有如下的建议：

① 增加软件界面的实时时间显示。

② 增加内置硬盘管理功能，如硬盘休眠、温度显示、容量显示等功能，如可以显示硬盘的剩余容量。

③ 增加在线播放功能，做到真正的网络高清播放器。

④ 建议播放器配一个直立支架，使得机器能够垂直放置，便于空气对流，散发热量，否则机器夏天工作时发热严重，会缩短内置硬盘使用寿命。另外在内置硬盘处、仓盖上多开散热孔，便于热量快速散发。

15.3.7 关于硬盘高清播放机方案

了解高清接收机的硬件结构后，用户就可以感觉到高清播放机的电路是非常简单的，这主要归功于目前的高清播放器核心部件芯片——主控解码芯片的集成度比较高，一些功能模块都集成到芯片中去了，使得外围电路很简单。一个硬盘高清播放机方案一般只要一个主控芯片，加上几个内存就组成一台基本功能的高清播放机。至于其他功能，加相应的功能驱动芯片就可以了。

目前国际上能开发解码芯片的厂家不过几家，主要由欧美和中国台湾厂商设计生产，推出的解码方案也就十几种，而主流方案就几种，它们各自有各自的性能和特色。看一款高清播放机，首先搞清它的使用的主控芯片方案，就能让我们快速掌握该机的基本特性。

在 2010 年期间，市面上主流的解码芯片有 Realtek 的 RTD1073、RTD1283，Amlogic 的 AML8626，Sigma Designs 的 SMP8635、SMP8654 等。部分硬盘高清播放机主控芯片性能如表 15-2 所示。

表 15-2 部分硬盘高清播放机主控芯片性能一览表（2010 年度统计）

型号	制造商	发布时间	主频（MHz）	网络支持	音频支持	视频支持	优缺点	代表产品
SMP8635	美国 Sigma Designs（西格玛）	2008/01	300	10/100M、支持 USB WiFi 无线网卡	DTS、DD、DTSMA、TrueHD	支持 h.264、VC-1 等几乎所有编码格式和封装格式，但不支持 RM/RMVB	开机较慢，一般 30～60s	高清锐视 N2、TVIX 6500A（韩）、字脉 310、K500

型号	制造商	发布时间	主频（MHz）	网络支持	音频支持	视频支持	优缺点	代表产品
SMP8642 SMP8643		2009/09	667	10/100M、支持 USB WiFi 无线网卡	DTS、DD、DTSMA、TrueHD	同上，但可播放 flash 动画的.SWF 文件	全面支持蓝光、可浏览网页、支持 USB 鼠标操作、支持 APE+CUE	爆米 C-200（美）、高清锐视 N3、开博尔 K8、碧维视 BV8088
SMP8646 SMP8647		2011/04	800	10/100/1000M	DTS、DD、DTSMA、TrueHD	支持 h.264、VC-1 等几乎所有编码格式和封装格式，但不支持 RM/RMVB	兼容对 3D 的支持	目前没有产品应用
SMP8653		2009/10	500	10/100M	DTS、DD、DTSMA、TrueHD		32 位、4 通道数模转化、不支持次世代源码输出	高清锐视 T5、碧维视 BV8058
SMP8655		2009/10	500	10/100M	DTS、DD、DTSMA、TrueHD		64 位、6 通道数模转化	爱国者 P8126
RTD1073DD+		2009/06	400	10/100M	DTS、DD			亿格瑞 R2A
RTD1073DA		2009/06	400	10/100M	DD			
RTD1283		2009/06	400	10/100M	DTS、DD	支持所有视频格式，RMVB 格式支持到 720P，其他高清格式支持到 1080P	AV 录制	TVX-M-6600（韩）、忆捷 M890
RTD1283DD+	中国台湾瑞昱（Realtek）	2009/06	400	10/100M	DTS、DD、DTSMA、TrueHD			亿格瑞 R4B
RTD1073DDC+		2010/09	400	10/100M	DTS、DD、DTSMA、TrueHD		支持 APE+CUE	忆捷 M880、海信 MP801H
RTD1055		2010/11	500	无	DTS、DD、DTSMA、TrueHD		发热更低，比 107 x 系列快 20%	忆捷 M5、海美迪 HD200A
CE3100	美国 Intel（英特尔）	2009/06	800	10/100/1000M	DTS、DD、DTSMA、TrueHD			天幕 H3
CE4100		2010/11	1200	10/100/1000M	DTS、DD、DTSMA、TrueHD			Boxee Box（美）
AML8626-L	中国台湾瑞昱（晶晨）	2009/07	333	无		除不支持 VC-1 外，其他都支持	支持 APE	英菲克 I7H、I8H、迪优美特 K3
AML8626-H		2009/07	333	10/100M、支持 USB WiFi 无线网卡	DTS、DD			美如画 K3

　　AML8626-H 方案播放机使用 AML 自家的 AVOS 系统，开机非常快，一般几秒即可，操作反应也很流畅。缺点就是系统开放性较差，固件更新速度较慢。

　　采用 AML8626-H 方案稍弱于 RTD1073 方案，大部分 1080P 影片可流畅播放，支持 RM、RMVB 等绝大部分视频格式，但唯独不支持 VC1（WMV9-HD）编码格式。音频支持 APE 格式，支持 DTS、AC3 自解码与源码输出，DTS-HD 支持自解码。AML8626-H 网络下载不错，但暂不支持在线视频点播，部分 AML8626-H 方案机器可升级固件解决此问题。

15.4 软件升级

　　SD101 机器还支持使用硬盘、SD 卡、U 盘进行升级。升级操作很简单，将带有固件的 U 盘插入机器中，然后在主菜单下，从【设置】→【升级】→【本地升级】，如图 15-34～图 15-36 所示。升级完成后，需重新启动机器。

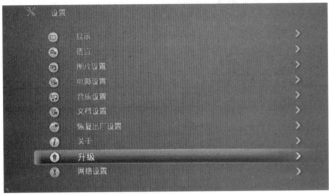

图 15-34　设置界面

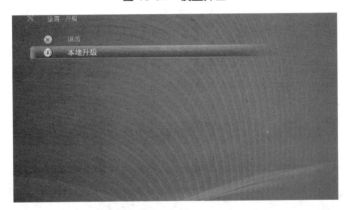

图 15-35　本地升级

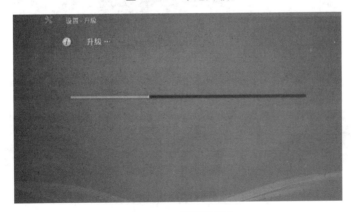

图 15-36　升级进行中

升级时要注意：
① 升级文件必须放于 U 盘和硬盘或者是 SD 卡的主目录下，不可放置于根目录下。
② 升级 U 盘或者硬盘里面只可存取一个升级文件，不可有多个升级文件。
③ 升级过程不可断电或者关机。
④ 升级完成后，如继续使用该移动存储播放电影或其他用途，请删除其升级文件。

第16章 网络高清播放机——BDX-BF001（阿里 M3901 方案）

<<<<<<<<<<<<<<<<<<<<<<<<<<<<<<

随着三网融合的深入，高清机顶盒市场越来越火，带有网络电视功能的高清播放机大行其道，大有替代传统的卫星电视接收机之势。作为卫星机顶盒芯片设计领域的知名厂商台湾扬智科技公司，初次涉及高清播放机领域，推出了 ALi（阿里）M3901 芯片，采用该方案的高清网络机顶盒成为 2012 年下半年以来，高清播放机领域的一个新丁。

目前采用这种方案的机器也逐渐增多起来，如开博尔 K220、K230，美如画 E3、H3、V3、X3、X4，天敏 S4、LT390W，英菲克 I5、I10，瑞珀 H1、H3、H5、K3，忆捷 H6，赛酷 C3 等型号。下面以一款北斗星 BDX-BF001 机器为例，详细介绍采用阿里 M3901 方案高清网络播放机的软硬件功能特点。

16.1 外观功能

北斗星 BDX-BF001 是一款具有高清输出接口的网络播放机，具备网络电视、网络视频和外接存储器播放高清视频的功能。全套配件有一台主机、一个电源适配器、一个遥控器和一个 3.5mm 四极插头转 3RCA 线。

BDX-BF001 机器通体采用白色塑料机壳，体积很小巧，图 16-1 为 BDX-BF001 机器的前面板，覆盖茶色有机玻璃，在中间的显示窗口中，左边的为红/绿双色指示灯，待机显示绿色，开机显示红色。右边的为绿色指示灯，网络登录正常时，会点亮。前面板右边的是 SD 卡插槽，可以插入数码相机的 SD 存储卡，最右边是 USB 接口。

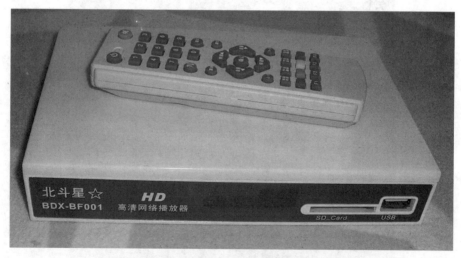

图 16-1　BDX-BF001 机器前面板

BDX-BF001 机器背面板（图 16-2）从左到右依次为：一个 S/P DIF 数字音频同轴（Coaxial）输出接口、一个 3.5mm AV 输出接口、一个 VGA 输出接口、一个 HDMI 输出接口、两个 USB 接口、一个 RJ-45 网络接口、一个 5V 直流电源输入接口。

BDX-BF001 机器的底壳，布满了散热格栅，和侧面的散热格栅一起形成空气对流，利于散热。BDX-BF001 机器上没有任何操作按键，所有的操作需要通过附送的遥控器进行。

图 16-2　BDX-BF001 机器背面板

16.2　硬件分析

BDX-BF001 机器底壳的四颗螺丝起着固定上盖和电路板的双重作用，拆下它，机器内部结构就呈现在我们面前，如图 16-3 所示。整机只有一块电路板，所有的外部接口都安装在这块主板的前后位置上。

图 16-3　BDX-BF001 机器内部结构

16.2.1　主控芯片——ALi M3901A

BDX-BF001 机器主控芯片采用 ALi M3901A（U1），这是扬智公司于 2011 年度推出的 M3901 系列中的 A 款，具有网络在线多媒体播放功能，芯片采用 LQFP-216P 封装，如图 16-4 所示。

图 16-4　ALi M3901A 芯片

　　M3901 内置两块 400MHz MIPS32 CPU，其中一个为主 CPU，负责处理 JavaScript 浮点运算（FPU，Floating Point Unit），还有一个音频 CPU，负责音频解码的 DSP（Digital Signal Processing，数字信号处理）。还内置了一个 2MB16bit DDR2 高速缓存。

　　M3901 内置支持 MPEG1/2/4、H.264、VC-1、RMVB、AVS 多种视频格式的 1080p 多媒体处理器，具有一个传输流（Transport Stream）接口。内置立体声音频 DAC、音频 PCM 卡拉 OK、2D 图形加速器、10/100M 以太网 MAC，内建 HDMI 和 CVBS 视频输出接口、S/P DIF 数字音频接口、3 个 USB2.0 接口、SD/SDHC/MMC 存储卡接口。

　　M3901 的应用方案，如图 16-5 所示。

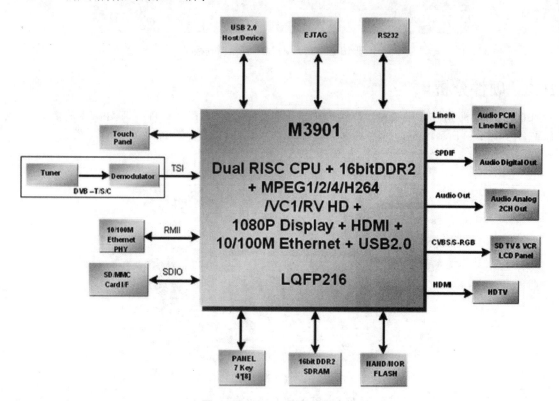

图 16-5　ALi M3901 应用方案

　　M3901 工作需要 3.3V、1.8V、1.2V 电压，工作时温升不高，因此 BDX-BF001 机器未给其配备散热器和散热风扇。M3901 具有掉电控制（Power down control）功能，该功能会将 FLASH 存储器关闭，将大幅度降低功耗，但是在进入该模式前需要等待 FLASH 存储器完成相应代码和数据的操作。

16.2.2　存储器

　　BDX-BF001 机器采用 NAND FLASH（闪存）+DDR SDRAM（内存）存储方案，其中 NAND FLASH 采用韩国 Hynix（海力士）公司的 HY27UF082G2B-TPCB（U13），这是一款 SLC 型 NAND FLASH，容量为 2Gbit（256M×8bit），即 256MB。DDR SDRAM 采用海力士的 H5PS1G63EFR-S6（U5），这是一款 DDR2 内存颗粒，采用 BGA 封装，容量为 128MB。

16.2.3　RJ-45 网络接口

　　BDX-BF001 机器 RJ-45 网口（J19）插座内没有内置指示灯，而是在前面板设置了一个绿色的网络登录指示灯（LED3）。网卡芯片为美国 Atheros（创锐讯）的 AR8032（U16），如图 16-6 所示，是一款 100Mbps 以太网网卡芯片。在网口座和网络芯片中间采用 HS9001 网络变压器，作为传输数据和网络隔离之用。

16.2.4　数字 HDMI 接口

　　BDX-BF001 机器 HDMI 接口（J11）没有采用专用的 HDMI ESD 芯片，而是采用两个低成本 TVS（瞬态抑制二极管）阵列贴片（U10/U11）作为 ESD（静电保护器）元件（图 16-7），以降低产品物料成本。

图 16-6　BDX-BF001 机器网络接口

图 16-7　BDX-BF001 机器 HDMI 接口

HDMI 接口到主控芯片内部 HDMI 模块输出端的 PCB 走线采用直通式设计（图 16-8），可以改善 HDMI 高速信号完整性和速度。

16.2.5　其他接口

BDX-BF001 机器通过了三个 USB 接口，其中两个设计在背面板上，一个在前面板上，鉴于 PCB 设计的困难，前面板的 USB 接口采用跳线和 M3901A 主控芯片外围电路连接。由于 M3901A 的高集成度，内部已集成了 USB、SD 读卡器、VGA、同轴等接口模块，因此无需外围驱动芯片，直接通过简单的阻容元件和 M3901A 连接。

16.2.6　电源管理电路

BDX-BF001 机器 5V 工作电源由外置电源适配器通过电源输入接口（CON1）直接供给，3.3V 电源由低压差线性稳压（LDO）芯片 SA1117D-3.3（U18）构成的电路产生，1.8V、1.2V 电源由电源管理芯片 AAC1VA（U19）构成的电路产生，具体如图 16-9 所示。

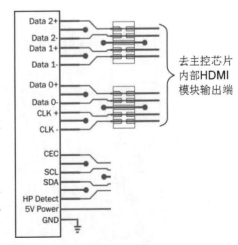

图 16-8　HDMI 接口 PCB 走线设计

425

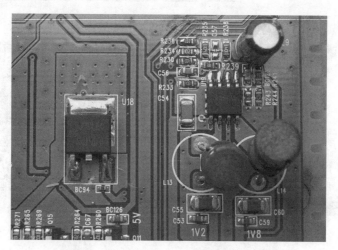

图 16-9 BDX-BF001 机器电源管理电路

16.3 软件使用

BDX-BF001 作为高清网络播放机，具有网络播放（包括网络电视、精彩联播、果子 TV、优朋影视、豆瓣 FM）、本地播放（包括我的电影、我的音乐、我的相片）两大功能。

16.3.1 开机界面

机器从开机到正常播放需时 25s 左右，开机画面顺序如图 16-10、图 16-11 所示，主界面如图 16-12 所示。开机画面和 UI（UserInterface，用户界面）以天蓝色为主色调，颜色柔和，不伤眼睛，适合用户长时间观看。

图 16-10 开机画面 1

图 16-11 开机画面 2

图 16-12 主界面 1

如果之前你的互联网络登录正常，系统会自动连接互联网的气象和网络时间服务器下载数据。画面左上角会显示你当地城市最近三天的天气预报，右上角会显示时间，右上角会显示当前系统的实时时间，并且机器面板的绿色网络登录指示灯会点亮。

主页面右下角有三个图标，左边的是 SD 卡图标、中间的是 USB 图标、右边的是网络图标。例如，如果插了 U 盘，那么中间的 USB 图标就会点亮。

如果没有天气预报和时间显示，或时间显示为"2011 年 1 月 1 日"，则先检查你的外网是否正常登录。如果检查正常，则需要从主界面的【设置】项目进行检查（图 16-13）。

图 16-13　主界面 2

16.3.2　设置选项

在【设置】选项中，有【影音】、【网络】和【系统】子选项。【影音】第 1 项【宽高比】是设置播放视频时画面的宽高比和电视屏幕的适应关系，有自动模式、标准模式和全景宽屏模式三种（图 16-14）。例如将宽高比设为标准模式，此时播放在线视频如果画面原始比例是 4∶3 的，那么在 16∶9 宽屏平板电视上还是按照 4∶3 比例显示。

机器默认【智能输出】设置为"开"时，如果设为"关"时，会出现一个【分辨率】选项（图 16-15），根据你的电视机显示格式，可以设置相应的分辨率（图 16-16）。

图 16-14　宽高比

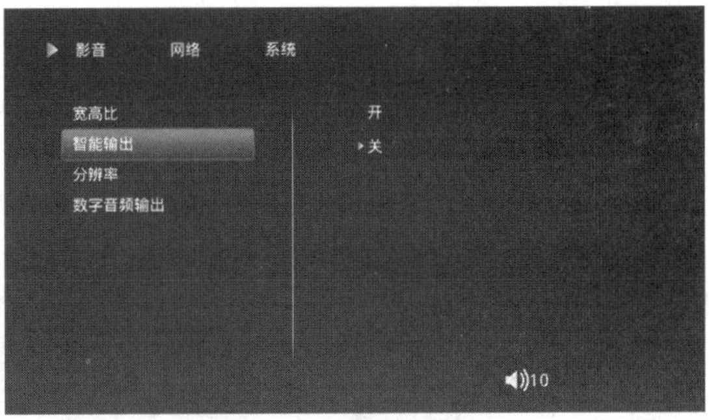

图 16-15　智能输出

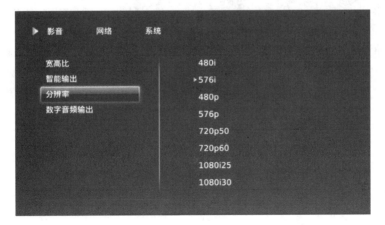

图 16-16　分辨率

如果在设置中屏幕黑屏，无需担心，只要按确认键即可取消刚才的错误设置，恢复先前的正常状态（图16-17）。

【数字音频输出】有 LPCM、次世代源码输出（7.1）、次世代源码降级输出（5.1），如图 16-18 所示。其中 LPCM 是双声道输出，可以直接和电视机连接播放，后面两个源码输出需要和次世代功放连接，通过功放进行音频解码和放大。

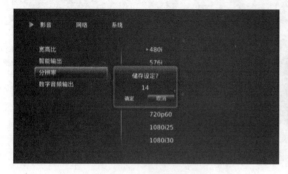

图 16-17　分辨率设置　　　　　　　　　　　　　　图 16-18　数字音频输出

小知识：次世代

次世代源自日本语，即下一个时代，未来的时代。常说的次世代科技，即指还未广泛应用的先进技术。由此衍生的还有：次世代游戏、次世代主机、次世代计划、次世代引擎等衍生新词。

次世代功放指本身自带杜比 TRUEHD、DTS–HD 解码（即无损格式），支持 HDMII 源码输入，同时也兼容普通杜比，DTS 解码的功放。日本音响厂家提出的这个次世代功放概念。

【网络】选项是机器连接互联网或局域网的设置选项，在【网络设备选择】选项里，BDX-BF001 机器默认为本地网络设备（图 16-19），此时，左边有【自动获取 IP 地址】、【使用固定的 IP 地址】、【使用 PPPoE 拨号】三个相关选项，其中前面两个为连接路由器的选项。

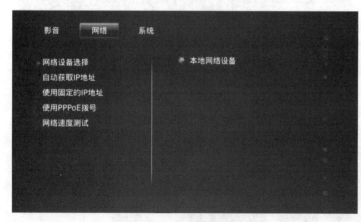

图 16-19　网络设备选择

BDX-BF001 机器支持无线网络，插入指定型号的无线网卡（目前支持无线网卡主芯片型号有 ralink3070、ralink5370）后，在【网络设备选择】处将出现无线设置的相关选项。

【使用固定的 IP 地址】是人为为机器分配一个 IP 地址（图 16-20），按遥控器上下左右方向键配合确认键，可操作界面右边的虚拟数字键盘，输入机器的 IP 地址，其中 "." 为跳格键，"←" 为删除键，填写完 IP 地址后，机器会自动填写子网掩码。输入完成，按回车键会提示开始连接对话框，按确认键连接，连接成功会有提示（图 16-21）。

【使用 PPPoE 拨号】是直接将 RJ-45 网线连接到 ADSL 猫上，由机器进行拨号登录互联网。拨号前，需要填写 PPPoE 协议的账号和密码（图 16-22），完成后就可以进行拨号连接（图 16-23），同样，连接成功会有提示（图 16-24）。

图 16-20　使用固定的 IP 地址连接

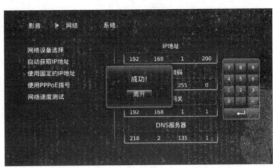

图 16-21　使用固定的 IP 地址连接成功

图 16-22　使用 PPPoE 拨号填写账号

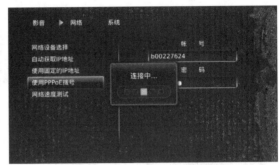

图 16-23　使用 PPPoE 拨号连接

在【网络】选项，还提供了【网络速度测试】功能，网速为 760KB/S，如图 16-25 所示。

图 16-24　使用 PPPoE 拨号连接成功

图 16-25　网络速度测试

　　【系统】选项是机器版本信息显示，以及用户个性化设置。【系统信息】显示软硬件信息（图 16-26），其中 "SDK Ver" 为软件开发工具包（SDK，Software Development Kit）版本号，即固件版本，"SYS Tag" 为机器序列号。

　　【系统升级】操作见后文叙述。固件在【系统】选项中，还提供了【快捷键设置】和【开机启动】这两个人性化的自定义选项。其中【快捷键设置】是专门为用户自定义遥控器上的红、绿、黄、蓝四色功能键服务的，可以将主页面十大项目中使用频繁的四项自定义到这四个功能键上，实现遥控器快捷进入。

　　自定义操作很简单，具体如图 16-27、图 16-28 所示。

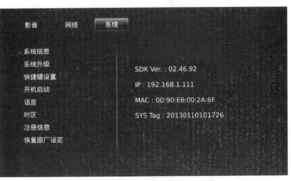

图 16-26　系统信息

图 16-27　快捷键设置之一　　　　　　　　　图 16-28　快捷键设置之二

【开机启动】是用户自定义开机后，直接进入主页面的十大项目中任一项，无需再次操作遥控器进入（图16-29）。

【系统】选项的【语言】是系统的界面显示语言，只有英文、繁体中文和简体中文三种选项，也是普遍高清盒子的设计特点。【时区】可以选择自己所在时区，以便通过网络获取到正确的本地时间（图16-30），【注册信息】目前没有实际用处，【恢复原厂设置】就是清除用户一系列的个性化设置，返回到机器原厂设置状态。

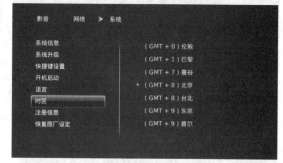

图 16-29　开机启动　　　　　　　　　　　图 16-30　时区

16.3.3　网络电视

【网络电视】界面播放很简单，按遥控器上下键调整音量，左右键换台，换台时没有黑屏现象，是直接由上一个频道画面进入下一个频道画面，可以无缝切换。

🔍 小提示：

　　这种无缝切换并不是零缓冲，而是在遥控换台后继续播放原来的节目，待后台缓冲完成后再进入下一个台。由于换台缓冲时间非常短，所以电视直播的体验感觉还是非常不错的。

按菜单键一次可显示节目信息条（图16-31），按菜单键两次可显示 EPG 电子节目指南（图16-32），不过，如果网络电视节目流中没有 EPG 信息，当然是无法显示的。

图 16-31　显示节目信息条　　　　　　　　　图 16-32　显示电子节目指南

电视/广播键可进行网络电视节目源选择（图 16-33），如果一个节目源观看不流畅、画质差，不妨换另外一个节目源试一试。

在网络电视播放中，按遥控器确认键可在画面左侧显示频道列表（图 16-34），在频道列表状态下，按左右键可显示网络电视分类，目前的这个固件版本有【中央台】、【卫视台】、【特色台】、【高清台】、【地方台】、【测试台】和【我的收藏】七大类，按遥控器上一页键、下一页键可以前后翻页。

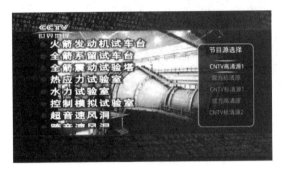

图 16-33　节目源选择

图 16-34　显示频道列表

停止播放时，按退出键，会出现一个全屏频道列表界面（图 16-35），此时按确认键，可以将刚才播放的频道保存在【我的收藏】类别中（图 16-36），如再次按退出键，就返回到主页面。

图 16-35　全屏频道列表界面

图 16-36　频道收藏

16.3.4　精彩联播

【精彩联播】界面（图 16-37）的操作和网络电视类似，不过由于是播放网络视频，因此可以进行暂停、快退和快进操作。在播放状态下，按电视/广播键可以暂停画面（图 16-38），此时按左右键可以快退和快进播放（图 16-39）。

图 16-37　精彩联播界面

图 16-38　暂停画面

图 16-39　快退和快进播放

退出精彩联播时，界面会有提示，再次确认方可退出，避免了用户因为不小心按错键而误退。

16.3.5　果子 TV

【果子 TV】首页采用 3×2 宫格，有电影、电视剧、动漫、音乐、综艺五个网络视频和一个观看记录选项（图 16-40），并且提供了强大的网络视频搜索功能。

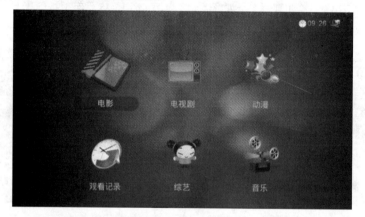

图 16-40　果子 TV 首页

以进入【电影】选项为例，按遥控器右键，可以在虚拟键盘里进行搜索操作，搜索时，只要输入视频汉语拼音的第一个字母的缩写即可，如搜索《血滴子》电影，只要输入"xdz"（图 16-41），就可以搜索出与之相关联的条目，再从中找到你所需要观看的视频（图 16-42）。

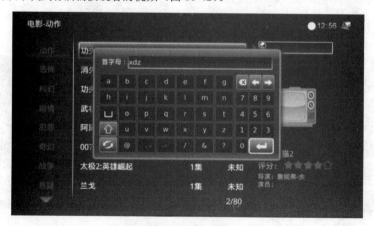

图 16-41　电影搜索之一

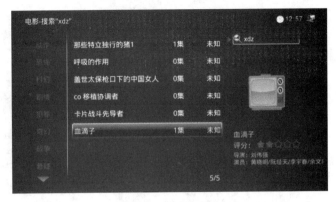

图 16-42　电影搜索之二

按确认键播放，首先出现该电影的相关信息，如图 16-43 所示，其中的剧情介绍因字数过多，是以上下滚动形式显示的。节目最下方是节目源选择，有乐视、优酷、爱奇艺、电影网四个源可供选择，按确认键即可播放。

图 16-43　电影相关信息

小知识：果子 TV

果子 TV 自身没有视频资源，它是聚合了优酷、土豆、PPS、奇艺、乐视、搜狐、CNTV 等国内大多数的视频网站公开的大量资源，因此可看性比较强，并且是免费观看的。

在播放状态下，按菜单键一次可以显示播放进程（图 16-44），再按一次菜单键可调出亮度调整界面（图16-45），通过左右键调整画面亮度。

图 16-44　显示播放进程

图 16-45 亮度调整界面

在播放状态下，按确认键暂停播放（图 16-46），按左右方向键可以拖动视频，实现快退和快进播放，按电视/广播键可以将该节目保存到喜爱节目（图 16-47）。

图 16-46 暂停播放

图 16-47 保存喜爱节目

对于电视剧，播放时会有剧集选择界面（图 16-48），上一集播放完成后，会自动切换到下一集播放（图16-49）。

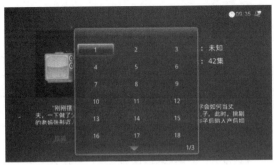

图 16-48　剧集选择

图 16-49　下一集播放

【观看记录】有【最近观看】和【喜爱节目】两个选项，【最近观看】忠实地保存用户最近观看节目名称和观看时长的记录（图 16-50），用户可以选择一个条目再继续从上次未看完出继续播放，即具有断点记忆播放功能。对于不需要显示的观看记录，可以将光标选择到"×"上，按确认键直接删除掉（图 16-51）。【喜爱节目】是用户按电视/广播键保存的节目。

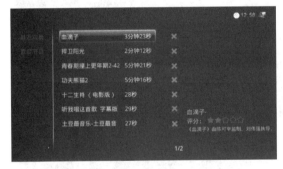

图 16-50　最近观看

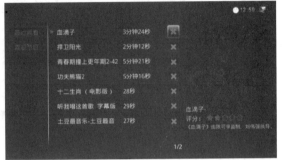

图 16-51　删除观看记录

16.3.6　优朋影视

固件内置的优朋影视是一个正版付费网络电视，首页采用 5×2 宫格操控界面（图 16-52），有今日推荐、3D 体验、电影、电视剧、动漫、综艺、少儿、观看记录、用户中心、优朋公告十大项目。

图 16-52　优朋影视首页

优朋影视是优朋普乐 B2B 业务中重要一项，优朋普乐是国内成立较早的一家影视数字娱乐平台，优朋普乐与全球顶尖影视出品机构建立顺畅的正版影视内容引进渠道，内容资源覆盖了好莱坞大片、韩剧、经典港片和国产电视剧等主要收视热点，同时定期更新与院线和 DVD 同步发行的最新影片和精品电视剧集。

以【今日推荐】为例，如图 16-53 所示，界面采用时下流行的海报墙模式，按确定键，可预览电影详情（图 16-54）。

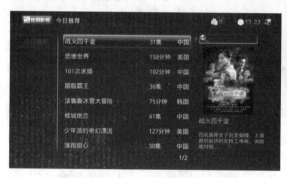

图 16-53　今日推荐　　　　　　　　　　　　　　　图 16-54　预览电影详情

再按确认键，出现扣费提示（图 16-55），再次按确认键可以播放，不过由于我们账户没有余额，因此屏幕提示需要充值（图 16-56）。

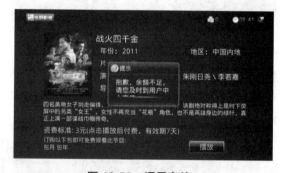

图 16-55　扣费提示　　　　　　　　　　　　　　　图 16-56　提示充值

此时，再按确定键，系统会自动切换到【用户中心】选项上（图 16-57），界面中的用户 ID 代表你的优朋充值账号，每一台机器有唯一的账号。再按确认键进入账户充值界面（图 16-58）。

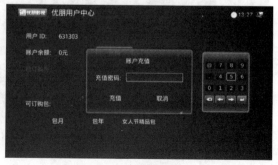

图 16-57　用户中心　　　　　　　　　　　　　　　图 16-58　账户充值

刮开优朋影视充值卡上的卡号和密码栏，在弹出的数字键盘中输入充值卡密码，完成充值后，在【账户余额】会显示当前的充值余额。在用户中心还提供了包月或者包年业务，目前包月价格为 30 元、包年价格为 360 元。

优朋影视的普通付费点播有天数限制，如 7 天内可重复免费观看，而包月或包年期内的用户则可以在一个月或一年内自由观看。

16.3.7 豆瓣 FM

固件集成了豆瓣 FM（图 16-59），豆瓣 FM 是豆瓣网推出的一个类似 Last.FM 的社会化在线音乐服务。

图 16-59 豆瓣 FM 的一个界面

🔍 小知识：Last·fm

　　Last·fm 是世界上最大的社会音乐平台，音乐库里有超过 1 亿首歌曲曲目（其中 300 多万首可以收听）和超过 1000 万的歌手。在这里网友可以寻找、收听、谈论自己喜欢的音乐。每个人均可按自己的方式收听自己想听的音乐，而无需他人为其作出选择。网站使用十二种语言为全球听众提供音乐服务。

【豆瓣 FM】的界面极为简洁明了，如图 16-60 所示，很符合音乐爱好者的审美，主界面只有"垃圾桶、红心、跳过"三个功能，同时会显示专辑和歌曲名，系统通过判断用户在播放时的操作行为，为用户推荐他可能感兴趣的曲目。

图 16-60 豆瓣 FM

图 16-61　显示频道列表

按菜单键，界面左侧显示频道列表，有【私人兆赫】和【公共兆赫】两大类(图 16-61)。【公共兆赫】是将曲库按地区和语言（包括华语、欧美、粤语、法语、日语、韩语等）、流派（摇滚、爵士等）、年代（七零、八零、九零）等做了分类，选中其中的一个分类，就会随机播放该分类里的歌曲。收听【公共兆赫】不需要登陆。

【私人兆赫】是想为你专门定制一个专属电台，播的都是你喜欢的歌曲。为此，你必须对该电台进行调教。办法是对每听一首歌就对歌曲下方的 3 个图标进行点击。

① 红心：点击红心，表示喜欢，豆瓣 FM 会给你播放更多这样的好歌。

② 垃圾桶：仅在私人兆赫可用。一首歌被扔进垃圾桶后，豆瓣 FM 将不再为你播放它。

③ 跳过：暂时不想听这首歌曲，可以先跳过.注意：频繁的跳过操作也会影响豆瓣 FM 的推荐。

豆瓣 FM 会记录并分析你的每一个操作，猜你可能喜欢哪些歌手和哪些歌，然后向你主动为你推荐曲目。你提供给豆瓣 FM 的反馈信息越多，它就越了解你的音乐口味。【私人兆赫】必须先填写登录邮箱才能用（图 16-62），需要事先登录 http://douban.fm 网站注册。

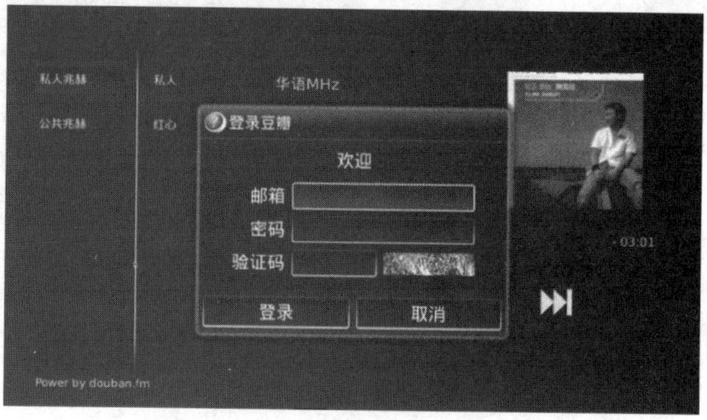

图 16-62　登陆邮箱

16.3.8　天气预报

【天气预报】项目是设置用户关注城市的天气预报，这和主页面中自动显示的天气预报是不同的，只能在本项目里显示。添加城市很简单，按确认键进入，根据图示进行添加，具体如图 16-63、图 16-64 所示。

图 16-63　添加城市之一

图 16-64　添加城市之二

不过最多只能添加 5 个城市，添加完成后，按左右键可以选择天气预报（图 16-65）。

16.3.9　我的电影

【我的电影】、【我的音乐】和【我的相片】都是对外置的 SD 卡、USB 存储器、网上邻居和 UPnP 设备中的多媒体文件进行播放。其中网上邻居功能值得称赞，通过局域网，用户可以随时访问家庭每个成员房间电脑网上邻居上的视频多媒体文件，避免拆卸硬盘后再通过 USB 挂载的麻烦。

播放局域网电脑上的视频时，先对网络邻居进行扫描（图 16-66），扫描出在局域网中可以共享的文件夹，按遥控器右键还可对文件的浏览模式和排序方式进行设置，以名称、时间、大小的方式进行排序（图 16-67）。

图 16-65 选择天气预报

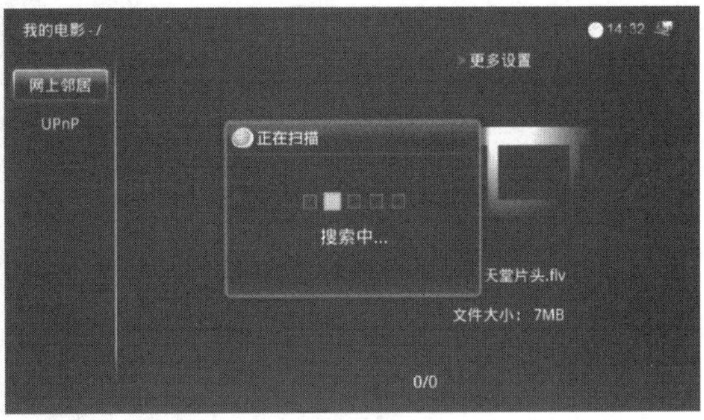

图 16-66 网络邻居扫描

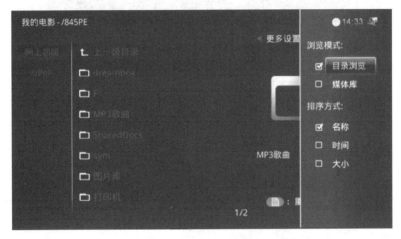

图 16-67 浏览模式和排序方式设置

对于插入的 USB 硬盘盒，界面左侧会显示"DISK_a1"项目，可以播放硬盘里面的视频文件，如图 16-68、图 16-69 所示。

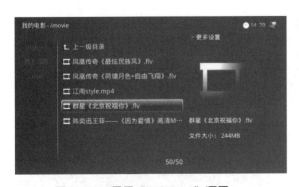

图 16-68 显示"DISK_a1"项目

图 16-69 播放硬盘视频文件

经测试，采用 DM800 机器录制的 ts 视频文件在 BDX-BF001 机器中完美播放。在播放状态下，按菜单键可以调出音视频设置菜单，根据节目携带的相关附加信息，可作一系列设置（图 16-70）。

图 16-70　音视频设置菜单

我们测试，发现对 MOV 视频格式不支持，阿里 M3901 方案对音视频格式的具体支持如表 16-1 所示。

表 16-1　阿里 M3901 方案音视频格式支持一览表

多媒体格式	具体格式
视频封装格式（Video Containers）	AVI、FLV、MKV、MP4、MPEG、RM、RMVB、TS、WMV
视频解码格式（Video Codecs）	MPEG 1/2/4、H.264、VC-1、RMVB、AVS
音频解码格式（Audio Codecs）	MP3、WMV、RA、AC3、AAC、ACC+、DD+
图片播放格式	JPG、BMP、GIF、TIF
字幕文件格式	ASS、PGS、SMI、SRT、SSA、SUB、SUB+IDX
视频分辨率	576i、480i、576p、480p、720p、1080i、1080p

 小知识：视频封装格式和视频解码格式

　　视频封装格式又称视频文件格式或视频容器格式，是设定了不同的视频文件格式来将视频和音频放在一个文件中，以方便同时回放，实际上都是一个容器里面包裹着不同的轨道。容器是用来区分不同文件的数据类型的，而视频编码格式则由音视频的压缩算法决定，我们一般所说的文件格式或者是后缀名就是指文件的容器。对于一种容器，可以包含不同编码格式的一种视频和音频。

16.3.10　我的音乐

　　首次使用【我的音乐】时，按确定键扫描音频文件（图 16-71～图 16-73），固件支持 MP3、WMA、OGG、AAC、WAV、FLAC、APE 等音频格式。扫描完成后就可以选择播放了，如图 16-74、图 16-75 所示。播放模式有全部循环、单曲循环、随机三种，可供选择。

图 16-71　扫描音频文件之一

图 16-72　扫描音频文件之二

图 16-73 扫描音频文件之三

图 16-74 播放音频文件之一

图 16-75 播放音频文件之二

16.3.11 我的相片

进入【MY PHOTO】（我的相片）首页，界面有 U 盘、SD 卡、网上邻居和 UPNP 四个选项（图 16-76），点击进入后，目录以文件夹的形式显示。点击进入文件夹后，图片以缩略图的形式展现（图 16-77），方便用户浏览和查找图片。

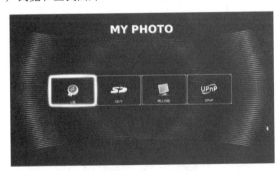

图 16-76 我的相片首页

图 16-77 图片缩略图

16.3.12 总评

对于 BDX-BF001 机器硬件，我们总结有如下优点。

① 设计了 AV、VGA、HDMI 三种接口，可连接老式 CRT 电视机、电脑显示器和平版电视机，满足不同用户的需求；其中 VGA 接口的设计是本机输出的一大亮点，方便连接不带 HDMI 接口的投影机，或者重新利用闲置的电脑显示器。

② 具有 SD 卡插槽，支持采用 SD/SDHC/MMC 存储卡的数码相机、数码摄像机读卡播放。

③ 配备的遥控器具有四色功能键，支持按键自定义功能。

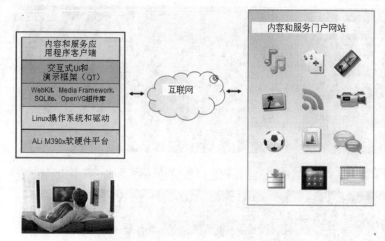

图 16-78　阿里 M390×芯片方案软件架构

不过 BDX-BF001 机器的缺点也是显而易见的，采用白色塑料机壳，分量很轻，外观设计也非常一般，相比较开博尔等一些知名品牌采用铝合金外壳的网络播放机，外观确实逊色很多。另外，BDX-BF001 机器内存为 128MB，相对于目前品牌播放机普遍采用的 256MB 内存，容量缩减了一半。

采用阿里 M390×芯片方案软件架构如图 16-78 所示，软件开发是基于 Linux 的 2.6.28 内核和驱动程序，系统 UI 开发框架是很强大的 QT 编程框架，也是很多重量级的 Linux 网络程序所用的。

阿里 M3901A 方案不但拥有优秀的本地播放能力，而且具有强大的网络播放功能，再加上人性化的设置及操作方式，使得该方案的高清机具备了挑战高清市场主流播放设备的能力。

对于 BDX-BF001 机器采用的 M3901 方案固件优点是：

① 网络电视功能强大，能够收看超过百家电视台的电视直播节目。

② 对网络视频资源能够进行梳理，推荐最热门的影视资源给用户。

③ 在线视频点播内容丰富，清晰度高，而且提供了众多免费影视资源。

④ 换台时缓冲机制处理的比较好，没有黑屏问题。

⑤ 方便的在线系统升级功能。

存在的缺点是：

① 没有其他 M3901 方案固件中的影片下载功能。

② 内置的优朋影视资源收费较高，可能影响用户实际使用的兴趣。

③ 系统不开源，用户无法自行添加一些网络电视。

据悉，M3901 仅仅是扬智科技在 2011 年度网络播放机产品线上的低端产品，同年，还推出了支持 Flash Lite 播放机 M3911 芯片，这是市场上第一颗支持快速待机与恢复功能的网络串流媒体处理器单芯片，支持包括 MPEG2、MPEG4、H.264、VC1 与 Google 推广的 VP8 等所有主流影音压缩格式。扬智科技后续还要推出支持 3D 功能和 Flash 10 版本播放机的 M392×的芯片（图 16-79）。

16.4　软件升级

高清播放机的固件，担任着一个系统最基础最底层工作的软件，因此固件也就决定着硬件设备的基本功能。在目前高清播放机的使用中，总会有各种各样的问题和缺陷，导致产品性能的不足，为了使产品获得更好的性能和让使用者获得更好的使用体验，需要通过固件的升级达到优化和修补的目的，以提高系统反应速度、系统的可操作性，发挥出硬件的最佳性能，使产品使用起来更加方便，甚至可以通过这种方式来为产品增加新的功能！使原有功能更加强大。所以播放机厂家固件的更新速度，也反映出一个厂家对产品的售后服务。

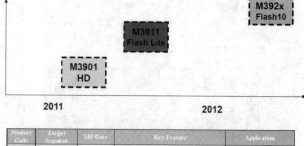

Product Code	Target Segment	MP Date	Key Feature	Application
M3901	1080P HD	2011 Q1	1080P multi-format media processor (MPEG1/2/4, H.264, VC-1, RMVB, AVS)	Online Multiformat Media Player
M3911	1080P HD	2011 Q3	Add Flash Lite player	Support Flash Lite fancy UI & animation
M3921	1080P Flash10	2012 Q3	Support 3D Graphic & Flash 10	Smart network media player & Casual Game

图 16-79　阿里 M390×芯片发展进程

通常播放机固件的更新升级，都是通过官网下载到 U 盘，再通过 U 盘来进行升级（图 16-80）。这样的升级方法称为离线升级，操作比较麻烦，如果搞错固件，可能会使播放机变砖，因此风险较大。

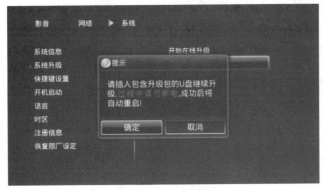

图 16-80 U 盘升级

采用阿里 M3901 方案的系统在【系统升级】项目里，还提供了一项特色的在线升级功能（图 16-81）。升级时，系统首先会检测厂家在线服务器上的固件版本号是否大于机器内置固件版本号，如果检测为否，表示机器内置固件已是最新版本，会提示无需升级（图 16-82）。

图 16-81 开始在线升级

图 16-82 无需升级

如果检测是，则会自动执行升级，进程如图 16-83～图 16-85 所示，升级完成，按确定键重启机器。

图 16-83 在线升级之一

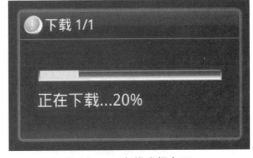

图 16-84 在线升级之二

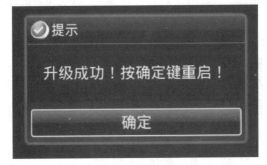

图 16-85 在线升级之三

<<<<<<<<<<<<<<<<<<<<<<<<<<<

采用海思 Hi3716M 方案多用于有线电视高清机顶盒和网络高清播放器上，如同洲 N9201、九州 DVC-7058CM、长虹 DVB-C8000BG、创维 HC2600、海信 DB808HC、数源 SH176-M、华为 DC3550、汤姆逊 DC17123i、佳彩 D669、九联 HDC-2100X 等，此外还有电信机顶盒，如烧友们熟知的华为 EC2108。

随着内置安卓操作系统的网络高清播放机的逐渐流行，采用海思 Hi3716M 方案的网络高清播放机有开博尔 K610i 安卓版、海美迪 Q2、Q4、HD600A 安卓版等。而采用该方案的，能够结合卫星接收和网络播放的高清机还比较少见。本章就介绍一款国内 JOYBOX 团队于 2013 年 4 月推出的，采用海思 Hi3716M 方案的卓艺 J15 卫星、网络二合一高清接收机，它是 2012 年底推出的卓艺 37s（J10）机器的二代版本。

17.1 外观功能

卓艺 J15 机器全套配件如图 17-1 所示，包含一台主机、一个 12V 2A 电源适配器、一个遥控器、一个 3.5mm（4 节）转 3RCA 的 AV 线、一个 3.5mm（4 节）转 3RCA 的 YPbPr 线。

图 17-2 为 J15 机器前面板，分为左、中、右三个功能区域，左边区域是一个显示窗口，内置四位红色 LED 数码管，指示频道序号和简单的英文单词信息，数码管的左边设有红色的工作指示灯；中间区域为一排操作按钮，从左到右依次为 POWER（待机）、MENU（菜单）、OK（确认）频道+、频道-、音量+、音量-共七个按键，右边区域为一个仓门。

图 17-1　卓艺 J15 机器配件　　　　　图 17-2　J15 机器前面板

仓门里面内置一个 CA 插槽和一个 USB2.0 接口（图 17-3），不过目前机器没有内置 CA 卡座板，插卡功能无效。

图 17-3　J15 机器仓门

J15 机器背面板（图 17-4）从左到右依次为：LNB IN 输入接口、RS-232 串口、微型 YPbPr 接口、微型 AV 接口、S/P DIF 光纤接口、HDMI 接口、USB2.0 接口、RJ-45 网口、一个 12V 直流电源输入接口。

图 17-4　J15 机器背面板

J15 机器底板（图 17-5）覆有塑料膜，保护机器在库房存储期间不会因为潮气侵入而导致底部锈蚀，使用时可以揭去，采用海思 Hi3716M 方案功耗不太大，机器工作时热量不大，因此 J15 机器仅在机壳底部和两侧开设散热孔。

17.2　电路主板

图 17-6 为 J15 机器的内部结构，全机是由电路主板、卫星调谐器板、操作控制板和 USB 小板组成，电路主板如图 17-7 所示。

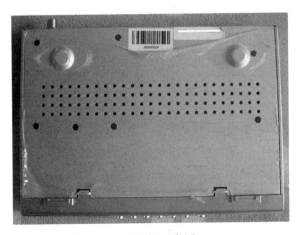

图 17-5　J15 机器底板

图 17-6　J15 机器内部结构

17.2.1　主控芯片——Hi3716M

J15 机器主控芯片覆盖的散热片，可以左右旋转一下将它轻轻拆下，就可以看到主控芯片型号为 Hi3716M（U15），如图 17-8 所示。这是深圳海思（Hisilicon）半导体公司于 2010 年度推出的三网融合高清互动机顶盒解决方案——Hi3716 系列中的一种，采用 65nm 制造工艺，QFP-216P 封装，内嵌 Cortex A9 内核，主频为 600MHz。

海思半导体公司成立于 2004 年 10 月，前身是创建于 1991 年的华为集成电路设计中心。产品覆盖无线网络、固定网络、数字媒体等领域的芯片及解决方案。Hi3716 系列有 Hi3716C、Hi3716H、Hi3716M 这三种高、中、低档次，分别定位为三网融合高清互动机顶盒中增强型、基本型和平移型。Hi3716 系列均内嵌 ARM Cortex-A9 架构处理器，只是主频不同，具体参考表 17-1。

图 17-7 J15 机器电路主板

图 17-8 Hi3716M 芯片

表 17-1 Hi3716 系列技术参数

芯片	Cortex A9 主频	三网融合定位	特 点	代 表 机 型
Hi3716C	1GHz	增强型	2D 硬件加速支持、支持 2D、3D 解码支持绝大多数音视频解码，包括硬件 HTML5 和 FLASH5	有线机顶盒有：康佳 HDC528、创维 HC2800、数码视讯 SDC-H8806 等 网络播放机有：开博尔 C5、海美迪 Q5、碧维视 BeTV-U5 等
Hi3716H	800MHz	基本型		有线机顶盒有：同洲 N9101、银河 HDC-6910、长虹 DVB-C9000M、华为 DC3262、通广 TC2921 等
Hi3716M	600MHz	平移型	不支持 3D 解码、不支持 DTS 和 AC3 硬解码	有线机顶盒有：同洲 N9201、九州 DVC-7058CM、长虹 DVB-C8000BG 等 网络播放机有：开博尔 K610I、海美迪 HD600A 等

　　Hi3716M 是 Hi3716C 的精减版，降低了 CPU 主频，精减了 3D 支持模块，因此不支持 3D 视频解码，还精减了 DTS 和 AC3 解码支持，因此也不支持 DTS 和 AC3 硬解码，不过厂商可以通过软件实现 DTS 和 AC3 解码，Hi3716M 其他性能与 Hi3716C 相当。

　　图 17-9 是 Hi3716M 芯片内部功能框图。

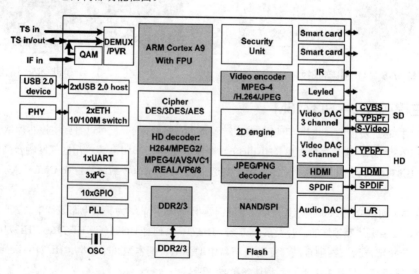

图 17-9 Hi3716M 内部功能框图

Hi3716M 主要功能特性如下。

① 内置高性能 ARM Cortex A9 处理器、双核业务处理实现机制、内置 I-Cache、D-Cache、L2 cache，支持硬件 JAVA 加速、支持浮点协处理器。

② DDR2/DDR3 存储器接口最大支持 512MB，内存位宽 16bit，支持 SPI FLASH、NAND FLASH。

③ 视频解码部分，支持 H264 MP，HP@ level 4.1，支持 MPEG1、MPEG2 MP@HL、MPEG4 SP@L0-3、ASP@L0-5，支持 Divx4～6，支持 AVS 基准档次@级别 6.0，支持 RealVideo8/9/10，支持 VC-1 AP，支持 VP6/VP8，支持 1080p（30fps）的实时解码能力，支持去噪和去块效应等视频后处理。

④ 图片解码部分，支持 JPEG、PNG 解码，最大均支持 6400 万像素。

⑤ 音视频编码部分，支持 H.264/MPEG-4 视频编码，最大分辨率可达 800×600@25fps，支持 JPEG 编码，视频编码提供动态码率和固定码率的模式，支持 1 路语音编码，支持回声抵消。

⑥ 音频解码部分，支持 MPEG L1/L2 解码，支持 Dolby Digital、Dolby Digital Plus 解码、Dolby Digital Plus 转码，支持 Dolby Digital 透传，支持 DTS/DTSHD Core 解码，支持 DTS 续传，支持 DRA，支持 downmix 处理、重采样、两路混音、智能音量控制。

⑦ TS 流解复用/PVR 部分，支持 3 路 TS 流输入，含 1 路 IF 输入，最大支持 96 个硬件 PID 过滤器、支持 CSA2/CSA3/AES/DES 解扰算法、支持全业务 PVR，支持加扰流和非加扰流的录制。

⑧ 音视频接口部分，支持 PAL/NTSC/SECAM 制式输出、支持制式强制转换，支持 4：3/16：9 宽幅比、宽幅比强制转换、支持无级缩放，支持高清、标清同源输出或 2 路不同内容的输出，支持 HDMI 1.4 和 HDCP1.2 标准。

Hi3716M 芯片典型应用方案如图 17-10 所示。

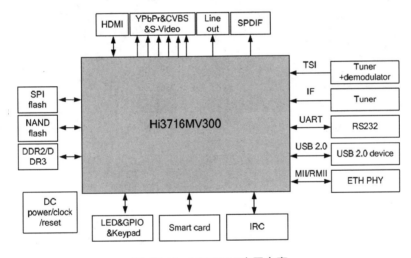

图 17-10　Hi3716M 应用方案

17.2.2　存储器

J15 机器采用 NAND FLASH＋DDR SDRAM 存储系统方案，如图 17-11 所示。

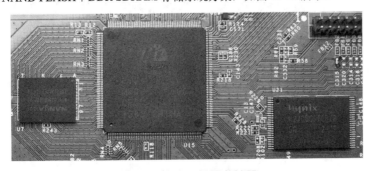

图 17-11　J15 机器存储器

447

其中 NAND FLASH 采用 Hynix（海力士）公司的 H27UBG8T2BTR-BC 或 H27UBG8T2ATR（U21），采用 4096M×8bit 结构，容量为 4GB，用于固件存储；DDR SDRAM 型号为台湾南亚（NANYA）公司的 NT5CB256M16BP-DI（U7），这是一款 DDR3-1600 800MHz 内存芯片，采用 BGA 封装，256M×16bit 结构，容量为 512MB，用于系统运行中的数据存储内存。

17.2.3　音视频接口

J15 机器的音视频输出接口可提供数字和模拟两种信号，数字视频采用 HDMI 接口（J25），如图 17-12 所示，**预留了 ESD（静电保护器）元件（U2/U5）位置，但没有 TVS（瞬态抑制二极管）阵列贴片。**

AV 接口（J1），YPbPr 接口（J2）采用 3.5m 贴片式四芯插座，如图 17-13 所示，通过附送的 3.5mm 四极插头转 3RCA 线，为老式的电视机传送 AV、YPbPr 模拟音视频信号。其中 YPbPr 接口采用美国 Fairchild（飞兆）半导体公司的三通道视频滤波驱动芯片——FMS6363A（U12），当采用逐行色差端口接收时，画质能够得到显著的提升。

图 17-12　J15 机器 HDMI 接口

图 17-13　J15 机器模拟音视频接口

Hi3716M 主控芯片内置了音频 DAC，因此在 J15 机器中只采用 SGM8903（U9）构成音频前置电路放大后，为 R、L 接口提供模拟音频信号。

17.2.4　RJ-45 网络接口

J15 机器提供了一个 RJ-45 网络接口（J23），如图 17-14 所示，网络座内有红、绿两个 LED 指示灯，显示网络状态。网卡芯片为美国 Micrel（麦克雷尔）公司的 KSZ8041NL（U3），这是一款 10Base-T/100Base-TX 物理层收发器（PHY）。在网口座和网络芯片中间采用 Pulse（普思）网络变压器 H1102NL（T2），作为传输数据和网络隔离之用。

图 17-14　J15 机器网络接口

17.2.5　RS-232 串行接口

J15 机器 RS-232 串口通过连线和主板的 J17 插座相连接，没有采用专用的 RS-232 接口转换芯片，而是采用两个贴片三极管（Q7、Q8）构成的简单的分立元件电路来完成这种电平转换。

17.2.6　电源管理

电路主板设置了三个厂标型号为"1930"电源管理芯片，如图 17-15 所示，分别为主板提供 5V（U8 提供）、3.3V（U3 提供）、1.2V（U13 提供）三组电压，其中 1.2V 为可控电压，待机时为 0V。

17.3　其他电路板

17.3.1　调谐器电路板

J15 机器卫星接收部分采用单独的卫星调谐器电路板，通过排线（J1）和主板 J34 插座连接（图 17-16），完成 DVB-S/S2 卫星信号接收功能。厂家可以后续开发有线调谐器电路板，提供含有有线电视接收功能的固件，也可以接收数字有线电视。

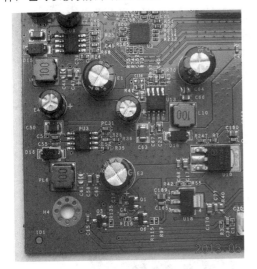

图 17-15　J15 机器电源管理芯片

图 17-16　J15 机器调谐器连接

调谐器电路板采用 Can Tuner（铁壳调谐器）＋板载解调器方案，如图 17-17 所示。

（a）正面

（b）背面

图 17-17　J15 机器调谐器电路板

调谐器电路板中 Can Tuner 铭牌贴纸被撕下，型号未明。板载解调器芯片型号为 M88DS3103（U1），该芯片我们在第 14 章 14.2.7 节已经介绍过，这是一款具有盲扫功能的 DVB-S2 解调芯片。

对于 LNB 供电部分，采用了美国 MPS（芯源）公司的 MP8125（U3）芯片，它和 DBL121S-SY 机器使用的 MP8126 芯片同属于一个 LNB 专用电源控制芯片系列。实际上 J15 机器整个外壳设计风格都和 DBL121S-SY 机器类似（图 17-18）。

（a）J15 机器

（b）DBL121S-SY 机器

图 17-18　J15 和 DBL121S-SY 外观对比

17.3.2　USB 插座板

USB 插座板如图 17-19 所示，仅仅是将主板上的 J19 插座通过连接线引到本板上。

（a）正面

（b）背面

图 17-19　CA 卡座板

17.3.3　操作控制板

J15 机器的操作控制板（图 17-20）采用 TM1628 作为 LED 数码管及键盘管理芯片，TM1628 是一种带键盘扫描电路接口的 LED 驱动控制专用电路。内部集成有 MCU 数字接口、数据锁存器、LED 高压驱动、键盘扫描等电路。

（a）背面

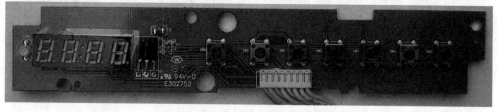
（b）正面

图 17-20　J15 机器操作控制板

17.4　引导系统选单

J15 机器采用安卓网络和卫星电视双系统，两个系统为独立的系统，互不关联，每次开机时，都经过一个系统选单界面，也就是 J15 机器的引导系统。

17.4.1 系统选单

每次刚开机时，机器数码管会显示"boot（开机）"，再显示"LoAd（加载）"英文字符提示，J15 机器先出现启动画面，接下来进入双系统选单（图 17-21），默认是进入安卓网络系统。

图 17-21 双系统选单

用户可以进入【系统设置】（图 17-22），更改默认启动为"卫星电视"，还可以进行倒计时设置，也就是进入系统的延时时间，有"关、0、10、15、20"五个选项，其中"0、10、15、20"表示延时多少秒钟自动进入默认启动系统，"关"就是不自动进入，停留在【系统设置】界面上，需要用户手动选择，系统默认为"20"秒。

图 17-22 系统设置

小提示：

用户没有特殊要求，不建议将倒计时设置为"0"，否则可能来不及进行双系统选择，需要在菜单系统设置界面出现的瞬间，立刻按遥控器下键解决。我们这台机器的 Loader 引导版本为 V1.21，建议厂家在下一个版本中，在【倒计时设置】选项中再添加"5"秒选项。

17.4.2 卫星系统启动

选择电视进入，机器出现开机画面，机器数码管会显示"SATE"字符，是 Satellites（卫星）单词的前四个字母，然后会显示"boot"，当瞬间显示"Good（好）"后，机器就处于正常工作状态了，此后数码管显示频道号"C×××"，其中 C 是"Channel（频道）"缩写，"×××"为频道序号。

17.4.3 安卓系统启动

选择安卓进入，机器数码管始终显示"And"字符，是 Android（安卓）的缩写词，机器先出现开机画面，然后是经典的"Android"动画。

J15 机器切换到另一个系统时，需要按遥控器 SAT/Android 键，机器会自动重启，然后从开机的系统设置中选择进入。建议将这个 SAT/Android 键更改为真正意义上的卫星、安卓系统切换键，也就是说，在卫星系统下，按该切换键重启后，直接快速进入安卓系统；在安卓系统下，按该切换键重启后，直接快速进入卫星系统。

17.5 卫星系统使用

17.5.1 频道搜索

J15 机器主菜单有【卫星频道】、【网络配置】、【用户选项】、【系统设置】和【USB】五大项目，从【系统设置】→【信息】可以查看到软件版本，我们这款机器为 2013 年 5 月 22 日推出的 V2.00.21 版本（图 17-23）。

图 17-23   版本信息

（1）**卫星配置**   使用时，首先需要进入【卫星频道】项目里【卫星安装】里（图 17-24），对所需要接收的卫星进行配置。

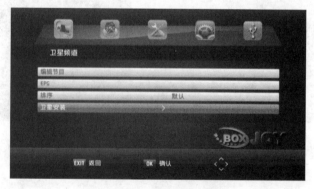

图 17-24   卫星频道界面

在图 17-25 界面左边卫星栏选择要寻找的卫星，然后到右边设置该卫星的本振频率、切换开关端口等参数。J15 机器的卫星切换开关很简单，也非常人性化。例如，我们接收中星 6B 卫星位于八切一开关的第四个端口下，只要在【DiSEqC1.1】项目上选择"LNB4"即可。

（2）**寻星**   卫星配置完成后，按 EXIT（退出）键返回左边卫星栏，再按 PLAY 键可展开该卫星的转发器栏，选一组信号最强的转发器，再按 OK 键，移动天线，当右边出现绿色的"√"代表信号锁定（图 17-26），然后微调天线到使得界面中显示的信号质量数值最大，表示天线已调整到最佳

图 17-25   卫星安装

位置。

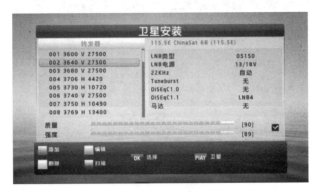

图 17-26　寻星

 小提示：

在转发器栏中，还可以编辑（用绿色键）、添加（用红色键）或删除（用黄色键）转发器。

（3）**盲扫**　所有卫星设置完成后，然后再返回卫星栏按 OK 键对需要搜索的卫星进行勾选，再按蓝色键搜索频道（图 17-27），其中【扫描模式】有默认、盲扫、网络三种，默认模式是按照内置的 satellites.xml 卫星节目表进行扫描，网络模式是按照网络信息表（NIT）扫描，这里我们选择盲扫模式。

图 17-27　盲扫

盲扫每一颗卫星均分两步进行的，J15 机器系统会先扫描该卫星的所有转发器（图 17-28），包括采用 DVB-S、DVB-S2 调制的信号都可以扫描到。待全部转发器扫描出来后，系统会自动将其存储到内置的 satellites.xml 卫星节目表中，并且自动转为对该卫星转发器进行节目搜索（图 17-29）。

图 17-28　转发器盲扫

图 17-29　节目搜索

一颗卫星完成后，接下来自动对下一个卫星进行盲扫，直至所有勾选的卫星节目都被搜索出来。在搜索过程中，机器数码管会显示"SCAN（扫描）"字符，搜索完成后，系统会自动保存，保存完成后会自动退出并进入搜索出来的第一个频道的播放中。

（4）单频扫描　单频扫描就是手动搜索卫星的某一个转发器下的频道，在转发器栏里，选择一个转发器，按蓝色键，并选择默认模式就可以搜索该转发器下的频道（图 17-30）。

图 17-30　单频扫描

17.5.2　节目播放

搜索完成后，就可以收看节目了。按遥控器上的 OK 键，可调出卫星列表，再按 PLAY 键选择所需要收看的卫星（图 17-31）。对于加密频道，有"$"图标提示。换台时，可以按遥控器 RECALL（返回）键快速返回之前观看的频道。

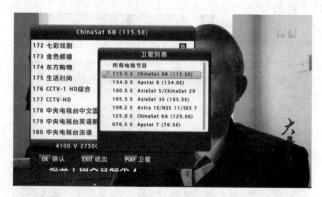

图 17-31　卫星列表

（1）节目信息　在节目播放中，按一次遥控器上的 INFO（信息）键，可显示当前节目信息条（图 17-32），J15 机器的节目信息条太简单了，左边是频道号和频道名称、右边是显示当地实时时间，下面是 EPG 显示条。

图 17-32　节目信息条

按两次 INFO 键，可显示当前节目详细信息，虽说是详细信息，也只是增加了下行频率和信号质量参数显示。

（2）网络校时　J15 机器采用网络校时，节目信息条可以显示正确的时间。如果显示时间不正确，请首先检查互联网是否连接正常？然后再从【用户选项】→【国家地区】中，检查【时区】设置是否正确？如图 17-33 所示。

图 17-33　国家地区

（3）节目 EPG、音频和字幕　节目信息条显示的"搜索中…"应该显示 EPG 信息，不过目前的版本不支持网络 EPG，也不支持节目携带 EPG 信息的显示，按遥控器上的 EPG 键，也是显示的"搜索中…"。

J15 机器支持音频多层伴音和字幕语言选择，分别通过 AUDIO、SUBTITLE 键操作。

（4）分辨率、宽幅比和视频制式　J15 机器提供了分辨率、宽幅比、视频制式设置，其中视频制式调整需从【用户选项】→【视频】→【视频制式】选项进入，有 PAL、NTSC 两种，如图 17-34 所示。

图 17-34　视频设置

分辨率和宽幅比的设置可以直接通过遥控器上的快捷键操作，在节目播放状态下，按绿色键可调整视频分辨率，在 PAL 制式下，有自动、576i、576p、720p、1080i、1080p 六种视频分辨率格式选项，在 NTSC 制式下，有自动、480i、480p、720p、1080i、1080p 六种格式选项，调整时，画面会显示相应的格式显示。

按黄色键可调整画面宽幅比，有自动、4∶3 Full、4∶3 Pan&Scan、4∶3 Letter Box、16∶9 宽屏五种模式，调整时，画面会显示相应的模式显示。

17.5.3　频道编辑

（1）**编辑频道**　和一般卫星接收机一样，J15 机器提供了移动、跳过、锁定、删除、喜爱、重命名六种简单的频道编辑功能，从【卫星频道】→【编辑节目】选项进入（图 17-35），进入时需要输入密码默认密码为"0000"。

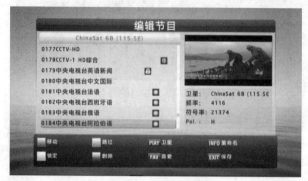

图 17-35　编辑频道

J15 机器的跳过功能是指：在操作频道+/-键时，跳过所设定的频道。锁定功能就是对频道加锁，观看该频道时，需要输入密码才能播放。不过 J15 机器和其他接收机不同之处就是：对于每一个加锁频道，只要输入一次密码后就可解锁，换台后重新播放该频道，无需再输入密码，除非重新开机后需再次输入。

喜爱频道编辑是将用户喜爱的频道通过 FAV 键添收藏到电影、新闻、体育、音乐类别中，如图 17-36 所示。

图 17-36　喜爱频道编辑

播放时，按 FAV 键可以调出喜爱频道列表，按遥控器左右键选择喜爱类别。

（2）**频道排序**　J15 机器提供了按加密类型、频率、字符顺序的频道排序功能（图 17-37）。其中按加密类型排序值得推荐，例如，我们接收 105.5°亚洲 3S 卫星，里面的加密频道和免费频道鱼龙混杂，而执行按加密类型排序，可以使得每颗卫星频率列表按照先免费、后加锁的规则排序，并且免费、加锁的频道均按照下行频率由低到高的规则来排列的。

图 17-37　频道排序

这样，我们要看免费频道非常方便的，只要操作频道+/-键，就可以播放排列在频道列表前面的免费频道。

 **小提示：**

频道排序是不能保存的，下次重启机器会自动失效，恢复到默认排序状态。

17.5.4 网络设置

J15 机器提供的网络功能主要用于网络共享和网络校时，机器支持有线和无线网络，连接前，需要进行【网络配置】，如图 17-38 所示。

图 17-38 网络配置

（1）有线网络设置 有线网络设置很简单，先按红色键启用，再按绿色键将 DHCP 功能打开，然后按 EXIT 键，机器会显示 Configing network, Please Wait（网络配置中，请稍候），不一会儿就自动连接网络获取相关参数（图 17-39）。

图 17-39 有线网络设置

（2）无线网络设置 目前 J15 机器可支持 DLINK DWA-125 网卡，先将 WiFi 网卡插入机器 USB 接口上，再按红色键开启无线网络，按绿色键将 DHCP 功能打开（图 17-40）。

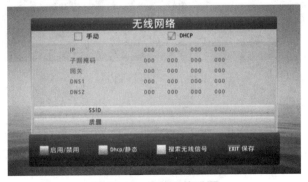

图 17-40 无线网络设置

然后按黄色键搜索无线网络信号，机器会自动扫描出你周围的 WiFi 热点，显示 AP 列表（图 17-41），其中有加锁图标的为加密信号，按 OK 键在弹出的虚拟键盘内输入密码（图 17-42）。完成后按 EXIT 键退出，机器就自动连接网络获取相关参数。

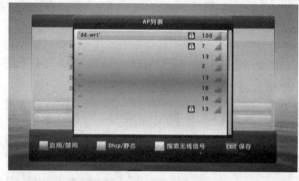

图 17-41　AP 列表

图 17-42　虚拟键盘输入密码

我们测试一款采用 RT5370 方案的网卡，在安卓系统上可以使用，但在卫星系统中无法使用，厂商回复是：卫星系统下没有加入该网卡的驱动。

（3）网络测试　J15 机器提供了简单的网络测试功能，如图 17-43 所示，项目框内绿色"√"表示测试正常。

图 17-43　网络测试

17.5.5　加密节目收视

J15 机器对加密节目的收视提供了免卡收视和网络共享两种方法。

（1）网络共享　J15 机器支持 U 盘输入账号，账号格式就是 CCcam 协议通用的 CCcam.cfg 账号文件格式，只是将它重命名为"softcam.cfg"，再复制到 U 盘根目录下，然后将 U 盘插入机器的 USB 接口上，从【网络配置】→【Softcam 配置】项目，按红色键导入账号，按蓝色键启用账号（图 17-44）。配置完成后，按 EXIT

键退出就可以观看共享节目了。

图 17-44　Softcam 配置

J15 机器一次可以导入 64 个 CCcam 协议账号，当联网正常、账号正常的服务器后面出现绿色"√"，如果需要删除账号，按绿色键或黄色键即可。

（2）**免卡收视**　J15 机器支持 U 盘导入免卡 key 文件收视相关破解的加密频道，用户可以将 constant.cw 文件重命名为"constcw.bin"放进 U 盘，再将 U 盘插入机器中，从【USB】→【软件升级】进入，选择 constcw.bin 文件，按两次 OK 键就将文件写入机器中，这样就可以看免卡的加密频道了。

17.5.6　PVR 功能

J15 机器支持外置的 USB 存储器（包括移动硬盘、U 盘等）可实现 PVR 功能，主要包括节目的录制、回放和时光平移功能。

（1）**磁盘格式化**　J15 机器提供了磁盘格式化功能，从【USB】→【PVR 配置】进入【格式化】选项，如图 17-45 所示。

图 17-45　PVR 配置

在【系统文件】有 FAT32、NTFS 两个格式化选项，格式化如图 17-46 所示。格式化时，机器数码管会显示"USB"字符。当然，如果你的硬盘本身就是 FAT32 或 NTFS 系统，也可以不格式化。

格式化完成后，可以进入【录制设备】选项查看磁盘空间。

（2）**节目即时录制**　J15 机器只有即时录制功能，在节目播放中，按 PVR 键对当前正在播放的节目进行录制，第一次录制时，系统会自动将创建一个保存录制文件的文件夹"PVRRECORD（PVR 录制）"。

在录制过程中，屏幕左上角始终显示已录制时长和闪烁的录制图标（图 17-47），按 EXIT 键可以消隐这个显示，按 MENU 键可再次恢复显示。在录制过程中，用户可按 INFO 键查看录制相关的实时信息（图 17-48），了解剩余磁盘空间、录制节目的文件名、录制码率、已录制文件的大小。

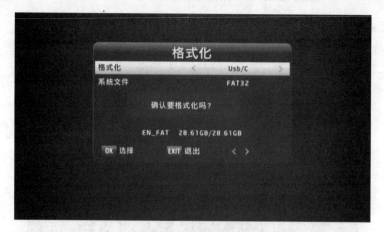

图 17-46　格式化

图 17-47　节目录制中

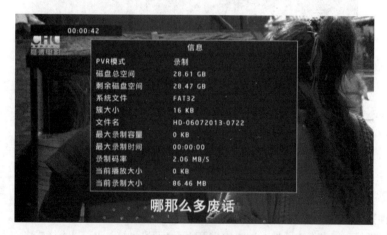

图 17-48　录制实时信息

在录制过程中，可换台观看同一个转发器下的免费频道，不影响录制；在不同一个转发器下换台，显示"录制"提示，图像黑屏。停止录制时，需按 STOP（停止）键，再按 OK 键才能停止。

（3）录制节目回放　J15 机器对录制节目的回放比较麻烦一些，需要在主菜单下，从【USB】→【多媒体】→【PVR】（图 17-49），打开 PVRRECORD 文件夹（图 17-50），建议在遥控器上设置 PVRRECORD 节目回放的快捷键。

图 17-49　PVR 界面

图 17-50　PVRRECORD 文件夹

里面就是录制的文件，录制文件名称是以"频道名称－日月年－时分"格式命名，文件后缀名为"pvr"，如图 17-51 所示，播放时，屏幕会出现"初始化"短暂提示，按红色键可全屏播放。

图 17-51　录制节目回放

回放时，可以操作遥控器 REW（快退）、FWD（快进）键选择×2、×4、×8、×16、×32 五种速度播放。遥控器上还设置 PREV（上一页）、NEXT（下一页），

两个按键，可快速切换到上或下一个录制节目，这个功能值得赞扬。

（4）**录制节目管理**　J15 机器对录制节目管理只提供了删除和重命名操作，建议添加录制节目加锁功能。

（5）**时光平移**　当连接好 USB 存储器，遥控器 PAUSE 键就变为时光平移键。时光平移暂停时，屏幕会显示暂停图标，并且和录制状态一样，屏幕左上角始终显示已平移的时长和闪烁的录制图标。按 PLAY 或 PAUSE 键可进行时光平移播放，屏幕下方会显示平移节目信息条界面，如图 17-52 所示，此时按 REW、FWD

键可以对平移节目进行五种速度的快进、快退操作。

图 17-52 时光平移播放

按 STOP 键、再按 OK 键可停止时光平移，此时 U 盘的时光平移暂存文件自动消失。

（6）电脑播放 采用 J15 机器上格式化硬盘的盘符为"123456789"，录制文件保存在 PVRRECORD 文件夹下，每录制一个节目，均会生成一个"频道名称－月日年－时分.pvr"格式命名的子文件夹（图 17-53）。

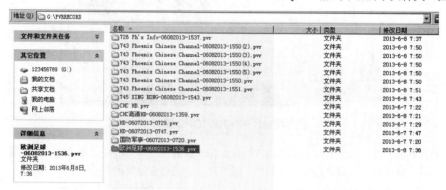

图 17-53 录制文件分析之一

每一个 pvr 文件夹（图 17-54）均有一个或多个 data0001.ts，以及一个 data0001.ts.idx 文件，前者为录制的 ts 文件，当硬盘格式为 FAT32 文件系统时，每一个录制文件不超过 4GB（4096kB），超过后会自动添加 0001、0002、……序号后缀，电脑播放时，需要重命名一下，删除这些序号后缀。data0001.ts.idx 文件则是机器播放的索引文件，如果删除它，在机器中只能显示录制文件名，不能播放其内容。

图 17-54 录制文件分析之二

 **小提示：**

录制前，建议硬盘格式化为 NTFS 文件系统，这样录制时不受 4GB 容量的限制，长时间录制时，也不会有许多分割文件。

（7）多媒体文件播放 J15 机器卫星系统【多媒体】选项提供了【音乐】和【电影】两个选项，各自负责相关联的文件播放。在【音乐】选项中，可以播放 mp3、wma 格式的音乐文件（图 17-55）。

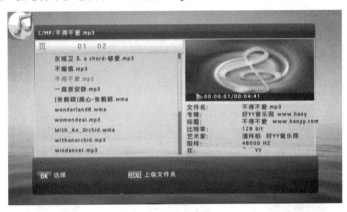

图 17-55 音乐播放

在【电影】选项中，可以播放 avi、mkv、mov、mpeg、mpg、mp4、ts 这些后缀格式的文件，并且支持 DTS 音频格式的软解码。对于 flv、f4v、rm、ram 格式，硬件是支持播放的，只是系统软件无法识别其后缀名，添加 ".ts" 后缀即可解决（图 17-56）。建议厂家在新版本中增加对这些格式后缀名的识别。对于 wmv 格式，则不支持其播放。

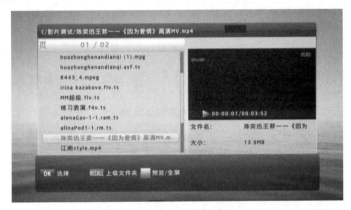

图 17-56 电影播放

在电影播放中，按 INFO 键可查看显示视频的相关信息（图 17-57），包括视频文件的时长、文件名、大小、视频分辨率、音频采样率。

图 17-57 电影播放相关信息

小提示：

进入【PVR】界面播放，无论是音乐、电影，还是 PVR 文件夹，只要播放里面的文件，机器数码管都会显示"USB"字符。

17.6 安卓系统使用

图 17-58 为安卓系统主界面，有【我的应用】、【浏览器】、【设置】、【电影】、【音乐】、【相册】、【共享管理】七大选项。为了便于截图观看，我们设置 OSD 字体为最大，安装了 NoRootScreenshot 截图软件、插入 USB 鼠标，在截图界面中有指针停留就是这个原因。

图 17-58 安卓系统主界面

从【设置】→【设备信息】（图 17-59）可以看到这台 J15 机器安卓系统型号为：Full AOSP on godbox，其意是 godbox 型号的机器采用完全开放的安卓系统源代码，AOSP 是 Android Open Source Project 的缩写，即安卓源代码开放计划，系统采用安卓 4.0.3 版本，内核版本为海思（Hisilicon）3.0.8。

图 17-59 设备信息

小知识：安卓内核

在 Linux 的术语中，操作系统被称为"内核"，也可以称为"核心"。Linux 内核的主要模块（或组件）有：存储管理、CPU 和进程管理、文件系统、设备管理和驱动、网络通信，以及系统的初始化（引导）、系统调用等。安卓的内核是基于 Linux2.6 内核的基础上开发，是一个增强内核版本，除了修改部分 BUG 外，还提供了用于支持安卓平台的硬件驱动、电源管理、系统内存等，因此有所谓的省电的内核、增加内存的内核一说。

注意：安卓内核与安卓系统版本并没有固定的对应关系。

17.6.1　系统设置

J15 机器安卓系统的设置选项大部分和安卓手机一样，只是在【设置】选项增加了部分机顶盒特有的设置功能。

（1）网络连接　作为安卓机顶盒，必须连接网络才能有更多的可玩性。【无线和网络】选项界面里提供了无线 WiFi 网络和有线网络两种局域网连接功能（图 17-60）。有线局域网网络连接更简单，设置自动获取 IP 地址即可（图 17-61）。

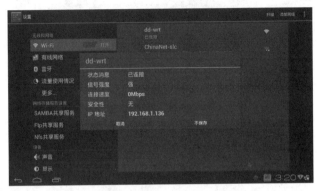

图 17-60　无线 WiFi 网络连接

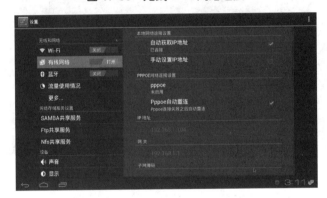

图 17-61　有线网络连接

当然，如果你采用 PPPoE 拨号也可，只要将 J15 机器通过 RJ-45 网线连接到 ADSL 猫上，再启用填写 PPPoE 协议的账号和密码，完成后就可以进行拨号连接。

（2）显示设置　有别于安卓手机，作为安卓系统的机顶盒，在【显示】选项中，提供了【分辨率】、【图像设置】、【显示区域设置】、【电视宽高比】、【保持宽高比】这些适用于电视屏幕的参数设置（图 17-62）。

图 17-62　显示选项

【分辨率】设置应根据你的电视机可显示的分辨率进行相应的选项设置（图 17-63），其中前面 6 种为高清显示选项，后面的 PAL、NTSC 为标清显示选项。

图 17-63　分辨率

【图像设置】为亮度、色度、对比度、饱和度设置，一般无需设置（图 17-64），保持默认值即可。

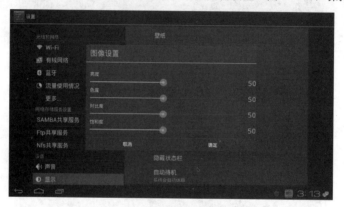

图 17-64　图像设置

【显示区域设置】有四个选项（图 17-65），其中前面两个选项是调整画面在屏幕中的位置，使其能够处于屏幕中心。后面两个选项是调整画面大小，使其能够充满屏幕。

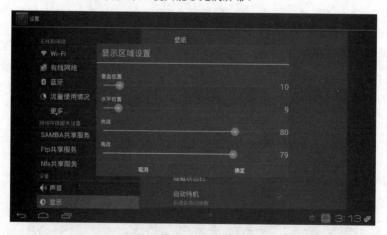

图 17-65　显示区域设置

【电视宽高比】是指电视机屏幕的宽高比（图 17-66），如果你采用的是 16∶9 的平板电视，就选择"16∶9"；如果你采用的是 4∶3 的老式显像管电视，就选择"4∶3"。

图 17-66　电视宽高比

【保持宽高比】是指画面变换模式，有四个选项，如图 17-67 所示。

图 17-67　保持宽高比

其中"关闭"就是不保持宽高比，画面不作变换，画面会充满屏幕。"加黑边"就是保持垂直部分不变，左右部分因保持宽高比，会收缩，出现黑边现象。"剪切"就是保持视频部分不变，垂直部分因保持宽高比，会扩展到屏幕之外，因此上下画面被剪切。"复合"则是"加黑边"和"剪切"的综合应用，就是加黑边面积为原来"加黑边"选项的一半，剪切面积为原来"剪切"选项的一半。

小提示：

【保持宽高比】只有在视频播放器中有效，其他的网络视频播放无效，因为这些网络视频有本身自带的画面变换设置。

（3）时间设置　所谓时间设置就是在【日期和时间】选项中（图 17-68）设置好你所在地区的时区，时间本身是从互联网校时的，无需设置。

图 17-68　日期和时间

467

（4）存储空间　【存储】选项可显示内部存储、NAND 和 SDA 的存储信息，如图 17-69 所示。

图 17-69　存储

　　其中内部存储空间和 NAND 均共用 NAND FLASH 芯片的 4GB 存储空间，只是人为将其划分为内部存储空间、NAND 这两个分区。内部存储空间划拨容量为 1.36GB，为系统盘，机器系统软件、各种应用软件都安装在该分区上，如图 17-70 所示，显示的该分区上已安装的应用程序占用 112MB、可用空间为 1.21GB，还可以安装更多的安卓应用软件。

图 17-70　内部存储空间

 小提示：

　　内部存储空间的内容是隐藏的，不分配盘符，无法通过文件管理器访问的。

　　NAND 分区分配盘符为"C"，划拨容量为 1.49GB（图 17-71），是机器默认的存储设备，用于各个应用软件的数据缓存、下载等。该分区可以清空数据，也可以卸载，当机器重新启动后会自动挂载上。

图 17-71　NAND 分区

SDA 分区为外部 USB 存储器（图 17-72），分配盘符为 "D"，J15 机器可以插入两个 USB 存储器，第 2 个插入的将被命名为 "SDB"，分配盘符为 "E"。

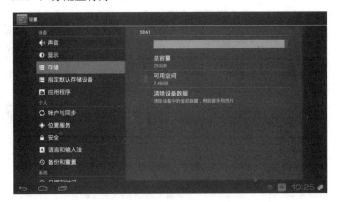

图 17-72　SDA 分区

17.6.2　网络播放

J15 机器的网络播放集中在【我的应用】选项里（图 17-73），版本已内置了搜狐电视直播，以及 PPS 影音、腾讯视频、优酷、搜狐视频 TV、爱奇艺影视、PPTV HD 等网络播放应用软件。

（a）

（b）

图 17-73　我的应用

（1）**搜狐电视直播**　搜狐电视直播是一个在线直播电视，版本信息如图 17-74 所示。在播放中，按遥控器 EXIT 键可调出节目表。

图 17-74　版本信息

在显示节目表时，在按左右键可查看节目表分类，有全部、高清、央视、卫视，以及各省市、港澳台等类别。按 MENU 键调出设置界面，可以切换节目源、删除分类、检查更新等操作。在节目播放中，按遥控器上下键换台，也可以直接输入频道信号换台，换台时有缓冲提示提示（图 17-75）。在节目播放中，按 OK 键，可以进行画面比例切换。

图 17-75　换台时有缓冲提示

评语：搜狐电视直播绝大多数为国内频道，画质一般，一些频道切换时缓冲比较大。

（2）PPS 影音　PPS（全称"PPStream"）影音号称是全球第一家集 P2P 直播点播于一身的免费网络电视软件，能够在线收看电影电视剧、体育直播、游戏竞技、动漫、综艺、新闻、财经资讯等。由于是采用 P2P 传输，越多人看越流畅。我们使用的 PPS 影音版本信息如图 17-76 所示。

图 17-76　版本信息

PPS 影音主界面如图 17-77 所示，左边是项目分类，右边是一些推荐影片的画面。PPS 影音特色内容很多，分类齐全。首页有原创分享、最新更新、每日焦点、内地剧场、港台剧场等 24 项大类，每一个大类下还有许多小的子分类。首页还有拍客选项，支持用户将自己拍摄下来的视频通过本地上传。

图 17-77　PPS 影音主界面

PPS 影音播放界面如图 17-78 所示，在播放中，可以操作遥控器进行快进、快退和暂停操作。

图 17-78　播放界面

一些影片具有还具有下载功能，默认保存在 C 盘下。建议插入容量更大的 U 盘，并将该盘设置为当前的默认存储设备（图 17-79）。

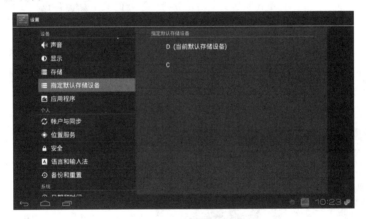

图 17-79　默认存储设备

下载时，先点击剧集，再点击下载按钮，此时界面会显示存储器的总容量、剩余容量和下载影片的本地容量（图 17-80），下载的同时，还可以播放其他的视频。完成下载后，可以从下载选项中（图 17-81）观看已下载的视频。

图 17-80　影片下载

图 17-81　下载选项

　　PPS 影音【设置】下的【设置下载选项】是无效的，下载的文件是保存在存储器的/.pps/download文件夹下，可以离线观看。

　　PPS 影音提供 HP（H.264 High Profile）和 BP（H.264 Base Profile）两种编码视频源，HP 编码视频清晰度高，适合中高端设备播放，BP 编码视频兼容性好，适合大部分设备播放。对于标注 BP 的视频源需要注册才能下载。

　　评语：PPS 影音界面新颖漂亮，分类多资源很丰富，分类设计也很合理，很容易找到喜欢的电影电视类型。HP 的视频源清晰度还可以接受。此外，还能够提供影片的下载功能。

图 17-82　主界面

　　（3）爱奇艺影视　爱奇艺影视主界面（图17-82）有最新更新、电视剧、综艺、电影、娱乐、动漫、财经、片花、音乐、体育、旅游、纪录片、用户中心、我的收藏、观看记录、搜索共 16 个选项，其中最后四个选项为用户个性化选项，例如在【用户中心】的设置选项（图 17-83）中，可以设置视频源的清晰度和跳过片头。

图 17-83　用户中心设置

　　播放时，会有断点记忆提示功能，播放界面如图 17-84 所示。

图 17-84 播放界面

评语：爱奇艺影视播放页面设计干净简洁、片源清晰度还可以，提供的跳过片头功能，可以节约用户观看时等待时间。

（4）其他网络视频 图 17-85、图 17-86 为 PPTV HD 的界面风格，腾讯视频、优酷、搜狐视频 TV 等界面风格也大同小异，这里不作详细介绍了。

图 17-85 PPTV HD 主界面

图 17-86 PPTV HD 播放选择界面

17.6.3 网页浏览

通过【浏览器】可以进行网页浏览，浏览前建议连接 USB 鼠标，比使用遥控器操作方便了许多。使用时，可以点击右上角"⋮"图标，在【设置】（图 17-87）的辅助功能选项中调整一下显示的文字大小（图 17-88）。

图 17-87　网页浏览

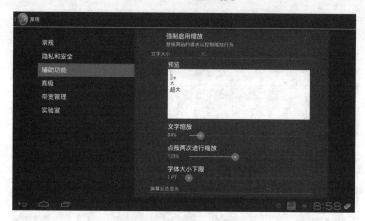

图 17-88　调整文字大小

浏览时，双击页面，可进行缩放，点击地址栏右边的"☆"可以保存为书签，如图 17-89 所示。

图 17-89　保存为书签

17.6.4　本地播放

【相册】、【音乐】、【电影】选项为本地的多媒体播放，也就是离线播放。

（1）相册　打开相册时，系统会自动搜索机器存储器里面的图片文件，打开时会提示选择哪个应用程序（图 17-90），选择图库程序，每页最多会呈现 12×6 个缩略图（图 17-91）。

图 17-90　打开相册

图 17-91　缩略图

打开图片后，点击最下方的"⋮"图标，在出现的工具栏里，可以旋转、删除、修剪图片，也可以幻灯片播放。

（2）音乐　【音乐】选项只能播放存储器根目录或 music 文件夹下的音频文件，在"最近添加的歌曲"里会自动对这些目录进行扫描和添加（图 17-92）。

图 17-92　音乐界面

对于节目单里某一个歌曲的删除，需将光标移到该歌曲上，长按 OK 键，在弹出的操作菜单中（图 17-93）选择删除，方可将该歌曲从存储器中彻底删除掉。播放音乐时，界面会显示专辑封面图片、演唱者、专辑名称，如图 17-94 所示。

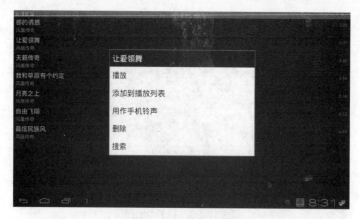

图 17-93　弹出操作菜单

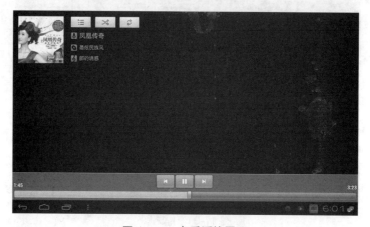

图 17-94　音乐播放界面

（3）电影　【电影】选项只能播放存储器根目录或 movie 文件夹下的视频文件，可以播放绝大多数格式的视频。进入时，系统会自动加载这些目录下的视频。播放时，系统自动调用内置的视频播放器进行播放。在播放中，按 MENU 键，在弹出的播放器控制菜单中（图 17-95）可以进行各种控制操作。

图 17-95　播放器控制菜单

删除视频时，将光标移到该视频上，按 MENU 键，在弹出的操作栏上选择删除（图 17-96），方可将该视频彻底删除掉。

我们测试发现视频播放存在以下一些问题：

① 采用多款播放器均不支持 AC3、DTS 音频解码，而在卫星系统里播放是没有问题的。前面我们已说明过，Hi3716M 不支持 DTS 和 AC3 硬解码，在卫星系统中是通过软件驱动实现 DTS 和 AC3 的软解码，而

在安卓系统中则没有这种软解码驱动能。

图 17-96　删除视频

② 同样，在安卓系统下，将卫星系统下录制含有 AC3、DTS 音频的节目采用视频播放器播放，同样没有声音；采用 VPlayer 播放，一些节目画面扩大、虽然有声音，但画面和声音均很卡，不能流畅播放。

17.6.5　文件管理

（1）**文件管理器**　【共享管理】选项就是文件管理器，也可从【我的应用】→【文件管理器】进入（图17-97），可对系统存储器文件的管理。

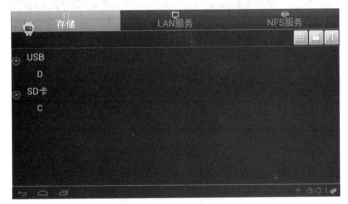

图 17-97　文件管理器

界面右上方有三个图标，分别代表查看（缩略图、列表）、过滤（所有文件、所有图片、所有视频、所有音频）、排序（修改时间、文件名称、文件大小）这些操作功能。按 MENU 键，在弹出的操作栏上选择"操作"（图 17-98），可进行文件的复制、剪切、删除、重命名操作（图 17-99）。

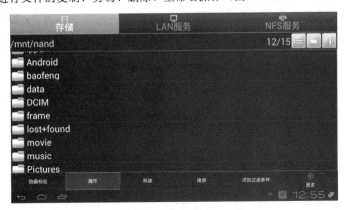

图 17-98　弹出的操作栏

图 17-99　文件操作

（2）应用软件安装　安卓系统之所以具有可玩性，归功于众多的应用软件的支持，J15 机器安装应用软件有以下两种方法。

① 从【安卓市场】安装。

以安装"VPlayer"播放器软件为例，从【我的应用】→【安卓市场】中搜索到该软件，点击"下载"按钮，等待片刻，下载完毕后，"下载"按钮变成"安装"按钮，点击它，在弹出对话框中，选择"打包安装程序"安装（图 17-100）。

图 17-100　从安卓市场安装

② 从【文件管理器】安装。

通过电脑从互联网上搜索到所需的 apk 应用软件，然后在电脑的资源管理器地址栏上输入"ftp://J15 机器 IP 地址/nand"，打开 nand 文件夹，将刚才的 apk 应用软件复制进去（图 17-101），再从【文件管理器】找到该文件点击进行安装（图 17-102）。

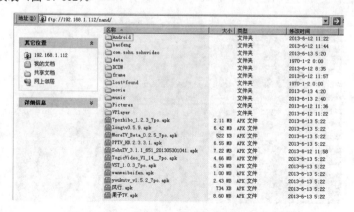

图 17-101　复制 apk 软件到 nand 文件夹

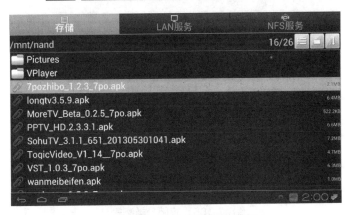

图 17-102　从文件管理器安装

如果无法打开 nand 文件夹，需要在【设置】→【Ftp 共享服务】选项中，将 FTP 功能开启（图 17-103）。

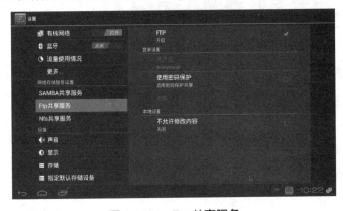

图 17-103　Ftp 共享服务

安装成功的软件会显示在【我的应用】界面下方，用户可按 MENU 键，在弹出的操作栏上（图 17-104）进行应用程序分类操作，如图 17-105 所示。

图 17-104　弹出的操作栏

小提示：

为方便使用，请务必选择可用遥控器操作的 TV 版的安卓应用软件，如使用功能复杂的应用软件，建议使用 USB 键盘和鼠标。

图 17-105　应用分类列表

（3）应用软件卸载　对于不需要的应用软件，可从【设置】→【应用程序】中，找到该软件，然后执行卸载，如图 17-106 所示。

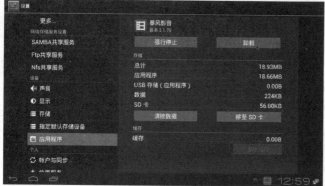

图 17-106　应用软件卸载

17.7　总评

基于引导系统 V1.21 版、卫星系统 V2.00.21 版本、安卓系统 4.0.3 版本，我们对 J15 机器一些基本性能作了简单的测试。

17.7.1　时耗测试

测试 J15 机器在开机到系统选单，需时 15 秒；卫星系统从系统选单到正常工作，需时 26 秒；安卓系统从系统选单到正常工作，需时 46 秒。J15 机器从待机中开机和断电中开机，在时耗上没有什么区别。

17.7.2　功耗测试

J15 机器正常工作时，卫星系统功耗在 10～12W 左右，安卓系统功耗在 6W 左右（未接卫星馈线），待机功耗在 0.8W 左右，待机时，数码管显示"————"。

17.7.3　建议和更新

J15 机器的强项在于安卓系统，卫星系统也还可以，和一些平民高清机相比较，用户还可以自行更换 OSD 词条、系统字库、开机画面。不过，毕竟 J15 机器才推出不久，作为一款主打安卓系统的新生机器，在其软硬件上，还有不少问题需要完善，一些小建议已在前文评测中提及过，大的建议总结如下，建议厂商参考改进。

① 卫星系统机器没有 EPG，节目信息条显示太简单，需要改进。

② 卫星系统没有定时录制功能，需要完善。

③ 在卫星系统【电影】分类中，增加对于 flv、f4v、rm、ram 这些格式后缀名的识别。

④ 建议开发适合于 J15 机器的卫星频道编辑软件。

⑤ Hi3716M 是 Hi3716C 的精减版，不支持 DTS 和 AC3 硬解码，在卫星系统里，已通过软件驱动实现 DTS 和 AC3 的软解码，建议在安卓系统中内，也提供这种软解码驱动。

⑥ 建议待机时，机器数码管显示实时时钟。

⑦ 建议在遥控器上设置 PVRRECORD 节目回放的快捷键，建议将遥控器 SAT/Android 键更改为真正的 SAT/Android 切换键，而不是现在的系统重启键，还需要再次选择系统。也就是说，在卫星系统下，按该切换键重启后，直接快速进入安卓系统；在安卓系统下，按该切换键重启后，直接快速进入卫星系统。

⑧ 在安卓系统中，卫星系统的 LNB 的 13/18V 极化供电不能关闭，增加了无用的 2W 功耗。

厂家后续对卫星系统进行了多次更新，主要版本的更新功能简单介绍如下：

从 2013.8.9 版本起，J15 机器前面板增加了信号锁定指示。当信号锁定时，指示灯显示绿色；当无信号或信号未锁定时，指示灯显示红色。

从 2013.9.17 版本起，去掉了卫星系统中多媒体播放功能，转而在安卓系统中增加了对 DTS 和 AC3 音频格式的软解码。

从 2013.11.13 版本起，正式增加了对网络 EPG 的配置，图 17-107 为 CCTV5+体育赛事高清频道的节目信息条，其中【Q:67】、[S:91]分别表示信号质量、信号强度的百分比为 67、91。下面一行显示的是网络 EPG。

图 17-107　节目信息条

网络 EPG 配置从【用户选项】中进入，如图 17-108 所示，有 DM EPG、OPENTV 和 XMLTV 三种 EPG 类型，其中 DM EPG 采用和 Dreambox 高清机一样的免费的 xltvrobbs 祥龙源，勾选后，每次开机就会自动下载 EPG，用户也可以按红色键手动下载更新（图 17-109）。

图 17-108　用户选项

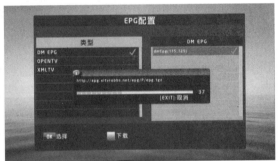

图 17-109　手动下载 EPG

2013.11.13 版本也支持卫星 EPG 显示，不过暂时不支持 EPG 语种切换，例如，108.2°E 香港 TVB 付费系统只默认显示英文 EPG。

对于定时录制功能，目前 J15 机器只支持从【卫星频道置】→【EPG】中开启 EPG 录制功能（图 17-110），按 INFO 键进入时间表，对下一个时段的节目进行 EPG 录制（图 17-111）。

图 17-110　EPG 界面

图 17-111　EPG 录制

2013.11.13 版本正式完善了卫星系统的用户配置备份功能，包括卫星台标、自定义组台标和卫星切换开关配置的备份。只要在【软件升级】界面，按蓝色键备份到 USB，备份为 satellite.db 格式文件，如图 17-112 所示。

satellite.db 格式文件可以采用任何一款 SQL 数据库软件进行频道编辑，也支持安卓手机编辑。图 17-113 为采用常见的 NavicatforSQLite 软件编辑 satellite.db 文件界面。

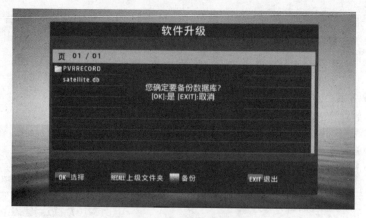

图 17-112　用户配置备份

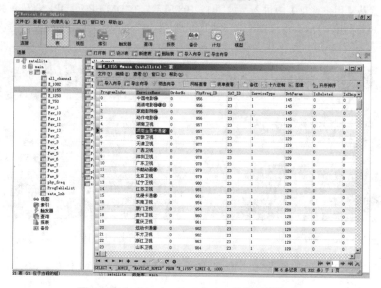

图 17-113　NavicatforSQLite 软件编辑界面

对于网络共享账号的写入，2013.11.13 版本在原来 U 盘导入账号的基础上，增加了手动输入账号功能，在【Softcam 配置】项目里通过蓝色键实现，如图 17-114 所示，采用 INFO 键启用账号。

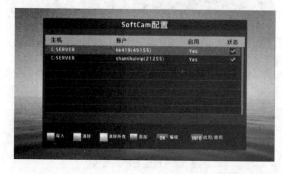

（a）

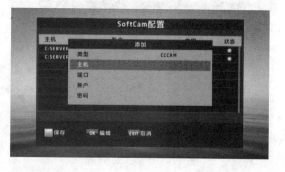

（b）

图 17-114　手动输入账号

对于免卡 Key 的写入，2013.11.13 版本在原来 U 盘导入 Key 的基础上，增加了里手动输入 BISS Key 功能。操作很简单，播放免卡收视的频道时，按 INFO 键进入节目信息界面，按红色键输入该频道最新的免卡 Key，输入完成后即可收视，具体如图 17-115 所示。

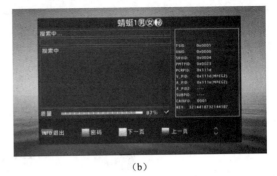

（a）　　　　　　　　　　　　　　　　（b）

图 17-115　手动输入 Key

由于是直接在该频道播放的状态下输入 Key，因此会自动关联该频道的 service_id（sid）、original_network_id（onid）、transport_stream_id（tsid）三项参数，输入的 Key 不会和其他频道产生冲突，效果更好。

17.7.4　关于安卓高清机方案

对于安卓系统的机器，我们认为，在硬件上最少配备三个 USB 接口，一个接 USB 存储器、一个接 USB 无线 WiFi 网卡、一个接 USB 鼠标，如果要接 USB 键盘，那还需要再添加一个。不过由于受海思 Hi3716M 方案硬件本身性能的制约，只能提供两个 USB 接口。

另外也建议增加 SD 读卡器，因为一些安卓应用软件远行时需要 SDA 分区存储空间支持。如果插入 U 盘，也可以解决这个问题，但只剩下一个 USB 接口，此时如果用户同时需要插入 USB 无线 WiFi 网卡和 USB 鼠标，那就不够用了。

据我们了解，目前市面上具有安卓功能的卫星高清接收机有两种方案，除了本章介绍的海思 Hi3716M 方案外，还有晶晨 AML8726-M3 主控芯片方案，也是内嵌 ARM Cortex-A9 架构处理器，主频 800MHz，最高可达 1GHz。芯片集成了 Mali-400 图像处理系统，支持 2D 和 3D 解码，支持在线 HTML5 和 FLASH。

这两种方案在安卓系统上几乎没有什么差别，差别就是在卫星系统上，海思 Hi3716M 方案的卫星和安卓是两个独立的系统，而晶晨 AML8726-M3 方案的卫星和安卓是一个融合的系统，卫星接收是作为安卓系统的一个应用软件存在的，因此观看卫星电视时，不需要像海思 Hi3716M 方案那样重启系统，只需要打开卫星接收程序就可以了。不过海思 Hi3716M 方案优点是卫星系统软件稳定成熟、共享稳定性较好，而晶晨 AML8726-M3 方案目前共享功能还没有完善。

17.8　软件升级

17.8.1　更换启动画面——Fastplay 软件

J15 机器开机启动画面文件名称为"HM_LOGO.bin"，更换它就可以更换开机启动画面，具体方法如下：

① 首先我们采用 Fastplay 软件制作一个开机启动画面的 bin 文件，从网络下载 Fastplay 软件，然后点击 Fastplay.exe 打开。

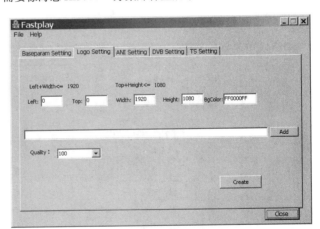

图 17-116　制作启动画面文件之一

② 选择"Logo Setting"设置，点击"Add"按钮添加一个图片，如图 17-116 所示。

③ 注意图片必须是 JPG 格式、容量必须小于 1MB，分辨率不能大于 1920×1080，如图 17-117 所示。

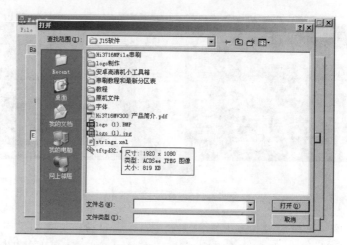

图 17-117 制作启动画面文件之二

④ 点击"Create"按钮生成文件名为"HM_LOGO.bin"文件，如图 17-118、图 17-119 所示。

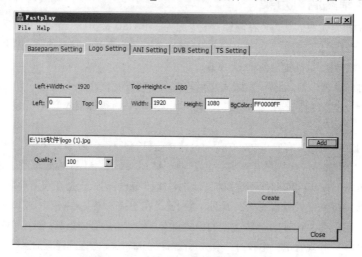

图 17-118 制作启动画面文件之三

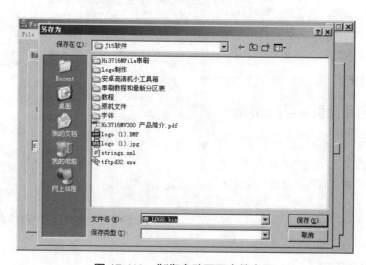

图 17-119 制作启动画面文件之四

⑤ 不一会儿，会提示生成成功，如图 17-120 所示。

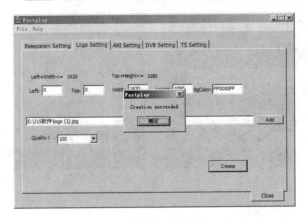

图 17-120　制作启动画面文件之五

⑥ 然后把 HM_LOGO.bin 放到 U 盘，在软件升级界面中点选它升级，升级时会有 "Now LOGO the sw, don't shut down!" 请不要关机的提示。升级完成后，重启机器，新画面生效。

小提示：

采用 U 盘只能更换启动画面，如果需要更换开机画面，可以按照上述方法制作一个开机画面文件，文件名随便命名，然后通过 RS-232 串口配合 FastBoot 软件将这个文件烧入到 fastplay 分区中即可。当然，如果将这个文件烧入到 logo 分区中即更换成启动画面。

17.8.2　中文台标编辑

J15 机器可以显示中文台标，实际上是软件内置已编辑好中文台标的 channelname.xml 文件，搜索频道时，会将搜索出来的频道名称自动替换为 channelname.xml 文件已编辑好的中文台标。如果 channelname.xml 文件没有编辑好的台标，机器仍然以原来搜索出来的台标显示。

用户可以从网络下载 J15 机器 channelname.xml 中文台标文件，然后在电脑上自行编辑，再通过 U 盘上传到机器中即可编辑完成。以编辑 105.5°E 卫星凤凰卫视一组频道中文台标，具体方法如下：

（1）编辑 channelname.xml 文件　参考 channelname.xml 文件代码语法，采用文本编辑器在文件里添加如下代码：

```
<sat name="亚洲 3S(105.5E)" position="1055">
    <transponder frequency="4000" polarization="0">
        <service V_PID="521" A_PID="676" name="凤凰卫视资讯台"/>
        <service V_PID="517" A_PID="660" name="凤凰卫视中文台"/>
        <service V_PID="514" A_PID="648" name="星空卫视"/>
        <service V_PID="515" A_PID="652" name="[V]音乐台"/>
    </transponder>
</sat>
```

其中 polarization="0"代表水平极化，polarization="0"代表垂直极化，V_PID 为视频 PID， A_PID 为音频 PID，将文件保存后复制到 U 盘根目录下。

（2）U 盘上传文件　将 U 盘插入机器中，从【USB】→【软件升级】进入（图 17-121），选择 channelname.xml 文件（图 17-122），按两次 OK 键就将文件写入机器中。

最后重启机器，再进行频道搜索，搜索完成后就可以显示中文台标了。如果还是无法显示刚才编辑的中文台标，是因为搜索的转发器下行频率和编辑上传 channelname.xml 文件中的频率不一致引起的，可以通过遥控器修改机器的转发器下行频率，使之一致。

图 17-121　USB 界面　　　　　　图 17-122　软件升级

17.8.3　更正 OSD 汉化词条

J15 机器卫星系统的一些中文汉化词条不准确，一些词条汉化不完全，我们可以重新更正一下，具体方法如下：

① 首先从网络下载 J15 机器 strings_ v300.xml 文件，然后在电脑上用文本编辑器对翻译不准确的词条进行更改，我们更改的如表 17-2 所示。

表 17-2　J15 部分汉化词条更正

行号	原　　文	更　　改
623	`<String ID="en_str_Picture">图片</String>`	`<String ID="en_str_Picture">视频</String>`
641	`<String ID="en_str_TVFormat">视频格式</String>`	`<String ID="en_str_TVFormat">视频制式</String>`
722	`<String ID="en_str_SCANTYPE">扫描类型：</String>`	`<String ID="en_str_SCANTYPE">视频分辨率：</String>`
996	`<String ID="en_str_FRAMERATE">帧率：</String>`	`<String ID="en_str_FRAMERATE">音频采样率：</String>`
755	`<String ID="en_str_QuitTimeShift">退出 Time shift, 请稍候…</String>`	`<String ID="en_str_QuitTimeShift">退出时光平移，请稍候…</String>`
759	`<String ID="en_str_PvrTimeshiftMode">Timeshift 模式！</String>`	`<String ID="en_str_PvrTimeshiftMode">时光平移模式!</String>`
760	`<String ID="en_str_PvrTimeshift">TIME SHIFT</String>`	`<String ID="en_str_PvrTimeshift">时光平移</String>`
761	`<String ID="en_str_PvrStopTS">您想停止 time shift 吗？</String>`	`<String ID="en_str_PvrStopTS">您想停止时光平移吗？</String>`
776	`<String ID="en_str_PvrEnterTimeshift">进入 Time shift,请稍候…</String>`	`<String ID="en_str_PvrEnterTimeshift">进入时光平移,请稍候…</String>`
1014	`<String ID="en_str_Extend">延伸</String>`	`<String ID="en_str_Extend">更多</String>`

② 编辑完成后，保存 strings_v300.xml 到 U 盘。

③ 将 U 盘插入机器中，在软件升级界面中选择"strings_v300.xml"，按两次 OK 键开始升级。

④ 升级完成后，重启机器，这时一些错误的词条就更正过来了。

17.8.4　更改系统字体

J15 机器系统采用苹果丽黑字体，属于矢量字库，可与 Windows 系统字体通用，用户也可以随心所欲地更换自己喜爱的字体。以更换雅黑中文字库为例，具体方法如下：

① 选择雅黑中文字库，复制到 U 盘。

② 将其重命名为"font.bin"。

③ 把 U 盘插到机器上，在软件升级界面中点选升级。

升级完成后，重启机器，新字库生效。

 小提示：

　　如果菜单用简体中文，请使用字模较全的字体，以免生僻字显示不出来，字体不能太大，不然会在菜单上越界显示，不美观。

J15 机器卫星系统的其他一些选项也可以自己编辑的，编辑完成后，用 U 盘导入更换，具体项目可参考表 17-3。

表 17-3 J15 机器卫星系统部分文件功能一览表

项　　目	文　　件	说　　明	参考文件代码
菜单语言	strings_v300.xml	编辑 OSD 菜单显示文字 如果添加繁体中文、日文等语种，方法如下： ① 请先复制一组 <Language> 到 </Language> 之间的代码； ②翻译<String ID=...>XXXX</String>中间的"**XXXX**"内容，对应的 OSD 菜单翻译内容则会改变； ③更换对应语种的字库 font.bin 文件	strings_v300.xml 文件部分代码： <Language Name="CHINESE" ID="44"> 　<StringList> 　　<String ID="Empty" /> 　　<String ID="en_str_Icon_HyphenMinus"> -- 　</String> 　…… 　　<String ID="en_str_Gray">灰色</String> 　　<String ID="en_str_YellowGreen">黄绿 　</String> 　　<String ID="en_str_Transparent">透明度 　</String> 　</StringList> </Language>
音频语言和字幕语言	lang.xml lang_user.ini	lang.xml 是语言库，要增加音频和字幕语言编辑此文件。 lang_user.ini 是语言库用户配置文件，默认配置如下： [audio] supportnum=2 support1=1 support2=44 [subtitle] supportnum=2 support1=1 support2=44 其中 supportnum=2，表示选项个数，support1=1 support2=44 表示选项 1 为英语，选项 2 为中文，具体代码参考 lang.xml 文件	lang.xml 文件部分代码： <lang no="1" name=" 英 语 " iso639_1="eng" iso639_2="0" iso8859table="1" /> …… <lang no="44" name=" 中 文 " iso639_1="chi" iso639_2="zho" iso8859table="16" />
国家（地区）时区	country.xml country_user.ini	country.xml 是国家库，要增加国家时区编辑此文件。 country_user.ini 是国家库用户使用设置，默认配置如下： [country] supportnum=2 support1=15 support2=54 其中 supportnum=2，表示选项个数，support1=15 support2=54 表示选项 1 为 UK（英语），选项 2 为中国大陆（中文），具体代码参考 country.xml 文件	country.xml 文件部分代码： <country no="15" name="UK" iso3166="gbr" utcoffset="0" iso8859table="1" /> …… <country no="54" name=" 中 国 大 陆 " iso3166="chn" utcoffset="480" iso8859table="16" />
卫星参数表	satellites.xml	和 Dreambox 系列相同的 satellites.xml 文件	

续表

项　目	文　件	说　明	参考文件代码
频道名称	channelname.xml	编辑卫星频道中文台标	channelname.xml 文件部分代码： <satellites> <sat name="中星 5B/6B(115.5E)" position="1155"> <transponder frequency="3706" polarization="0"> <service V_PID="160" A_PID="80" name="福建东南卫视" /> </transponder> …… </sat> </satellites>
字库	font.bin	系统字库文件	
启动画面	HM_LOGO.bin	开机启动画面文件	
免卡收视	constcw.bin	免卡 key 文件	

17.8.5　U 盘升级

U 盘升级是用于系统的更新，具体操作如下：

① 将升级文件 updateSW.bin 复制到 U 盘根目录下。

② 将 U 盘插入机器中，打开机器电源。

③ 在双系统选单里，从【系统设置】执行【恢复系统】，当 100%完成，10s 后自动重启完成升级 。

> **小提示：**
>
> updateSW.bin 文件是厂家对串口文件的 USB 打包，安卓和卫星系统都可以打包成 updateSW.bin 文件。因此 updateSW.bin 文件内容可以是卫星或安卓中的一个系统，也可以是双系统，还可以是卫星系统中的某部分功能，具体要看厂家提供文件时的说明。
>
> 只要 J15 机器能够进入双系统选择界面，就可以采用 U 盘升级。例如卫星系统有问题，无法进入，这时可以通过 U 盘 updateSW.bin 文件升级，但这个 updateSW.bin 文件必须是含有整个卫星系统的文件，这样才能升级成功。

17.8.6　RS-232 串口升级——FastBoot 软件

J15 机器固件实际上是 3 个系统，双系统选择界面是引导系统，它是基础系统，在引导系统上可以通过 U 盘升级安装卫星或安卓系统。当 J15 机器出现问题无法进入引导系统时，就需要采用 Windows 系统下 RS-232 串口升级软件——FastBoot 了（图 17-123），具体操作方法如下：

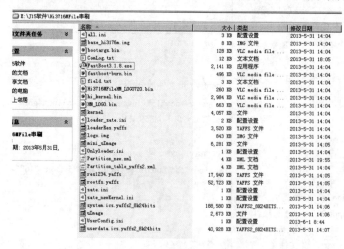

图 17-123　FastBoot 软件

① 关闭机器的电源，用 RS-232 直连串口线（即 RS232 延长线，请注意不是 Dreambox 机器使用的交叉串口线！）连接电脑串口和 J15 机器串口，并且 J15 机器连接好网线。

② 运行 FastBoot3.1.8.exe，设置串口参数和网口参数，如图 17-124 所示。其中 Server IP 为电脑的 IP 地址，而 IP Address 为给 J15 机器分配的 IP 地址，可以设置在同一网段内的任意 IP 地址，只要不和其他

设备 IP 地址冲突就可以了。

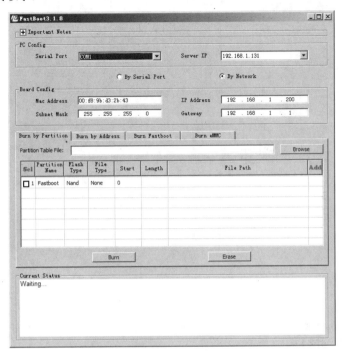

图 17-124　RS-232 串口升级之一

③ 点击"Browse"按钮，选择 Partition_new.xml 调出刷机参数（Partition_new.xml 需放在串刷文件一个目录），如图 17-125 所示。

图 17-125　RS-232 串口升级之二

④ 勾选所要刷写的分区，这里我们是修复引导系统，因此只勾选 loader、loaderbak、resLoader 三个分区文件即可。然后点击"Burn"按钮，此时系统会提示"Partition Burning Started! Please power off and then power on the board（分区烧写开始！请关闭电源，然后再打开电源）"，如图 17-126 所示。

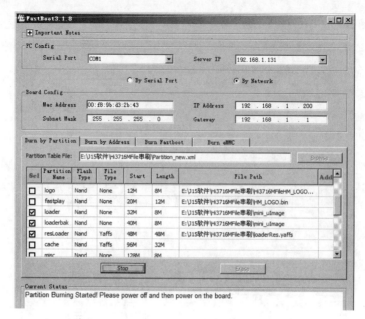

图 17-126　RS-232 串口升级之三

　　⑤ 断电重启，此时机器正式进入刷写状态，当弹出"Partition burning completed!（分区烧写完成!）"提示，表示刷机成功! 如图 17-127 所示。

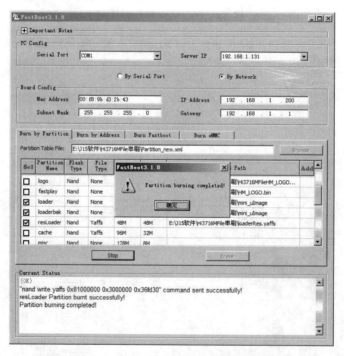

图 17-127　RS-232 串口升级之四

 小提示：

　　如果出现错误请检查网络环境是否稳定，例如使用笔记本电脑无线 WiFi 网络刷机可能会出现网络错误，建议更改为 RJ-45 网线连接刷机，再重复④、⑤两步。

J15 机器固件容量较大，采用串口全部刷写容量超过 300MB，非常耗时。因此用户可以根据自身的要求选择引导、卫星和安卓这三个系统的分区 s 文件刷写。例如引导系统有问题，可以只刷写 loader、loaderbak、resLoader 这三个和引导系统相关的分区；卫星系统有问题，可以只刷写 K0、K0bak、rootfs0 和 res 这四个与卫星系统相关的分区。

在 Partition.xml 分区文件中提供了各个分区所对应的刷写文件，其中 Flash 类型（FlashType）均为 Nand，每个分区的名称、分区起始段、分区大小，以及对应的刷写文件名、文件功能说明如表 17-4 所示，供用户刷写时参考。

表 17-4　J15 机器分区文件功能一览表

分区名称 （PartitionName）	分区起始 段（Start）	分区大小 （Length）	文件系统 （FileSystem）	刷写文件名称	文件大小 （仅供参考）	说明
fastboot	0	2MB	—	fastboot-burn.bin	496KB	启动的 UBOOT
bootargs	2MB	2MB	—	bootargs.bin	128KB	启动参数配置
deviceinfo	4MB	2MB	—			
recovery	6MB	4MB	—			
baseparam	10MB	2MB	—	base_hi3176m.img	8KB	LOGO 显示的参数信息
logo	12MB	8MB	—	Hi3716MFileHM_LOGO720.bin	260KB	第一个 LOGO，启动画面文件
fastplay	20MB	12MB	—	HM_LOGO.bin	863KB	第二个 LOGO，开机画面文件
loader	32MB	8MB	—	mini_uImage	6281KB	开机的第一个程序，负责启动安卓还是卫星系统，包括升级
loaderbak	40MB	8MB	—	mini_uImage	6281KB	同上，它是一个备份程序，当 LOADER 所在 FLASH 有坏块，可以启动它
resLoader	48MB	48MB	Yaffs	loaderRes.yaffs	3520KB	它是第一个程序的资源文件，存放了字库、图片、字符串和相关的配置信息
cache	96MB	32MB	Yaffs			
misc	128MB	8MB	—			
kernel	136MB	10MB	—	kernel	4057KB	安卓系统内核文件
kernelbak	146MB	10MB	—	kernel	4057KB	安卓系统内核备份文件，当安卓系统内核所在 FLASH 有坏块，将启动它
system	156MB	500MB	Yaffs	system.ics.yaffs2_8k24bits	188580KB	安卓系统文件，安装的 apk 软件都在其中
userdata	656MB	1392MB	Yaffs	userdata.ics.yaffs2_8k24bits	40928KB	安卓系统用户数据区，供安卓的 apk 软件在工作过程中使用
K0	2048MB	4MB	—	hi_kernel.bin	2984KB	卫星系统内核文件
K0bak	2052MB	4MB	—	hi_kernel.bin	2984KB	卫星系统内核备份文件，当卫星内核所在 FLASH 有坏块，将启动它
rootfs0	2056MB	96MB	Yaffs	rootfs.yaffs	52723KB	卫星系统文件，卫星的应用、OSCam 都在其中
res	2152MB	80MB	Yaffs	res1234.yaffs	17940KB	卫星系统的资源文件，其中包含字库、图片、字符串、卫星数据库、OSCam 协议配置文件等
blackbox	2232MB	4MB	—			黑匣子，存放安卓系统的一些错误信息，供开发人员用
sdcard	2236MB	1860MB	—			安卓系统中的 SDCard,，在线下载的 apk 软件都先放在这个区域，当选择安装，就从这个区域安装到系统区域

目前，安卓（Android）操作系统已在智能手机上广泛使用，据统计，全球半数以上的智能手机使用的都是谷歌 Android 操作系统。而平板电脑相对于手机来讲，体积可以设计更大一些、硬件更可以设计更强一些，更能发挥 Android 操作系统出色的性能，以及享用无数的免费安卓应用软件。

本章以 T3-3113 平板电脑为例，来认识目前流行的安卓系统软硬件性能。T3-3113 是一款采用全志 A10 方案的七寸平板电脑，内置 8G 存储器、WiFi 模块、3G 模块、蓝牙模块、SIM 电话卡插槽、双摄像头，具有 HDMI 接口输出功能。

18.1 外观功能

T3-3113 平板电脑全套配件包括主机一台、一个 5V 2A 电源适配器、一个 3.5mm 立体声耳机兼麦克风（耳麦）、一个 USB A－mini-USB A 数据转接线，还有一本使用手册（图 18-1）。为了保护运输过程中磨花，主机前面板和背面板都贴有保护膜，使用时，建议只要将背面板的保护膜揭下即可。

T3-3113 平板电脑外观颜色采用黑白配，前面板为黑色外框、背面采用珍珠白塑料盖板（图 18-2）。体积长×宽×厚为：195×120×12（mm），虽然有 12mm 厚度，由于背面板采用圆滑的流线型设计，拿在手上，视觉上感觉更薄一些。我们这台是测试版本，无论前面板还是背面板，都没有厂家的品牌、型号标识和 LOGO。

图 18-1　T3-3113 全套配件

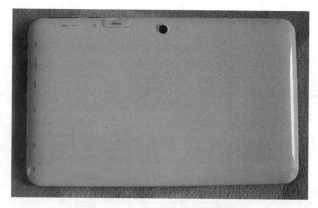

图 18-2　T3-3113 平板电脑背面

背面板中间为后置的 200W 像素摄像头，摄像头左边有一个 SIM 卡盖板，打开它，可以插入一个中国移动或联通的手机卡，插入方向如图 18-3（a）所示，SIM 卡触点朝下，缺口在左上角（注：实际上 SIM 卡盖板上有插入图标），SIM 卡槽采用自锁机构，卡插到位会自动被锁住，再按一下就自动解锁弹出。

T3-3113 平板电脑正面显示屏最上方是一个扬声器发声槽、外覆金属的过滤网防止异物进入，保护内部扬声器。下面为菜单、主页、返回这三个触屏键，右下角有一个蓝色的充电指示灯和一个 30W 像素的摄像头。T3-3113 平板电脑除了右侧下方设计了电源、音量+/–这三个机械按键外（图 18-4），顶部和左侧均没有任何功能键和接口。

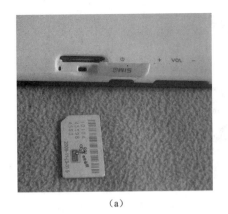

（a）

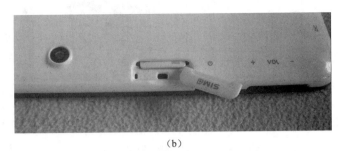

（b）

图 18-3 插入手机卡

图 18-4 T3-3113 平板电脑右侧

所有的功能接口都被设计在底部，如图 18-5 所示。从左到右依次为：麦克风孔（MIC）、耳麦插座、mini-USB插座、mini-HDMI 插座、TF 存储卡座和 2mm 直流 5V 充电接口。

图 18-5 T3-3113 平板电脑底部

18.2 电路主板

下面，我们通过拆解评测，来让读者更清楚地了解到 T3-3113 平板电脑的内部硬件结构。

T3-3113 背面板是通过卡扣和前面板衔接的，用撬棒插入机身缝隙中，然后延缝隙顺向划动，遇到卡扣位置使点劲一划就可以背面板拆下，内部如图 18-6 所示，其中的小配件为三个机械按钮的触片。T3-3113 平板电脑主要是由电路主板、显示屏（包括触摸屏）和锂电池这三大部件组成。

接下来就要拆下主板，这样就能看到主板的背面。首先要拧掉主板上的 3 颗螺钉，然后再拆下屏幕排线，在图 18-6 电路主板右上边较宽的是显示屏排线，右下边的是触控面板排线，这种插槽式排线拆起来并不困难，细心一点就可以轻松拆下。

电路主板是本文重点介绍部分，因为主控芯片、电源管理芯片、3G WCDMA 模块、WiFi 模块、蓝牙模块，以及 SIM 卡槽、USB 接口、HDMI 接口等外接功能接口都全部搭建在这块主板上（图 18-7）。

图 18-6　T3-3113 平板电脑

图 18-7　T3-3113 平板电脑电路主板

18.2.1　主控芯片——A10

T3-3113 平板电脑主控芯片采用珠海全志科技（Allwinner Tech）的 A10（图 18-8），A10 采用 55nm 工艺，BGA-441P 封装，内置 CPU、GPU、DPU、VPU、APU，支持 DVFS+PMIC，另外还内置 HDMI、SATA、音频 CODEC（Coder-Decoder，编码解码器）和电阻式触摸面板控制器。

图 18-8　全志 A10 芯片

A10 芯片中的 CPU 为 ARM 公司的基于 ARMv7 指令集的单核 Cortex-A8 处理器，Cortex-A8 处理器目前已经非常成熟，如 TI（德州仪器）OMAP3 系列、苹果 A4 处理器（iPhone 4）、三星 S5PC110（三星 I9000）、瑞芯微 RK2918、联发科 MT6575 等都内嵌 Cortex-A8，另外，高通的 MSM8255、MSM7230 等也可看做是 A8 的衍生版本。

A10 芯片工作频率为 1.1GHz。主频宣称 1.5GHz，实际运行在 1～1.1GHz 之间。GPU 为 ARM 公司的 Mali-400MP 2D/3D 图形处理器，有着较强的视频处理能力，可以兼容 MKV、AVI、WMV、RMVB、TS、TP、M2TS、RM、MPEG、VOB、MOV、FLV、MP4、3GP 等大部分的视频格式，支持 2160P 视频硬解压。

全志 A10 芯片主要功能特性如下：

① 主频 1.1GHz，最高可超频 1.5GHz。

② 支持 Google Android 2.3、3.1、4.0 操作系统。

③ 最大可解码 2160P 视频（3840×2160 像素）。

④ 多屏输出功能，输出的同时本机屏幕有显示。

⑤ 支持 3D 视频游戏。

⑥ 支持 HDMI 输出，集成 HDMI1.4。

⑦ 支持 DDR3 32bit 内存。

⑧ 集成 Video Codec、Audio Codec、RTC。

⑨ 集成 LVDS、SATA 等。

⑩ 具有 DVFS（动态调频调压）+ PMIC 智能电源管理。

全志 A10 芯片主要应用在智能手机、平板电脑、高清播放器、网络机顶盒、智能电视一体机、车载多媒体影音中心等消费类数码电子领域中，图 18-9 为该芯片应用方案示意图。

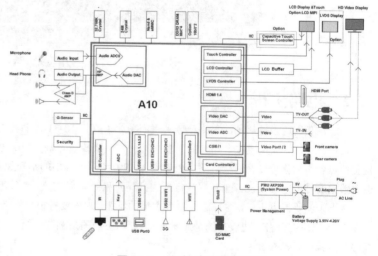

图 18-9　全志 A10 应用方案

18.2.2 存储器

T3-3113 平板电脑采用 NAND FLASH（闪存）＋ DRAM（内存）存储方案，在 A10 芯片的左侧是一枚美光 29FA6GB08BAAA 闪存颗粒，容量 8GB，用于系统软件、应用软件以及用户文件的存储。

A10 芯片的下面排列了四枚 Hynix（海力士）DDR3 内存颗粒——H5TQ2G83CFR-H9C，采用 FBGA-78P 封装，单颗容量为 256M，合计容量 1GB，保证了系统的高速运行。

图 18-10　3G 模块

18.2.3 3G 模块

T3-3113 平板电脑内置的 3G 模块为深圳信可（Think-will）的 MW100-X2Q7a，如图 18-10 所示，支持 HSDPA/WCDMA/EDGE/GPRS/GSM 网络，即兼容 2G 网络，2100/850/900/1800/1900（MHz）频段，支持中国联通的 3G 手机卡。

3G 模块的天线采用 FPC（Flexible Printed Circuit，柔性印刷电路板）天线，如图 18-11 所示，位于卡槽下方，接收和发送电话信号。

图 18-11　3G 模块 FPC 天线

🔍 **小知识：3G**

3G 是第三代移动通信技术（3rd-generation）的简称，是指支持高速数据传输的蜂窝移动通信技术。3G 服务能够同时传送声音及数据信息，速率一般在几百 kbps 以上。3G 技术最大的特色就是传输速度大幅提升，是名副其实的移动宽带，能做到视频通话、手机高速上网、观看实时的移动电视、下载大容量电影等。

目前 3G 在国际上存在四种标准：CDMA2000，WCDMA，TD-SCDMA，WiMAX。其中我国的通信运营商采用前三种，即中国电信的 CDMA2000，中国联通的 WCDMA 和中国移动的 TD-SCDMA。

图 18-12　手机 SIM 卡插槽

3G 模块左边是一个手机 SIM 卡插槽（图 18-12），用于插入联通的 3G/2G 或移动 2G 手机卡，SIM 卡插槽上方设有板载 GPS 电路，T3-3113 平板电脑没有这个 GPS 功能，相关的元件没有贴片。

18.2.4　WiFi 模块和蓝牙电路

具有 WiFi 功能是目前智能手机和平板电脑的一种标准配置，这样可以免电话上网带来的高昂流量费用，通过周围的无线局域网就可以轻松的、低费用或免费用的快捷上网。T3-3113 平板电脑采用 WiFi 模块实现这一功能的，图 18-13 中红色的部分为 WiFi 模块电路板，整个模块比一元硬币大不了多少，采用邮票孔方式和主板连接，可使得主板电路做得更薄。

WiFi 模块采用台湾瑞昱（Realtek）的 RTL8188CTV 芯片，和 RTL8188CUS 一样，均支持 IEEE 802.11 b/g/n

标准，采用单根天线最高传输速率可达 150Mbps，但 RTL8188CUS 可支持 Windows XP、Vista、2000、2003、Windows 7、Linux、Android、MAC OS 多种操作系统，而 RTL8188CTV 只支持 Linux、Android 两种操作系统。

T3-3113 平板电脑还具有蓝牙（Bluetooth）功能，在 WiFi 模块的右侧就是由 RDA 5875Y 芯片构成的板载蓝牙电路，可以和具有蓝牙功能的手机、耳机、笔记本电脑等外设进行无线来讲，互传数据。

T3-3113 平板电脑的 WiFi 和蓝牙各用一根天线，其中 WiFi 天线一端连线焊在主板上，另外一端通过 FPC 粘贴在锂电池最上方，力求达到信号更好的接收和发射效果。

18.2.5 音频电路

T3-3113 平板电脑音频电路采用国内苏州顺芯（Everest）ES8388 方案（图 18-14），这是一款高性能，低功耗和低成本的音频编解码器，采用 QFN-28 封装，内部具有 2 通道 ADC、2 通道 DAC，麦克风放大器，耳机放大器，数字声音效果，并模拟混合和增益功能，可以完全替代英国欧胜微电子（Wolfson）WM8988 芯片。

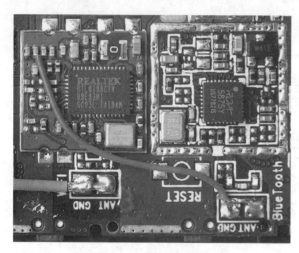

图 18-13　WiFi 模块和蓝牙电路

图 18-14　音频电路

18.2.6 电源管理

T3-3113 平板电脑采用了 AXP209 的电源管理芯片（图 18-15），这是深圳芯智汇（X-Powers）的一款高

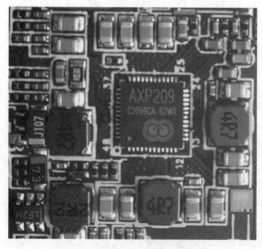

图 18-15　电源管理电路

度集成的电源系统管理（PMU）芯片，采用 6mm×6mm QFN-48P 封装，支持 1.8A PWM 开关机充电、智能电源管理，可提供 7 路电源输出，多用于单芯锂电池需要多路电源转换输出的场合。

AXP209 提供了一个两线串行通信接口（Two Wire Serial Interface，TWSI），应用处理器，可以通过这个接口去打开或关闭某些电源输出，设置它们的电压，访问内部寄存器和包括 Fuel Gauge 在内多种测量数据。1%高精度（主要由传感器 BIAS 电阻的 1%精度决定）的电量测量数据方便用户更清楚的实时掌握电能使用状况。

AXP209 的智慧电能平衡（Intelligent Power Select，IPS）电路可以在 USB 以及外部交流适配器、锂电池和应用系统负载之间安全透明的分配电能，并且在只有外部输入电源而没有电池（或者电池过放/损坏）的情况下也可以使应用系统正常工作。另外，由于 AXP209 ACIN（33 脚）和 VBUS（31 脚）通过 1 个电感相连，所以 USB 输入接口也可以对锂电池充电。

AXP209 具有的充放电曲线控制、整机功耗的控制、优秀的用电体验，充分满足目前全智 A10 处理器使用智能性管理系统时对于电源精确控制的要求。

18.2.7 摄像头

T3-3113 平板电脑内置了前后双摄像头，前置摄像头为 30 万像素，安装在电路主板背面右下角，可通过 QQ、Skype 等聊天软件进行视频聊天，配合内置麦克风和上网功能，轻松地、随时随地与家人朋友开展亲密联系。

后置摄像头为 200 万像素，固定在锂电池外侧，通过软排线方式焊接到电路主板上，后置摄像头可以进行拍照、摄像等用途，帮助你随时记录下生活的点滴，并能通过网络及时发布和分享。此外还能结合安卓应用软件实现条码扫描、标签比价、实景导航等多种用途。

18.2.8 外置接口

T3-3113 平板电脑主板背面很简单，没有什么芯片，只有一些机械按键、功能接口等，如图 18-16 所示。

（1）**TF 卡槽** 在图 18-16 中，右侧较大的器件是 TF 存储卡槽，最高可支持 32GB TF 存储卡。

（2）**mini-HDMI 插座** 在图 18-17 中，右侧的器件是 mini-HDMI 插座，采用 HDMI V1.3 版本，最高支持 1080P@50/60fpts，可流畅播放 1080P 分辨率的 H.264、WMV、AVS、MPEG4 等全格式的全高清视频。

图 18-16　T3-3113 平板电脑主板背面

图 18-17　外部接口

（3）**mini-USB 插座** 图 18-17 中间的是 mini-USB 插座，支持 USB OTG。大家都知道 USB 设备分为 Host（主设备）和 Slave（从设备），只有当一台 Host 于一台 Slave 连接时才能实现数据的传输，而 OTG（On The Go，正在进行中）设备就是该设备既能充当 Host，亦能充当 Slave。用于各种不同的设备或移动设备间的联接，进行数据交换。

另外，前面已介绍，该接口还具有充电功能，可以实现边充电边使用平板电脑，充电、传输数据，互不干扰。

（4）**未开发接口** 在 mini-USB 插座的左侧有一个未安装的 USB Host 接口，可以连接 U 盘、鼠标键盘、游戏杆等外设。另外，在上方除了一个已安装的 HOME 主页按键，还有"MENU 菜单"、"ESC 返回"两个未安装的按键。不过这些机械按键有无都没有影响，因为 T3-3113 平板电脑前面板触摸屏下方已设计了相应功能的触摸按键。

18.3　触摸显示屏和锂电池

18.3.1　触摸显示屏

触摸显示屏是由触摸面板（外屏）和显示屏（内屏）共同构成，T3-3113 平板电脑采用 800×480 分辨率的 TFT LCD 显示屏，工厂型号为：Q2-1B TKR481-070-15A。

由于 T3-3113 平板电脑触摸屏采用的是多点电容屏，A10 主控芯片内置的电阻触摸面板控制器无法解决这个问题，因此还需要单独加上相应的控制芯片。在 T3-3113 平板电脑中，采用了深圳敦泰科技（FocalTech）的电容式触控面板控制芯片——FT5306DE4，如图 18-18 所示。

FT5306DE4 是一款互容式电容屏驱动芯片，内置 MCU、FLASH，内部程序（Firmware）可重复更新。支持 5 点触摸，也就是说：系统可以同时识别 5 个位置的触摸动作。

18.3.2 锂电池

T3-3113 平板电脑锂电池采用聚合物锂离子电池（Polymer Lithium-Ion Battery，PLB），参数为：3.7V 2800mAH，工厂型号为：AGT4070100 12F05 AGT12F17-YSD-1-R，实际上型号就是电池的高（厚）、宽、长，即实际尺寸：厚 4.0mm、宽 70mm、长 100mm（图 18-19）。

图 18-18　FT5306DE4 电容式触控面板控制芯片

图 18-19　聚合物锂离子电池

小知识：聚合物锂离子电池和液态锂离子电池

聚合物锂离子电池（PLB）与普通的液态锂离子电池（Liquified Lithium-Ion Battery，LIB）主要的不同是内部使用的电解液形态不同，前者是固体的，后者是液态的。由此两者包装也是不同的，普通的液态锂离子电池采用钢壳和铝壳包装，而聚合物锂离子电池多采用铝塑膜软包装，因此也称为“软包电池”。

聚合物锂离子电池的单位能量比目前的一般锂离子电池提高了 50%，此外重量轻、厚度薄，可按客户需求量身定做各种规格、任意形状的电池，因此更适用于手机、平板电脑等小型、薄型的产品中。

18.4　软件使用

18.4.1　系统信息

我们这台 T3-3113 平板电脑系统信息如图 18-20 所示，由于是测试版本，因此【手机型号】、【品牌】选项均显示为公版信息，内置安卓 4.0.3 系统平台。

系统信息中的 RAM 内存相当于电脑的内存条，T3-3113 平板电脑内存为 1GB，检测显示 814MB。有用户不禁询问，为什么显示容量和存储器标称的容量不一样，少的容量跑到哪里去了？

ROM 相当于电脑的硬盘，一般的 ROM 都会分区的，分成 C 区和 D 区，在图 18-20 中反映的“ROM 存储”就是 C 区部分，容量显示为 1007MB，而 D 区部分则反映为下面的“外部 SD 卡”，容量显示为 5839MB，两者合计的容量为 1007+5839=6846（MB），同样用户会询问，T3-3113 平板电脑闪存为 8GB，少的容量又跑到哪里去了？

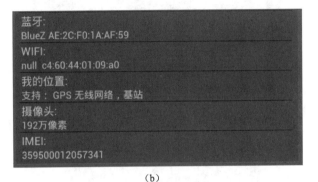

(a)　　　　　　　　　　　　　　　　　(b)

图 18-20　系统信息

类似上述这两种问题，一般用户反映最多，下面详细解释一下：

（1）首先有个行业算法问题

电脑是采用二进制，也就是由 0 和 1 构成，这类算法的 1G=1024MB，1MB=1024KB，1KB=1024B，而硬盘、闪存、U 盘、MP4 等其他设备是采用十进制，也就是 1GB=1000MB，1MB=1000KB，1KB=1000B，那么 1GB 在电脑上显示为多少呢？计算如下：

$1×1000×1000×1000÷1024÷1024÷1024≈0.931$（GB）

也就是说，一个 1GB 容量的非电脑设备，在电脑上显示的实际可用内存为 0.931GB，8GB 容量在电脑上显示的实际可用内存为 8×0.931GB=7.45GB，那么 T3-3113 平板电脑 RAM 内存实际未显示出的容量为 931–814=117（MB），ROM 闪存实际未显示出的容量为 7450–6846=604（MB）。

（2）机器的系统和自带软件的空间占据了部分容量

平板电脑和普通电脑一样，必须有系统才能支持它的正常运作，RAM 内存未显示的 117MB 容量被安卓系统运行本身所占用一部分，同时你运行的程序也会占用一部分。

对于 ROM 闪存，前面已说过，其中 C 区为系统盘，类似于电脑的 C 盘，是提供数据运算的场所，不能删除和修改，生产商为了避免大家的误操作，把系统盘内容隐藏不可见，也就是在电脑上显示容量为 0 字节，这个磁盘是不可删除和修改的，用户疑问 ROM 闪存未显示 604MB 到哪里去了的容量就是被它占用了。

18.4.2　频率测试

T3-3113 平板电脑内置的版本默认 CPU 工作频率为 1GHz，我们通过安兔兔评测软件测得综合得分为 3035，如图 18-21、图 18-22 所示。

通过安兔兔 CPU 大师软件超频测试：超频为 1.15GHz，综合得分为 3288，如图 18-23、图 18-24 所示。

图 18-21　安兔兔评测软件

图 18-22　1GHz 工作频率测试得分

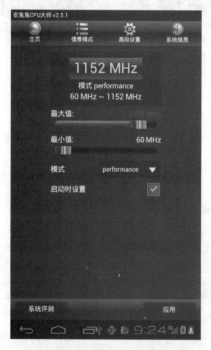

图 18-23　超频为 1.15GHz

图 18-24　1.15GHz 工作频率测试得分

　　超频为 1.2GHz，无法测试得分。超频为 1.25GHz，系统会自动重启后，进入安全模式（图 18-25），我们只有通过电脑 360 手机助手删除掉 CPU 大师后，再重启才能进入正常状态。

　　可见，这台公版的全志 A10 方案最多超频为 1.2GB。虽然评测综合得分低一些，但全志 A10 方案的特色是强悍的视频播放能力。

18.4.3 视频测试

T3-3113 平板电脑全志 A10 主控芯片内置了 ARM Mali-400MP 2D/3D 图形处理器，用户在运行 3D 游戏、播放超全高清视频等方面表现更为出色。特别是采用 A10 方案的机器具有 2160P 超高清视频播放能力，这是一个卖点具有两层意义：①提前向上兼容，让用户体验未来高清规格，提供更长效的播放功能实用性；②向下完美兼容，使用户播放 1080P、720P、480P 等主流视频轻松自如，游刃有余。

1080P 为现在的全高清分辨率标准，而 2160P 采用 3840×2160 的分辨率，其清晰度达到了 1080P 的 4 倍。视频播放对硬件的要求将有提高，目前市面上绝大多数的电脑都无法流畅播放 2160P 的视频，就像回放慢动作一样，而且 CPU 占用率往往是在满负荷的状态下运行。而采用全志 A10 方案的平板电脑播放起来毫无压力，既然连 2160P 都能搞定了，1080P 以下视频的兼容性与解码能力还有什么难度呢？都能完美播放 1080P 高清。

全志 A10 无论是兼容性还是解码能力都比较要好，不过机器内置的 2160p 超清播放器无法部分的 MP4、rm 格式的视频（图 18-26），我们下载其他的视频播放软件（如暴风影音）才能够正常播放。

图 18-25 进入安全模式

图 18-26 视频测试

18.4.4 视频输出

T3-3113 平板电脑可以直接将视频输出给高清电视机播放，不过平板电脑绝大多数采用的是 mini-HDMI 接口，需要先通过 mini-HDMI 公转 HDMI 母头来连接标准的 HDMI 线（图 18-27），再来驳接高清电视机，当然也可以直接选择 mini-HDMI 转 HDMI 线连接（图 18-28）。

（a） （b）

图 18-27 mini-HDMI – HDMI 转接头

连接好电视机后，再打开平板电脑，可以看到电视机和平板电脑同步双屏显示。

18.4.5 音量测试

T3-3113 平板电脑内置的为单个扬声器，播放时，音量调到最高位，播出声音还是较小，用耳机测试音量没有问题。拆开机壳，将一个外置音箱连接线并联到内置的扬声器连接线两端，发现声音很大，说明内置的扬声器电能转换为声能的效率低，建议正式量产时，换成高灵敏度的扬声器。

18.4.6　触屏测试

T3-3113 平板电脑采用的触摸屏支持五点操作，图 18-29 为多点触屏检测界面。

图 18-28　mini-HDMI-HDMI 转接线　　　　　图 18-29　多点触屏检测界面

T3-3113 平板电脑屏幕下方还有菜单、主页、返回这三个触屏键，不过，如果在晚上，周围环境光线弱，操作这三个触屏键比较困难，建议厂家像安卓手机一样，为这三个键设计白色背光功能。

18.4.7　屏幕测试

T3-3113 平板电脑采用七寸 800×480 TFT 显示屏，虽然是普通分辨率的显示屏，但使用起来，实际效果感觉还可以，屏幕清晰、彩色自然、亮点可手动调整。经过屏幕坏点检测，发给我们这台机器屏幕完美，没有一个坏点。

实际上在一些低价格的平板电脑上，一些厂家使用了质量低、工艺差的显示屏，使用时，在纯色背景下（尤以白色为甚）有彩色折射颗粒感，有朦胧模糊感，就像屏幕抹了油腻的东西一样，因此电脑发烧友俗称"油腻屏"、"油屏"。如果你体会不到这种感觉，可以做个测试，在气温低的环境下，对着屏幕呼出一口气，此时由于屏幕表面温度低，而你的呼气有着大量水汽，会在屏幕上凝结呈液态水，这个时候幕看起来就是油油的，"油屏"就是这种感觉。

18.4.8　电量测试

采用 A10 方案的平板电脑功耗较高是众所周知的，由于目前 CPU 均运行在 1GHz 左右的高频率，因此功耗及发热量较传统的 MP4 会高点，特别是在运行 3D 游戏（如都市赛车，极品飞车等），以及播放 720P 以上高清视频时，机身会有发热现象，这也就直接导致了电池续航时间短的问题。

我们这台 T3-3113 平板电脑充足电后，连续工作时，内置的 3.7V 2800mAH 锂电池粗略测试大概可以使用两个多小时。我们发现，机器内部空间可以容纳 4mm×85mm×95mm（厚×宽×长）体积的锂电池，有条件的用户可以更换一块这种体积的高容量锂电池。

用户如果在户外使用，充电不方便，使用时尽量少的运行程序，及时关闭后台运行程序。当然，也可以安装各种省电软件，节约有限的电力，实际上这些软件都是以降低主控芯片的运行频率来达到节电的目的。图 18-30 为省电王软件，设置最高 3 级省电模式，此时，我们检查 CPU 运行频率已降低为 572MHz（图 18-31）；

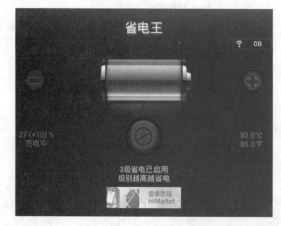

图 18-30　省电王软件

此外，2 级、1 级省电模式 CPU 降频到：644MHz、763MHz。

　　T3-3113 平板电脑支持关机充电，在关机状态下，连接充电器，机器屏幕会显示一个大的电池图标表示正在充电。一会儿会自动关闭图标显示，需短按电源键，才能再次显示电池图标。在休眠状态下充电，会自动唤醒系统，才能显示相应的充电状态（图 18-32）。

图 18-31　安兔兔频率检测

图 18-32　休眠状态下充电

18.4.9　联机测试

　　T3-3113 平板电脑在关机状态下连接电脑 USB 接口，电脑是无法识别到设备，机器屏幕也不会显示相关的联机提示。这是因为在关机状态下，所有的外接检测均已被系统关闭，因此需将机器开机，才能显示相应的连接提示。

　　采用 360 手机助手在电脑中平板电脑联机，连接成功时，电脑和 T3-3113 平板电脑界面如图 18-33 所示。

（a）电脑显示界面

（b）平板电脑显示界面

图 18-33　360 手机助手连接成功界面

18.5　软件升级

18.5.1　数据备份和恢复——360 手机助手

　　在进行软件升级之前，如果用户已安装了不少安卓应用软件，此时可以通过 360 手机助手将这些应用数据备份到电脑里，待刷机完成后，再通过 360 手机助手的恢复数据功能恢复即可（图 18-34）。

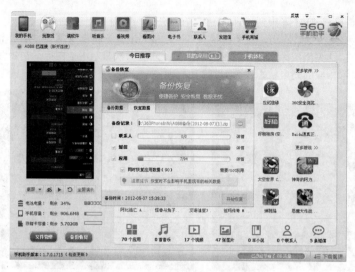

图 18-34　360 手机助手备份恢复

18.5.2　刷机——LiveSuit 软件

全志 A10 平板电脑软件升级采用 LiveSuit 刷机软件，我们以 V1.07 版本为例，刷机步骤如下：

① 打开 LiveSuit 软件，它会自动带出一个用户向导，选择"是"，如图 18-35 所示。

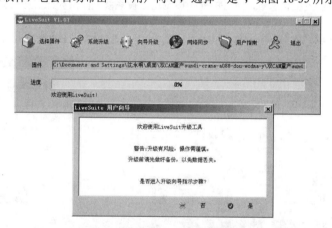

图 18-35　LiveSuit 软件刷机之一

② 再选择"强制升级模式"，如图 18-36 所示。

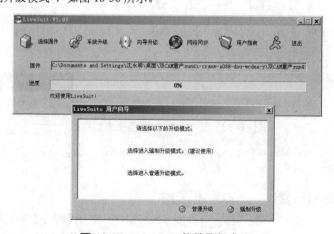

图 18-36　LiveSuit 软件刷机之二

③ 按下一步，再按"是"，并选择需要刷写文件后缀名为 img 的 A10 固件，如图 18-37 所示。

图 18-37 LiveSuit 软件刷机之三

④ 此时出现图 18-38 界面，用手按住平板电脑上音量+（或音量–）键不放，再用配送的 USB A－mini-USB A 数据转接线连接电脑和平板电脑。然后连续按电源键几次，如果是第 1 次刷机，Windows 界面会开始找驱动程序，此时先放开电源键，再放开音量键。

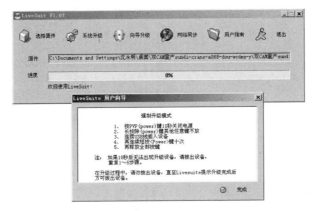

图 18-38 LiveSuit 软件刷机之四

⑤ 界面会询问是否 Format，选择两次"是"，进入正式刷机状态，如图 18-39 所示，界面会显示刷写进度条。

图 18-39 LiveSuit 软件刷机之五

⑥ 大概两分钟左右，进度条达到 100%，当出现图 18-40 所示的界面，表示刷机完成。

图 18-40 LiveSuit 软件刷机完成

505

参考文献

[1] 沈永明编. 卫星电视接收完全 DIY. 第 2 版. 北京：人民邮电出版社，2011.

[2] 沈永明编. 数字高清电视接收 DIY. 北京：中国电力出版社，2010.

[3] 山水博客：sspcs.chinasat.info

[4] 卫视传媒网站：www.sat-china.com

[5] DBSTAR 网站：www.dbstar.com.cn

[6] Sunray 网站：www.bolt2005.com

[7] Dreambox 网站：www.dream-multimedia-tv.de

[8] Vu+网站：www.vuplus-community.net

[9] iCVS 网站：www.i-have-a-dreambox.com